碳中和导论

主册

崔世钢 等 / 编著

清華大学出版社
北 京

内 容 简 介

本书以“绿色”为主线，重点强调绿色思维与绿色理念。从太阳光、光合作用、能源、能量出发，阐述了碳中和的基本概念，对能源、能量与碳循环的关系进行了讨论；从管理、技术、经济、工程应用与人才培养等方面，对碳中和的实现进行了综合分析和阐述。首先，介绍了“双碳”目标的发展现状、实现路径和发展趋势；其次，重点阐述了降碳、零碳、负碳技术和绿色经济，并介绍了典型工程应用案例；最后，对碳中和人才需求和人才培养进行了论述。

本书内容丰富、设计新颖，采用主册与副册相结合的新型教材设计模式，力争实现因材施教，适合不同专业背景的学生开展个性化学习。

本书既可作为碳中和相关专业研究生、本科生、高职学生的先导课程教材，又可作为非碳中和相关专业学生的通识课程教材，也可作为中小学教师和干部培训的教科书，还可供有关专业人员和管理干部参考。

图书在版编目（CIP）数据

碳中和导论 / 崔世钢等编著 . —北京：清华大学出版社，2023.7
ISBN 978-7-302-63934-3

Ⅰ. ①碳…　Ⅱ. ①崔…　Ⅲ. ①二氧化碳－节能减排－研究　Ⅳ. ① X511

中国国家版本馆 CIP 数据核字（2023）第 108852 号

责任编辑：王剑乔
封面设计：傅瑞学
责任校对：袁　芳
责任印制：丛怀宇

出版发行：清华大学出版社
网　　址：http://www.tup.com.cn，http://www.wqbook.com
地　　址：北京清华大学学研大厦A座　　**邮　　编：**100084
社 总 机：010-83470000　　**邮　　购：**010-62786544
投稿与读者服务：010-62776969，c-service@tup.tsinghua.edu.cn
质量反馈：010-62772015，zhiliang@tup.tsinghua.edu.cn
印 装 者：三河市君旺印务有限公司
经　　销：全国新华书店
开　　本：185mm×260mm　　**印　　张：**23　　**字　　数：**466千字
版　　次：2023年9月第1版　　**印　　次：**2023年9月第1次印刷
定　　价：96.00元（全二册）

产品编号：098439-01

前 言

习近平总书记在党的二十大报告中指出:“实现碳达峰碳中和是一场广泛而深刻的经济社会系统性变革。”应对全球气候变化已成为国际社会的共识,碳中和是人类史无前例的一场自我革命。“双碳”目标是一项长期、复杂的系统工程,将从根本上改变我们每个人的生产、生活、消费和思维方式,对社会的方方面面产生深远的影响和重大变革。

为深入贯彻《中共中央 国务院关于完整准确全面贯彻新发展理念做好碳达峰碳中和工作的意见》等文件精神,落实教育部《绿色低碳发展国民教育体系建设实施方案》和《加强碳达峰碳中和高等教育人才培养体系建设工作方案》等文件要求,在清华大学出版社策划组织下,《碳中和导论》教材编写组特编写本教材。

实现碳达峰碳中和是一场广泛而深刻的经济社会系统性变革,对加强新时代各类人才培养提出了新要求。多措并举培养践行绿色低碳理念、适应绿色低碳社会、引领绿色低碳发展的新时代人才,发挥好教育系统人才培养、科学研究、社会服务、文化传承的优势,为实现碳达峰碳中和目标做出教育行业的特有贡献。

加强绿色低碳教育,推动专业转型升级,加快急需紧缺人才培养,深化产教融合协同育人,提升人才培养和科技攻关能力,加强师资队伍建设,推进国际交流与合作,为实现碳达峰碳中和目标提供坚强的人才保障和智力支持。

本书以“绿色”为主线,重点强调绿色思维与绿色理念。全书由崔世钢负责总体设计,共分九章。

第 1 章由崔世钢编写。万物生长靠太阳，本章从太阳出发，对物质、能量与能源的关系，能源与社会发展的关系进行分析；以“绿色”为中心，强调绿色思维和绿色理念，重点突出绿色低碳发展的重要性和长远意义；统领本书对“双碳”是什么、为什么、怎么办展开介绍，内容层层递进，是全书的内容提要及概述。

第 2 章由张永立编写。首先，介绍了能源的分类与绿色能源的内涵，着重从宏观到微观的角度，基于热力学基本原理和物理学基础理论，分析了能源品质与能效的关系，并提出了按能源品质的分类方法。其次，介绍了绿色能源利用技术的发展过程与现状，并针对太阳能、风能、水能、核能及其他能源的发展及其关键技术分别进行了较为详细的介绍。

第 3 章由杜志强编写。本章主要介绍在保障能源安全的前提下，随着越来越多绿色能源发电接入，新型电力系统逐步完善并呈现出更多的“绿色”，最终发展为绿色电力系统。内容主要围绕建设绿色电力系统的关键技术展开，包括电网新技术、能源高效利用技术及绿色电力系统市场机制等。

第 4 章由杜志强编写。本章主要包括两方面内容：储能技术和绿色燃料。第一部分从能量储存和转化出发，介绍了绿色电力系统的建设过程、从发电端到能源消耗端储能技术的发展及应用，主要包括抽水储能技术、储热技术及新型电力储能技术；第二部分以氢燃料和氢储能为中心，对绿色燃料的发展与应用做了介绍，主要包括绿氢技术、绿氨技术及绿氢、绿氨与绿电生态体系。

第 5 章由李欣颀编写。本章主要以清除碳排放的多余存量为出发点，讲述了碳捕集、利用与封存（CCUS）技术和生物固碳技术。CCUS 技术通过燃烧前捕集、燃烧后捕集、富氧化捕集和化学链捕集等方式，将 CO_2 从工业生产过程或直接从空气中捕捉出来，经分离、提纯后，在生物、化工、能源开采等领域循环再利用或直接封存到地下，是一种人工负碳技术。而在自然界的碳循环中，同样可以通过海洋固碳、陆地固碳等生物固碳技术，充分利用自然界的内在调节机制，实现 CO_2 大规模绿色减排。

第 6 章由张永立编写。本章分析了节能减碳的本质及其在国民经济发展和现代文明建设中的重要性。节能减碳的主要内容是节约和提高能效，着重分析了能效提升的两个重要内容，即能源转化效率和能量利用效率。由于节能减碳涉及的领域极其广泛，难以尽述，因此，本章主要从化石能源的开发利用与二次能源及能量的利用两个方面，介绍了与工业、农业、服务业等息息相关的一些关键技术，包括节煤、节油、节气、节电，以及综合能源管理等方面的节能技术。

第 7 章由崔世钢编写。本章主要介绍碳中和的绿色经济手段。首先介绍了促进碳中和的主要经济手段——碳市场、碳税、碳汇及绿色电力交易的基础知识；然后，分别介绍了全球和中国碳市场的发展历程及绿色金融发展现状。最后，根据绿色评价指标，给出了一种综合性多元化的绿色评价参考标准。本章既包含绿色经济相关理论知识，又提供了具有可操作性的绿色评价量化参考标准。

第 8 章由李云梅、孟宪阳、皮琳琳、薛利晨、赵元元编写。本章选取国内外四个碳中和工程典型案例，分别是国内首个碳中和小镇——中新天津生态城智慧能源小镇、国内首个碳中和园区——金风科技亦庄智慧园区，首个碳中和奥运会——北京 2022 冬奥会赛事工程和首届碳中和世界杯——卡塔尔赛事工程。四个案例均坚持绿色发展理念，采用了多种技术综合应用，多项措施并举实现碳中和目标。

第 9 章由崔世钢、李欣颀编写。本章主要介绍碳中和人才需求、培养及就业。在绿色低碳发展下，国家将碳达峰碳中和纳入经济社会发展全局，绿色能源及相关绿色产业获得极大的发展机遇，其相关岗位需求大幅增加，产业需求的变化和技术的变革也带来了人才需求规格、层次的变化。本章在阐述现阶段碳中和人才需求的转变的基础上，首先介绍了国内外碳中和人才的培养现状；然后，根据我国碳中和相关岗位人才需求制定了碳中和相关专业（学科）群人才培养方案；最后，分析了碳中和相关领域（涵盖理、工、农、经、管、法多个学科门类）的职业发展、人才就业及升学情况。

参加编写工作的研究生有：杨梦玉、蔡兴宗、陈子川、李云飞、孙晨、石兰婷、王晓莉、孙玉豪、苏继平、李梦婕、索美霞、彭岩超、曲新悦、李小林、邢淼洁、陈扶玺、李学慧、袁锐舰等。

“双碳”目标的实现是推动我国经济社会高质量发展的重要路径，也是构建人类命运共同体、促进人类社会可持续发展的必由之路。

鉴于首次编写《碳中和导论》教材，加之碳中和相关内容具有覆盖面广、战线长、技术创新迭代快等特点，同时介于编著者知识、能力、视野及认识水平的局限性，教材的内容和呈现方式距离社会的期待还有差距。但考虑到“双碳”目标发展对人才需求和人才培养迫切需求导论教材，所以我们决定抛砖引玉，尽早补上这一空缺。真诚期望各位专家和读者在使用过程中提出宝贵意见，以便再版时更新和完善。

教材编写组

2023 年 9 月

目 录

第 1 章 绪 论

CHAPTER 1

第 2 章 CHAPTER 2

绿色能源

27

第 3 章

绿色电力系统

CHAPTER 3

第 4 章

储能技术与绿色燃料

CHAPTER 4

第 5 章

负碳技术

C H A P T E R 5

第 6 章

节能减碳技术

149

CHAPTER 6

第 7 章

绿色经济

173

CHAPTER 7

第 8 章 CHAPTER 8

碳中和工程典型应用案例 195

第 9 章

碳中和人才需求与人才培养

229

C H A P T E R 9

CHAPTER 1

第1章

绪　论

2020年9月22日，国家主席习近平在联合国大会上宣布："中国将提高国家自主贡献力度，采取更有力的政策和措施，二氧化碳排放力争2030年前达到峰值，努力争取2060年前实现碳中和"（简称：3060"双碳"目标）。实现碳达峰碳中和是以习近平同志为核心的党中央统筹国内、国际两个大局做出的重大战略决策，是着力解决资源环境约束突出问题、实现中华民族永续发展的必然选择，是构建人类命运共同体的庄严承诺。

碳达峰：即碳排放峰值，是指一个经济体或地区二氧化碳的最大排放值；是碳排放量在某个时间点达到峰值后不再增长。

碳中和：是指在一定时间内直接或间接产生的二氧化碳（温室气体）❶排放总量，通过自然或人为技术手段加以抵消，实现碳排放与碳吸收的平衡，达到二氧化碳"净零排放"。

1.1 太阳光、能源与碳循环

"天下万物生于有，有生于无""道生一，一生二，二生三，三生万物"（出自《道德经》）。物质循环是能量流动的载体，能量流动是物质循环的动力。爱因斯坦的质能方程❷阐明了质量和能量之间的转换关系，"质量和能量都是同一事物的不同表现形式"。按照宇宙大爆炸假说，宇宙诞生之初，不存在物质，只有以辐射形式存在的能量，物质只能以电子、光子和中微子等基本粒子形态存在，大爆炸之后，随着宇宙的不断膨胀，逐步形成原子、原子核、分子等最基本的物质。进而形成星云、星系，乃至太阳系、地球，于是产生了细胞、植物、动物和人类等形成今天的自然生态。

1.1.1 万物生长靠太阳

1. 太阳光

太阳给地球带来无限生机。太阳光是由数不清的光子构成的，光束本身是电磁波，光子是光线中携带能量的基本粒子。一个光子能量的多少与波长相关，波长越短，能量越高。

到达地球的太阳光主要由可见光、波长大于可见光的红外线及波长小于可见光的紫外线组成。在地面上观测的太阳辐射波段范围为0.295~2.5微米。短于0.295微米和大于2.5微米波长的太阳辐射，因地球大气中臭氧、水汽和其他大气分子的强烈吸收，不能到达地面。

2. 光合作用

太阳光是植物光合作用的核心要素，光合作用❸推动了生命的起源，没有植物的光合

---

❶ 对应副册的名词释义。下同。

作用，人类就没有生存的物质来源。太阳不仅给人类带来光明，而且为人类的生存和发展提供了能量和物质基础，所以，太阳是人类发展进步的动力源泉。

科学家发现，不同波长的光对植物生长有着不同的影响。绿色植物中的叶绿素最容易吸收红光，以及蓝紫光，而对绿光吸收最少，因此植物呈现出鲜明的“绿色”。其中，红光有利于碳水化合物的积累，蓝光有利于蛋白质和非碳水化合物的积累。紫外线对植物的形状、颜色和品质优劣起着重要的作用，会使植物茎叶短小，色泽较深。不同的太阳辐射光谱对植物的光合作用、色素形成、向光性、形态变化等发挥的作用和影响有所不同。

绿色植物通过叶绿体，利用光能，把二氧化碳（CO_2）和水合成富能有机物，同时释放氧气。光合作用的总反应式是一个简单的氧化还原过程，但实质上包括一系列的光化学步骤和物质转变过程。整个光合作用大致可分为三大步骤：①原初反应，包括光能的吸收、传递和转换；②电子传递和光合磷酸化，形成活跃化学能；③碳同化，把活跃的化学能转变为稳定的化学能，并固定二氧化碳和形成糖类。因此，万物生长靠太阳，没有二氧化碳就没有植物的光合作用，光合作用是人类生存的物质来源。太阳不仅给人类带来光明，而且为人类的生存和发展提供了能量和物质基础。

1.1.2 太阳——能源之源

能源是可以转化为提供人类所需能量的资源，是能量的物质载体，能源是国民经济和社会发展的命脉。物质、能量、信息是构成客观世界的三大基本要素。太阳是距离地球最近的恒星，太阳以日光的形式照射地球，我们的能源绝大部分直接或间接来自太阳的能量。从碳中和的角度，按能源释放能量的过程中碳排放状况分类，能源可分为化石能源、绿色能源和中性能源。

1. 化石能源

化石能源是高碳排放能源。煤炭、石油、天然气等化石燃料蕴含的能量是远古生物固定和积累的太阳能，是生物质的化石。煤是由古代植物死亡后被埋于地下，由于厌氧菌和地壳运动的作用，氢、氧、氮的含量慢慢减少，碳的含量相对增加，逐渐形成了泥炭、褐煤、烟煤等。石油和天然气则是大量海洋生物的遗骸随着泥沙一起沉入海底，长年累月地层层堆积起来，与外界空气隔绝，经过细菌的分解及地层内的高温、高压作用，慢慢形成了石油和天然气。

2. 绿色能源

绿色能源是在释放能量的过程中不排放温室气体的能源。太阳光是光伏、风能、水能、潮汐能等绿色能源的产生源泉。

太阳能是太阳内部不停地核聚变反应释放的核能，太阳为地球带来光能，并且通过各种渠道形成了绿色能源。通过光电效应、相应设备等将光能直接转化为电能的过程为光伏发电；通过太阳辐射使地面受热不均，大气压分布不均，空气沿水平方向运动成风从而产生风能；通过太阳辐射蒸发水成为水蒸气形成雨云，再通过大气流动转移到海拔较高处并以降水形式回到地面，再向海拔相对较低处流动，因水位差形成水力势能（水能）；通过太阳辐射使海洋表层与深层温差产生温差能及潮汐能、波浪能等海洋能；太阳能通过分解水、热化学循环或其他途径可以转换成氢能。

通过核反应从原子核释放的能量形成核能，核能是通过原子结构改变而释放出来的能量，在核能发电过程中不产生温室气体，故核能是绿色能源。

3. 中性能源

利用太阳光进行植物的光合作用，将太阳能以化学能形式储存在生物质中，即以生物质为载体的能量，称为生物质能；生物质能是可再生能源，但生物质作为燃料在燃烧时排放二氧化碳，因此，生物质能不是绿色能源，植物在生长过程中吸收二氧化碳，在利用生物质能的过程中会释放二氧化碳，生物质能对二氧化碳的利用为“净零排放”。生物质能是碳中性的，因此，我们称生物质能为中性能源。

1.1.3 能源与碳循环

研究表明，地球生命体内的碳原子构成了大自然的神奇骨架，构建出绚丽多彩的碳基生命，整个地球文明就是一个碳基文明，从某种意义上说，地球生态圈是一个碳循环的生态圈。

碳循环是碳元素以化合物形式在大气、土壤层以及生物圈之间储存、相互转换以及转移的复杂的动态循环过程。自然界的碳元素绝大多数储存在岩石圈的化石能源中，工业革命以来人为利用非绿色能源（薪柴、煤、石油、天然气），大量排放二氧化碳使碳循环的自然碳中和生态遭到破坏。在大气中二氧化碳是含碳的主要气体，也是参与物质循环的主要因素。植物吸收大气中的二氧化碳进行光合作用产生富能有机物，其中碳元素经由食物链在植物、动物和人等生物之间进行传递；这些生物体通过物质代谢释放生命活动所需能量，并在此过程中呼出二氧化碳，使碳元素返回大气圈，在生物圈中实现碳循环，如图 1-1 所示。

1. 大气、土壤、水体和岩石之间的碳交换

大气与土壤之间的碳交换主要通过土壤生物、化学和物理等自然过程实现。例如，在土壤中微生物能够分解土壤中的有机碳，土壤中的碳化合物在化学作用下产生的二氧化碳释放到大气中。大气与水体之间的碳交换从原理上可分为物理、化学和生物三种方式。大气中的二氧化碳浓度通常高于水体中二氧化碳的浓度，因此浓度差促使二氧化碳从大气中不断扩散至水体中，并以碳酸盐的形式储存在水体中；水中的浮游植物通过光合作用将大气中的二氧化碳转化为有机碳，同时水体中的生物通过呼吸作用也会将产生的二氧化碳释放到大气中。

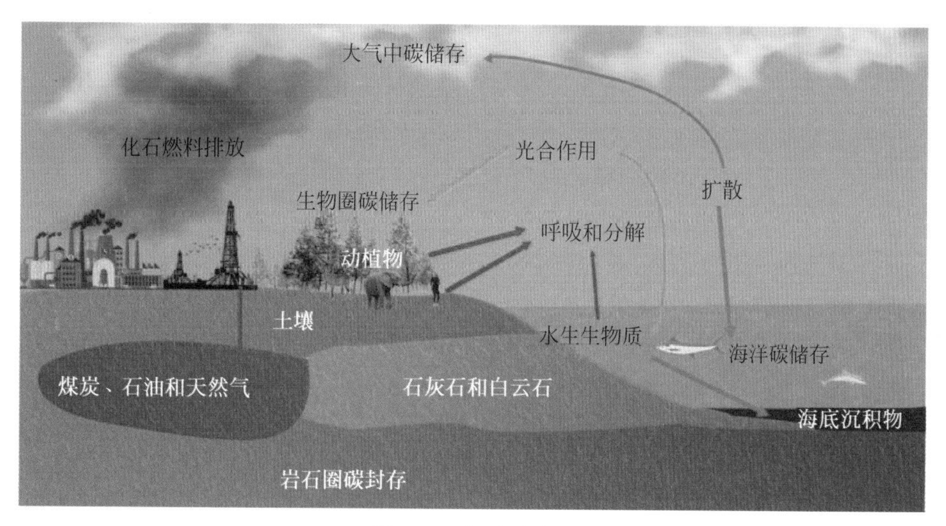

图 1-1 碳循环过程

大气与岩石的碳交换分为表层交换和深层交换。大气与岩层表层之间的碳交换主要发生在地表或直接暴露于地面的岩石中，通过风化作用实现。岩石有机碳氧化或和碳酸盐矿物的氧化或风化会释放二氧化碳到大气中。此外，地表的硅酸盐和碳酸盐在降雨条件下吸收大气中的二氧化碳，发生矿化作用，形成新的岩层。而在岩层深层与大气的碳交换是通过板块运动将岩层中的碳化物在地层深处经过高温分解，以火山爆发的形式释放到大气中。

土壤与水体的碳交换主要通过地表径流将土壤孔隙中的一部分二氧化碳吸收形成碳酸盐，同时土壤中的一些颗粒有机碳或无机碳也会随着地表流经作用进入水体。在水体中，溶解的有机碳和无机碳会通过物理和化学作用形成沉淀物进入土壤。

2. 生物圈与大气、土壤、水体和岩石之间的碳交换

生物圈与大气、土壤、水体和岩石之间的碳交换主要通过动植物的生命活动实现。生物圈与大气中的碳交换通过自养生物的光合作用以及动植物的呼吸作用实现。

光合作用是植物的第一条碳通道，绝大部分植物通过光合作用把空气中的二氧化碳转化为碳水化合物，主要存在形式为葡萄糖、淀粉、蛋白质等，用于植物细胞的呼吸作用、能量储存、细胞结构形成等生命活动。

光合作用是自然界中实现碳循环的关键环节，对维持生物圈的稳定性起着非常重要的作用，对实现自然界的能量转换、维持大气的碳 - 氧平衡具有重要意义：①将无机物转变为有机物；②将光能转化为化学能并储存；③调节自然中二氧化碳和氧气的水平，稳定生物圈的温度和物质循环。

人、动物与植物的碳 - 氧互补转换是自然界生存发展和生态平衡的基础。植物在同化无机碳化物的同时，把太阳能转变为化学能，储存在所形成的有机化合物中。有机物中所存储的化学能，除了供植物本身和全部异养生物之用外，还是人类营养和活动的重要能量来源。

（1）生物体通过物质代谢，从外界摄取营养物质，同时经过体内分解吸收将其中蕴藏的化学能释放出来转化为组织和细胞可以利用的能量，生物体再利用这些能量来维持生命活动。能量代谢则是在物质代谢过程中所伴随的能量的释放、转移、储存和利用。

（2）人类和动物可以通过身体活动控制能量消耗、保持能量平衡、维持健康。

（3）食物热效应，即摄食过程中，由于对食物中的营养素进行消化、吸收、代谢转化等，需要额外消耗能量，同时引起体温升高和散发能量，也称为食物特殊动力作用。

在水体中，浮游动植物体的呼吸作用产生的二氧化碳会溶解水体中，水体中溶解的二氧化碳也会通过钙化作用形成甲壳类动物的躯壳。在土壤中，通过根系的生长将土壤中的碳固定在根系中，而动植物死亡后残体中的有机碳一部分会埋入土壤，然后被土壤中的微生物分解后以二氧化碳的形式返回到大气中；另一部分则以有机碳和无机碳的形式储存在土壤中。虽然由于地层深部条件的限制，岩石圈和生物圈的碳交换过程短期相对缓慢，但仍有一定的碳交换发生。

1.1.4 能源利用技术进步是人类文明和社会进步的梯级

人类文明发展史也是能源的利用史，能源是工业的基础，是工业发展的驱动力。现代工业生产的工业产品也蕴含着物质与能量之间的转化。

第一次能源革命 学会钻木取火使人类开始步入文明社会，是能量转化方面的第一次技术创新，也是人类从利用自然火到利用人工火的转变，标志着以薪柴作为主要能源的时代的到来。人类以树枝、杂草等当燃料，用于熟食和取暖；靠人力、畜力，并利用一些简单的水力与风力机械作动力，从事生产活动，自给自足式的生产生活方式一直持续很久。薪柴燃烧释放的二氧化碳通过植物光合作用进行吸收，人类实现了自然生态平衡。

如图 1-2 所示，在工业革命前的地球处于生态自然碳中和状态，绿色植物从大气中吸收二氧化碳，在水的参与下进行光合作用转化为葡萄糖并释放出氧气，有机体再利用葡萄糖合成其他有机化合物。有机化合物经食物链传递，又成为人、动物、植物、微生物等生物体的一部分。而有机物又通过生物的呼吸作用将二氧化碳释放到大气中。呼吸作用使人类及动物产生的二氧化碳大部分被海洋、植物等吸收，整个生态系统碳 - 氧循环处于基本平衡状态，能量之间的传递与转化保持能量守恒。

第二次能源革命 随着社会逐步发展，人类需求进一步增加，为提高生产力，人类社会迎来了第二次科技革命，并直接推动了第一次工业革命。人类对能源利用从薪柴时代进入煤炭时代（即固体能源），实现了第一次能源转型，第二次能源革命开始于 18 世纪的英国，以蒸汽机的发明为主要标志，开辟了工业、交通运输业的新局面，进一步提高了人类利用能源的能力，能源的使用以煤炭为主。人类社会进入了利用机械力的工业文明时代。

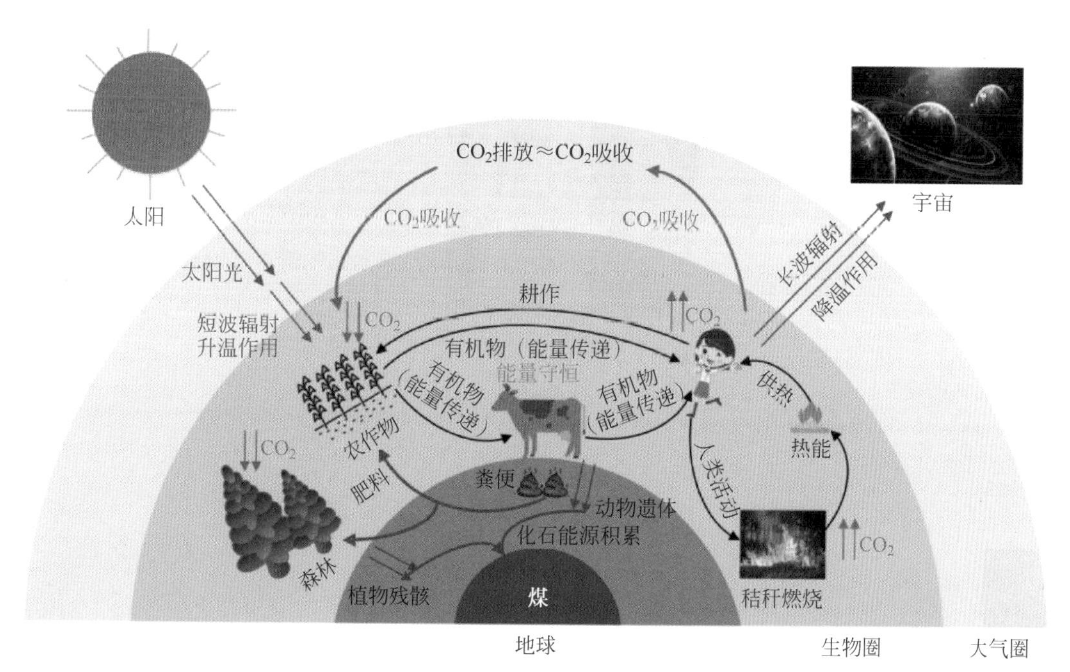

图 1-2 工业革命前的地球生态自然平衡状态

第三次能源革命 随着电磁学的发展，人类先后发明了电动机和发电机，以电力技术、内燃机为标志的第三次科技革命和第二次工业革命到来。人类对能源的利用从煤炭时代进入油、汽时代，实现了能源的第二次转型，开始了第三次能源革命。电能的使用极大地改变了人类的生产生活方式，工业革命带来了技术上的创新与突破，经济迅速增长，生产效率逐步提升，人类社会进入了“电气时代”。

如图 1-3 所示，工业革命后的地球生态自然平衡被破坏，人类大量地使用化石能源（煤炭、石油、天然气等），用于工业生产、交通运输、发电等，不断排放二氧化碳到大气中；同时越来越多的森林被砍伐，碳循环失衡，生物圈的生态自然平衡被破坏。

全球气候变暖导致冰川消融、海平面上升，降水重新分布，雾霾天气频繁，改变了全球气候的格局。受全球气候变暖影响，地球上的生物链、食物链被严重破坏。如果全球气候持续变暖，地球将不适合人类居住和生存。

第四次能源革命 持续使用了 200 多年的化石能源不仅面临战略性资源枯竭，而且给地球的生态环境造成极大的破坏。新能源革命是利用绿色能源满足人类不断增长的能源需求，并逐步替代化石能源。

科技革命不仅带动了工业、产业的发展，也带动了人类能源使用的革命。从人类学会钻木取火，以薪柴低密度能源为主到使用高密度化石能源（煤、石油、天然气），再发展为电能，能源的利用效率逐渐提高，能源革命大幅度地提高了社会生产力，丰富了人类的物质生活，生活水平逐渐提高，同时加快了人类文明的进程。

能源革命是推动人类文明的源泉，技术创新是能源革命的内在动力（见图 1-4）。随

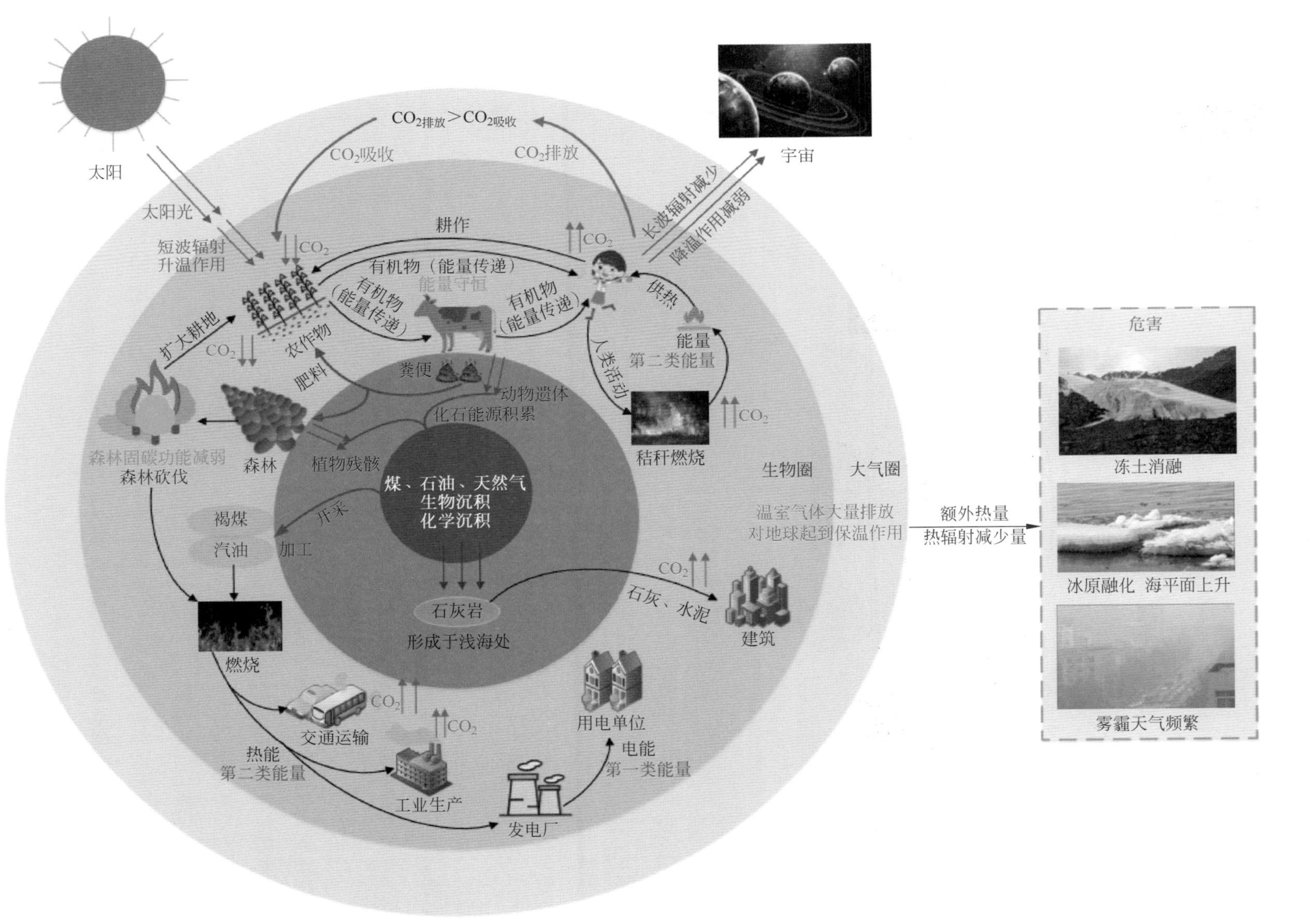

图 1-3 工业革命后的地球生态环境

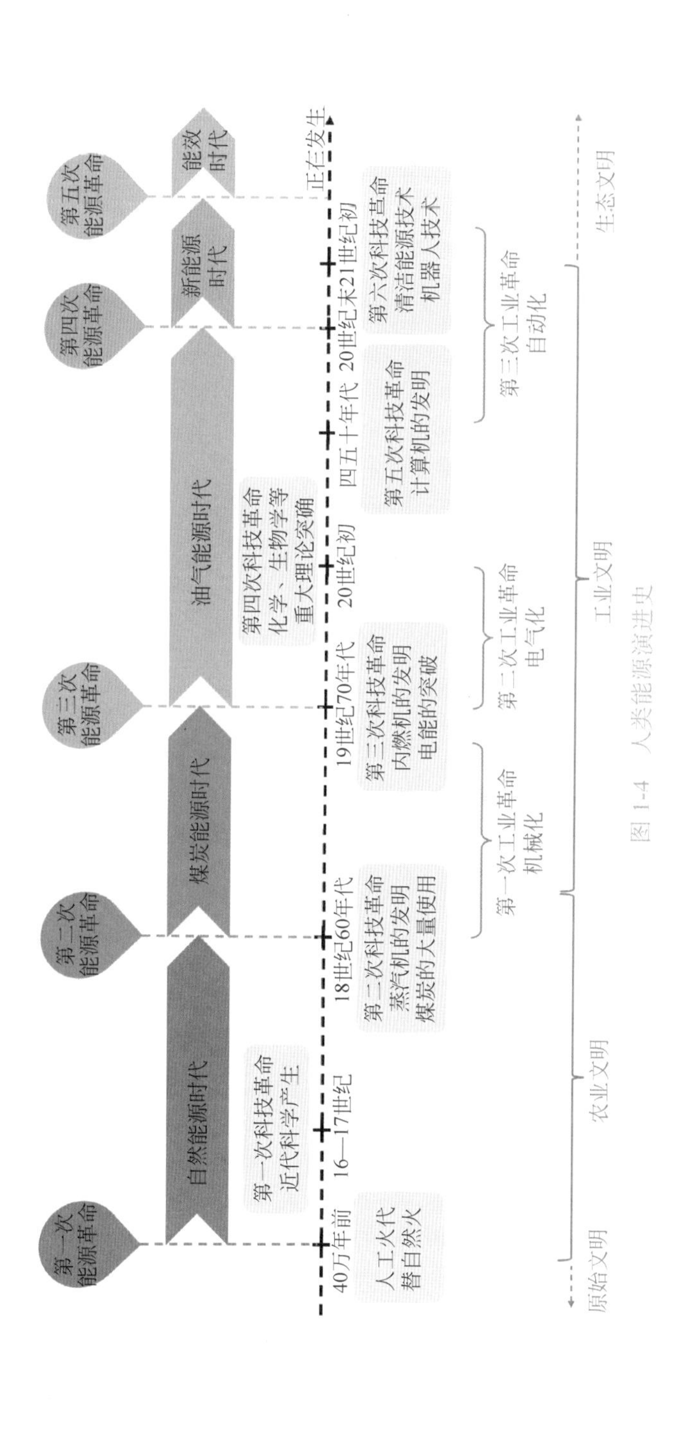
第一次能源革命
第二次能源革命
第三次能源革命
第四次能源革命
第五次能源革命
自然能源时代
煤炭能源时代
油气能源时代
新能源时代
能效时代
第一次科技革命
近代科学产生
第四次科技革命
化学、生物学等
重大理论突确
正在发生
40万年前
16—17世纪
18世纪60年代
19世纪70年代
20世纪初
四五十年代
20世纪末21世纪初
人工火代
替自然火
第二次科技革命
蒸汽机的发明
煤炭的大量使用
第三次科技革命
内燃机的发明
电能的突破
第五次科技革命
计算机的发明
第六次科技苣命
清洁能源技术
机器人技术
第一次工业革命
机械化
第二次工业革命
电气化
第三次工业革命
自动化
原始文明
农业文明
工业文明
生态文明
图 1-4 人类能源演进史

着基础科学的发展（如量子技术、新材料技术、空间技术、信息技术等）和新技术的突破（如量子能源、石墨烯、空间电站、可控核聚变等），人类将迎来第五次能源革命（能效时代）的到来。即能源生产、存储、传输效率和能源利用效率提高；同时，能源成本下降。能效革命将推动新型工业革命和人类文明向前发展。

1.2 碳达峰碳中和概述

根据《2021 年全球气候状况》报告：自 19 世纪以来，人类通过燃烧化石燃料获取能源，导致全球温度比工业革命前高出了 1.1 摄氏度，气温上升的速度远远超出了预期，而在未来二十年会继续升温。

1.2.1 气候变化及应对策略

1. 全球变暖及成因

全球气候变化主要是指温室气体增加导致的全球变暖，由于工业革命之后，化石能源燃烧量不断增加，排放了大量二氧化碳、甲烷等温室气体；另外大规模的森林被砍伐，自然固碳 ❹ 能力减弱，导致大气中的二氧化碳无法被吸收，碳循环的平衡被打破。

温室气体主要包含二氧化碳（CO_2）（占温室气体的 74.4%）、甲烷（CH_4）（占温室气体的 17.3%）、氧化亚氮（N_2O）、氢氟碳化物（HFC_S）（例如氟利昂）、全氟化碳（PFC_S）（主要成分为四氟化碳（CF_4）和六氟乙烷（C_2F_6））、六氟化硫（SF_6）、三氟化氮（NF_3）等。

二氧化碳是对全球变暖威胁最大的温室气体，它在大气中存在数百年以上。化石能源的大规模利用导致大气中的二氧化碳浓度 ❺ 不断增加，工业化时代的二氧化碳浓度为 280ppm（ppm 为百万分之一，这里指二氧化碳在大气中的体积分数），然而 2021 年二氧化碳浓度达到了创纪录的 417ppm。温室气体造成的温室效应 ❻ 使大气的保温作用增强，从而使全球温度升高。

由于二氧化碳是温室效应的主要气体，因此，规定以二氧化碳当量 ❼ 为度量温室效应的基本单位。二氧化碳当量是指一种用作比较不同温室气体排放的量度单位，各种不同温室气体对地球温室效应的贡献度不同。“碳达峰碳中和”中的“碳”所指即为二氧化碳当量（carbon dioxide equivalent，CO_2e）。

图 1-5 表明，1750 年以来人类对化石能源的消耗导致二氧化碳排放量呈上升趋势、全球平均温度升高，二者呈正相关性。

联合国政府间气候变化专门委员会（Intergovernmental Panel on Climate Change，IPCC）表明，全球气候变化的成因无疑是人类的活动，而人类的活动不仅导致了大气层、海洋和陆

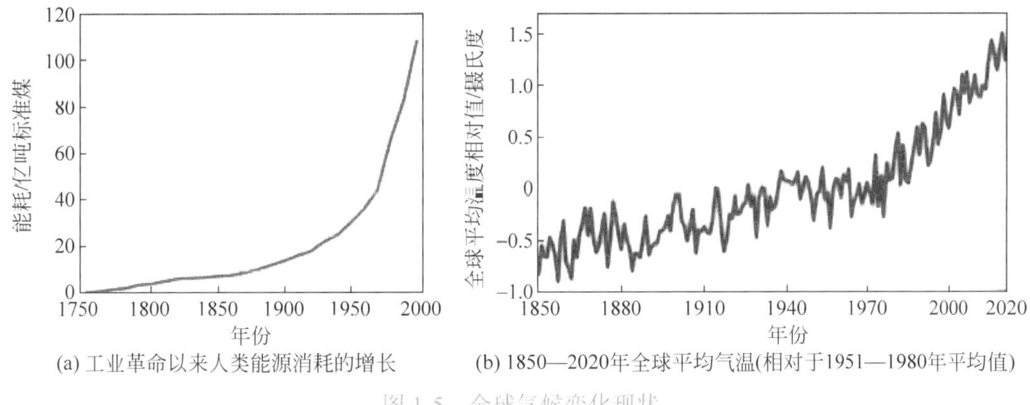

(a) 工业革命以来人类能源消耗的增长　(b) 1850—2020年全球平均气温(相对于1951—1980年平均值)

图 1-5　全球气候变化现状

注：标准煤 ❽ 也称煤当量，是能源的度量单位。为了便于对各种能源进行汇总计算、对比分析，应将各种能源的实物单位折算成统一的标准单位。

地变暖，而且引起大气圈、海洋、冰冻圈和生物圈都发生了广泛而快速的变化。全球气候变化引发极端天气灾害，其所带来的影响是人类无法估计的，将造成海平面升高、大量沿海建筑被海水淹没和生物种类灭绝等。同时也严重威胁到人类生存与文明的永续发展。

2. 国际社会应对气候变化的政策方案

和平与发展是人类社会发展的两大主题。同时气候问题、能源问题、粮食问题、人口问题也都是人类社会发展过程中不可忽视的问题。现阶段，气候问题已经演变成全球性问题，任何一个国家、企业和个人都无法逃脱全球变暖的负面影响。国家要发展经济，企业要追逐利益，个人要生活，大到跨国贸易，小到细胞呼吸，碳排放无处不在，与我们息息相关。因此减少碳排放以应对气候变化逐步成为全球共识，国际社会为应对气候变化问题提出相应的政策措施，一方面，我们要通过绿色能源取代化石能源、提升能效等方式降低碳排放；另一方面，要通过植树造林、碳捕集、利用与封存技术等提升碳去除水平。目前，大多数发达国家将碳中和目标锁定在 2050 年。图 1-6 是全球应对气候变化的政策方案。

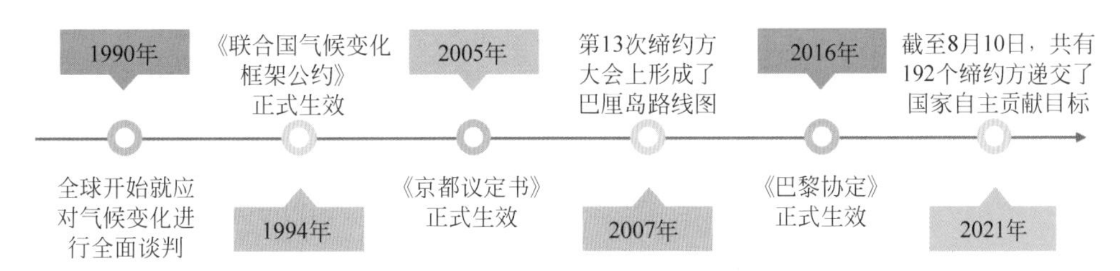

图 1-6　全球应对气候变化的政策方案

解决气候问题，不只是某个国家的努力，而是需要各个国家共同努力，共同构建人类命运共同体。2016 年，《巴黎协定》明确提出到 21 世纪末，将全球平均温升保持在相对于工业化前水平 2 摄氏度以内，并为全球平均温升控制在 1.5 摄氏度以内付出努力，以降低气候变化的风险与影响，更好地改善全球气候环境。然而，碳中和目标并不等于温控1.5摄氏度目标，在21世纪中叶实现全球碳中和以后，还有大约50年的时间需要从大气中吸收温室气体，才能实现2100年将温度控制在1.5摄氏度以内的目标，即所谓的负排放目标。

1.2.2 碳中和的本质与绿色思维

人类的活动破坏了地球的碳循环平衡，碳循环失衡是攸关人类和其他物种生死存亡的大事，为了人类的福祉，必须改善碳循环失衡的现状。建立以绿色、低碳为基础的经济发展和生活方式，减少温室气体的排放，改变人们的生产模式、生活方式，乃至思维理念。

1. 碳中和的本质

碳中和是使大气的温室气体浓度不再增加，从量变到质变的过程；是敬畏自然、尊重科学、认识世界、改造世界、以人为本、科学发展的过程。

从内在根源上看碳中和主要包含以下三层含义。

（1）碳中和是应对气候变化，全球减少大气温室气体排放的过程和目标。

（2）碳中和是全人类去碳化的能源革命、生态化的技术革命、绿色化的工业革命，将从根本上改变每个人的生产、生活、消费和思维方式，将对人类社会和经济发展带来深刻变革。

（3）碳中和是人类生活和生产使用的能源从太阳远古演化的非绿色能源（薪柴、煤、石油、天然气）逐步转化为太阳光直接或间接转化的绿色能源的过程，也是回归自然界本源的过程；是人与自然和谐共生永续发展的过程。

节能提效是实现“双碳”目标最现实、最可行的路径。社会需求是科技发展的源泉，创新是社会发展的原动力。技术和模式创新是碳中和的内生动力。坚持节约优先，树立“节能是第一能源”的理念。首先是尽最大可能减少能源使用，杜绝能源浪费。其次，通过技术创新提高绿色能源发电效率，提高能量使用效率。节约能源是长期渐进复杂的过程，节能提效技术创新是构建绿色低碳新发展模式的内在动力。

2. 绿色思维

绿色思维即碳中和思维，是以碳中和为中心构建的思维模式。绿色生态系统的构建是保障人类永续发展的能源革命，也是一项全球各国都要积极参与的、多维、立体、长期、复杂的系统工程。

“绿色”的含义如下。

广义上来讲，绿色是植物的颜色。绿色寓意：环保、生机、健康、生态、无污染、节能、可持续性、一切万物的根源等，也代表着一种精神、一种理念，是人类一直所追求的永续发展之路、人与自然和谐共生的象征。

狭义上来讲，包含以下三层含义。

（1）以遏制全球气候变化，促进人与自然和谐共生为目标，发展绿色关键技术，推动能源结构和产业结构转型升级，降低二氧化碳排放量，逐渐实现“低碳、净零碳、脱碳”的过程。“绿色”是一种趋势，是人类认识世界、尊重科学、敬畏自然、以人为本、实现科学发展的过程；是实现“绿水青山”、构建环境优美“绿色”中国的过程。

（2）以绿色技术创新为目标，节能增效、降低碳排放强度、实现能源转型；用智能电力系统代替传统电力系统，逐步构建绿色电力系统。通过植树造林等提高自然固碳能力；优化升级负碳技术，提升固碳效率，实现绿色低碳发展。

（3）以经济手段实现“绿色”发展。通过碳交易、碳汇 ⑨ 市场、碳税激励绿色能源产业及相关技术发展，以最低成本、最高效率改变能源结构，以市场经济促使绿色低碳发展，还原大自然该有的颜色——绿色。

绿色思维就是以碳中和为中心的系统思维。从基础科学研究出发，实现技术创新，研发清洁高效、新型集成的绿色技术和科学使用能源技术，提高绿色能源生产和使用效率，实现工业产品生产的“绿色”化，逐步实现从家庭到社区、城市，从企业到行业、领域各社会层面的低碳、净零碳、脱碳的过程；通过绿色经济手段，提升效率和效益，促进实现“山青、水绿、天蓝、土净”的美好目标，最终实现碳中和，回归自然本源。

1.2.3 碳中和工程与绿色能源

1. 碳中和工程

碳中和工程是为应对全球气候变暖，以大气温室气体浓度不再增加的目标（即碳达峰碳中和）为依据，综合应用相关科技创新知识和经济手段，进行顶层规划、综合设计、系统优化，制定技术方案、技术路径、实施细则，通过科学管理、整体协调、总体实施、科学评价等工作的开展，最终实现碳中和的过程。碳中和工程是全球有史以来涉及生态与能源问题的规模最大、时间最长、最复杂的系统工程。中国碳中和工程是全球碳中和工程中最重要的组成部分。碳中和导论框图如图 1-7 所示。

2. 绿色能源将推动人类发展与社会进步

以绿色技术构建的绿色生态系统是人类文明社会进步的新开端。生态环境是人类赖以生存的空间，环境条件的优劣直接影响人类的生活质量。因此，生态和能源问题是当今世

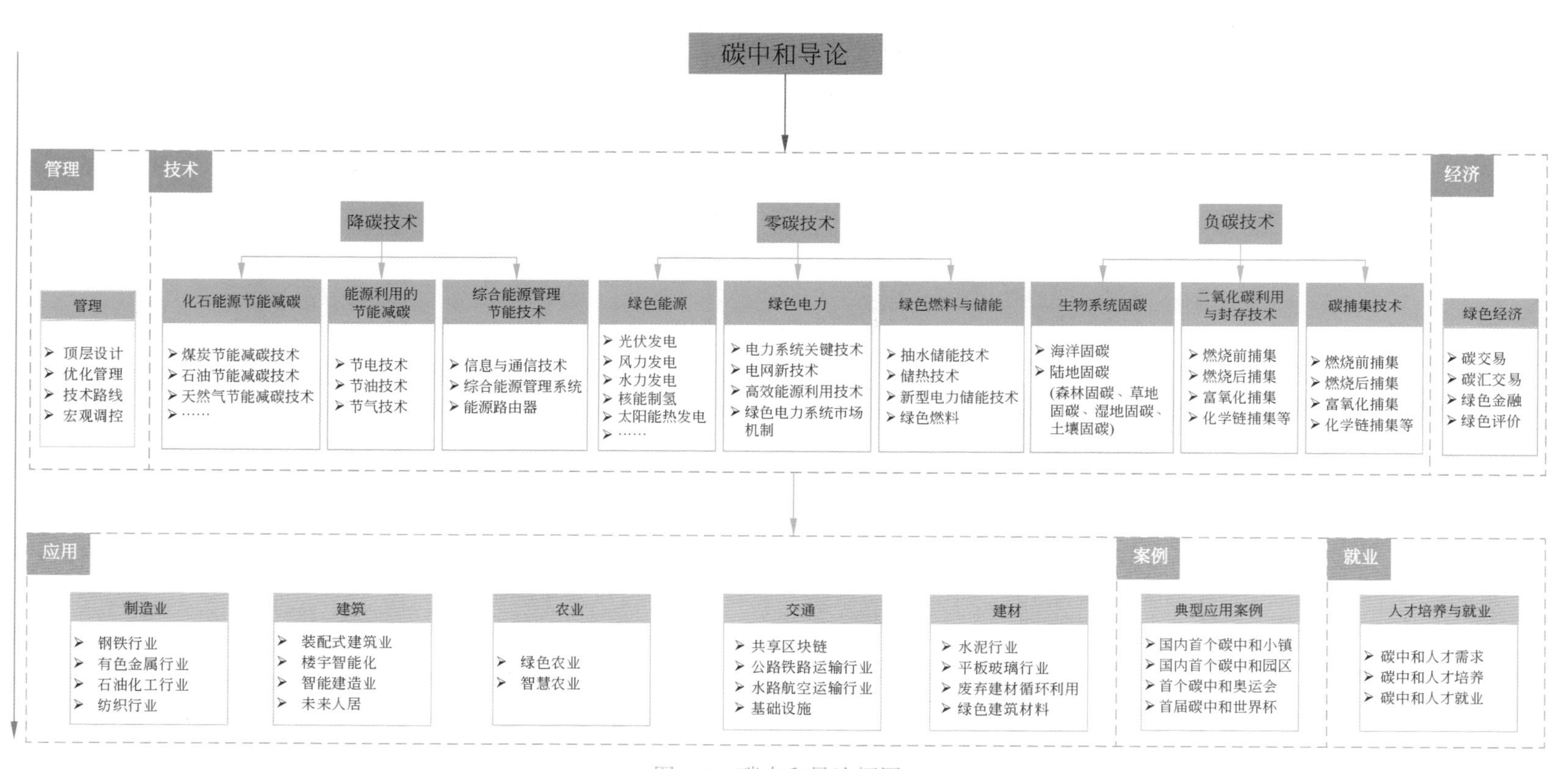

碳中和导论
管理
技术
经济
降碳技术
零碳技术
负碳技术
管理
➢ 顶层设计
➢ 优化管理
➢ 技术路线
➢ 宏观调控
化石能源节能减碳
➢ 煤炭节能减碳技术
➢ 石油节能减碳技术
➢ 天然气节能减碳技术
➢ ……
能源利用的节能减碳
➢ 节电技术
➢ 节油技术
➢ 节气技术
综合能源管理节能技术
➢ 信息与通信技术
➢ 综合能源管理系统
➢ 能源路由器
绿色能源
➢ 光伏发电
➢ 风力发电
➢ 水力发电
➢ 核能制氢
➢ 太阳能热发电
➢ ……
绿色电力
➢ 电力系统关键技术
➢ 电网新技术
➢ 高效能源利用技术
➢ 绿色电力系统市场机制
绿色燃料与储能
➢ 抽水储能技术
➢ 储热技术
➢ 新型电力储能技术
➢ 绿色燃料
生物系统固碳
➢ 海洋固碳
➢ 陆地固碳
(森林固碳、草地固碳、湿地固碳、土壤固碳)
二氧化碳利用与封存技术
➢ 燃烧前捕集
➢ 燃烧后捕集
➢ 富氧化捕集
➢ 化学链捕集等
碳捕集技术
➢ 燃烧前捕集
➢ 燃烧后捕集
➢ 富氧化捕集
➢ 化学链捕集等
绿色经济
➢ 碳交易
➢ 碳汇交易
➢ 绿色金融
➢ 绿色评价
应用
案例
就业
制造业
➢ 钢铁行业
➢ 有色金属行业
➢ 石油化工行业
➢ 纺织行业
建筑
➢ 装配式建筑业
➢ 楼宇智能化
➢ 智能建造业
➢ 未来人居
农业
➢ 绿色农业
➢ 智慧农业
交通
➢ 共享区块链
➢ 公路铁路运输行业
➢ 水路航空运输行业
➢ 基础设施
建材
➢ 水泥行业
➢ 平板玻璃行业
➢ 废弃建材循环利用
➢ 绿色建筑材料
典型应用案例
➢ 国内首个碳中和小镇
➢ 国内首个碳中和园区
➢ 首个碳中和奥运会
➢ 首届碳中和世界杯
人才培养与就业
➢ 碳中和人才需求
➢ 碳中和人才培养
➢ 碳中和人才就业

图 1-7 碳中和导论框图

界各国最为关注的共同焦点，更是实现可持续发展的关键。能源开发利用的每一次飞跃都引发了人类社会的变革，绿色能源将推动人类发展与社会进步。

绿色能源的利用可以大大减轻人类对化石能源的消耗和依赖，为国民经济提供能源供应。绿色能源是经济实现绿色低碳发展目标的基础和保障。绿色能源产业崛起将引起电力、IT、汽车、新材料、建筑业、通信、人工智能、数字经济等多个行业产业的变革，并催生一系列新兴绿色产业的快速发展。

绿色能源的开发和利用也将拉动制造业等行业的经济增长，带动农业生态建设，巩固封山育林和退耕还林成果，同时也将促进就业和西部边远地区脱贫致富。发展绿色能源技术，将开拓新的经济增长点、促进我国经济持续健康发展；也是统筹能源安全和保护生态环境实现可持续发展的重要保障。“环境就是民生，青山就是美丽，蓝天也是幸福”“绿水青山就是金山银山”的理念已经成为全社会的共同意识和行动。

1.3 碳达峰碳中和的发展现状

能源不仅是自然界中能量的载体，也是各国经济发展的物质基础。碳达峰碳中和是为应对全球气候变化，实现人类永续发展的保障，也是人类命运共同体必须集体面对和解决的难题。

1.3.1 全球碳中和进展

世界资源研究所（WRI）的统计显示，全球已经有54个国家碳排放实现达峰。2020年，全球碳排放排名前15位的国家中，美国、俄罗斯、日本、巴西、印度尼西亚、德国、加拿大、韩国、英国和法国已经实现碳排放达峰，其中，欧盟已于20世纪90年代实现碳达峰，峰值为45亿吨；美国则在2007年实现了这一目标，峰值为59亿吨。

欧盟颁布“绿色新政”希望主导碳中和规则的制定，2020年7月承诺到2050年成为首个实现碳中和的大陆。2020年9月，中国宣布碳中和，随后日本、韩国宣布碳中和。

2021年4月22日，美国总统正式宣布了美国2050年碳中和的目标。将气候变化视为国家安全的核心优先事项，对内以2050年碳中和为目标推进国内低碳经济转型，对外以气候外交为抓手强化全球领导力和影响力。

2021年11月1日，印度总理宣布2070年实现碳中和，并声明“实现净零排放，印度工业需要在深度脱碳技术方面进行巨额投资、技术转让和创新”。

截至2022年3月，已经有137个国家和地区承诺实现碳中和，这就意味着占全球经济总量75%以上的国家，碳中和已经成为全球发展转型的主流和方向（见图1-8）。

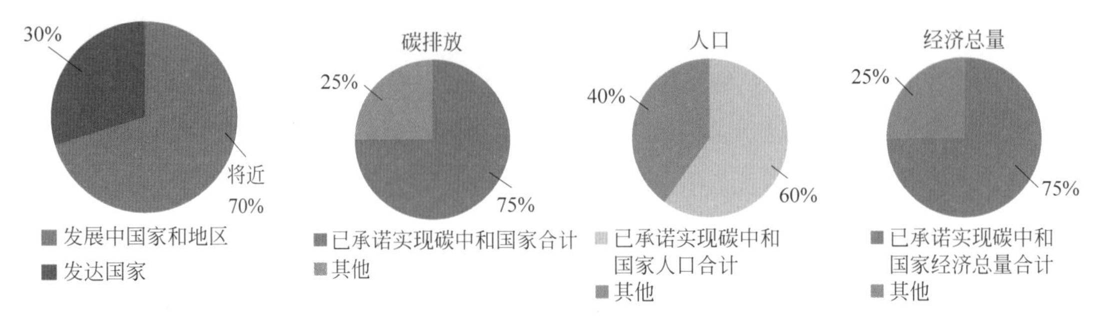

图 1-8 已承诺实现碳中和的国家和地区占据全球的比重

1.3.2 中国碳中和发展现状

1. 碳排放现状及能源消费

国际能源署的相关数据显示，2022 年全球二氧化碳排放总量为 360.7 亿吨，我国二氧化碳排放总量占全球二氧化碳排放的 31.8%，居全球首位（见图 1-9）。但我国的人均二氧化碳排放量仅为 7.84 吨，远远低于发达国家（见表 1-1）。

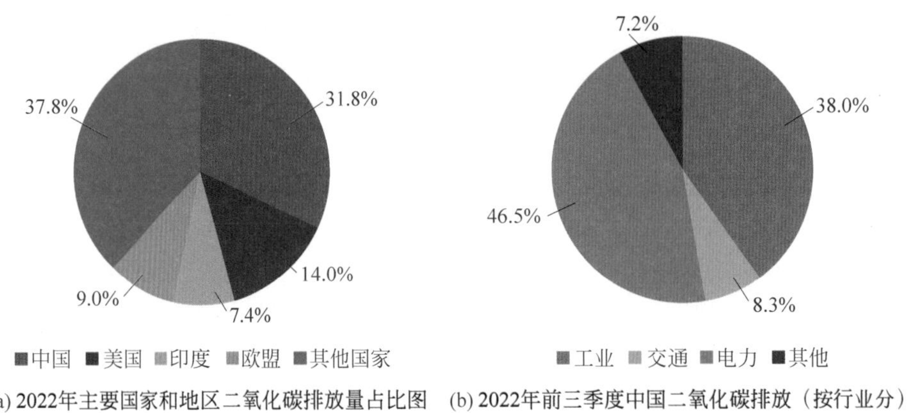

(a) 2022年主要国家和地区二氧化碳排放量占比图 (b) 2022年前三季度中国二氧化碳排放（按行业分）

图 1-9 二氧化碳排放量占比情况

表 1-1 2022 年主要国家 GDP 二氧化碳排放情况

国 家	GDP /亿美元	人口 /万	CO_2 排放 /百万吨	人均排放 /（吨/人）	单位 GDP 排放 /（千克/美元）	人均 GDP /美元
中国	181000	141255	11067.8	7.84	0.611481	12814
俄罗斯	22153	14344	1865.3	13	0.842008	15444
美国	254645	33353	4983.1	14.94	0.195688	76348
日本	42335	12517	1071.3	8.56	0.253053	33822
德国	40754	8379	661.8	7.90	0.162389	48636

数据来源：全球实时碳数据，https://www.carbonmonitor.org.cn/.

中国被誉为“世界工厂”，拥有着世界上最庞大的工业制造业体系，也必然会带来最大的能源消耗和温室气体排放；我国的能源消费总量和能源消费结构也影响着我国的碳排放量。我国碳排放来源主要是传统能源的使用（见图 1-10（a））。2021 年我国煤炭消费量为 54.4 亿吨，占终端能源消费的 56.0%，是我国主要的终端能源消费（见图 1-10（b））。石油、天然气消费持续增长，其中，原油消费量由 2015 年的 5.6 亿吨增加到 2021 年的 7.1 亿吨（见图 1-10（c）），年均增速接近 4.1%。原油对外依存度逐渐升高，2021 年已攀升到 72%。天然气消费量由 2015 年的 1931.8 亿立方米增加到 2021 年的 3699 亿立方米（见图 1-10（d）），年均增速超过 12%。2021 年天然气对外依存度攀升到 45%。

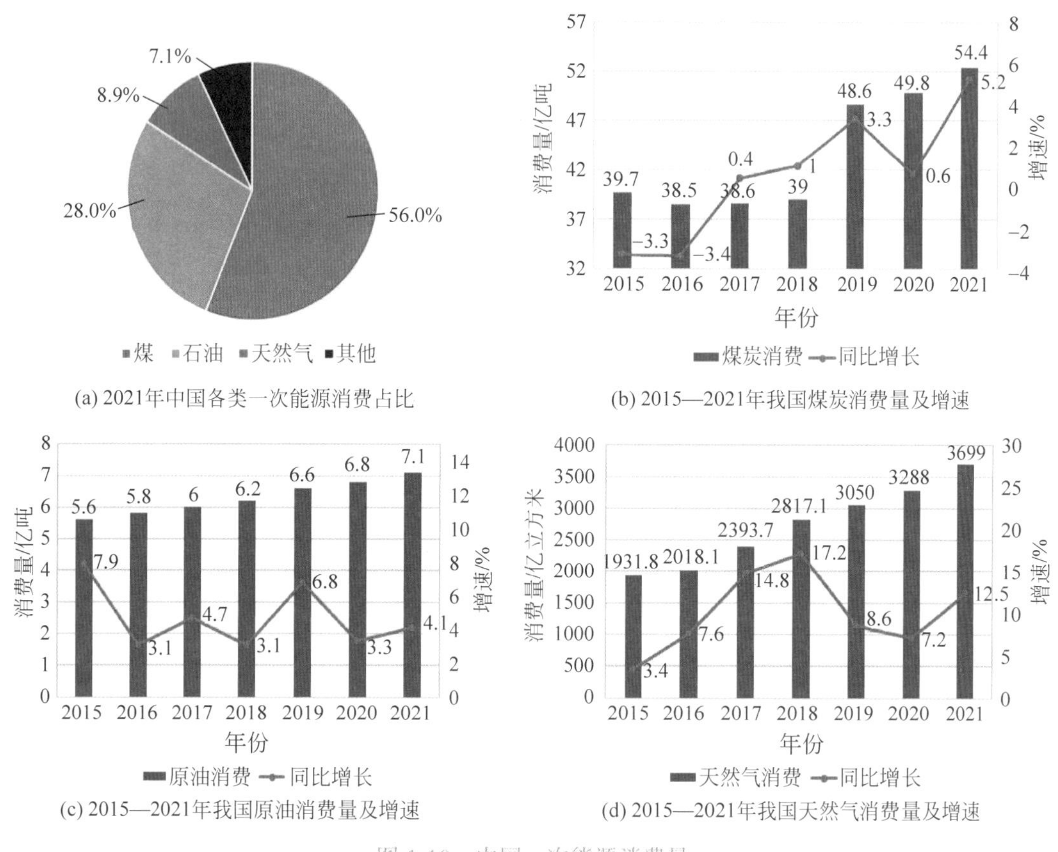

图 1-10 中国一次能源消费量

中国能源以燃煤为主，不仅燃料消耗量大、消耗强度高，而且能源利用率低。2020 年《BP 世界能源统计年鉴》显示，我国的产业结构一直处于不合理的状态。从行业来看，2021 年我国发电行业所产生的二氧化碳占全国总排放的 45%，碳排放量远高于其他行业。当前我国发电和供热行业仍以燃烧煤炭为主，这主要是由我国“富煤、贫油、少气”的资源特征决定的。工业行业二氧化碳排放占比为 40%，是第二大碳排放行业，主要因为钢铁、水泥、化工等工业的生产过程对化石能源高度依赖（见图 1-9）。因此要实现低碳、零碳，必须深度调整产业结构、推动产业结构优化升级、坚决遏制高耗能高排放项目盲目发展。

2. 中国的碳达峰碳中和目标

气候变化及应对问题属于当今国际社会高度关注的全球性重大问题。在科学界的推动下，应对气候变化已经引发了全球绿色发展和低碳发展的潮流，我国政府清醒地认识到气候变化带来的严峻挑战和机遇，科学应对气候变化是我国转变经济发展方式、建设生态文明的内在需求，也将是我国作为负责任大国对全球可持续发展应该做出的贡献。

2020 年 12 月，习近平主席在气候峰会上进一步宣布“双碳”目标：到 2030 年实现碳达峰，如图 1-11（a）所示。

“到 2060 年，绿色低碳循环发展的经济体系和清洁低碳安全高效的能源体系全面建立，能源利用效率达到国际先进水平，非化石能源消费比重达到 80% 以上，碳中和目标顺利实现，生态文明建设取得丰硕成果，开创人与自然和谐共生新境界。”

为达到这一主要目标，预计 2030 年我国碳排放将达到 116 亿吨的峰值，是实现碳中和的关键里程碑。未来十年，非化石能源将首次成为增量能源需求的主力。

预计从 2020—2030 年，我国能源消费总量将增长 20%；非化石能源占一次能源比重将从 16.4% 上升到 26.0%；化石能源占比将从 83.6% 下降至 74.0%，其中，煤炭、石油和天然气消耗总量分别于 2025 年、2030 年和 2040 年达峰，如图 1-11（b）所示。

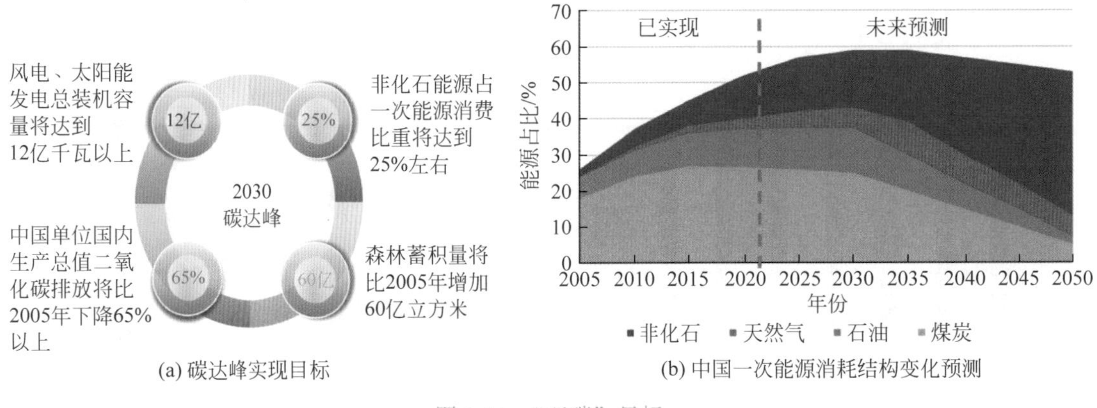

(a) 碳达峰实现目标

(b) 中国一次能源消耗结构变化预测

图 1-11 “双碳”目标

“双碳”目标的提出代表了中国在应对气候变化方面的近期与远期目标。我国应对气候变化目标总体上体现了从相对目标（能源和碳强度目标），通过能源强度和总量双控目标过渡，最终转向绝对（碳达峰碳中和）目标，管控模式不断升级，管控范围从化石能源消费转向非化石能源发展、森林碳汇、行业及区域适应气候变化等全方位发展布局。

3. 碳中和进展

我国“双碳”战略是经历了长期研究和论证，党中央经过深思熟虑做出的重大决策部署，事关中华民族永续发展和构建人类命运共同体，是倒逼我国坚持走高质量发展和高水平保护的内在要求，也是保护人类地球家园最低限度的行动。

严格控制化石能源消费。加快煤炭消费减量步伐，加快壮大新能源产业，深化能源体制机制改革，全面推进绿色转型发展是我国实现碳达峰碳中和的重要一步。

近年来，我国煤炭消费量占能源消费总量的比重持续下降，比 2020 年下降 0.9 个百分点。绿色能源消费量占比逐渐提高。2021 年，全口径非化石能源发电量 2.9 万亿千瓦时；占全口径总发电量的比重为 34.6%。其中，水电发电量 13401 亿千瓦时；核电发电量 4075 亿千瓦时；风电、太阳能发电、生物质发电创历史新高，发电量分别达 6556 亿千瓦时、3270 亿千瓦时、1637 亿千瓦时，如图 1-12 所示。

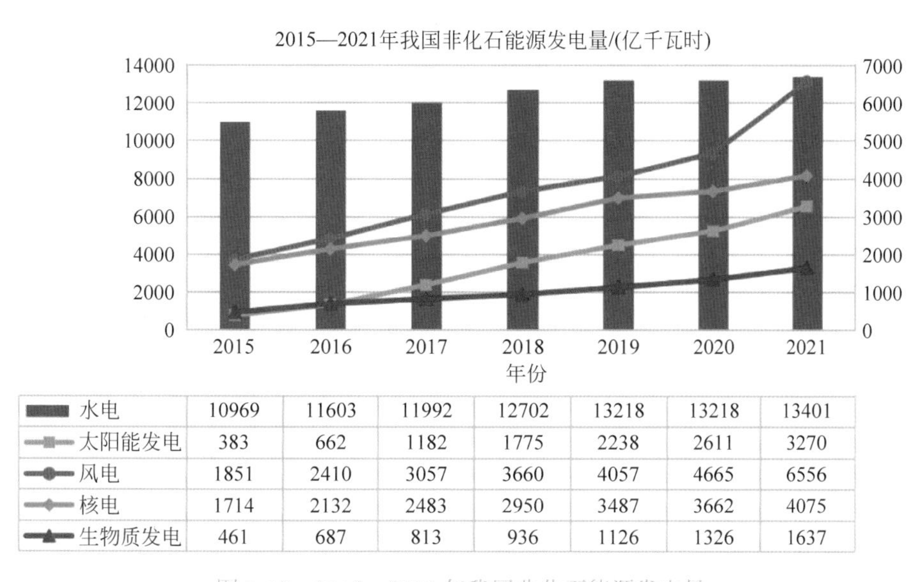

	2015	2016	2017	2018	2019	2020	2021
水电	10969	11603	11992	12702	13218	13218	13401
太阳能发电	383	662	1182	1775	2238	2611	3270
风电	1851	2410	3057	3660	4057	4665	6556
核电	1714	2132	2483	2950	3487	3662	4075
生物质发电	461	687	813	936	1126	1326	1637

图 1-12 2015—2021 年我国非化石能源发电量

《中国碳达峰碳中和进展报告（2021）》提出，持续推进产业结构调整、能源结构调整及实施节能提效是实现“双碳”目标的关键路径。优化产业结构，逐步减少煤炭消费，稳定石油消费规模，增加天然气消费规模，提升风、光等新能源消费比重，建立节能提高能效长效机制。“去除过剩产能，推动产业绿色升级”成为行业政策发展的主旋律。预计在新的政策发展规划下，传统能源产业的发展将迎来巨大的变革，行业将面临较大的挑战。

实现碳中和是国际社会应对气候变化问题的终极目标，其目的是推动全球的发展转型，它是一个政治共识，不是科学共识，力争把一个美丽、安全的地球留给子孙后代。“双碳”目标是我国应对气候变化的大国担当，也是倒逼我国发展转型的自主行动，将推动我国社会的高质量发展。

1.4 碳中和的实现路径和发展方向

保护地球就是保护人类本身。从科技和生产力的发展趋势看，人类对于能源的使用需求仍将进一步增加。为了实现永续发展，发展科技、生产力的同时必须改善碳循环失衡的现状。

1.4.1 中国的碳中和策略

1. 国家发展战略：逐步进入碳排放强度和总量双控

《“十四五”规划和2035年远景目标纲要》提出，加快推动绿色低碳发展，强化绿色发展的法律和政策保障，发展绿色金融⑩，支持绿色技术创新，推进清洁生产，发展环保产业，推进重点行业和重要领域绿色化改造，推动能源清洁低碳安全高效利用，发展绿色建筑，降低排放强度，支持有条件的地方率先达到碳排放峰值；制定2030年前碳排放达峰行动方案，积极参与引领气候变化等生态环保国际合作。

2. 政策规划：驱动经济社会系统性变革

2021年10月，《中共中央 国务院关于完整准确全面贯彻新发展理念做好碳达峰碳中和工作的意见》正式发布，对碳达峰碳中和工作做出顶层设计和系统谋划。国务院印发《2030年前碳达峰行动方案》，对碳达峰行动做出具体部署，加紧制定碳达峰行动方案和相关政策，碳达峰碳中和被提到了前所未有的高度，各项工作全面铺开。

图1-13为近年来中国针对“双碳”工作的开展现状。

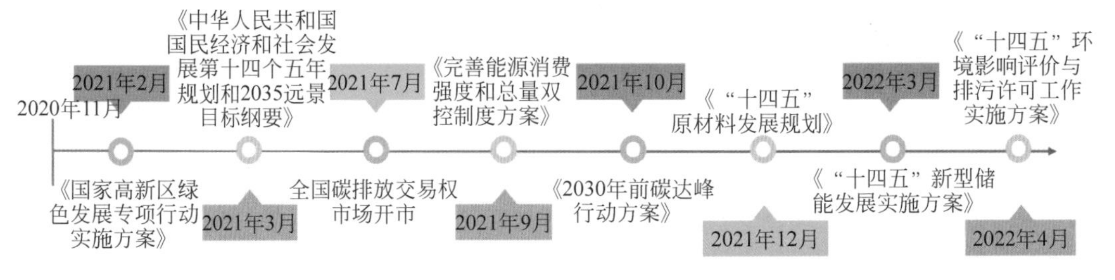

图1-13 近年来中国针对“双碳”工作的开展现状

3. 顶层设计：“1+N政策体系”

为达到“双碳”目标，国家制定了“1+N政策体系”，将在十个领域采取加速转型和创新的政策措施，十个领域分别为能源、工业、建筑、交通、资源回收、技术创新、绿色金融、经济政策、碳交易市场、碳汇。主要通过以下几点实现“双碳”目标。

（1）优化能源结构，控制和减少煤炭等化石能源。（2）推动产业和工业优化升级。

（3）推进节能低碳建筑和低碳设施。（4）构建绿色低碳交通运输体系。

（5）发展循环经济，提高资源利用效率。（6）推动绿色低碳技术创新。

（7）发展绿色金融。（8）出台配套经济政策和改革措施。

（9）建立完善碳市场和碳定价机制。（10）实施基于自然的解决方案。

1.4.2 实现“双碳”目标的技术路径

1. 三端共同发力体系

为推动实现“双碳”目标，需三端共同发力，分别为电力端、能源消费端、固碳端。

1）电力端

电力/热力供应端的以煤为主应该改造发展为以风、光、水、核、地热等可再生能源和非碳能源为主，构建起以新能源为主的新型电力系统，应包括发电、储能和输电三大部分。

发电部分需要在绿色能源这一层面实现突破，降低光伏发电技术成本、降低太阳能热发电技术成本、推广风力发电技术的应用、突破从干热岩中提取热能的技术从而提高地热能的利用、提高生物质能的发电占比、继续开发水力发电技术的应用。

储能部分是最重要的电力灵活性调节方式，包括物理储能、化学储能和电磁储能三大类，而灵活性调节还有火电机组的灵活性改造、车网互动、电转燃料、电转热等方式和技术。

输电部分需要我国未来增加远距离输电规模，提高对贴近终端用户的分布式微电网建设的重视，实现电网智能化控制技术上的突破。

2）能源消费端

能源消费端主要表现在电力替代、氢能替代以及工艺重构。电力替代、氢能替代以及工艺重构的推广需要在工程层面进行突破，大力推广创建绿色企业、绿色园区（生活和产业）、绿色行业、绿色区域（城市和国家）。可以分为八大领域，对能源消费端所需进行的工程层面进行阐述，分别为建筑、交通、钢铁、建材、化工、有色工业、服务业、农业等行业的能源低碳化利用与节能化改造。其中，钢铁行业主要通过提高炼焦炉、高炉等的余热、余能、副产品作充分利用和推广低碳化工艺的使用来达到低碳的目标；建材行业和化工行业主要从原材料的改变和提高绿色能源的使用来实现低碳；有色工业低碳化通过绿电的使用、绿色碳素阳极材料的研发、电解槽的节能化改造和废金属的回收再利用实现低碳；服务业通过倡导节能习惯和尽可能用电能替代化学能源的使用实现低碳；农业方面可以通过农业机械绿色用能、增加农业土壤的碳含量、研发农业碳减排技术实现低碳。

3）固碳端

固碳包括自然固碳和技术固碳。自然固碳是通过海洋和陆地表面把大气中的二氧化碳吸收固定。人类活动每年都向大气中排放二氧化碳，其中的一部分可以被自然过程所吸收，余下部分如不通过技术手段予以固定，则大气中的二氧化碳浓度还会逐年增高。本书中的固碳主要是指技术固碳。

2. 碳中和的实现过程

实现碳中和是一个长期过程，需要有一个指导全局性工作的规划，共分为四个阶段。

1）控碳阶段

争取到2030年把二氧化碳排放总量尽可能控制在较低峰值。在这第一个十年中，交通领域争取大幅度增加电动汽车和氢能运输占比，建筑领域的低碳化改造争取完成半数左右，工业领域利用煤+氢+电取代煤炭的工艺过程完成大部分研发和示范。这十年间增长的电力需求应尽量少用火电满足，而应以风、光为主，内陆核电完成应用示范，制氢和用氢的体系完成示范并有所推广。

2）减碳阶段

争取到2040年把二氧化碳排放总量控制在峰值的85%之内。在这个阶段，争取基本完成交通领域和建筑领域的低碳化改造，工业领域全面推广用煤/石油/天然气+氢+电取代煤炭的工艺过程，并在技术成熟领域推广无碳新工艺。这十年，火电装机总量争取淘汰15%的落后产能，用风、光资源制氢和用氢的体系完备并大幅度扩大产能。

3）低碳阶段

争取到2050年把二氧化碳排放总量控制在峰值的60%之内。在此阶段，建筑领域和交通领域达到近无碳化，工业领域的低碳化改造基本完成。这十年，火电装机总量再削减25%，风、光发电及制氢作为能源主力，经济适用的储能技术基本成熟。据估计，我国对核废料的再生资源化利用技术在这个阶段将基本成熟，核电上网电价将有所下降，故用核电代替火电作为"稳定电源"的条件将基本具备。

4）中和阶段

力争到2060年把二氧化碳排放总量控制在峰值的25%~30%。在此阶段，智能化、低碳化的电力供应系统得以建立，火电装机只占目前总量的30%左右，并且一部分火电用天然气替代煤炭，火电排放二氧化碳力争控制在每年10亿吨，火电只作为应急电力和承担一部分地区的"基础负荷"，电力供应主力为光、风、核、水。除交通和建筑领域外，工业领域也全面实现低碳化。尚有15亿吨的二氧化碳排放空间主要分配给水泥生产、化工、某些原材料生产和工业过程、边远地区的生活用能等"不得不排放"领域。其余5亿吨的二氧化碳排放空间机动分配。

1.4.3 绿色理念与公众生活

在2022年1月17日世界经济论坛视频会议上，习近平主席再次表明中国坚定不移推进生态文明建设、实现可持续发展的决心和行动："中国坚持绿水青山就是金山银山的理念，推动山水林田湖草沙一体化保护和系统治理，全力以赴推进生态文明建设，全力以赴加强污染防治，全力以赴改善人民生产生活环境。"

1. 培养公众绿色意识

绿色是大自然赠与人类的宝贵财富，绿色是人类文明的摇篮。每个人都渴望拥有一个美好的家园，都希望生活在人与自然和谐发展的文明环境里。

2021 年 2 月，生态环境部等六部门联合印发了《“美丽中国，我是行动者”提升公民生态文明意识行动计划（2021—2025）》，提出提升公民生态文明意识，把建设美丽中国化为全社会的自觉行动。因此要培养全民绿色意识，从自身做起，从现在做起，杜绝浪费、毁绿行为，让家园更绿色、空气更清新、生活更美好。

我们要增强全民生态、环保、节约意识，持续加强生态文明宣传教育；全社会营造践行绿色低碳生活的良好氛围；加强人们对环境和环境保护的认识水平和认识程度，为保护环境而不断调整自身经济活动和社会行为，协调人与环境、人与自然的相互关系，践行绿色低碳发展的自觉性。

2. 全民践行绿色生活方式 ⓫

培养践行绿色低碳理念、适应绿色低碳社会、引领绿色低碳发展，充分发挥教育在人才培养、科学研究、社会服务、文化传承的功能，为培养绿色低碳发展的一代新人做出贡献。生活方式绿色化是一个社会转变过程，需要从完善保障措施，营造良好的低碳生活氛围，推广全民绿色低碳生活方式等多方面协调推进。

深化绿色家庭创建行动，引导居民优先节约能源，树立“节约是第一能源”的理念。倡导步行、公交和共享出行方式，杜绝能源浪费，自觉实行垃圾分类，在衣、食、住、行各方面自觉践行简约适度、绿色低碳的生活方式。“衣”，选购纯棉或全麻等自然材质，旧衣新穿，以需求决定购买频率和洗衣次数；“食”，吃素，适量吃，在家烹饪，外面用餐打包剩余饭菜；“住”，可用高效率节能家电产品、绿植布置房间，电源和冷气集中使用，夏季少开冷气，集中办公，会议采取在线云端方式；“行”，减少乘用电梯，外出步行，多骑单车，多乘坐公共交通工具等。

1.4.4　碳中和未来发展方向

从碳达峰到碳中和，发达国家需要 60~80 年，而留给我国的仅有 30 年。加之我国将面临经济社会现代化建设和碳减排的双重挑战，实现“双碳”目标无疑任重而道远。

碳中和过程既是挑战又是机遇，其过程将是社会、经济的大转型，也将会是一场涉及广泛领域的大变革。“技术为王”将在此进程中得到充分体现，即谁的技术上走在前面，谁将在未来国际竞争中取得优势。

1. 实现碳中和的挑战

对我国来说，主要的挑战在以下几个方面。

一是我国使用的能源大量依赖于进口。根据国家统计局数据显示，2021 年，原油对外依存度高达 72%。天然气对外依存度达到 45% 左右。海关总署的统计数据显示，2022 年 1—5 月，我国煤及褐煤进口量为 9595.6 万吨。二是我国的能源禀赋以煤为主。我国的发电长期以煤为主，这同石油、天然气在火电中占比很高的欧美发达国家比，是资源性劣势。三是我国制造业的规模十分庞大，拥有全球最为完整的工业体系，小到螺丝钉生产，大到航天领域，中国的制造业已经包含了所有工业种类。四是我国经济社会还处于压缩式快速发展阶段，城镇化、基础设施建设、人民生活水平提升等方面的发展需求空间巨大。五是我国的能源需求在增长，意味着我国能源的使用无论是总量还是人均都会继续增长。

2. 实现碳中和的机遇

实现碳中和同样给我国带来了很大的机遇。一是我国光伏发电技术在世界上已是“一骑绝尘”，风力发电技术处在国际第一方阵，核电技术也跨入世界先进行列，建水电站的水平更是无出其右者。二是我国西部有大量的风、光资源，尤其是西部的荒漠、戈壁地区，是建设光伏电站的理想场所，光伏电站建设还可带来生态效益；东部我们有大面积平缓的大陆架，可以为海上风电建设提供大量场所。三是我国的特高压输电技术，从技术方面来说，我国的电力系统已在全国范围内实现智能自动化，效率高，成本低，并且我国的输电设备也是较领先的，特高压输电技术的成熟让跨国、跨州电力网成为可能。四是我国储能技术的发展优势，我国主流储能技术总体达到世界先进水平，储能用锂离子电池具备规模化发展的基础、液流电池、压缩空气储能技术已进入商业化示范阶段，基本实现了关键材料和设备的国产化。五是我国的森林大都处在幼年期，还有不少可造林面积，加之草地、湿地、农田土壤的碳大都处在不饱和状态，因此生态系统的固碳潜力非常大。六是我国的新型举国体制 ⑫ 优势将在碳中和历程中发挥重大作用，因为碳中和涉及大量的国家规划、产业政策、金融税收政策等内容，需要真正下好全国一盘棋。

1.5 本书内容提要

2021 年被定为中国碳中和元年，即从能耗总量控制向能源效率到碳排放效率控制的转变，标志着中国正进入“双碳”时代。

社会需求是科学技术发展的原动力，创新是发展的第一动力。绿色技术革命，特别是“双碳”技术，即降碳技术、低碳零碳技术和负碳技术的发展和应用是保证碳中和工程顺利实施的动力源泉。

本书以“绿色”为中心，强调绿色思维和绿色理念。重点突出绿色低碳发展的重要性和长远意义。从太阳光、能源、能量出发，对“双碳”目标的实现，从管理、技术、经济、典型工程应用案例、就业和人才培养等各方面进行了分析和讨论。首先，在对物质能量与能源的关系，能源与社会发展的关系进行分析的基础上，重点围绕降碳技术、零碳技术、负碳技术和绿色经济及典型应用案例进行讨论。其中，降碳技术主要包含节能、降碳关键技术；零碳技术主要包含绿色能源、绿色电力⑬、绿色燃料⑭及储能技术，是“双碳”技术的核心；负碳技术又称固碳技术，主要包含碳收集、碳利用、碳封存技术和生物固碳技术。然后，对绿色经济、碳中和典型应用案例、碳中和人才就业和人才培养进行了介绍和阐述。

思考题

1. 为什么要同时确立“双碳”目标，并在碳中和前实现“碳达峰”？
2. 全球碳中和发展呈现哪些趋势？
3. 如何理解“万物生长靠太阳”？
4. 为实现碳中和，国家、社会和个人应该怎么做？

绿色能源

碳中和工程是应对全球气候变化、构建低碳经济和生态文明的必然选择，大力发展绿色能源技术是碳中和工程中的一个核心举措，是实现碳中和解决碳排放问题的一个关键路径。

2.1 概述

地球上的能源主要来自太阳，并以不同的能量形式存在，如热能、电能、机械能、化学能、辐射能等。工业化以来，能源利用与环境协调发展之间的矛盾日益严重，一方面支撑人类社会发展的化石能源面临枯竭，另一方面由于能源消耗增加，二氧化碳等温室气体的排放量大幅上升，温室效应导致地球环境恶化，气候灾害频繁发生。因此，加速发展绿色能源，尽快实现从常规能源向绿色能源过渡，是解决能源危机与生态环境协调发展问题的必由之路。

2.1.1 能源利用与分类

1. 热力学原理与能源利用

热是能量的一种形态，可以转化成其他形态的能量，大多数能源的利用表现为热能的转化和传递。人类文明就是利用热能转化为其他形态的能量而发展起来的。热现象归结于分子、原子的无序运动。从古典热力学、统计热力学到量子力学，对热力学❶的研究奠定了现代物理化学的基础。同时，将热转换为功的研究直接催生了各种热机的发明和发展，由此引发了能源革命、工业革命、科技革命，极大地促进了人类文明的发展。

热可以通过传导和辐射的方式向外释放。根据热力学原理，热能总是从高温之处向低温之处传递，并最终趋于平衡。在这个过程中，能量并不损失，只是在物质之间传递或者在不同形态之间转换。

因此，科学利用能源的关键，在于提高能源的高效利用与转化。能源的利用效率一般是以热能转化的可被有效利用的能量来衡量的。由于电能是目前应用最广泛、最方便的能量，所以对能源利用效率问题总是折算成发电效率来进行衡量。

2. 能源分类

1）按能量来源分类

按能量来源可以将能源分为三大类：第一类是来自地球本身的能量，包括地球内部蕴藏的地热能以及地壳内铀、钍等核燃料所蕴藏的原子核能等；第二类是来自太阳的能量，包括直接来自太阳的能量和间接来自太阳的能量；第三类是地球与太阳、月球等天体相互作用产生的能量，如潮汐能等。

2）按能源的产生方式

按照能源的产生方式，可以将能源分为一次能源和二次能源。一次能源是指在自然界直接存在的能源，包括化石能源、核能、太阳能、风能等。二次能源是指经过加工或转换而成的能源产品，如电能、氢能、煤气、蒸汽以及各种石油制品等。一次能源又可分为可再生能源和非再生能源。凡是可以得到补充或能在较短周期内可再产生的能源称为可再生能源，如太阳能、海洋能、风能、水能和生物质能等。而非再生能源一般需要经过亿万年才能形成，并且在短期内无法恢复，如石油、天然气和煤炭等，也称为化石能源。二次能源也称为次级能源或人工能源，是一次能源经过加工转换成另一种形态的能源，因此严格地说它不是"能源"，而应称为"二次能源"。二次能源主要有氢气、煤气、焦炭、液化石油气、乙醇、沼气、蒸汽、热水、电力和汽油、煤油、柴油、重油等石油制品。

3）按能源使用性质划分

按照使用性质分类，可以将能源分为燃料性能源和非燃料性能源。燃料性能源是指通过直接燃烧而产生能量的能源，如矿物燃料、生物燃料、核燃料等。非燃料性能源是指不需要通过燃烧就可获得能量的能源，如风能、水能、潮汐能、地热能、太阳能等。

4）按温室气体排放分类

按能源在利用过程中是否有温室气体排放分类，可分为绿色能源、非绿色能源和中性能源，如图 2-1 所示。其中，太阳能、风能、水能、核能、氢能、地热能、潮汐能等是绿色能源，生物质能是中性能源。

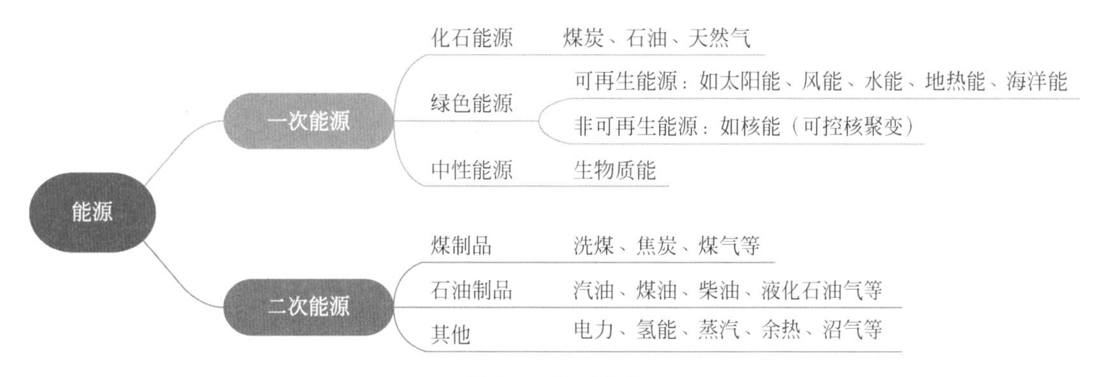

图 2-1　能源分类

绿色能源的发展与利用是实现"双碳"目标的重要途径。所谓绿色能源技术，就是如何把一次能源中的绿色能源转换成方便使用的电、热等二次能源，并尽可能地提高其转换效率。

2.1.2　能源的品质及其分类

1. 能量的来源

宇宙中存在四大基本力，即万有引力（重力）、弱力、电磁力、强力。其中，万有引力最弱，强力最强。能源利用就是通过技术手段，探索并释放宇宙中的四大基本力的作用，从而获得能量。这四大基本力所产生的能量品质不同，从中获取能量的技术难度也不同。能源革命就是人们对高品质能源的探索和利用的过程，从原始文明的自然用火到农耕文明的薪柴时代，再到工业文明煤炭的使用，以及现代文明的油气时代，体现了人类对能源品质的追求。

万有引力是任何物体之间存在的相互吸引力，是四个基本相互作用中最弱的，但是同时又是作用范围最大的（不会如电磁力一般相互抵消）。万有引力是长程力，可以广泛地作用于所有的物质。万有引力所释放的能量主要表现为宏观物质的机械能的相互转换。

弱力又称弱核力，是指弱相互作用力，简称弱力。弱力的作用距离比强力更短，作用力的强度也比强力小得多，是四种基本力中第二弱的、作用距离第一短的一种力。它只作用于电子、夸克层子、中微子等费米子，并制约着放射性现象。比如β衰变中放出电子和中微子，电子和中微子之间只有弱力作用。弱力可以说是核能的另一种来源，主要是核子产生的天然辐射，四种相互作用中，弱相互作用只比引力强一点。目前，弱力能源尚未被人类广泛利用。

电磁力是两个带电粒子或物体之间的相互作用力，两个相互运动的电荷之间存在磁力。世上大部分物质都具有电磁力，而磁与电是电磁力的一种表现模式。例如电荷异性相吸、同性相斥的特性是其中之一。电磁力和万有引力一样，其作用影响范围是无限大的。电磁力所释放的能量主要表现为电磁能、化学能等。

强力又称为强核力，一般指强相互作用力。所有宇宙中存在的物体都是由原子构成，而原子核是由中子和质子组成。中子没有电荷，而质子则带正电荷；但需要“牵引力”把它们结合在一起，而强相互作用就是这种“牵引力”。由强力释放的能量主要是核能。

2. 能源的品质与能效

能源的品质主要是从人类利用的出发点来评价的，可以根据其所释放能量的大小和能量转换效率来衡量，即能效越高，能源品质就越高。

如何从能源中获得最大限度的可用功，即获得最高能效。这一概念就是热㶲分析所讨论的问题，其核心是热力学第二定律。所谓㶲就是指与周围环境处于非平衡状态下的某一体系，在与周围环境接触并达到与之相平衡的状态时所可能产生的最大功，或者理论最大功。从高温热源获得同样的热量（能量），所得的㶲越大，能量的转换效率就越高，相应的能源品质就越高。

㶲是热力系统内部完全为可逆过程时所能获得的最大可用能量，根据热力学第二定律，因热产生的㶲为

$$E_{\mathrm{Q}}=Q_{\mathrm{H}}\left(1-\frac{T_0}{T_{\mathrm{H}}}\right) \tag{2-1}$$

式中：Q_H 为热源可释放的所有热量；T_H 为高温热源的温度；T_0 为低温热源的温度。从式（2-1）可以看出，当高温热源温度 T_H 极高时，热源的最大可用能 E_Q 几乎等于其所具有的热量 Q_H（能量）。

3. 按品质的分类

按能源释放、转换或传递的能量的品质来划分，能源可分别为三个层级，分别为宏观物理级、化学反应级、微观粒子级三个层级，如图 2-2 所示。如果通过能量密度、能量传递或者转化的效率、能量使用的方便性等因素衡量能量的品质，那么一般情况下，第一层级能源的品质较差，第二层级能源的品质较高，第三层级能源的品质最高。

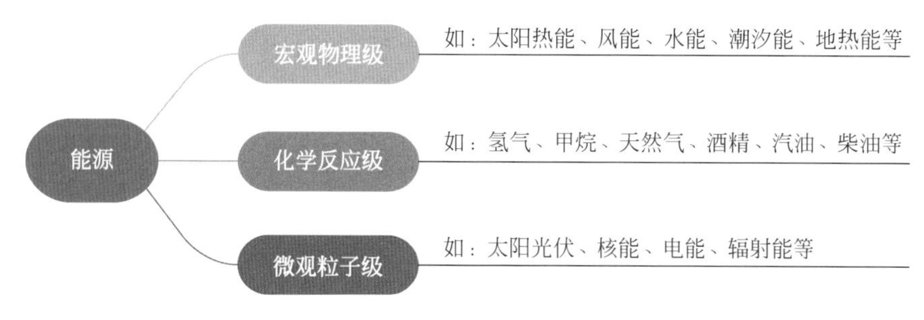

图 2-2　按能源品质分类

1）宏观物理级能源

如图 2-3 所示，宏观物理级（第一层级）的能源其能量形式通过直接或者经过简单转换就可加以利用，能量释放或传递的载体一般为可见或者可感知的物质。宏观物理级的能源一般通过机械能转换或者热传递（微观机械能的传递，即分子动能和势能的传递）的方式获取能量，其特点为能量密度低、波动大、获取方便，但不便于储运和转化，品质较差。如：太阳热能、风能、水能、潮汐能、地热能等。

<table>
<tr><td>微观粒子级</td><td>化学反应级</td><td colspan="2">宏观物理级</td></tr>
<tr><td>核力</td><td colspan="2">电磁力</td><td>万有引力</td></tr>
<tr><td rowspan="2">核能</td><td rowspan="2">化学能</td><td>内能</td><td>外能</td></tr>
<tr><td colspan="2">机构能（动能、势能）</td></tr>
<tr><td>核能、太阳光伏等</td><td>石油、煤炭、天然气、生物质能等</td><td colspan="2">太阳能、风能、水能、地热能、海洋能等</td></tr>
<tr><td>质能守恒</td><td>质量守恒</td><td colspan="2">能量守恒</td></tr>
</table>

图 2-3　能源按品质分类的物理内涵

宏观物理级能量的释放与转换主要是宏观物体间的能量转换，主要是万有引力作用或热传递的结果，其中热传递实质上是物质内能（即分子动能和势能）的传递，是分子间作用力的释放，分子间的作用力是一种弱电磁力，可分为范德华力和次级键❷。宏观物理级能量的释放与转换主要表现为机械能的转换。例如：水能一般是将水的重力势能转化为动能；潮汐能是由月球和太阳对海水的引力作用而产生的，海水潮涨和潮落形成海水的势能变化蕴含着巨大的能量；太阳热能、地热能是对太阳或者地下热源所释放的热量的收集转化和利用；风能是对空气流动所产生的动能加以利用，等等。宏观物理级的能源利用或能量转换符合能量守恒定律❸。

2）化学反应级能源

化学反应级（第二层级）能源其能量是在化学反应中所释放的能量（即化学能），通常表现为物质分子的分解或者合成所产生的能量，其特点为能量密度较高、储存和使用方便等，品质较好。这种能源一般通过燃烧或者其他化学反应来获取能量，品质较高的燃料一般经过加工提炼，获取较复杂。此类能源主要是二次能源，其能量释放方式主要是以燃烧的形式释放热能，热能再转换成动能或者电能。如各种燃料：薪柴、煤炭、氢气、甲烷、天然气、酒精、汽油、柴油等。

化学反应级能源的能量是通过化学反应释放出来的，是指物质进行化学反应时，化学键形成和断裂时所释放的能量，如：物质燃烧时放出的光和热、化学电池放出的电。化学键的实质是原子间由于电磁力作用形成的稳定关系，物质化学反应前后符合质量守恒定律❹，同时也符合能量守恒定律。

3）微观粒子级能源

微观粒子级（第三层级）能源一般通过辐射、电磁波或者核反应等微观粒子的分裂、结合、释放等形式进行传播或者获取能量，一般需要高科技手段获得，其特点为能量密度高、传播远、传播速度快、使用方便、品质高等。通常这种能量获取过程复杂，不便于储存，相关技术和设备的难度大、精度高。如：太阳光伏（热量以光子的形式传播）、核能、电能、辐射能等。

微观粒子级能源的能量释放与转换主要是通过光子、轻子、介子、重子四类基本微观粒子间的作用来实现，遵循质能守恒定律，其实质是基本粒子聚合或分裂时，由强力作用而产生的能量。例如，太阳能光伏发电是由光子（光波）转化为电子、光能量转化为电能量的过程；核能发电是利用核子的分裂或聚合时所释放的巨大能量实现的。其中安全的核聚变能源绿色无污染，发展前景广阔。微观粒子级的能量释放与转换符合质能守恒定律❺。

4. 热㶲与能效的关系

从方程（2-1）可以看出，热力系统的热效率最大值（也称为卡诺效率 η_{Carnot}）为

$$\eta_{\max}=\frac{E_{\text{Q}}}{Q_{\text{H}}}=\left(1-\frac{T_0}{T_{\text{H}}}\right)=\eta_{\text{Carnot}} \tag{2-2}$$

根据方程（2-2），可以看出即使热效率在产生最大功率的情况下也是小于1的。换句

话说，目前为止热效率计算式中的分母 Q_H 在本质上包含了无法转换为功的那部分能量。把只考虑能量大小的热效率称为第一定律效率 η_I，对于热力系统来说，其值有上限和下限：

$$0 \leqslant \eta_I \leqslant \eta_{Carnot} \tag{2-3}$$

与之相对，把系统的㶲作为分母，用实际获得的功与之相比得到下面的另一个效率的定义为

$$\eta_{II} = \frac{L}{E} \tag{2-4}$$

式中：L 为利用了的那部分㶲（即可获得功）；E 为全部㶲。把 η_{II} 称为㶲效率、第二定律效率或者可用能效率，η_{II} 最大值为 1。第一定律效率与第二定律效率之间的关系为

$$\eta_I = \eta_{II} \cdot \eta_{Carnot} \tag{2-5}$$

图 2-4 从直观上表示了第一定律效率与第二定律效率之间的关系，第二定律效率是对于热力机器的效率低下的定量化、多级发电等形式的能量级联利用的有效性表示。第一定律效率 η_I 表示从热源中获得的有用功的效率，第二定律效率 η_{II} 表示从热㶲中获得的有用功的效率，η_{Carnot} 表示从热源中可获得的最大有用功的效率。

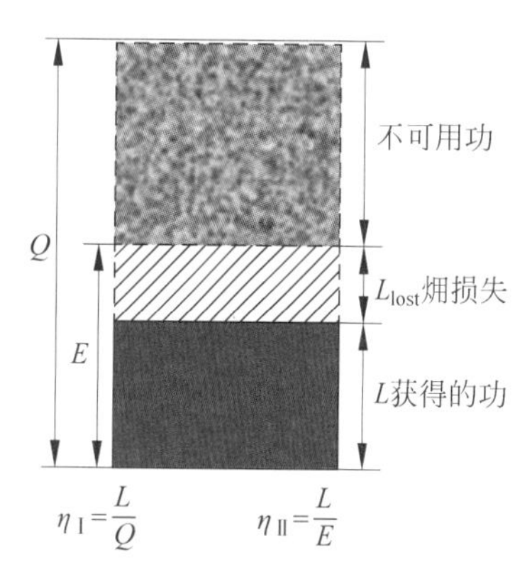

图 2-4 第一定律效率和第二定律效率之间的关系

η_{Carnot} 是由能源的品质决定的，且高温热源与低温热源的温差越大，热力系统的热效率最大值 η_{max}（即 η_{Carnot}）越大。第二定律效率 η_{II} 是由热力机器的效率决定的，换言之，如果热力机器的技术水平越高，损耗越小，η_{II} 就会越大。

宏观物理级的能源能量主要是万有引力作用的释放和热传递。一般是在等温度条件下完成的，因此，宏观物理级能源的热效率最大值 η_{max} 较小，其能源品质较低。

化学反应级能源的能量主要来自于化学键作用力的释放，实质是电磁力作用的释放，由于电磁力比万有引力强得多。通常情况下，化学反应级能源本身所释放的化学能很大，同时具有很高的温度，因此，化学反应级能源的热效率最大值 η_{max} 很大，其品质较高。

微观粒子级能源的能量释放与转换其实质是基本粒子的聚合或分裂时，由核力作用而产生的能量。能源释放的热量极大，温度极高，因此，微观粒子级能源的热效率最大值 η_{max} 极大，能源品质最高。核聚变能源是目前所知的品质最高的能源。

5. 能源品质与技术发展

能源的利用与科学技术的进步相辅相成，一方面，能源的利用促进了科技的发展；另一方面，科技的发展促进人类对高品质能源的追求与开发。

对于宏观物理级的能源利用需要的技术手段难度低，此类能源的能量密度较低，其能量转化效率较低；化学反应级的能源利用需要的技术手段难度较高，此类能源的能量密度

和转化效率较高；微观粒子级的能源利用需要的技术手段难度最大，此类能源的能量密度和转化效率是三者中最高的。因此，人类科技从极其原始的粗放式能源利用技术，到目前高科技精细化能源利用技术的发展过程，充分体现了人类从自然界直接获取宏观能量，到开发释放微观粒子间强力的发展进程。由于核聚变的原料就是海水，取之不尽用之不竭，所以未来可控核聚变技术的突破，将使核能有可能成为人类可利用的重要能源。核能的高效利用具有彻底地解决人类的资源危机和环境问题的发展潜力。

2.1.3 能源利用与生态文明

推动绿色发展，促进人与自然和谐共生，是我国生态文明建设的主旨，加快发展方式绿色转型，深入推进环境污染防治，提升生态系统多样性、稳定性、持续性，积极稳妥推进碳达峰碳中和是推动我国绿色发展的四大重点任务。

由于人类对能源的过度开采与使用而破坏了生态环境，目前气候变化是全球工业化以来地球生态系统面临的严峻挑战，地球生态系统和地球气候系统正在逼近临界点。这对能源转型与生态文明建设提出了更高的要求。因此，我国将推进以创生和再生为主导的第六次科技革命，引领能源进入低碳无碳化转型时代，以数字化为核心的第四次工业革命，引领能源进入智慧节能时代，促进生态文明建设。

纵观人类文明史，人类文明大致经历了原始文明、农业文明和工业文明三个阶段。生态文明是人类发展迄今为止最先进的文明形态，也是人类历史发展不可逆转的潮流。从薪柴、煤炭到石油、天然气、电力，再到目前的太阳能、氢能、核能的利用，可以看出随着科技的进步，能源利用形式从一次能源、二次能源到绿色能源逐步发展，能量产出效率逐步提高，即能源到能量的转化效率逐步提升。另外，随着科技成果的推陈出新，能量在工业、交通、农业、航空航天等领域的再利用效率也逐步提高。

据相关研究资料显示，钻木取火成功率仅为 2%，薪柴直接燃烧的热效率为 10%~20%，即使使用省柴节能灶，其效率也不超过 30%。煤炭的出现使人类进入了工业时代，从民用炉灶到蒸汽机，再到热力发电，新的科技成果的应用，使得煤炭的利用效率逐步提升。一般炉灶的热效率仅为 18% 左右，燃煤发电机组的热效率一般为 30%，世界上比较好的火电厂能把 40% 左右的热能转换为电能；大型供热电厂的热能利用率可达 60%~70%。由于不满足煤炭的热转化效率，人类不断寻找新的替代能源，石油、天然气的出现使人类进入油、气、电时代，所利用能源热值及其能量的转化效率大幅升高，科技成果推动了能源的高效，同时，能源的开发利用也反推了能源利用技术向更加绿色、更加高效的方向发展。绿色能源及其先进的科学技术也是提高生产效益、解决环境问题的重要手段。近年来，相关科技成果的出现，使得太阳能、风能、氢能、核能等绿色能源的转化效率和利用效率在逐年提升，将逐渐替代传统能源。

目前，人类文明正处于从工业文明向生态文明过渡的阶段。伴随着人类文明的进步，人类能源利用经历了薪柴、煤炭与蒸汽机、石油与内燃机三大转变。目前，世界正处于以第六次科技革命和第四次工业革命为核心的新一轮科技革命的“拂晓”。新的科技革命和工业革命将推动第三次世界能源转型，即绿色能源转型。第三次能源转型是解决能源短缺和环境恶化的一条重要途径，将促进人与自然和谐发展，进一步推动生态文明的建设。

2.1.4 绿色能源的发展

绿色能源利用技术是碳中和工程的重要组成部分，是实现碳达峰碳中和的物质基础，未来绿色能源将主要体现在绿色环保、高效率、低耗能等方面的发展。

由于绿色能源消耗后，可短时间恢复补充，在使用中碳排放少，甚至零排放，污染程度小，因而能够让天更蓝、水更清，从而有效保护人类的生存环境。联合国政府气候变化专门委员会多次表示，各国应更多地使用可再生绿色能源，以防止全球性的气候灾难。因此，大规模开发利用绿色能源已成为世界各国能源战略的重要组成部分。近年来，我国制定了碳达峰碳中和战略的五个主要目标：构建绿色低碳循环发展经济体系、提升能源利用效率、提高非化石能源消费比重、降低二氧化碳排放水平、提升生态系统碳汇能力。绿色能源的发展必将大大缓解经济发展与能源及环境之间的矛盾，可以减少污染物的排放，保护生态环境，构建可持续发展社会，对实现碳达峰碳中和战略目标具有深远的意义。

2.2 光伏发电技术

太阳能取之不尽、用之不竭，相比于其他能源，太阳能的利用洁净、无污染。目前，太阳能的利用方式主要有两种，一种是太阳能光伏利用，另一种是太阳能光热利用。在产销量、发展速度、前景方面，光伏利用优势明显，尤其是光伏发电技术。光伏发电是实现能源转型和“双碳”目标的重要支撑。我国太阳能资源丰富，对应水平面辐射总量大于1000 千瓦时 / 平方米的区域，太阳能可开发总量约为 1361.7 亿千瓦。

据国家能源局统计，2021 年，我国光伏新增装机量约 5300 万千瓦，连续九年稳居世界首位。截至 2021 年年底，我国光伏并网装机容量累计达 3.06 亿千瓦。近十多年来，我国光伏产业链整体呈现快速发展趋势，特别是伴随晶体硅光伏产业化技术发展，我国已成为全球光伏制造和应用大国，产业化水平、产业规模以及太阳能电池和组件产量占据全球 70% 以上，自 2021 年起，全国新并网电站均已按照平价上网。但是，产业链下游技术，如储能、退役光伏组件回收处理等，尚处于起步阶段。本节将介绍太阳能光伏利用技术的相关概念及发展前景。

作为清洁能源的一个重要发展方向，光伏发电技术近年来取得了持续快速的发展，光伏发电并网利用或存储已经成为太阳能资源的主要利用形式。现代文明是建立在电能的基础上，光电科技的发展则使人类能够摆脱化石能源的掣肘，拥有更洁净、更明媚的未来。光伏发电作为一种绿色能源，比核电更安全，比氢能、风电技术更成熟，成本更低，也更具有发展的潜质。因此，光伏发电是目前实现“双碳”目标中成本低、技术成熟的一个重要的路径。

2.2.1 太阳能电池原理与分类

太阳能光伏利用是指利用光电效应 ⑥ 将太阳能转化为电能，也称为太阳能光伏发电。太阳能电池是光伏发电技术的重要载体。目前，市场占有率最高的是晶硅太阳能电池，市场占比超过 90%。此外，由于硅材料出色的稳定性以及柔性硅的发现，新型硅基太阳能电池近年来也备受关注。

1. 太阳能电池原理

太阳能电池是利用太阳光直接发电的装置，其工作原理为光生伏特效应，所以又简称光伏。光伏效应是指半导体或金属与半导体受到光照射时在结合界面处产生电压与电流的现象。太阳能电池是以半导体 PN 结在太阳光照射条件下产生光伏效应的原理，直接将太阳能转换为电能。PN 结是半导体器件的核心，如图 2-5 所示，无光条件下，当 N 型半导体和 P 型半导体相接触时，两种半导体间载流子浓度梯度导致空穴由 P 型半导体向 N 型半导体扩散，电子由 N 型半导体向 P 型半导体扩散，形成扩散电流。失去了空穴和电子，P 型半导体和 N 型半导体在 PN 结附近分别带负电和正电，产生内建电场。电场的作用又使载流子运动产生漂移电流，其方向与扩散电流相反，载流子运动产生的扩散电流和漂移电流最终相互抵消达到平衡，这就形成了平衡 PN 结。

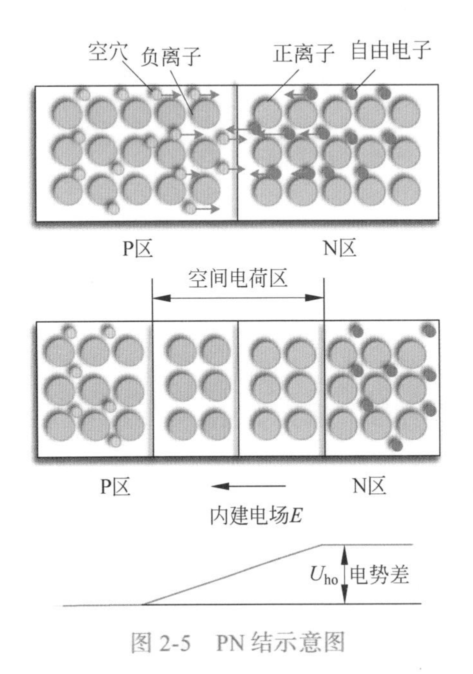

图 2-5　PN 结示意图

有光条件下，携带能量的太阳光子入射到半导体表面，并可一直穿透至 PN 结附近被电子吸收。如果入射光子的能量大于使电子脱离原子核的电离能，则电子被光子从原子中打出，变成自由电子，同时产生一个带正电的空穴。这种非平衡的电子和空穴从产生处向势场区运动，并在内建电场作用下分离，向相反方向运动而形成正、负两极。当 PN 结处于开路时，光生载流子只能积累于 PN 结两端，产生光生电动势。此时，在 PN 结两端测得的电位差即太阳能电池的开路电压。当外接电路时，即PN结从外部通过用电器形成回路，则N端积累的光生载流子（电子）就可以经外电路回到P端，从而对用电器供电，这是太阳能电池的基本原理。

光伏产业有多种不同的技术路线。开发太阳能电池的两个决定因素是提高转换效率和降低成本。晶硅太阳能电池能够实现效率和成本的良好平衡，成为目前产业化水平与可靠性最高的光伏电池类型。

2. 典型的太阳能电池分类

目前，太阳能光伏技术发展大致分为三个阶段：第一代太阳能电池主要指单晶硅和多晶硅太阳能电池；第二代太阳能电池主要包括非晶硅薄膜电池和多晶硅薄膜电池；第三代太阳能电池主要指具有高转换效率的一些新概念电池，如染料敏化电池、量子点电池以及有机太阳能电池、钙钛矿型太阳能电池等。如图2-6所示，太阳能电池主要有晶体硅太阳能电池、薄膜太阳能电池、新型太阳能电池。

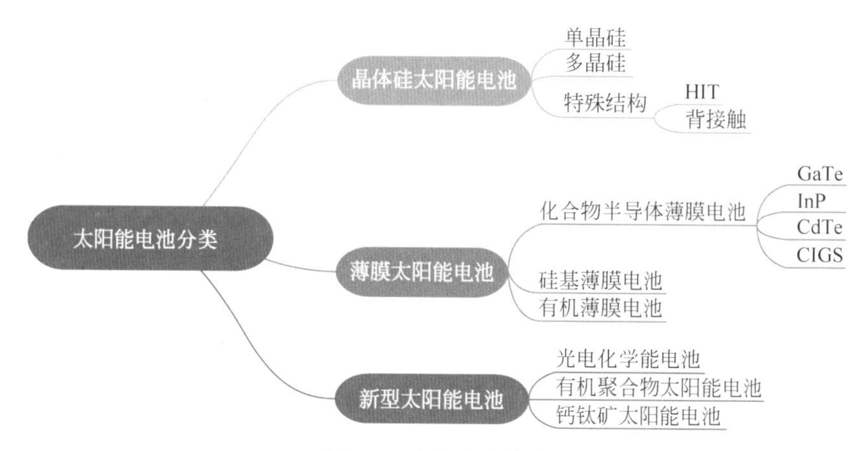

图2-6　光伏电池分类

1）晶体硅太阳能电池

晶硅太阳能电池可分为单晶硅太阳能电池、多晶硅太阳能电池及非晶硅薄膜太阳能电池三种。单晶硅具有准金属的物理性质，有较弱的导电性，其电导率会随温度的升高而增加，有显著的半导体特性。超纯的单晶硅是本征半导体。单晶硅太阳能电池是目前光电转换效率最高、技术最成熟的一种太阳能电池。在实验室条件下，单晶硅太阳能电池片的最高转换效率为26.7%；规模生产时，电池片的转换效率为21%~23%。因此，在大规模应用和工业生产中，它仍牢牢占据主导地位。

多晶硅也是制造单晶硅的原料，以前必须先把多晶硅制成单晶硅，才能用于制造光伏电池。科学家发明多晶硅电池后，可直接用于多晶硅制造光伏电池。其性价比较高，但近两年，由于具有效率优势的单晶硅太阳能电池的价格下降明显，目前单晶硅太阳能电池已占据市场绝对优势。

非晶硅太阳能电池是一种新型光伏器件，制备非晶硅太阳能电池的工艺和设备简单，能耗较少。但其光电转换效率较低，受制于材料引发的光电效率衰退效应，其稳定性不高，直接影响了实际应用。

2）薄膜太阳能电池

薄膜太阳能电池当中很有前途的一类，当属柔性太阳能电池。这种太阳能电池具有质量轻、柔韧性好、收纳比高等优点，用途十分广泛，应用领域涵盖太阳能帆船、太阳能飞机、太阳能背包、太阳能帐篷、太阳能手电筒、太阳能汽车等。由于薄膜太阳能电池能满足非平面构造，因此可以集成在窗户或屋顶、外墙或内墙上，跟建筑材料做整合性运用，甚至可以做成建筑的一部分，这也使光伏建筑一体化有机会成为这种电池的一个重要拓展方向。

薄膜太阳能电池因其衰减率低、弱光响应好、同等装机量情况下发电量更高且可轻质化、弯曲以及折叠等优势，具有广阔的市场前景，可以说是代表了太阳能电池未来发展的新趋势。

3）新型太阳能电池

新型太阳能电池主要包括光电化学太阳能电池、有机聚合物太阳能电池、钙钛矿太阳能电池等。

光电化学太阳能电池也称为染料敏化太阳能电池，它采用一种与单晶硅电池完全不同的光化学方法，用来把阳光转化为电流。染料敏化太阳能电池相对其他薄膜太阳能电池的制造成本低，这使它具有很强的竞争力。

有机聚合物太阳能电池以有机聚合物代替无机材料，是近几年兴起的一个制造太阳能电池的研究方向。由于有机材料具有柔性好、制作容易、材料来源广泛、成本低等优势，从而对大规模利用太阳能、提供廉价电能具有重要意义，有机薄膜太阳能电池就是其应用之一。但采用有机材料制备太阳能电池的研究尚在起步阶段，不论是使用寿命，还是电池效率都不能和无机材料特别是硅太阳能电池相比，能否发展成为具有实用意义的产品，还有待于进一步研究探索。

钙钛矿太阳能电池（PSC）的核心是钙钛矿材料。该电池从2009年出现到现在，光电转换效率有很大的提升，钙钛矿太阳能电池引起了国内外研究机构的广泛关注。基于目前的研究，钙钛矿太阳能电池光电转换效率理论值可达到50%。现阶段钙钛矿太阳能电池光电转换效率实际可高达25.7%，而且有进一步提升的空间。

2.2.2 太阳能电池制造关键技术

目前，绝大多数太阳能电池由晶体硅制备，包括单晶硅和多晶硅，晶体硅太阳能电池技术最成熟，应用最广，占据主要市场份额。开发太阳能电池的两个关键问题是提高转换效率和降低成本。

1. 晶体硅太阳能电池的制造

光伏产业链大致可分为上游多晶硅、硅片，中游电池片、组件，以及下游光伏发电系统三大环节。图 2-7 描绘了光伏产业链从太阳能电池制作到光伏发电系统的主要工艺流程。首先，将石英砂初步提纯为太阳能级的多晶硅，太阳能级多晶硅进一步提纯后变单晶或多晶硅锭片；其次，单 / 多晶电池、电池组件的生产制备；最后为太阳能光伏发电系统的建设，包括逆变器、电站系统和运营等。太阳能电池制造的主要电能消耗即发生在硅片制备的上游工艺中。晶体硅太阳能电池的制备过程为高耗能，也存在废气、废水的污染问题，仍有待进一步的技术革新。

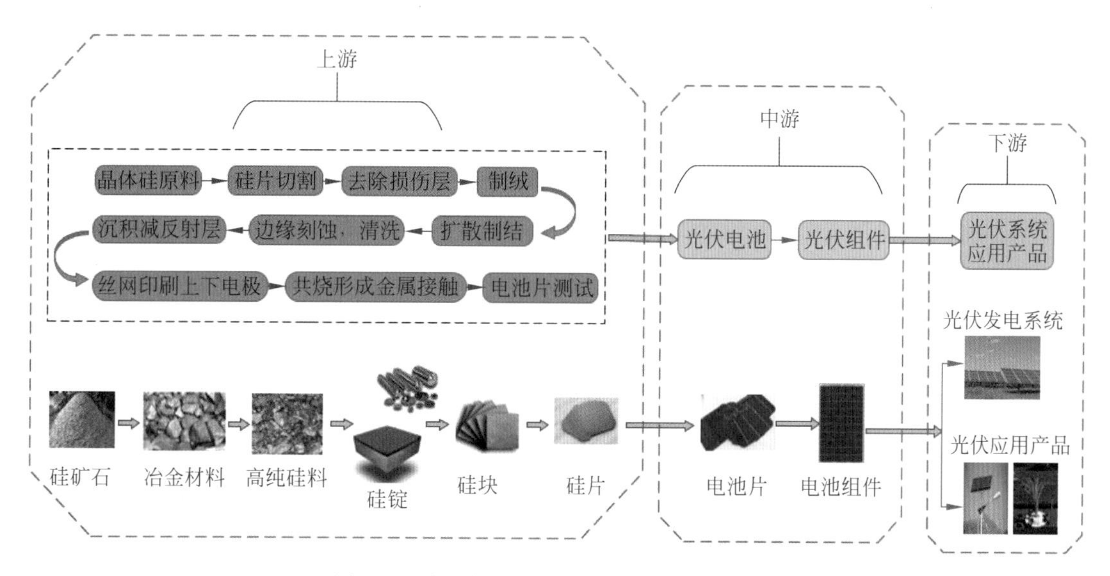

图 2-7　太阳能电池制造的主要工艺流程图

2. 非晶硅太阳能电池

非晶硅太阳能电池由透明氧化物薄膜层、非晶硅薄膜 P-I-N 层、背电极金属薄膜层组成，基底可以是铝合金、不锈钢、特种塑料等，制作方法也完全不同。最常见的非晶硅太阳能电池的制造是用高频辉光放电法使得硅烷（SiH_4）气体分解沉积而成。制备非晶硅薄膜时所需要的能量较低，因而成本也较低，且单片电池面积可以做得很大，适用于大规模生产。非晶硅太阳能电池很薄，可以制成叠层式，或采用集成电路的方法制造，可一次制作多个串联电池，以获得较高的电压。但其光电转换效率偏低，国际先进水平仅为 13% 左右。

3. 多元化合物太阳能电池

化合物可构成同质结太阳能电池、异质结太阳能电池和肖特基结太阳能电池。它既可制成高效或超高效太阳能电池，又可制成低成本、大面积薄膜太阳能电池，从而拓宽了光电材料的研究范围，也极大地丰富了太阳能电池家族。目前研究应用较多的有 Ca_3As_2、InP、$CuInSe_2$ 和 CdTe 太阳能电池。

硫化镉（Cds）、碲化镉（CdTe）多晶硅薄膜太阳能电池的效率比非晶硅薄膜太阳能电池效率高，成本比单晶硅电池低，并且易于大规模生产。硫化镉太阳能电池虽然光电转换效率已提高到 10%，但是仍然无法与多晶硅太阳能电池竞争，并且镉有剧毒，会对环境造成严重的污染。因此，硫化镉、碲化镉多晶硅薄膜电池并不是晶体硅太阳能电池最理想的替代产品。

4. 染料敏化太阳能电池

染料敏化太阳能电池主要包括镀有透明导电膜的玻璃基底、染料敏化的半导体材料、对电极和电解质等。其阳极为染料敏化半导体薄膜（TiO_2 膜），阴极为镀铂的导电玻璃。纳米晶体 TiO_2 太阳能电池具有成本低廉、工艺简单及性能稳定等特点。染料敏化太阳能电池的制备方法主要是对光阳极上半导体薄膜的制备。可以先通过液相水解法、气相火焰法、溶胶 - 凝胶法等合成 TiO_2 纳米粒子，再将制得的 TiO_2 纳米粒子微粒均匀地涂在导电玻璃上后加热干燥，得到纳米多孔 TiO_2 膜。

5. 钙钛矿太阳能电池

钙钛矿太阳能电池的应用有巨大潜力，但是，钙钛矿太阳能电池要实现商业化，还需要解决一系列问题。目前，有机卤化铅沉积工艺有一步沉积法、两步沉积法、双源蒸镀沉积法和蒸镀辅助溶液沉积法等，而且钙钛矿太阳能电池生产采用的工艺条件要求控制湿度，甚至是在惰性气体保护条件下完成装配，这是钙钛矿太阳能电池实现工业化生产的一大难题。另外，目前生产钙钛矿层制备的方法工序还比较复杂，成本较高，不适合工业化大规模生产。

2.2.3 太阳能光伏发电系统

太阳能光伏发电系统由太阳能电池阵列、太阳能控制器、蓄电池（组）组成。如输出电源为交流 220 伏或 110 伏，还需要配置逆变器。太阳能光伏发电系统分为独立光伏发电系统、并网光伏发电系统和分布式光伏发电系统。

（1）独立光伏发电系统也叫离网光伏发电系统，可分为有辅助电源和无辅助电源的光伏发电系统。有辅助电源的离网型光伏发电系统主要由光伏阵列、汇流箱、充放电控制器、逆变器、蓄电池、辅助电源和负载 7 部分组成。光伏阵列将太阳辐射能转换为电能送至汇流箱，再经过逆变器将直流电能逆变为交流电能给负载供电。其中，充放电控制器的功能是在太阳光照射充足、负载用电有剩余时，将发出的多余电能存储在蓄电池中；反之，当光照较差，发电量不能满足负载时，控制器释放蓄电池中存储的电能供给负载使用。蓄电池中存储的电能毕竟有限，因此当光照不足且蓄电池中电能耗尽时，辅助电源（如柴油发电机等）将开始发出交流电能直接为负载供电。离网型光伏发电系统结构简单，系统功率较小，且安装灵活；辅助电源的使用大大提高了光伏发电系统的供电可靠性，并且节省了化石燃料的使用，故其应用范围较广，在电网无法连接到的山区、居民分散的牧区等地就可以使用这种发电系统来解决居民的生活用电问题。

（2）并网光伏发电系统就是太阳能组件产生的直流电经过并网逆变器转换成符合市电电网要求的交流电之后直接接入公共电网，如图 2-8 所示。并网光伏发电系统有集中式大型并网光伏电站和分布式小型并网光伏系统。

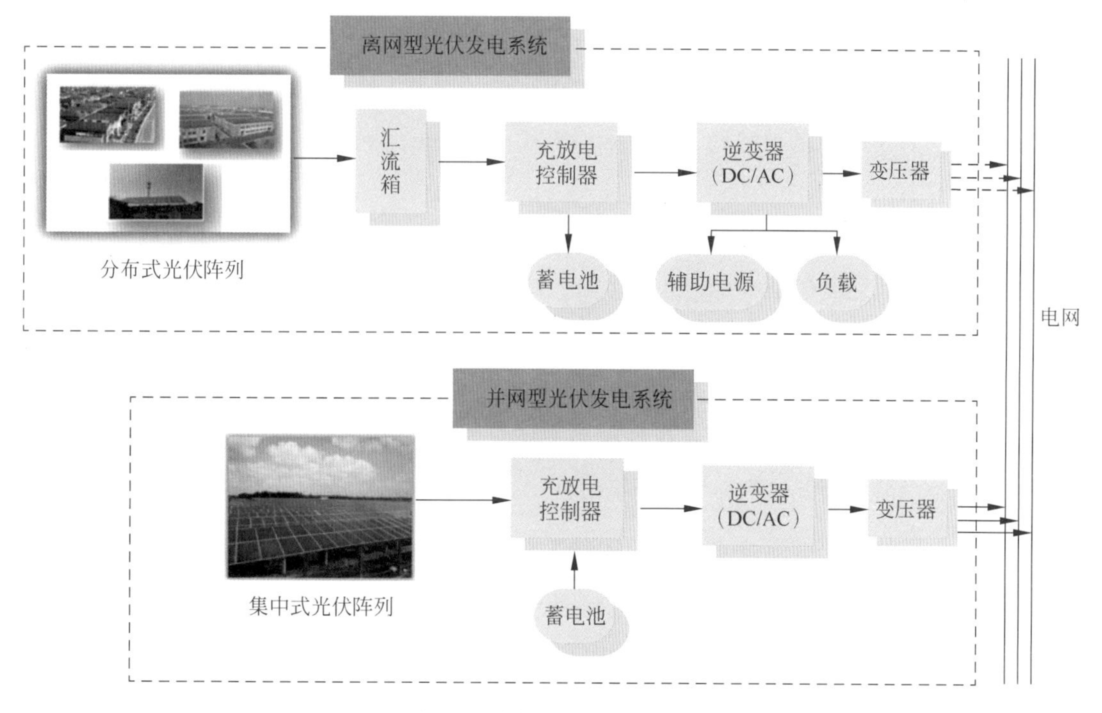

图 2-8　并离网光伏发电系统

集中式大型并网光伏电站一般都是国家级电站，主要特点是将所发电能直接输送到电网，由电网统一调配向用户供电。集中式大型并网电站投资大、建设周期长、占地面积大，发展难度相对较大。

分布式小型并网光伏系统，特别是光伏建筑一体化发电系统，由于投资小、建设快、占地面积小、政策支持力度大等优点，是并网光伏发电的主流。目前，国家鼓励推动集中式与分布式并举的并网型光伏发电系统。

（3）分布式光伏发电系统是指在用户现场或靠近用电现场配置较小的光伏发电供电系统，以满足特定用户的需求，支持现存配电网的经济运行，或者同时满足这两个方面的要求。

分布式光伏发电系统的基本设备包括光伏电池组件、光伏方阵支架、直流汇流箱、直流配电柜、并网逆变器、交流配电柜等设备，另外还有供电系统监控装置和环境监测装置。其运行模式是在有太阳辐射的条件下，光伏发电系统的太阳能电池组件阵列将太阳能转换输出的电能，经过直流汇流箱集中送入直流配电柜，由并网逆变器逆变成交流电供给建筑自身负载，多余或不足的电力通过连接电网来调节。

2.2.4 光伏技术的机遇与挑战

未来太阳能电池将向着更安全、更高效、更低成本发展。在产业化晶硅和薄膜太阳能电池之外，将继续进行大量新型电池的研究工作，满足太阳能光伏发电的需求。高质量界面及半导体材料钝化技术、低复合和低电阻电极接触技术、钙钛矿快速大面积低成本膜以及洁净工艺、叠层电池器件结构设计技术、光伏电池新型结构和新材料的研发等技术将成为主要攻关方向。

光伏系统及集成技术应用将朝着多样化、规模化、高效率方向发展。未来光伏技术应用将是大基地、分布式等多种形式并举，向着村级电站、渔光互补、农光互补、海上光伏、分布式光伏 + 储能、光电建筑一体化等多种“光伏 +”模式发展。

此外，光伏组件的绿色回收利用技术将成为发展趋势。对晶硅光伏材料及组分（硅、铜、铝、玻璃、塑料等）进行无害化处理乃至回收利用，可一定程度上缓解光伏组件原材料短缺问题，并降低资源浪费与生态环境污染。

2.3 风力发电技术

风能是空气流动时所产生的动能，属于重要的绿色能源。其本质上是太阳能的一种转化形式，总储量大，是碳达峰碳中和远景目标下可优先利用的能源之一。风能作为自然资源，是绿色能源的重要组成内容，借助于风能进行发电（称为风力发电）是当前绿色能源发电的主流形式，已在世界能源结构中占有重要地位。我国风资源丰富，风能已成为我国第三大能源，发展前景广阔。风能利用设施多为立体化设施，占地面积小。但风能有能量密度低、不稳定、地区差异大、广域分散性、随机性大等缺点。

本节主要围绕风力发电技术展开介绍，介绍风力发电的设备和技术、运维与回收、其他风能技术、机遇与挑战等。

2.3.1 风力发电设备和技术

1. 风力发电设备

风力发电的核心设备是风力发电机组，其中用来捕获风能并转化为机械能的结构称为风力机。风力机的种类很多，依据风力机的结构及其在气流中的相对位置主要分为两大类：水平轴风力发电机和垂直轴风力发电机，由此风力发电机组也可分为水平轴风力发电机组和垂直轴风力发电机组。此外，还有一些比较特殊的风力机类型，如扩压型和旋风型，都还处于探索性研究阶段，尚未被规模性地推广应用。而垂直轴风力发电技术与水平轴风力发电技术相比，其重要的优势是：由于对称的风力机结构，不需要对风装置。然而，垂直轴风电机组维护不便利，传动系统发现问题就需要整个机组拆除，并且存在效率低、可靠性较差等问题，故生产较少，发展相对缓慢。水平轴风力发电机组是目前最成功的一种应用形式，已大批量产业化。

1）垂直轴风力发电机

垂直轴风力发电机的能量驱动装置呈垂直方向。和水平轴不同，垂直轴风力发电机的叶片转动不需要考虑风向，因此风车无须加装调向装置。由于垂直轴的能量驱动装置可以装在近地面的位置，所以安装和维护都比水平轴的要容易。垂直轴风力发电机有很多类型，其中比较出色的是达里厄型风力发电机，达里厄型风力发电机也有多种形式，从叶片来区分主要有 S 形、H 形、Φ 形三种，如图 2-9 所示。

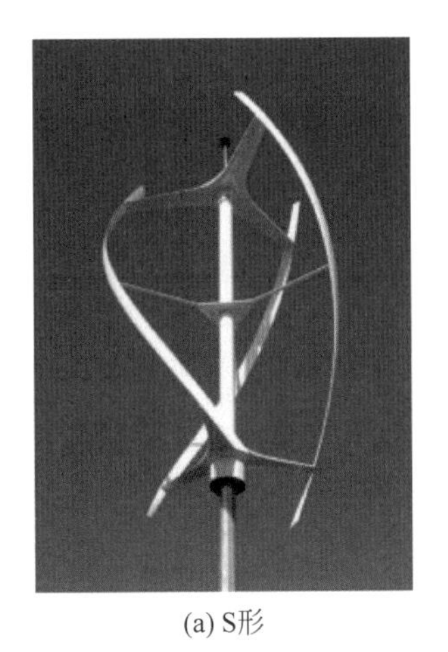
(a) S形

(b) H形

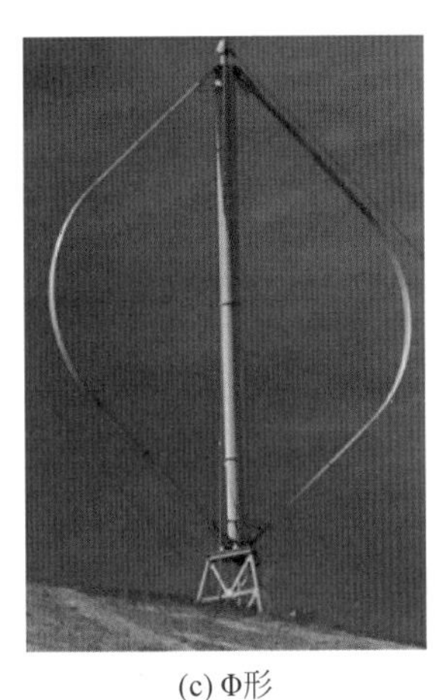
(c) Φ形

图 2-9 弧形叶片达里厄型风力发电机

相对于水平轴风力发电机，垂直轴风力发电机具有不需要偏航（不用对风向）、微风启动（风速小于 2 米 / 秒可启动发电）、低噪声等优点。另外，垂直轴风力发电机的叶片不像三叶片水平轴风力发电机的叶片对材料要求那么高。正是由于垂直轴风力发电机的这些优点，可以应用于城市公共照明、居民聚集区等水平轴风力发电机很难应用的领域。可大量用于别墅、多层及高层建筑、通信基站、城市公共照明、高速公路、海上油田、海岛、边疆等离网的小型用电场所。

然而，垂直轴风力发电机具有难以大型化、转化效率低、叶片的结构和形状复杂等缺点。从力学方面分析，垂直轴风力发电机功率越大、H 形叶片越长、平行杆的中心点与发电机轴的中心点距离越长，抗风能力就越差。虽然垂直轴风力发电机在微风（1 米 / 秒）即可启动发电，且不需要偏航，但是由于叶片迎风面积非常有限，风能转化效率比较低。另外，由于并网型垂直轴风机的固有属性是高度较低，使得暂时无法利用高处的高风速，这也使得并网型垂直轴风力发电机发电能力较差。

2）水平轴风力发电机

水平轴风力发电机的旋转轴与地面平行且与叶片垂直。绝大多数水平轴风力发电机拥有三个空间均匀分布的叶片，少数拥有更少或更多的叶片。多叶片结构被称为高风轮密实度装置，多用于农场泵水；与之相反，拥有三个及以下叶片的风力机风轮的扫掠面积大部分是空的，只有很小的面积被充填，属于低风轮密实度装置。在低风轮密实度的风力机中，配置三叶片的风力机的效率最高。图 2-10 所示是拥有三叶片的水平轴风力发电机组的结构及组成图。

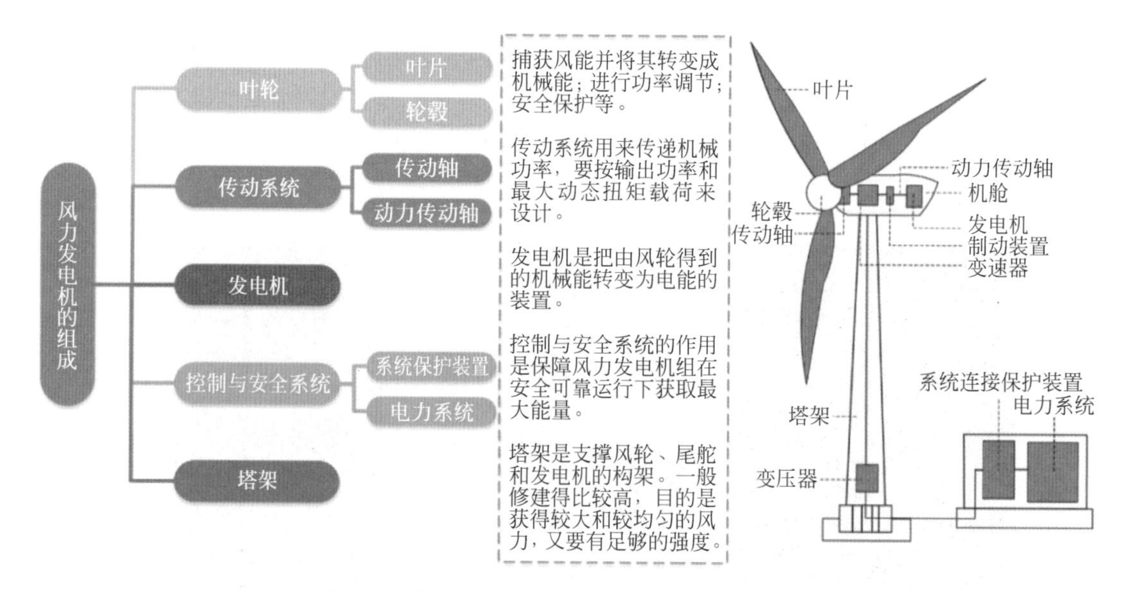

图 2-10　水平轴风力发电机组的典型结构及组成

2. 三种主流水平轴风电机组结构类型

1）双馈型风力发电系统

如图 2-11 所示，双馈型风力发电系统由风力机、齿轮箱、变桨机构、偏航机构、双馈发电机、变流器、变压器等构成。其工作过程为：当风吹动风力机转动时，风力机将其捕获的风能转化为机械能再通过齿轮箱传递到双馈发电机，双馈发电机将机械能转化为电能，再经变流器及变压器将电能并入电网。通过主控系统、变桨控制系统及变流器对桨叶、双馈发电机进行合理的控制使整个系统实现风能最大捕获，同时，通过变桨机构、变流器及Crowbar保护电路⑦的控制应对电力系统的各种故障。

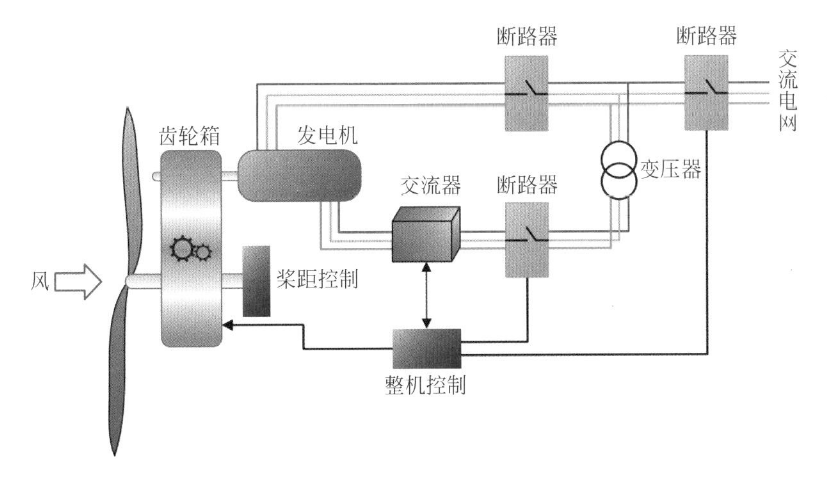

图 2-11 典型的双馈型风力发电系统结构示意图

优点：转子采用交流励磁，可以方便地实现变速恒频发电；可以灵活地进行有功功率和无功功率的调节。其中，有功功率的调节以风力机的特性曲线为依据；无功功率可以根据电网的无功需求进行调节；由变流器控制同步并网，电流冲击小；发电机转速可随时根据风速进行调整，使机组运行于最佳叶尖速比。

缺点：用齿轮箱提高发电机转子的转速，齿轮箱内齿轮和传动轴众多，使得机械效率低下，维护成本高；电网故障穿越能力相对较差。

2）直驱型风力发电系统

直驱型永磁同步风力发电系统主要由风力机、永磁同步发电机、变流器、偏航系统以及基础塔架等部分组成，并附有一些测量、控制、诊断系统，信息交互系统以及其他辅助系统确保系统的高效、可靠、经济运行。与双馈型风力发电机组相比，在硬件结构上，没有齿轮箱，且发电机类型不同，也导致了在控制策略上的些许不同。

优点：直驱型风力发电机组没有齿轮箱，减少了传动损耗，降低了维护成本，提高了发电效率，尤其是在低风速环境下，效果更加显著；配套的全功率变流器可较好地实现电网友好。

缺点：风叶转速就是发电机转子的转速，若要把功率做大，必须增大发电机的体积，所需的稀土永磁材料随之增加。

3）半直驱型风力发电系统

半直驱型风力发电系统在风力机与永磁同步电机之间增加小增速比的齿轮箱，相比直驱型风力发电系统的体积重量有了大幅减小，且低速齿轮箱的寿命和可靠性大幅度提高，所以半直驱型风力发电系统既具有直驱型风力发电系统的优势，又具有双馈型风力发电系统的特点，在大型变桨距变速风力发电机组中具有广阔的发展和应用前景。

优点：半直驱型风力发电系统兼顾双馈型与直驱型风电机组的特点，半直驱型风力发电机组从结构上与双馈型风力发电机组是类似的，中速齿轮箱和发电机集成为一个整体，配置的中速齿轮箱，避免了高速齿轮箱故障率高的弊端；发电机采用中速永磁同步发电机，与同功率直驱型比较，体积和重量小了许多，同时保留了永磁同步发电机系统优良的低电压穿越（LVRT）❽能力和电网适应性；中速永磁同步发电机效率高。

缺点：布局空间大，前、后底盘较大，传动链长，对连接部件的要求高。

3. 风力发电技术

风力发电关键技术主要包括并网技术、变流器技术、变桨控制技术。

（1）并网技术作为风力发电技术中较为关键的技术，主要以分散式并网技术和集中并网技术为主。分散式并网技术适合应用在一些规模较小的风电场中，即在 10 千伏或者 35 千伏的电网中应用效果更好。这类电网建设时存在一定的分散性，采用分散式电源形式接入电网系统，每个电源点容量较小，可以保证电网的稳定运行。集中并网技术在一些规模较大及长距离输送电力的风电场中更适用。集中单个风电场或多个风电场的电能，经由变压器升高电压，借助供电线路将其输送到负载端。

（2）变流器技术一般应用于商业化的风力发电机组中。变流器的主要作用是发电机的控制、并网以及优化风电机组发出的电能质量，是风力发电机组与电网之间最为重要的桥梁，还是实现电网友好型风力发电的关键部件，尤其体现在电网故障情况下提升了风力发电机组的故障穿越能力和支撑电网恢复的能力。风电用变流器类型通常采用电压型交 - 直 - 交结构，两种主流的变流器控制技术分别是矢量控制和直接转矩控制，都可以配合风力发电组的主控系统、变桨系统等实现最大功率点跟踪进而实现风力发电机组整体的高效运行。此外，变流器还可在一定程度上实现风力发电机组有功功率和无功功率的独立控制，满足电网在传输有功功率的同时对无功功率的需要。变流器技术和变桨控制技术是实现当下主流的变速恒频风力发电机组最为关键性的技术。

（3）变桨控制技术可有效提高风力发电机组运行的稳定性和安全性。变桨系统采用伺服控制器驱动变桨电机，变桨电机驱动传动结构进而实现叶片迎风面积的改变，叶片迎风面积的改变又会导致风力机捕获风能的变化，所以变桨控制技术是风力发电机组实现功率调节以及安全运行的重要手段。变桨控制系统必须实时与风力发电机组的主控系统保持通信，以获取控制信息，一方面可以与其他控制技术协同配合实现风电机组的高效运行，另一方面可作为限制有功功率输出的调节手段。不过若遇到特殊故障情况，当变桨控制器没有正常电源供应时，为了保证变桨控制系统还可持续保持对风电机组的安全控制，也就是将叶片的迎风面积降低到最小值以停止风力机的转动，目前变桨控制系统紧急电源一般采用蓄电池或超级电容。

2.3.2 风力发电的运维与回收技术

1. 风力发电的运维技术

风力发电机组的运维通常包括两种方式，一种是定期检修维护，另一种是日常巡检。随着单机容量呈不断增大的趋势，运维的复杂性将更高，停机的损失也会更大，因此，风电智能运维技术应运而生并被广泛应用。风力发电运维的数字化、智能化建设包括检修设备、备件、安全等各个方面，维修管理通过设备运行数据，辅以智能无人机等技术，实现包括智能巡检、远程视频专家诊断、计划检修等智慧运维管理新模式。基于 Wi-Fi、视频监控技术的全覆盖，可实现全方位、全角度、全过程的风力发电机组安全管控。

2. 风力发电的废弃部件回收再利用技术

有关风力发电生命周期碳排放的分析表明，风力发电的碳排放回收期远远低于火力发电，其中 2 兆瓦陆上机型的回收期约为 5.4 个月、6 兆瓦海上机型的回收期为 7 到 8 个月，这一数据甚至超过了水力发电和光伏发电。风力发电过程中碳排放来源主要来自制造和运输、安装、运维等环节。风力发电机组部件所需原材料开采及部件的制造加工环节（主要为金属材料的开采和利用）占风电碳排放的 86%，其无害化处理主要是寻找金属的替代物，如：混凝土塔筒、木制塔筒技术；在金属材料回收再加工的过程进一步控制碳排放。风电系统的运输、吊装、运维，以及风电场退役后的风机设备处置环节（主要为废弃的风机叶片）占风电碳排放的 14%，通常的无害化处理措施是将废弃风机叶片打碎、混合进入水泥以替代砂砾、黏土等成分，进而循环利用进入建筑领域。

2.3.3 其他风能技术

1. 风光互补系统

中小型风力发电机和太阳能电池一样，作为独立供电系统都受自然资源条件的限制，影响了供电系统的可靠性。但风力机和太阳能结合组成风光互补供电系统，则能大大提高供电系统的可靠性。风能和太阳能在时间上、季节上都有很强的互补性，人们利用这种互补性，开发了风光互补供电系统，在实际运行中效果很好。小型风光互补供电系统是由小型风力发电机组、太阳能电池组、蓄电池、控制器、逆变器等组成。根据不同地区的风能、太阳能资源及不同的用电需求，用户可配置不同的供电模式。小型风光互补供电系统的控制逆变器上设置了风力机和太阳能光电板两个输入接口，风力发电机和太阳能电池发出的电，通过充电控制器向蓄电池组充电，然后将从蓄电池出来的直流电通过逆变器转换为适合通用电器的 220 伏、50 赫兹交流电。小型风光互补供电系统的优点是可以同时利用当地的风力资源和太阳能资源，起到多能互补的作用。

2. 风能制热技术

随着人民生活水平的提高，热能在家庭用能中的需求量越来越大，特别是在高纬度的欧洲、北美等地区，取暖、煮水是耗能大户。为了解决家庭及低品位工业热能的需要，风力制热技术及其应用有了较大的发展。主要有液压阻尼式风力制热、搅拌式风力制热、风电间接制热。

液压阻尼制热原理是通过高速液体撞击制热，其制热实现方式为：风力机带动液压泵转动，液体被液压泵增压后从泵的多个细小出口高速喷出，多股射流相互撞击产生热量。随着液压式风力制热技术研究的深入，液压泵技术缺陷开始暴露出来：①风力匹配性差，当风速低于额定风速时，液压泵启动困难且无法将足够的压强传递给制热液体，液压泵效率将急剧降低，系统的制热效率随之降低；②机械结构复杂，液压泵的运动部件较多，且设备内部压力大，密封要求高，使得设备事故率高、使用寿命短且维护复杂。

搅拌式风力制热机制为液体分子相互摩擦制热，制热技术方式为：风力机将动力传递到搅拌制热装置，搅拌制热装置中搅拌浆旋转对腔内液体进行搅拌，液体相互摩擦、碰撞产热。

风电间接制热的能量转化途径为：风力先发电，电能再通过电阻丝产热或通过热泵技术等方式转换为热能。风电制热的优势在于电热转化效率高，电热直接转化效率接近 100%，热泵技术可以获得更大的效益。但风电制热的劣势同样明显：①风能利用率低，小型风力发电的风能利用效率低，系统风能到热能的总利用率低于 20%；②系统复杂，造价昂贵。风电间接制热系统的复杂程度远高于其他直接风力制热形式，其中风力发电部分由发电机组、逆变器、蓄电池组和相关控制设备等部件组成，系统造价高，性价比低。综上所述，风电制热技术不能满足分散式建筑采暖小型热源经济、简单、便于维护的要求。

2.3.4 风能技术的机遇与挑战

随着市场空间不断扩大，产业技术和运营模式趋于成熟，风电在能源行业竞争中的优势越发明显，市场化成为风电发展的必然趋势。未来我国风力发电将持续快速增长，将继续坚持集中式与分散式并举、本地消纳与外送并举、陆上与海上并举，积极推进三北地区陆上大型风力发电基地建设和规模化外送，加快推动近海风力发电规模化发展以及深远海风力发电示范，大力推动中东部和南方地区生态友好型分散式风力发电发展。

对风能未来发展方向主要表现在以下三个方面。

第一，在装机容量和规模上不断增大。到 2025 年，风电装机将达到 5.4 亿千瓦，而 2025—2030 年新增电力需求则几乎全部由绿色能源满足。那么截至 2030 年，风电装机预计将会有 8 亿千瓦。到 2050 年和 2060 年风电装机容量预计将分别达到 22 亿千瓦和 25 亿千瓦。

第二，陆上风电坚持集中式与分散式并举。陆上风力发电总体呈现“由北到南、由集中到分散、由小到大”的发展趋势，风力发电由三北地区向中、东、南部地区推进，由集中式到集中式与分散式并重发展；陆上风力发电机组由单机容量2~3兆瓦向4~6兆瓦及更大功率发展，低风速机型发展迅速；陆上大型风力发电基地规模和数量持续增长；陆上风力发电成本显著下降。

在风能资源禀赋较好、建设条件优越、具备持续整装开发条件、符合区域生态环境保护等要求的地区，有序推进风力发电集中式开发，加快推进以沙漠、戈壁、荒漠地区为重点的大型风电基地项目建设；加强乡村清洁能源保障，提高农村绿电供应能力，实施“千乡万村驭风行动”，积极推动分散式风电建设。积极采取“集中开发、远距离输送”与“分散式开发、就地消纳”并举模式。

第三，坚持海陆并举，进一步优化海上风电产业布局，加快海上风电基地建设。近年来，海上风电总体呈现“由小及大、由近及远、由浅入深”的发展趋势，即单机额定容量逐步增大，海上风电机组进入10兆瓦时代；风场离岸距离和水深不断增加，分别超过100千米和100米；最长叶片达到102米，5.5兆瓦漂浮式风力发电机组开始运行试验，开始部署研发15兆瓦级固定式海上风力发电机组和10兆瓦级漂浮式风力发电机组；深远海化趋势明显。据业内消息：2023年6月28日14时30分，位于福建省北部海域，由三峡集团与金风科技联合研发的首台16兆瓦海上风电机组成功吊装。16兆瓦海上风电机组的叶轮直径252米，单支叶片123米。海上风力发电场规模越来越大，单体规模超过百万千瓦，集中式规模化开发趋势明显，海上柔性直流输电系统得到应用；在未来会进一步优化近海风电布局，开展深远海风电建设示范项目，稳妥推动海上风电基地建设，积极推进水风光互补基地建设；海上风力发电成本逐步降低，已基本实现平价上网。

2.4 水力发电技术

水力发电利用的水能主要是蕴藏于水体中的位能，是利用水由高处落向低处的落差产生的能量来发电，把天然水流能量（包括势能、动能）转换成水轮机的动能后，以水轮机推动发电机产生电能，再通过输变电设施送入电力系统，属于一种重要的绿色能源。为了实现将水能转换为电能，需要兴建不同类型的水电站。水电站是由一系列建筑物和设备组成的工程设施。建筑物主要用来集中天然水流的落差，形成水头，并以水库汇集、调节天然水流的流量；基本设备是水轮发电机组，当水流通过水电站的引水建筑物进入水轮机时，水轮机受水流推动而转动，使水能转化为机械能；水轮机带动发电机发电，使机械能转换为电能。

2.4.1 水力发电的特点

1. 水能的再生性

水能来自河川天然径流，而河川天然径流主要是由自然界气、水循环形成，水的循环使水能可以再生循环使用，故水能称为“再生能源”。

2. 水资源可综合利用

水力发电只利用水流中的能量，不消耗水量。因此水资源可综合利用，除发电以外，可同时兼得防洪、灌溉、航运、供水、水产养殖、旅游等方面的效益，进行多目标开发。

3. 水能的调节作用

传统意义上来说电能的储存、生产和消费不是同时完成的。水能则可存在水库里，根据电力系统的要求进行生产，水库相当于电力系统的能量储存仓库。水库的调节提高了电力系统对负荷的调节能力，增加了供电的可靠性与灵活性。

4. 水力发电的可逆性

把位于高处的水体引向低处的水轮机可进行发电，将水能转换成电能；反过来，把位于低处的水体通过电动抽水机吸收电力系统电能送到高处的水库储存，将电能又转换成了水能。利用水力发电的这种可逆性修建抽水蓄能电站，对提高电力系统的负荷调节能力具有独特的作用。

5. 机组工作的灵活性

水力发电的机组设备简单，操作灵活可靠，增减负荷十分方便，可根据用户的需要，迅速启动或停机，易于实现自动化，最适于承担电力系统的调峰、调频任务和担任事故备用、负荷调整等功能。水电站增加了电力系统的可靠性，动态效益突出，是电力系统动态负荷的主要承担者。

6. 水力发电生产成本低、效率高

水力发电不消耗燃料，不需要开采和运输燃料所投入的大量人力和设施，设备简单，运行人员少，厂用电少，设备使用寿命长，运行维修费用低，所以水电站的电能生产成本低廉，为火电站的 1/8~1/5，且水电站的能源利用率高，可达 85% 以上。

7. 有利于改善生态环境

水力发电不污染环境，广大的水库水面面积调节了所在地区的小气候，调整了水流的时空分布，有利于改善周围地区的生态环境。在越来越重视环境问题的今天，合理地利用水资源，开展水电建设，提高水电比例，对减少环境污染有着极其重要的意义。

我国水能资源量居世界首位，技术可开发容量约 6.87 亿千瓦，年发电量约 3 万亿千瓦时。截至 2021 年年底，我国水电总装机容量约 3.91 亿千瓦，年发电量约 1.35 万亿千瓦时，均居世界第一位。本章主要针对水力发电关键技术展开介绍。

2.4.2 水资源的开发利用技术

水电开发为实现我国新能源发展目标发挥了有力的支撑作用，为促进国民经济增长和社会可持续发展提供了重要的保证。我国水力发电建设技术世界领先，在水电设备设计制造技术方面，依托国家重大水电工程，我国水电机组设备经过引进、消化、吸收、再创新，逐步具备了自主研制大型水电机组的能力，实现了跨越式发展。我国混流式、轴流转桨式和灯泡贯流式机组的设计制造已达到世界先进水平；实现了中低水头百万千瓦级巨型混流式机组的自主研发和生产制造，技术水平处于世界领先地位。近年来，国产化的电气设备在水电站高压、超高压、特高压及大电流领域广泛使用，打破了国外厂家的长期垄断；国产的计算机监控系统、微机型继电保护设备已全面占领国内市场。国产机电设备设计制造整体实力已经达到国际先进水平。在金属结构和机械设备领域，我国自主制造了世界上最大的单体升船机、最大跨度重型缆机，已具备独立自主研制各种闸门及启闭机、起重机械的能力，金属结构和机械设备的规模和设计制造技术水平得到了快速发展，设计制造能力达到国际先进水平。

在抽水蓄能电站建设技术方面，抽水蓄能电站的设计、施工、设备制造和自主创新研发能力也不断提升，整体达到国际先进水平。坝工技术方面，坝工设计理论和方法、筑坝材料、基础处理、大坝抗震等技术都很成熟，各种坝型在抽水蓄能电站中均有应用。库盆防渗技术方面，钢筋混凝土面板和沥青混凝土面板防渗技术已非常成熟。随着高水头大容量抽水蓄能电站的建设，在高水头压力管道衬砌和岔管技术方面积累了丰富经验。机电设备技术方面，我国抽水蓄能电站机组向着高水头、大容量、高可靠性的方向发展，已投产抽水蓄能电站机组达到700米水头段、单机容量最大达到375兆瓦，在建工程中包括了敦化、阳江、长龙山、平江、洛宁等一批600米以上高水头、大容量、高转速抽水蓄能电站，丰宁抽水蓄能电站在国内首次选用了2台交流励磁变速机组。

在水电工程运维和应急技术方面，水电工程日益成为国家防洪安保体系和保障国民经济发展的重要基础设施，其运行安全和应对灾害风险的能力关乎国家安全和人民群众生命财产安全。“十三五”期间，结合红石岩堰塞湖、白格堰塞湖应急抢险和处置，我国的堰塞湖遗堰洪水分析、应急抢险关键技术处于国际先进水平。在工程健康检查和诊断方面，初步开展了物联智能感知设备与技术研发、深水与超长距离水下探测关键技术及设备研发、大坝安全评价及安全鉴定关键技术研究工作。

2.4.3 水力发电关键技术

1. 水电站

依据现行部标，按水电站的装机容量进行分类：装机容量小于50兆瓦的为小型；装机容量50~250兆瓦的为中型；装机容量大于250兆瓦的为大型。大型水电站具有投资金额大、项目周期长、社会影响范围广的特点，修建水利水电工程是为了改造自然，造福人类，虽然对环境会产生一定的影响，例如淹没问题、水资源的问题、河流的生态问题、移民问题，甚至会引发某些灾害，但只要采取必要的对策措施就完全能够将这种不利影响减少到最低限度。

小型水电站按河段水力资源的开发方式分为三种类型：堤坝式水电站、引水式水电站和混合式水电站。三种类型的水电站各适用于不同的河道地形、地质、水文等自然条件，其中水电站的枢纽布置、建筑物构成也迥然不同。

2. 水轮机技术

水轮机是水电站中最重要的设备，它通过水流的冲击产生旋转带动发电机发电。常用的水轮机有反击式和冲击式。

反击式水轮机主要是利用水流的压能及一小部分水流动能做功。水流通过转轮叶片时，因叶片的作用，水流改变了压力、流速，从而对叶片产生了反作用力，形成转矩，使转轮旋转。冲击式水轮机是利用水流的动能，推动水轮机转轮旋转做功。常见的水轮机分类如图2-12所示。

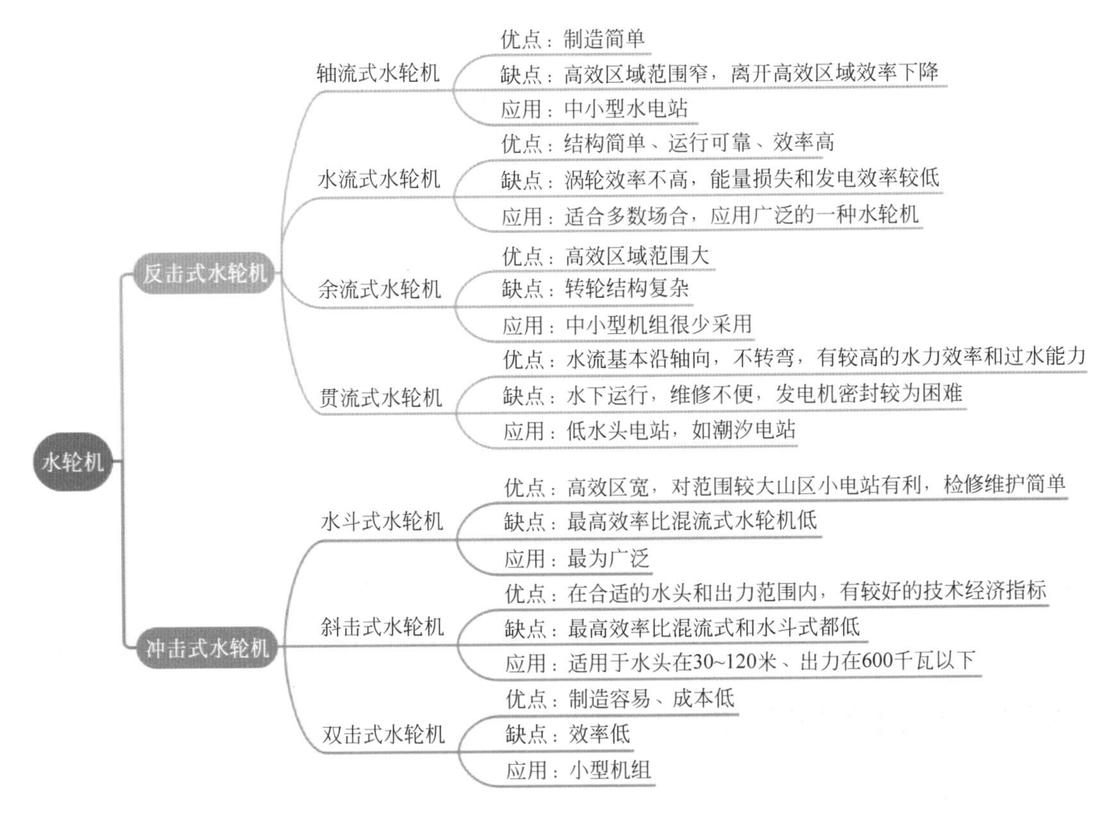

图2-12 水轮机技术分类

2.4.4 水力发电机遇与挑战

小水电对实现“双碳”目标起着重要作用，在分类整改基础上推动小水电绿色发展势在必行。因地制宜发展小水电可以促进生态环境的优化，补充电力能源，节约传统能源的消耗。以小水电为支撑，开展水风光储一体化建设，可促进风、光等可再生能源电力开发和消纳，提高供电可靠性，提高电网调节能力，维护供电安全。

推进绿色小水电发展的重要任务为：强化规划约束，优化开发布局；科学设计建设，倡导绿色开发；实施升级改造，推动生态运行；健全监测网络，保障生态需水；完善技术标准，搞好示范引领；加快技术攻关，推进科技创新。

2.5 核能发电技术

核能是一种绿色能源，具有清洁、高效、能量密度高等特点，是人类最具希望利用的未来能源之一。在供热、制氢、海水淡化、绿色电动车、核动力与常规动力混合驱动的大型运输舰船、医疗、环保等领域都得到了广泛应用。实际上，核能最主要的应用是核能发电，核燃料能量密度高，可以和能量密度低的可再生能源形成很好的匹配，发电相对稳定，基本不受季节和时间的影响，可实现多能融合，可有效解决电力系统稳定和波动性问题。

2.5.1 核能发电的基本原理

核能是通过核反应从原子核释放的能量，符合阿尔伯特·爱因斯坦的质能方程。核能可通过三种核反应释放能量：核裂变，较重的原子核分裂释放结合能；核聚变，较轻的原子核聚合在一起释放结合能；核衰变，原子核自发衰变过程中释放能量。目前获取核能的方式主要是核裂变与核聚变❾。

原子是由一个原子核和若干围绕原子核不断旋转的核外电子组成，是元素保持其化学性质的最小单位。原子核由带正电荷的质子和不带电的中子组成，原子核虽小，但集中了几乎原子的全部质量，质子数相同的原子具有相同的化学性质，被认为是同一种元素，质子数相同而中子数不同的原子称为同位素。原子内各核子之间存在非常强大的核力，核力可以克服质子之间存在静电斥力、万有引力，把各核子凝聚在一起。一定数量的质子和中子组合成原子核时，形成一个新的原子核的过程中会发生质量亏损，即所形成的原子核的质量小于组成它的所有核子的质量。伴随质量亏损，新原子核的形成过程中还会释放能量。根据爱因斯坦相对论中的质能方程，亏损的质量与释放的能量遵循以下关系：

$$\Delta E = \Delta m C^2$$

式中：ΔE 为能量的变化（焦耳）；Δm 为质量的变化（千克）；C 为真空中的光速（3.0×10^8 米 / 秒）。若打破一个原子核，将其中的每个核子分开，所需要的能量就等于质量亏损所对应的能量，称为原子核的结合能，即核能。对于确定质量的元素，平均结合能等于总的结合能除以原子核的质量数。图 2-13 所示为不同原子核平均结合能与其质量数的关系，从中可以看出，除了个别的几个轻核以外，其他元素的平均结合能都较为接近。

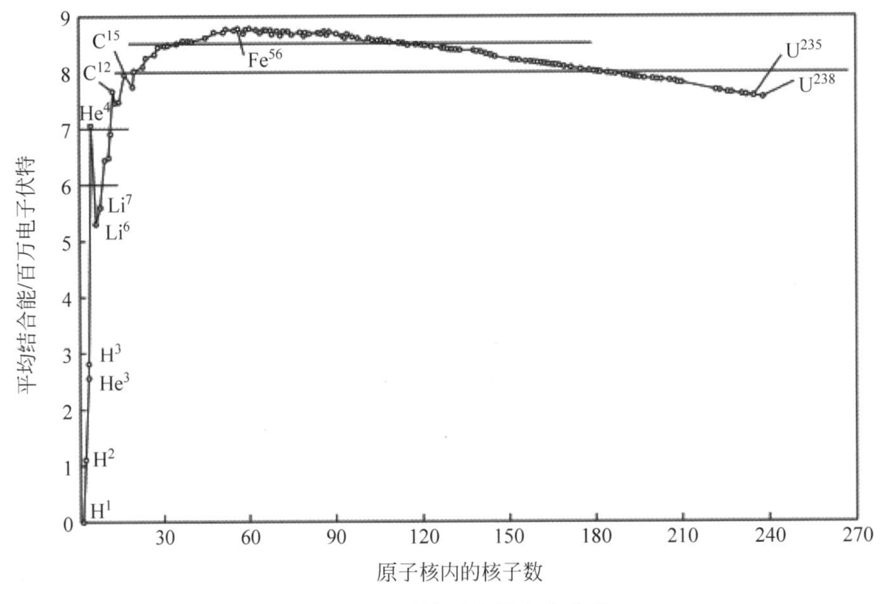

图 2-13　原子核平均结合能曲线

2.5.2　核反应堆类型

核反应堆 ⑩ 是指可控链式反应发生场所，又称为原子炉，是核能利用的核心装置。核裂变的研究较早，目前已经基本实现了大规模的人为可控，根据核反应方程，其关键在于链式反应。核反应堆包括核燃料、慢化剂、热载体、控制棒、冷却剂、反射层、热屏蔽体、防护装置、自动控制与监测系统等基本组成部分。

核电站反应堆类型：在核电站中，动力堆的类型有轻水堆（包括压水堆与沸水堆）、重水堆、石墨气冷堆和快中子增殖堆等。压水堆核反应堆供电基本原理如图 2-14 所示。

2.5.3　核能利用的关键技术

1. 核能发电技术

核能最主要的应用是发电。目前我国的主要发电方式仍为火力发电，而核能的热值是燃煤的 270 万倍（1 千克铀核全部裂变可释放出相当于 2700 吨煤完全燃烧所释放的能量）。

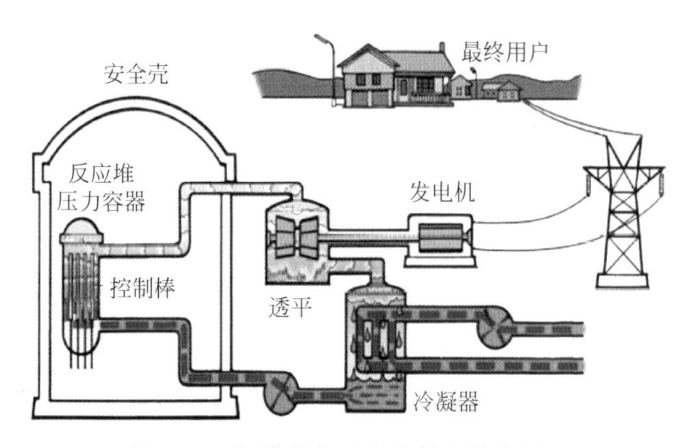

图 2-14 压水堆核反应堆供电基本原理

将核能用于发电，可以显著降低成本，缓解化石能源枯竭、环境污染严重等问题。因此，世界各国都非常重视核电的发展。

与火力发电站相同，核电站也是先将热能转换为机械能，再将机械能转换为电能；两种发电方式的本质区别在于热源的不同。核电站主要由核岛和常规岛两大部分组成。核岛是指在安全壳内的核反应堆，以及与其有关的所有系统的总称；常规岛则主要是指汽轮发电机组及其配套设施的总称。以动力堆中主要的轻水堆为例，核岛的主要功能是利用核裂变释放的能量产生蒸汽，而常规岛的主要功能是将蒸汽携带的能量转换为汽轮机的机械能，进一步带动发电机运转，产生电能。

2. 核能供暖

核能供暖指以核裂变产生的能量为热源的集中供暖或分散供暖。目前，核能供暖主要有2种方式：低温核供暖和核热电联产。低温核供暖已形成池式供热堆和壳式供热堆 2 种主流技术，单个模块供热能力在 200 兆瓦左右，可满足 400 万平方米用热需求；核热电联产的综合能源利用率可达 80%，单台 1100 兆瓦电力机组供热能力超过 2000 兆瓦，供热面积达 5000 万平方米。

3. 核能淡化海水

利用核能作蒸发动力进行海水淡化的方法。目前世界上大型海水淡化厂，约有 90% 采用蒸馏原理。因此，若将核动力工厂与海水淡化工艺相结合，既能提供电力，又能提供淡化海水所需的热能。如核动力发电和海水淡化工程配套，可大量淡化海水，同时可根据季节用水量的变化对发电进行调节，而且核燃料具有价格相对稳定、环境影响小的优点，开发潜力很大。

4. 核能制氢

核能制氢是利用核反应堆产生的热量与热化学反应耦合制氢的工艺。氢作为一种二次能源，是一种能量载体或能流，必须通过消耗一次能源制取。为实现能源生产的无污染和零排放，可利用核电为电解水制氢提供电力，或利用反应堆中的核裂变过程所产生的高温直接用于热化学循环制氢。其规模取决于核电的成本及生产安全性。

2.5.4 核能利用的机遇与挑战

2001 年第四代核能系统国际论坛（Generation Ⅳ International Forum，GIF）成立并提出了四代堆概念。四代堆的目标是在可持续性能、安全和可靠性、经济性、防核扩散和实物保护方面实现改善。在碳达峰碳中和的背景下，我国对于低碳排放及推广清洁能源的要求成了核电行业持续发展的重要推力，核能发电量规模逐年增长。近年来，我国正在积极发展高温气冷堆、钠冷快堆及钍基熔盐堆等第四代先进核能技术以及 ADANES（加速器驱动的先进核能系统）技术 ⑪，同时在小型模块化堆、核能综合利用等方面也开展了相关研究。

未来将有序稳妥推进核电建设，积极推动小型模块化堆、四代堆核能系统和 ADANES 的建设、发展核能的综合利用技术，进行关键技术的攻关与突破。此外，核能在工业供汽、海水淡化、制氢、核动力民用船舶、同位素生产等方面将发挥更加重要作用。当前的核能利用技术多基于核裂变反应，核聚变反应主要用氢核燃料，成本低，自然界里存量大，热能高，而且反应后无放射性，清洁无污染。在数字革命背景下，新能源可以与核能等能源品种配合使用，构建智能微网，实现能源互补和梯级利用，从而提升能源系统的综合利用效率，缓解能源供需矛盾，构成丰富的清洁、低碳供能结构。当前全球智能化信息化技术进入不断融合和创新发展的新阶段，推进核能产业与人工智能、大数据、5G、区块链等信息技术的深度融合，可促进核产业链转型升级，实现降本增效，增强核能运行安全性，提升核能产业核心竞争力。

2.6 其他绿色能源技术

其他比较重要的绿色能源主要有太阳热能、海洋能、地热能等。

太阳能光热技术应用领域较为广泛，在高、中、低温相关领域都有不同程度的发展。其中，太阳能热发电、太阳能建筑采暖与制冷、太阳能热法海水淡化，以及太阳能工业热利用等技术具有良好的应用前景。

海洋能是指依附在海水之中的可再生能源。海洋能主要以潮汐、波浪、潮（海）流、温度差、盐度梯度等形式存在于海洋之中。海洋能具有可再生、清洁无污染、不稳定、地域性强、能流密度低等特点，其类型丰富、蕴藏着巨大的能量。目前开发利用海洋能主要用于发电。

地热能来源主要是地球内部长寿命放射性同位素热核反应产生的热能。地热能在能源革命中具有独特的“先发优势”，目前地热能作为五大非碳基能源之一，已纳入到“中国碳中和框架路线图研究”中。实现碳达峰碳中和目标，既涉及能源结构的优化调整，又涉及能源利用效率的提升，这与地热能等减碳技术的应用密切相关。

本节主要介绍太阳热能、海洋能、地热能的概念、应用及其技术发展。

2.6.1 太阳能光热技术

太阳能光热是指太阳辐射的热能。太阳能热发电是太阳能热利用的一个重要方面，这项技术是利用集热器把太阳辐射热能集中起来给水加热产生蒸汽，然后通过汽轮机、发电机来发电。太阳能热利用是指利用集热装置收集太阳辐射并转换成热能，再通过介质的传递，直接或间接地供人类使用。本节介绍太阳辐射的基本概念、太阳能热利用的基本原理以及各种太阳能热利用装置和技术，包括太阳能集热器、太阳能热水器、太阳房、太阳能热发电、太阳能制冷、太阳能海水淡化以及太阳能的储存。

1. 太阳能集热器分类与结构

太阳能集热器是一种将太阳的辐射能转换为热能的设备，是太阳能利用的核心部件，主要应用于太阳能热水器、太阳灶、主动式太阳房、太阳能温室、太阳能干燥、太阳能工业加热、太阳能热发电等方面。

太阳能集热器的分类方式很多，主要有以下几种。

（1）按集热器的传热工质类型分为液体集热器、空气集热器。

（2）按进入采光口的太阳辐射是否改变方向分为聚光型集热器、非聚光型集热器。

（3）按集热器是否跟踪太阳分为跟踪集热器、非跟踪集热器。

（4）按集热器内是否有真空空间分为平板型集热器、真空管集热器。

（5）按集热器工作温度范围分为低温集热器、中温集热器、高温集热器。

（6）按集热板材料分为纯铜集热板、铜铝复合集热板、纯铝集热板。

按聚光性对太阳能集热器进行分类，如图 2-15 所示。

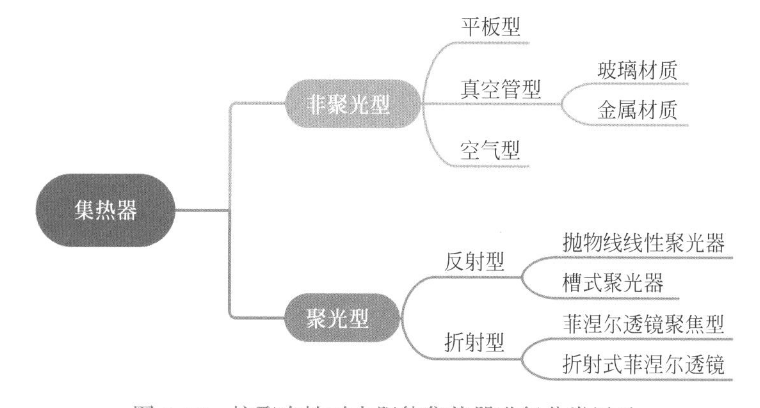

图 2-15　按聚光性对太阳能集热器进行分类展示

现在实际应用最多的太阳能集热器有：平板型太阳能集热器、真空管集热器、聚光型集热器，如图 2-16 所示。

(a) 平板型太阳能集热器

(b) 真空管集热器

(c) 聚光型集热器

图 2-16　太阳能集热器基本类型

2. 太阳热能利用技术

太阳热能利用技术主要有以下几种。

1）太阳能热水系统

太阳能热水系统是利用太阳能集热器采集太阳热量，在阳光的照射下使太阳的光能充分转化为热能，通过控制系统自动控制循环泵或电磁阀等功能部件将系统采集到的热量传输到大型储水保温水箱中，再匹配当量的电力、燃气、燃油等能源，把储水保温水箱中的水加热并成为比较稳定的定量能源设备。该系统既可提供生产和生活用热水，又可作为其他太阳能利用形式的冷热源，是太阳热能应用发展中最具经济价值、技术最成熟且已商业化的一项应用产品。

2）太阳能热系统

热能具有品位，集热器与热能品位相对应。根据集热器的工作温度不同可以分为低温集热器、中温集热器和高温集热器，其工作温度区间分别为 100 摄氏度以下、100~250 摄氏度和 250 摄氏度以上。类似地，根据不同的温度区间，太阳能热能系统可分为低温、中温和高温三种类型。低温太阳能的工作范围为 80 摄氏度以下，多用于制备生活热水、低温采暖和工业预热；中温太阳能的工作范围为 80~250 摄氏度，多用于太阳能空调制冷及工业生产；高温太阳能的工作范围为 250 摄氏度以上，多用于太阳热发电。根据应用场合与用途，太阳能热系统分为太阳能工业热水系统、太阳能蒸汽系统、太阳能热风系统。其中，太阳能工业热水系统主要用于工业预热；太阳能蒸汽系统通常采用抛物槽式太阳能集热器，以产生较高温度，中高温蒸汽广泛用于各类工业生产过程，见表 2-1。因此，将太阳能系统应用于工业生产具有重要意义。

表 2-1　中高温蒸汽工业生产应用领域

应用领域	用　　途	热能形式	温度 / 摄氏度
合成橡胶	胶合板制备	蒸汽	120~180
木材加工	热压纤维板	蒸汽	200
公路建设	融化沥青	蒸汽	120~180
化学工业	化学处理	蒸汽	120~181

续表

应用领域	用　　途	热能形式	温度 / 摄氏度
造纸工业	牛皮纸漂白	蒸汽	120~182
	干燥	蒸汽	150
食品工业	消毒	蒸汽	140~150
	浓缩	蒸汽	130~190
	干燥	蒸汽（空气）	130~240
烟草工业	制丝	蒸汽	150~200
纺织工业	染色	蒸汽	100~160

3）太阳能空调制冷系统

太阳能空调制冷系统就是利用太阳能集热器产生的热能直接驱动制冷机的制冷系统。常用的太阳能制冷系统有：太阳能吸收式制冷系统、太阳能吸附式制冷系统、太阳能蒸汽喷射式制冷系统三种类型。太阳能制冷系统的优点是具有良好的季节适应性。在夏季空调负荷高峰时，正是太阳辐射最强时，此时可以大大缓解夏季电力供应紧张的季节性难题。

4）太阳能海水淡化技术

人类利用太阳能淡化海水，已经有很长的历史了，最早利用太阳能进行海水淡化，主要是利用太阳能进行蒸馏，一般称为太阳能蒸馏器。太阳能蒸馏器的运行原理是利用太阳能产生热能驱动海水发生相变过程，即产生蒸发与冷凝。根据是否使用其他的太阳能集热器可将太阳能蒸馏系统分为主动式和被动式两类。被动式海水淡化的装置中不使用电能驱动元件，主动式太阳能蒸馏使用了附加设备。

5）太阳能空气取水技术

水资源短缺仍然是21世纪亟须解决的全球性问题之一。当前人们优先关注的地表水、地下水及雨水等常规水源的取用通常受限于地理位置及气候类型。空气中蕴含着丰富的水资源（云、雾、水蒸气），且基本不受地理环境制约（干旱的沙漠地区的空气中仍然含有可观的水蒸气）。但是空气取水技术却因成本高一直未得到足够重视。随着近年来相关的材料、器件及系统的重大创新，太阳能驱动的吸附式空气取水方法再次引起了关注。

6）太阳能热发电技术及其发展趋势

太阳能热发电技术主要是指太阳热能间接发电，即将太阳辐射能转化为热能，然后通过热机带动常规发电机发电，将热能转化为电能。太阳能热发电主要有：太阳池热能发电、太阳能半导体温差发电、太阳能蒸汽热动力发电、太阳能斯特林发动机、太阳能烟囱。

太阳能热发电能量转换过程需要配置储热系统，从而具有电网友好、出力可调的特点。太阳能热发电系统既能作为基荷电源，也可以作为调峰电源，还可以作为能源双向流动的节点。太阳能热发电系统因其配有大容量储热装置，既可以作为一个稳定的电源生产电力，也可以将电网中多余的电力储存起来，从而成为电力网络中重要的发电兼储能单元，在高比例可再生能源电力系统中可以起到调频、调峰、增加系统惯性和稳定性的作用。

截至2021年年底，全球太阳能热发电装机容量为6.8吉瓦，我国商业化运行的太阳能热发电站装机总量为538兆瓦，24小时不间断发电纪录为连续32天，最大太阳能热发电站装机容量为100兆瓦、储热时长为11小时。

当前，以熔盐为储热材料、配有大规模储热系统的太阳能热发电技术是商业化太阳能热发电的主流技术，提高系统运行参数、降低成本是未来的发展方向。

目前，太阳能热发电技术主要包括：超临界熔盐塔式太阳能热发电技术、超临界二氧化碳太阳能热发电技术、化学电池和卡诺电池协同储能技术。其中，超临界二氧化碳太阳能热发电技术是当前全球太阳能热发电的研究热点。太阳能热发电技术中有待于突破的关键技术主要有高温、高能流密度条件下吸热器运行技术，超临界二氧化碳换热理论及方法。

2.6.2 海洋能及相关技术

1. 海洋能介绍

海洋能主要包括潮汐能、波浪能、潮流能、温差能、盐差能等。

1）潮汐能

潮汐能是一种不受枯水期、涨水期影响，不会产生废料的清洁能源。大海的潮汐能极为丰富，涨潮和落潮的水位差越大，所具有的能量就越大。潮汐发电与水力发电的原理相似，它是利用潮水涨落产生的水位差所具有的势能来发电的。

为了利用潮汐进行发电，首先要将海水蓄存起来，这样便可以利用海水出现的落差产生的能量来带动发电机发电。因此潮汐电站一般建在潮差比较大的海湾或河口，在海湾或有潮汐的河口建一个拦水大坝，将海湾或河口与海洋隔开，构成水库，再在坝内或者坝房安装水轮发电机组，就可利用潮汐涨落时海水水位的升降，使海水通过水轮机推动发电机发电，如图2-17所示。当海水上涨时，闸门外的海面升高，打开闸门，海水向库内流动，水流带动水轮机并拖动发电机发电；当海水下降时，把先前的闸门关闭，把另外的闸门打开，海水从库内向外流动，又能推动水轮机转动，发电机继续发电。

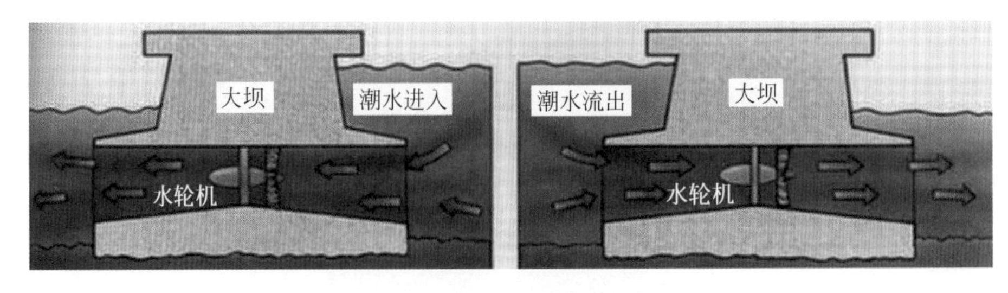

图2-17　潮汐发电原理示意图

我国潮汐能的理论蕴藏量达到 1.1 亿千瓦。尤其是东南沿海有很多能量，密度较高，平均潮差 4~5 米，最大潮差 7~8 米。沿海潮差以东海为最大，黄海次之，渤海南部和南海最小，主要集中在华东沿海，其中以福建、浙江、上海长江北支为最多，占我国可开发潮汐能的 88%。

2）波浪能

波浪能是由风把能量传递给海洋而产生的，是一种主要的海洋能源。它主要是由海面上风吹动以及大气压力变化而引起的海水有规则的周期性运动而产生的。海洋中的波浪主要是风浪，而风的能量又来自太阳，所以说波浪能是一种很好的可再生能源。另外据世界能源委员会的调查结果显示，全球可利用的波浪能达 20 亿千瓦，能量相当可观。同时，波浪能由于能量转化简单、蕴藏量大、分布广的优点也保证了其良好的可开发性。

由于波浪能是一种密度低、不稳定、无污染、可再生、储量大、分布广、利用困难的能源，且波浪能的利用地点局限在海岸附近，还容易受到海洋灾害性气候的侵袭，所以波浪能开发成本高、投资回收期长，一直束缚着波浪能的大规模商业化开发利用和发展。尽管如此，长期以来，世界各国还是投入了很大的力量进行了不懈的探索和研究。近年来，世界各国都制定了开发海洋能源的规划。我国也制定了以福建、广东、海南和山东沿岸为主的波浪发电的发展目标，着重研制建设 100 千瓦以上的岸式波浪发电站。因此波浪发电的前景十分广阔。

3）潮流能

潮流能是涨潮和退潮引起的海水水平运动而产生的动能，主要是指月球、太阳等的引力作用引起地球表面海水周期性涨落所带来的能量。潮流发电的原理与风力发电相似，几乎任何一个风力发电装置都可以改造成潮流能发电装置。潮流发电的水轮机可分为水平轴和垂直轴两类，水平轴式潮流发电装置因发电效率高、自启动性能强而成为目前国内外潮流发电装置的主流研究方向。

潮流能具有储量巨大、清洁无污染、不占用陆地等突出优势，其发电机组可抵抗 16 级台风和 4 米巨浪，在国际上被誉为“蓝色油田”，是特别理想的可再生能源。潮流能以各省区沿岸的分布状况来看，浙江省沿岸最为丰富，占全国潮流能资源总量的一半以上，其次是山东、江苏、海南、福建和辽宁，约占全国总量的 36%，其他省份沿岸潮流能蕴藏量较少。

4）温差能

温差能是指以表、深层海水的温度差的形式所储存的海洋热能，其储量巨大，在多种海洋能资源中，其资源储量仅次于波浪能，位于第二。

海洋热能主要来自太阳能。辐射到海面上的太阳能一部分被海面反射回大气，另一部分进入海水。进入海水的太阳辐射能除很少部分再次返回大气外，其余部分都被海水吸收，转化为海水的热能。海水吸收的太阳能，约有 60% 被表层海水所吸收，因此海洋表层水温较高。海洋温差能的主要用途是发电，即利用海水表层与深层的温差进行发电，将海洋热能转换为机械能，再把机械能转换为电能。根据所用工质及流程的不同，一般可分为开式循环系统、闭式循环系统和混合式循环系统。

海洋温差能发电具有稳定、清洁可再生、资源丰富等优点，除用于发电外还可实现空调制冷、水产品及作物养殖、海洋化工、海水淡化等综合利用，利用价值很高。

5）盐差能

在海洋咸水和江河淡水交汇处，蕴含着一种盐差能。盐差能是两种浓度不同的溶液间以物理化学形态储存的能量，这种能量有渗透压、稀释热、吸收热、浓淡电位差及机械化学能等多种表现形式。

盐差能的利用方式主要是发电，其基本方式是将不同盐浓度的海水之间的化学电位差能转换成水的势能，再利用水轮机发电，具体主要有渗透压式、蒸汽压式和机械 - 化学式等，其中渗透压式方案最受重视。

图 2-18 所示为渗透压式原理图。渗透压式是将一层半透膜放在海水和淡水之间，通过这个膜会产生一个压力梯度，迫使淡水通过半透膜向海水一侧渗透，从而使海水侧的水面升高，当海水和淡水水位差达到一定高度时，淡水停止向海水一侧的渗透，此时，海水和淡水水位差所产生的压强差即为两种溶液浓度差所对应的渗透压。盐差能的大小取决于渗透压和向海水渗透的淡水量，即盐差能与入海的淡水量和当地海水盐度有关。近年来，随着“蓝色能源”重新受到西方国家的关注，出现了很多开发盐差能的新技术，如电解质电容器、纳米流体扩散技术、双电层电容器、法拉第电容器等，但这些技术都处于初步的研发与进一步的完善阶段。

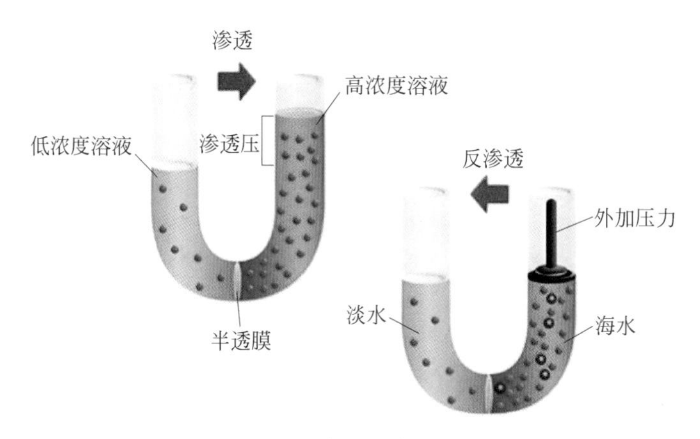

图 2-18　渗透压式原理图

2. 海洋能发展趋势

随着技术的不断成熟，海洋能发电技术从近海开始向资源更加丰富、环境更加苛刻的深远海发展，研究重点也逐步由原理性验证向高效、高可靠设计转移。同时，需要进一步攻克高效、高可靠海洋利用关键技术，提升装备的稳定性、可靠性，开展大容量、集群化应用，并拓展应用场景，探索海上开发活动的结合。

2.6.3　地热能及相关技术

地热能是蕴藏在地球内部的热能，是一种分布广泛、清洁低碳、稳定连续的可再生能源。我国地热能资源相当于全世界总量的六分之一。根据对336个大城市的评价，我国浅层地热能年可开采资源量折合7亿吨标准煤，我国中深层地热能年可开采资源量折合18.65亿吨标准煤。假定到2060年可以充分利用现有这些地热能储量，预计减排二氧化碳的总量为67.72亿吨。

1. 地热能介绍

按照储存形式，地热能可分为蒸汽型、热水型、地压型、干热岩型和熔岩型五大类地热资源；按温度划分，可分为地热发电和直接利用两大类，而对于不同温度的地热流体具有不同的应用，如表2-2所示。

表2-2　不同温度地热流体应用

温度 / 摄氏度	应　　用
200~400	直接发电及综合利用
150~200	双循环发电、制冷、工业干燥、工业热加工
100~150	双循环发电、供暖、制冷、工业干燥、脱水加工、回收盐类、罐头食品
50~150	供暖、温室、家庭用热水、工业干燥
20~50	沐浴、水产养殖、饲养牲畜、土壤加温、脱水加工

1）地热发电

地热发电是地热利用的最重要方式。高温地热流体应首先应用于发电。地热发电和火力发电的原理一样，都是利用蒸汽的热能在汽轮机中转变为机械能，然后带动发电机发电。所不同的是，地热发电不像火力发电那样要装备庞大的锅炉，也不需要消耗燃料，它所用的能源就是地热能。地热发电的过程就是把地下热能首先转变为机械能，然后把机械能转变为电能的过程。要利用地下热能，首先需要有“载热体”把地下的热能带到地面上来。能够被地热电站利用的载热体主要是地下的天然蒸汽和热水。按照载热体类型、温度、压力和其他特性的不同，可把地热发电方式划分为蒸汽型地热发电和热水型地热发电两大类。

蒸汽型地热发电是把蒸汽田中的干蒸汽直接引入汽轮发电机组发电，但在引入发电机组前应把蒸汽中所含的岩屑和水滴分离出去。这种发电方式最为简单，但干蒸汽地热资源十分有限，且多存于较深的地层，开采技术难度大，故发展受到限制。干蒸汽发电技术主要分为背压式汽轮机发电技术和凝汽式汽轮机发电技术两种发电系统。

热水型地热发电是地热发电的主要方式。热水型地热电站有两种循环系统：闪蒸地热发电系统和双工质循环系统。

闪蒸地热发电系统是直接利用地下热水所产生的蒸汽来推动汽轮机做功，然后将机械能转化为电能的发电系统。绝大多数地热电站采用闪蒸地热发电系统。世界上仅有菲律宾莱特岛唐古纳地热电站、新西兰怀拉基地热电站和莫凯地热电站采用闪蒸 - 双工质循环系统。

2）地热供暖

将地热能直接用于采暖、供热和供热水是仅次于地热发电的地热利用方式。因为这种利用方式简单、经济性好，备受各国重视，特别是位于高寒地区的西方国家，其中冰岛开发利用得最好。该国早在 1928 年就在首都雷克雅未克建成了世界上第一个地热供热系统，现今这一供热系统已发展得非常完善，每小时可从地下抽取 7740 吨 80 摄氏度的热水，供全市 11 万居民使用。由于没有高耸的烟囱，冰岛首都已被誉为“世界上最清洁无烟的城市”。此外，利用地热给工厂供热，如用作干燥谷物和食品的热源，用作硅藻土生产、木材、造纸、制革、纺织、酿酒、制糖等生产过程的热源也是大有前途的。目前世界上最大两家地热应用工厂就是冰岛的硅藻土厂和新西兰的纸浆加工厂。我国利用地热供暖和供热水发展也非常迅速，在京津地区已成为地热利用中最普遍的方式。

3）地热务农

地热在农业中的应用范围十分广阔。如利用温度适宜的地热水灌溉农田，可使农作物早熟增产；利用地热水养鱼，在 28 摄氏度水温下可加速鱼的育肥，提高鱼的出产率；利用地热建造温室，育秧、种菜和养花；利用地热给沼气池加温，提高沼气的产量等。

4）地热行医

地热在医疗领域的应用有诱人的前景，热矿水就被视为一种宝贵的资源，世界各国都很珍惜。由于地热水从很深的地下提取到地面，除温度较高外，常含有一些特殊的化学元素，从而使它具有一定的医疗效果。如含碳酸的矿泉水供饮用，可调节胃酸、平衡人体酸碱度；含铁矿泉水饮用后，可治疗缺铁贫血症；氢泉、硫水氢泉洗浴可治疗神经衰弱和关节炎、皮肤病等。由于温泉的医疗作用及伴随温泉出现的特殊的地质、地貌条件，使温泉常常成为旅游胜地，吸引大批疗养者和旅游者。

2. 地热能发展趋势

未来地热能主要发展方向是：浅层地热能规模化和集约化、扩大中深层地热能开发规模、增大中深层地热能开发深度；大力发展深层地热能开发与发电技术、“地热能 +”多能互补储 / 供能源集成利用系统，提高地热能规模化利用效率，逐步实现商业化应用。

2.6.4 其他能源技术的机遇与挑战

首先，随着全球化石能源供应日益紧张和环境问题日益凸显，加上全球实现“双碳”目标的要求，太阳能热发电与综合利用技术逐步成为能源行业的热点。太阳能热利用得到快速发展，其中技术比较成熟的是太阳能热水系统、太阳能热系统、太阳能空调制冷系统、太阳能热发电技术等。而对于太阳能烟囱发电技术、太阳能空气取水技术，由于空间和地理位置等因素的影响限制了其发展。太阳热能利用技术的发展主要方向主要有：开展热化学转化和热化学储能材料研究，探索太阳能热化学转化与其他可再生能源互补技术；开展中温太阳能驱动热化学燃料转化反应技术研发，研制兆瓦级太阳能热化学发电装置；开发太阳能热发电与风电并行互补发电系统、太阳能热发电与风热互补发电系统、太阳能热发电与生物质能热利用互补发电系统等分布式与集中式并举的多能互补集成系统，发掘光热发电调峰特性，推动光热发电在调峰、综合能源等多场景应用等。

其次，对于海洋能的利用，虽在可再生能源领域中发展较晚，但其在深远海开发中仍最具竞争优势。潮汐能当前在我国尚不具备大规模开发的前景，温差能与盐差能由于基础较弱，也未达到实用化阶段。因此，波浪能与潮流能成为我国当前海洋能开发的主流。虽然海洋能必将占据越来越重要的地位，但就其目前的发展状态来看，远未体现其开发的先进性，如理论研究不足，能量摄取机制模糊；系统研究不完备，能量传递配合低下；风险估计不清，结构安全无法保障；开发模式单一，能量用途欠灵活等。海岛能源示范与深远海资源开发紧密结合，是我国海洋能开发技术的发展方向。与“陆能海送”相比，“海能海用、就地取能”从资源品质、生产使用成本、供给灵活度等各方面都具备明显优势。波浪能与潮流能的“多能互补、独立供能”，将是满足上述战略需求、解决海上能源供给的重要有效途径。

最后，地热能是较为理想的清洁能源，其能源蕴藏丰富并且在使用过程不会产生温室气体，将有可能成为未来能源的重要组成部分。相对于太阳能和风能的不稳定性，地热能是较为可靠的可再生能源，地热能可以作为煤炭、天然气和核能的一种替代能源。

2.7 绿色能源的互补利用

绿色能源技术是指利用科技手段，高效开发利用可再生能源、核能等，构建永续能源体系，实现低碳排放，乃至零碳排放，从而实现碳中和的战略目标。

2.7.1 绿色能源转型的必要性

人类至今已经历两次大的能源转型。第一次能源转型是煤炭取代薪柴成为主要燃料，使蒸汽机得到广泛应用，推动了纺织、钢铁、机械、铁路运输等近代工业的建立和大发展，造就了第一次工业革命。人类社会由农业文明向工业文明进化。第二次能源转型是石油取代煤炭成为主导能源，电力被发明并得到广泛应用，推动了现代工业的建立和发展，催生了电力、石油、化工、汽车、通信等新的工业部门，还推动了纺织、钢铁、机械、铁路运输等旧的工业部门升级，出现了第二次工业革命和第三次工业革命，人类进入了信息时代。

目前，全球正在经历从高碳到绿色能源的第三次能源转型，以及物联网和大数据等为特点的第四次工业革命。第三次能源转型就是利用第四次科技革命的成果，推动能源革命。能源体系主体要素将发生根本性转变，能源形态将从化石能源转变为绿色能源、实现从有碳到无碳的转变，能源技术将从资源优势主导的能源资源型，发展为技术占主导地位能源技术型。能源结构将从一次能源直接为主，调整为电气化二次能源占主导地位。能源管理将从集中式利用，发展为智能化平衡用能。以绿色、智能、高效为核心的“智慧绿色”能源体系是第三次能源转型的发展方向与目标。依托科技革命，将信息、物质、能量有机融合，以提高能效，减少热量损失，节能减排，并通过固碳等技术手段实现负碳。

科学利用能源主要是提高能效以及对未来新型能源的探索。人类已经开始进入第六次科技革命的时代，同时第四次工业革命也在进行，科技文明的发展需要生态环境的支撑。以绿色能源为主，以化石能源为辅，大力发展推广绿色能源是第三次能源转型的一个重要方向。

大力发展绿色能源是第三次能源转型的一个重要方向。未来为促进我国能源结构调整和能源利用方式转型，将侧重开展化石燃料清洁高效利用基础研究，同时加强可再生能源、清洁能源及环境相容问题的研究。特别是在高碳能源低碳化利用方面，着力探索燃料源头节能新方法，开发煤炭清洁无污染综合利用技术，研发二氧化碳分离、液化运输与埋存新技术，建立适合中国高碳能源特点的温室气体控制体系。在可再生能源、先进动力、工业节能、分布式能源系统等研究方向上，着力推动工程热物理学科与物理学、化学、材料科学、信息科学等学科的综合交叉，促进基础理论与关键技术的研究进展，保障能源转型升级，助推能源技术革命。

目前，处于在实现绿色生态的关键期，全球倡导“双碳”战略，能源转型。在这一进程中，绿色能源与化石能源互补将会在相当长的时间内发挥作用。

2.7.2 构建智能化绿色能源综合体系

我国是世界第一大能源生产国和消费国，确保能源安全可靠供应是关系我国经济社会发展全局的重大战略问题。近年来，我国能源产业除了受复杂多变的国际形势影响之外，还面临着数字化、智能化和绿色低碳发展的挑战。以清洁、无碳、智能、高效为核心的

“智慧绿色”能源体系是第三次能源转型的发展方向与目标。其中，绿色电力系统是构建“智慧绿色”能源体系的基础。

绿色电力简称绿电，是将风能、太阳能等可再生的能源转化成电能，通过这种方式产生的电力因其发电过程中不产生或很少产生对环境有害的排放物，绿色能源在投入使用过程中大部分是以电能的形式出现的。因此，要构建智能化绿色能源综合利用体系，需要建设科学合理的电力分配和储能模式，这样才能提高电能利用效率。因此，未来需要促进发电技术、储能技术和输电技术这三方面的“革命性”进步。

思考题

1. 绿色能源的内涵是什么？
2. 太阳能的表现形式主要有哪些？
3. 核能利用的未来发展方向是什么？
4. 绿色能源综合利用的措施主要包括什么？

绿色电力系统

电能在人类社会的各个方面起着举足轻重的作用，是现代工农业生产、科学技术研究及人民生活等各个领域中广泛应用的主要能源与动力。安全、可靠、高效地利用电能就要依靠电力系统。

中国碳中和工程建设，能源是主战场，电力是主力军，电力系统脱碳是能源系统脱碳的核心环节。以绿色能源发电为主的绿色电力系统的建设是实现电力系统脱碳的关键环节。

3.1 概述

我国电力系统碳减排路径按照时间维度，可以分为三个阶段：低碳、净零碳、脱碳。我国传统电网中电能主要来自以火力发电为主的传统化石能源，用于发电的能源燃烧是我国主要的二氧化碳排放源。双碳目标的实现，必须要解决电网中化石能源发电比重过大的问题。这就需要不断地增加新能源发电的比重，尤其是以风力发电、太阳能发电为代表的绿色能源发电。对于电力系统而言，由于加入了众多的“新成员”将面临新的挑战。伴随着全球新一轮科技革命和产业革命的快速兴起，云计算、大数据、物联网、人工智能、5G等新技术应用也必将加快传统电力系统转型，促进建设新型电力系统。含有高比例可再生能源的新型电力系统是实现碳中和的核心。随着碳中和工程的不断深入，更多“绿色能源”（详见第2章内容）发电接入电网，电力系统也将具备更多“绿色”特征，最终建设成为绿色电力系统。

3.2 绿色电力系统关键技术

我国提出要构建以新能源为主体的新型电力系统。构建以新能源为主体的新型电力系统，既是我国电力系统转型升级的重要方向，也是实现碳达峰碳中和目标的关键途径。通过新型电力系统的建设，将有力促进经济社会全面绿色转型，构建以新能源为主体的新型电力系统，是推动能源清洁低碳转型，助力碳达峰碳中和的关键举措，对全面贯彻“四个革命、一个合作”❶能源安全新战略具有重大意义。

绿色电能在电力系统中的占比是我国实现“双碳”目标过程最为重要的指标数据之一。新型电力系统是绿色电力系统的初级阶段，随着绿色电能在新型电力系统中占比进一步增加，新型电力系统将呈现出更多的“绿色”，最终发展为绿色电力系统。

3.2.1 绿色电力系统概念

绿色电力系统是以确保能源电力安全为基本前提，以绿色能源供给为主体，以绿色电力消费为主要目标，满足不断增长的清洁用电、绿色用电需求，具有绿色低碳、安全可控、智慧灵活、开放互动、数字赋能及经济高效等特点。最终具体表现为在结构上对新能源发电具有更强的消纳能力；在形态上，实现源网荷储深度融合互动；在技术上，各环节深度数字化和智能化；在经济上，电力市场和“碳交易”市场协同发展。

在绿色电力系统构建过程中必须要加强顶层设计，推动电力来源清洁化、绿色化，终端能源消费电气化；同时需要对现有电力系统进行绿色低碳发展适应性评估，在电网架构、电源结构、源网荷储协调、数字化智能化运行控制等方面进行技术提升和系统优化，加强新型电力系统基础理论研究，推动关键技术创新，研究制定适合绿色电力系统的相关标准。绿色电力系统构建总体框架如图 3-1 所示。

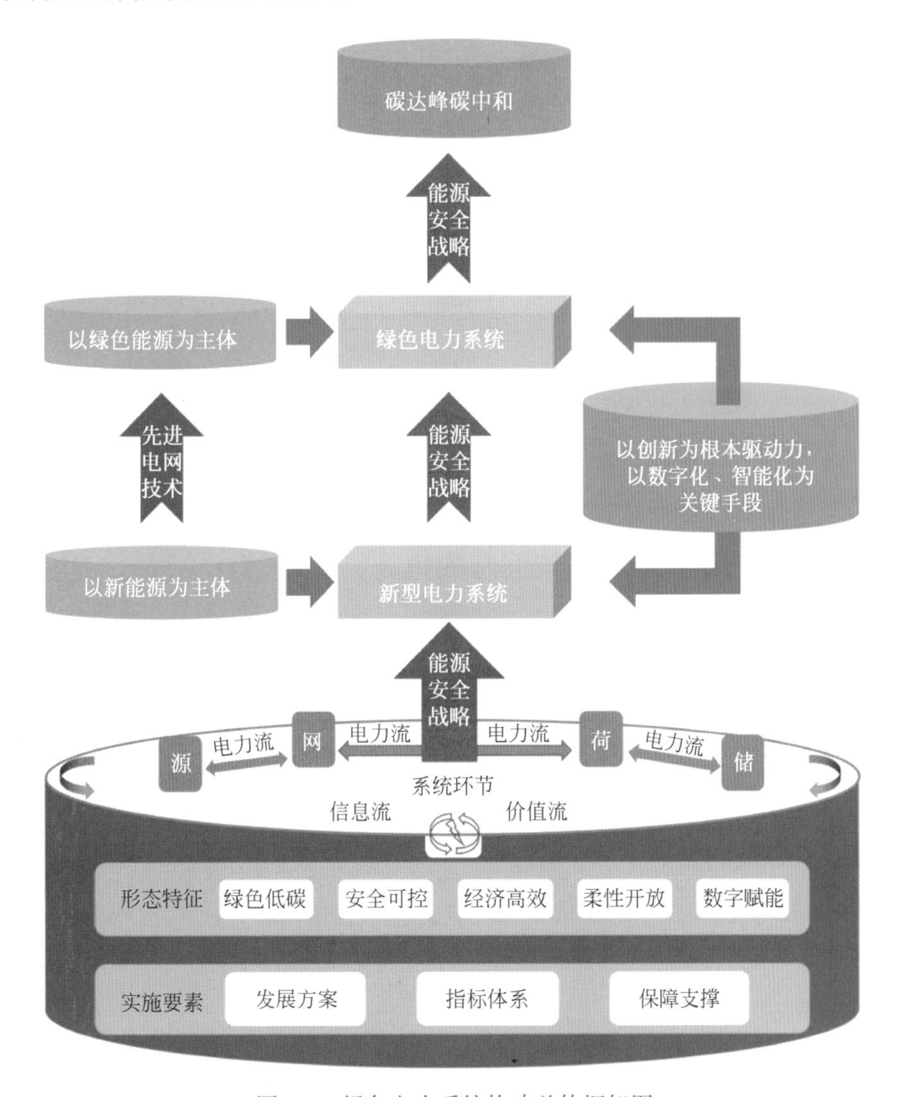

图 3-1　绿色电力系统构建总体框架图

在碳中和工程建设过程中，新型电力系统将逐步完善，随着更多绿色能源发电的接入，电力系统将最终形成绿色电力系统。相比于传统电力系统，绿色电力系统具有更加鲜明的特征，如表 3-1 所示。

表 3-1 传统电力系统与绿色电力系统的特点对比

项　目	传统电力系统	绿色电力系统
发电侧形态	火电为主	以风、光等绿色能源发电为主，集中式与分布式并存
	高碳电力系统	低碳电力系统
	连续可控电源	随机波动电源
电网侧形态	单一大电网	大电网与微电网互补并存，微电网有并网 / 离网模式
	刚性电网	灵活韧性电网
	电网数字化水平低	电网数字化水平高
用户侧形态	仅为电力消费者	既是电力消费者又是电力“产消者”
	静态负荷资源	动态可调负荷资源
	单向电能供给	双向电能互济
	终端电能替代比例低	终端电能替代比例从低到高
电能平衡方式	源随荷动	源网荷储互动，源侧、网侧与荷侧均可灵活调节
	自上而下调度模式	全网协同的调度模式
	实时平衡模式	非完全实时平衡模式
技术基础形态	以同步机为主的机械电磁系统	以同步机和电力电子设备共同主导的混合系统
	高转动惯量系统	弱转动惯量系统

3.2.2 传统电力系统的特征与面临的挑战

通俗来讲，电力系统是由发电厂、送变电线路、供配电所和用电等环节组成的电能生产与消费系统。它的功能是将自然界的一次能源通过发电动力装置转化成电能，再经输电、变电和配电将电能供应到各用户。电网（电力网）是指在电力系统中，联系发电和用电的设施、设备的统称，属于输送和分配电能的中间环节。

1. 传统电力系统的特征

我国的电力系统长期以来都是以火力发电为主，总体上看，传统电力系统具有以下几个特征。

1）供需端的瞬时平衡

一般来说，电能属于二次能源，其生产、输送、分配以及转换为其他形态能量的过程是同时进行的；作为一种产品，与其他的产品有一个非常不同的特征：没有库存，也就是说，需求侧需要多少电，电源侧就发出多少电，在传统的电力系统中，电力的供给要做到供需的瞬时平衡。

在传统电力系统中也有一些特殊的发电形式，最为常见的是抽水蓄能电站（详见第4章），但是现在可用的量很少，除了抽水蓄能发电成本比较贵，这种形式还受到地形的限制。截至目前，抽水蓄能只是扮演着调频调峰的角色，不能用来解决供需之间的差异。

2）大规模集中式生产

我国在过去几十年电力系统建设过程中，建起来的火电厂基本上都具备两个特征：第一，规模越来越大。规模大的电厂效率比较高，经济成本比较低，对环境的污染也相对比较小；第二，地域性特征明显。大电厂多数建设在能源资源禀赋比较好的地方，如中国西部和北部盛产煤炭的地区。这样，就带来了传统电力系统的第三个特征：长距离运输。

3）长距离运输

我国大部分的人群和生产活动都集中在东部和南部的沿海地区，电力负荷需求大，这就意味着在西部和北部发的电能要通过长距离的特高压传输，输送到真正需要电力的地方。

总之，传统电力系统之所以能够做到集中式生产、长距离运输，以及供需的瞬时平衡，实际上是因为在两个方面发展得比较好：一是供给可控；二是能够预测。也就是说以上三个特征要求必须保证供给侧和需求侧电能数据可预测，最好是具有确定性。在需求侧，可以根据历史数据做出大致预测，供给侧也能做到确定性和可预测性。这些就要依赖化石能源的投入，需要多少电，就烧多少煤。

2. 传统电力系统面临的挑战

大规模绿色能源发电接入电网，对传统电力系统提出的挑战应主要考虑以下四个方面的因素：电力供应保障、系统平衡调节、安全稳定运行和整体供电成本。

1）电力供应保障

（1）保障供应充裕的基础理论面临挑战。在全球气候变化、可再生能源大规模开发的背景下，可再生能源资源禀赋在长期演化过程中会发生显著变化。电源、电网的规划决策面临资源禀赋和运行双重不确定性且具有明显的路径依赖性。

（2）绿色能源小发时保障供应难度大。随着绿色能源发电的快速发展，可控电源占比下降，绿色能源“大装机、小电量”特性凸显，风能、太阳能小发时保障电力供应的难度加大。在碳中和阶段，火电占比将进一步下降，绿色能源装机规模持续提升，而负荷仍将保持一定增长，实时电力供应与中长期电量供应保障困难更加突出。

（3）罕见天象、极端天气下的供应保障难度更大。日食等罕见天文现象将显著影响绿色能源出力；随着全球变暖、气候异常的加剧，飓风、暴雪冰冻、极热无风等极端天气事件不断增多增强，超出现有认知。罕见天象与极端天气有概率小、风险高、危害大的特征，在绿色能源高占比情景下的影响极大，推高供电保障成本。

2）系统平衡调节

（1）供需平衡基础理论面临挑战。随着绿色能源占比的持续提高，供需双侧与系统调节资源均呈现高度不确定性，系统平衡机制由“确定性发电跟踪不确定负荷”转变为“不确定发电与不确定负荷”双向匹配。供需双侧运行特性对气候等外部条件的依赖性较高，针对传统电力系统建立的供需平衡理论亟须发展完善。

（2）日内调节面临较大困难。绿色能源出力的随机波动性需要可控电源的深度调节能力予以抵消，电力系统现有的调节能力已基本挖掘殆尽，近期仍需更大的调节能力以满足绿色能源消纳需求。远期绿色能源成为主力电源后，依靠占比不断下降的常规电源以及有限的负荷侧调节能力难以满足日内消纳需求。

（3）远期季节性调节需求增大。绿色能源发电与用电存在季节性不匹配，夏、冬季用电高峰期的绿色能源出力低于平均水平，而春、秋季绿色能源大发时的用电水平处于全年低谷。现有的储能技术只能满足日内调节需求，在绿色能源高占比情况下，季节性消纳矛盾将更加突出。

3）安全稳定运行

（1）稳定基础理论面临挑战。绿色能源时变出力导致系统工作点快速迁移，基于给定平衡点的传统稳定性理论存在不适应性。绿色能源发电有别于常规机组的同步机制及动态特性，使得经典暂态功角稳定性定义不再适用。高比例的电力电子设备导致系统动态呈现多时间尺度交织、控制策略主导、切换性与离散性显著等特征，使得对应的过渡过程分析理论、与非工频稳定性分析相协调的基础理论亟待完善。

（2）控制基础理论有待创新。传统电力系统的控制资源主要是依靠同步发电机等同质化大容量设备。而在绿色电力系统中，海量绿色能源和电力电子设备从各个电压等级接入，控制资源碎片化、异质化、黑箱化、时变化，使得基于传统模型驱动的集中式控制难以适应，需要新的控制基础理论对各类资源有效实施聚纳与调控。

（3）传统安全问题长期存在。在未来相当长的时间内，电力系统仍以交流同步电网形态为主。但随着绿色能源大量替代常规电源，维持交流电力系统安全稳定的根本要素被削弱，传统的交流电网稳定问题加剧。

（4）高比例电力电子、高比例新能源（“双高”）的电力系统面临新的问题。在近期，新能源机组具有电力电子设备普遍存在的脆弱性，面对频率、电压波动容易脱网，故障演变过程更显复杂，与进一步扩大的远距离输电规模相叠加，导致大面积停电的风险增加；同步电源占比下降、电力电子设备支撑能力不足将导致宽频振荡等新形态稳定问题，电力系统呈现多失稳模式耦合的复杂特性。在远期，更高比例的绿色能源接入，甚至全电力电子系统将伴生出全新的稳定问题。

4）整体供电成本

绿色能源平价上网不等于平价利用。除绿色能源场站本体成本以外，绿色能源利用成本还包括灵活性电源投资、系统调节运行成本、大电网扩展与补强投资、接网及配网投资等系统成本。国内外研究表明，新能源电量渗透率❷超过10%~15%以后，系统成本将进入快速增长的临界点，未来绿色能源场站成本下降很难完全对冲消纳绿色能源所付出的系统成本上升；随着绿色能源发电量渗透率的逐步提高，系统成本显著增加且疏导困难，必然影响全社会供电成本。

3.2.3 大力发展储能技术在绿色电力系统中的战略意义

碳中和目标的实现，首先要从能源供给端实现“降碳”，这就必须保证尽可能多的新能源发电接入电网，替代化石能源的消耗。以太阳能光伏发电和风力发电为代表的绿色能源作为传统化石能源发电的替代，因其发电具有间歇性、波动性及难预测性等特点，难以适应前面提到的传统电力系统，也就是说传统的电力系统无法有效地消纳此类绿色能源。

解决大规模的绿色能源发电的消纳问题，实际上就是有效解决绿色能源发电的随机性和波动性问题，这是绿色电力系统所承担的最重要的任务之一。要从根本上解决这个问题，就必须大力发展储能技术，通过大规模导入能源转化与存储技术，使得间歇性、低密度的绿色能源得以广泛、有效的利用，并且逐步成为经济上有竞争力的能源。

大力发展储能技术对于建设绿色电力系统具有极其重要的战略意义。可以说，传统电力系统转型升级过程中，如果没有储能环节，新型电力系统就只能是空中楼阁，绿色电力系统就更加不会实现。随着新型储能技术在电力系统中的加入，不仅能够有效解决短时间内的电能供需平衡问题，满足电能质量需求，提高负荷的供电可靠性，同时也能提高电力系统对绿色能源发电的消纳能力（储能技术将在第4章中介绍）。

储能技术在电力系统中的主要作用主要包括以下几个方面：有效提高绿色能源发电消纳能力、参与电力系统调频（辅助服务）、参与电力系统调峰和延缓输配电线路升级改造。

1. 有效提高绿色能源发电消纳能力

绿色电力系统的建设对电网提出了更高的要求，亟须解决提高对绿色能源发电的消纳能力，通过储能技术的应用，在电力系统中设置储能环节，是有效解决该问题的技术手段之一。

（1）改善绿色能源发电特性：利用储能控制灵活和响应快速的特点，可以改善绿色能源发电的电源特性，如平抑发电出力波动、跟踪预测误差和计划出力、参与电力系统调频调压等，提高其并网的友好性。为了实现绿色能源发电特性的改善，储能系统需要在功率和能量两个维度满足控制要求（体现在储能系统的功率输出大小与作用时长）：对于供能时间短、频次高的储能需求，可以由功率型储能实施；而对于长时间尺度、低频次的储能需求，可以由能量型储能实施。

（2）有效消纳“弃风弃光”：利用储能的时移能力，当风电或光伏发电过剩时，通过储能系统存储弃风、弃光的电能，提供类似移峰的功能，缓解绿色能源发电集中外送在一天中某几个小时的线路阻塞，提高绿色能源发电的消纳能力，提高输配电通道的利用率。

（3）提高电力系统的供电裕度：由于电网中的负荷时刻处于波动状态，机组的起停也会时而发生，系统运行过程中的功率平衡总是相对的，而不平衡却是绝对的。因此，为了满足系统中电力负荷的需求，必须保证系统具有一定的供电充裕性。通过合理地配置储能环节（电源），利用其快速响应能力和控制灵活性的优点，可以很好地提高电力系统供电充裕度。

2. 参与电力系统调频（辅助服务）

电力系统辅助服务是为了平衡很短时期内较小的电能供需差和应对系统中的突发事件，包括调频备用和运行备用。辅助服务一般由集中辅助服务市场完成，根据市场出清容量和价格，对承诺提供服务备用的资源，包括发电机组、可调节负荷、储能装置等进行补偿。

由于辅助服务功能配置的目的是解决短时间内的电能供需平衡问题，因而总的辅助服务容量相对于系统的总负荷量比较小，一般不超过总负荷量的15%，当然这要取决于实际电力系统的电源和网架结构。

一般电网调频需求主要由燃煤机组、水电机组及燃气机组等提供。火电、水电通过不断地调整机组出力来响应电网频率变化，实现对电力系统频率的调节。但是，无论是火电调频机组还是水电调频机组，均由旋转的机械部件组成，受机械惯性和磨损等作用，会影响电网频率的安全与品质。例如，火电机组响应时滞长，不适合参与更短周期的调频，受蓄热制约而存在调频量不足的问题；而水电机组的调频容量则易受地域与季节性的制约。同时，传统电源在控制中要考虑机组对响应功率的幅值与方向改变频次的限制，甚至对同一方向的功率信号持续时间规定一个限值，在此时间段内封锁反向功率信号。以上限制均会导致调节的延迟、偏差及反向等问题，而对调频信号不能准确响应。

储能系统通过充放电控制，可以在一定程度上削减电力系统的有功功率不平衡或区域控制偏差，从而参与一次调频和二次调频。相比传统电源在电力系统调频中的不足，储能系统具有一定的技术优势，主要表现如下。

（1）响应速度快。可在百毫秒范围内满功率输出，响应能力完全满足调频时间尺度内的功率变换需求。

（2）控制精度高。储能可以快速精确地跟踪调度指令，相应地减少调频响应功率储备裕度。

（3）运行效率高。储能系统，尤其是各类电池储能系统，充放电效率高，使得调频过程中的损耗低。

（4）可双向调节。储能系统可以不受频次限制实现上调和下调的交替，调节能力强。

相比火电机组，储能应用于调频的主要价值体现在其调控的灵活性和运行的高效上。以飞轮储能为例（第 4 章将详细介绍），其调频能力约为水电机组的 1.7 倍，燃气机组的 2.7 倍，火电机组和联合循环机组的近 20 倍。

3. 参与电力系统调峰

调峰电源是在用电高峰时期向电网输送电能，在用电低谷时期从电网获取电能，实现“削峰填谷”和调节电网负荷的电力设备。储能环节作为调峰电源在现代电力系统中的作用越来越重要和不可或缺，是实现电网安全、可靠、经济、高效的必要手段。

1）常规调峰

（1）利用火电机组进行削峰填谷：当前我国的电源结构以火电为主，通过调节火电机组以适应负荷的峰谷变化是当前电网中最主要的峰谷调节方式。但是，火电机组进行峰谷调节存在以下问题：首先，利用火电机组进行削峰填谷的经济性差。火电机组频繁起停和深度调峰使点火用油和助燃用油大幅增加，同时，峰谷调节时火电机组运行会偏离经济运行点，使火电机组总体经济性下降。其次，利用火电机组进行削峰填谷会提高火电机组的故障概率，反复起停调峰的火电机组容易出现各种设备问题，使维护工作量和维护费用增加。最后，火电机组的调节速度较慢，难以适应电力系统负荷变化的要求。此外，从电网规划来讲，单纯依靠火电机组进行削峰填谷的电网为了满足调峰要求往往要增加装机容量，这样势必造成系统闲置容量过大，资产利用率低。

（2）利用水电机组进行削峰填谷：相对于火电机组而言，水电机组启停速度快，经济性好，污染少，适宜用作调峰电源。但是水电有一个明显的缺点就是丰、枯水期发电能力差别大，水电站弃水调峰现象时有发生，因此造成很大浪费。

（3）利用负荷管理进行削峰填谷：通过负荷管理可以实现对电力系统峰谷差的调节，采用分时电价的方法可以使用户主动改变消费行为和用电习惯，同时减少电量消耗和电力需求。

（4）利用抽水蓄能电站进行削峰填谷：抽水蓄能电站采用在用电低谷时抽水蓄能、在用电高峰时放水发电的方式进行峰谷调节。抽水蓄能电站机组的调节容量较大，且具有快速启停的特点，是电力系统峰谷调节的优质调节手段。但是，建造抽水蓄能电站需要特定的地理条件，而且建设工期长，工程投资较大，给抽水蓄能电站的发展带来一定的制约。

2）用户侧储能调峰

利用布置于负荷侧的储能系统，在分时电价或实时电价的引导下，主动通过对用户用电进行削峰或移峰，可以为用户节约用电费用，并在客观上起到对电力系统进行峰谷调节的效果。用户侧储能参与峰谷调节的优势包括如下几个方面。

（1）响应快，储能装置具有双向功率调节功能，其充放电转换速度可以达到百毫秒级以下，远快于传统电源。

（2）效率高，各类电池储能系统的充放电循环效率一般较高，用于峰谷调节的电量损失小。

（3）损耗小，储能可以分散式布置于用户侧，直接与邻近负荷进行时空匹配，可以避免远距离输送的网络损耗。

4. 延缓输配线路升级改造

已有的输配电线路中存在局部落后环节，面对负荷特殊需求的供电能力不足，甚至会导致系统发生局部故障，并延及上级和邻近电网。虽然通过输配电线路的升级改造可以解决这一问题，但存在投资大、收益低，或者现场条件制约无法升级改造等问题。通过配置储能系统，可以精确解决上述地区供电的“卡脖子”问题，储能系统可以结合负荷需要和输配电系统特点，分散安装、紧凑布置，减少配电系统基础建设所需的土地和空间资源，延缓或避免原有输配电系统的升级改造压力，大幅提高了电力设备利用率。

3.2.4 火电转型升级

碳达峰碳中和背景下，中国能源革命要立足我国能源资源禀赋，坚持先立后破，通盘谋划，传统能源退出必须建立在绿色能源可靠的替代基础上。2022 年中国火电行业所产生的温室气体排放约占全国总排放的 40%，是未来减碳的最大主体，火力发电行业的转型与发展具有重要意义。

绿色电力系统的建设，其实是逐步“挤出”火电的过程，或者严格地说，是一个把火电装机量占比减到最小的过程，留下的火电也必须做“清洁化”改造。在保障电力安全的基础上，积极推进火电转型，使火电在“稳定电源”“应急电源”“调节电源”方面发挥作用。加快推进火力发电“高效化、清洁化、减量化”发展，积极探索“电热为主、多能互补”发展战略，稳步实施火力发电新技术改造，促进火电行业的转型与健康发展。

1. 延长现役火电机组服役期限

火电机组一般按 30 年设计寿命计算，2020—2030 年将有约 1.4 亿千瓦煤电机组退役，但火电装机规模仍有小幅增长，火电的电量支撑、灵活服务和电力保障的基础地位不会发生根本性变化。2035 年以后，在碳排放深度减排的约束下，绿色能源开始逐步替代存量火电，火电的电量支撑角色会逐步弱化直至最终退出。对火电机组而言，通过技术手段延长其服役期限是优化存量火电的必经之路，进而可以充分挖掘火电存量资产的经济潜力。

同时需要对在役的火电机组进行技术改造，首先需淘汰技术落后、效率低、高煤耗的机组；对其余的火电机组除了通过采用先进的燃烧技术，如亚临界、超临界和超超临界❸等，还需通过政策驱动，对不同容量机组制定具体的碳排放强度标准，并按照这一要求对机组进行升级改造，以大幅度降低供电煤耗和改善灵活性，力争在“十四五”规划期内完成。

2. 加快火电机组灵活性改造，发展“火电储能”

一般来讲，火电机组分为仅发电的纯凝机组和发电与供热联合的供热机组，火电机组灵活性改造主要是为了改善机组的调峰能力、爬坡能力和快速启动能力。

绿色能源占据主导的绿色电力系统中，由于风、光等绿色能源的自然属性特点，电网更加缺乏调峰能力，未来电力市场，火电机组很难再依靠增发电量提高收益。

采用创新技术，大力实施火电机组灵活性改造，现有火电机组的灵活性改造是指使其“出工能力”具备灵活性，用电高峰时机组可以发挥100%发电能力，用电低谷时只“出工”20%或30%。在实现“双碳”目标的早、中期阶段，应将其作为主打技术。

调整火力发电在电力系统中的地位，发展火电储能。火力发电作为储能环节，在电力系统中充分发挥其响应快、出力足的特点，加快从电量供应型发展向电力调节性转变，实现热电联产机组的热电解耦，通过发挥其灵活性的调节作用及深度调峰能力，促进大规模可再生能源消纳，有效解决电网安全稳定运行、供热保障、清洁能源消纳之间的矛盾。

3. 推进火电机组低碳化发展

火电的低碳发展，首先，通过使用清洁煤技术，最大限度地对煤的燃烧率进行提高，以此来减少煤和石油在燃烧过程中的过度浪费，获得清洁燃烧的效果；其次，在实现煤炭的高效清洁燃烧的方面，应用新的燃烧技术，如煤气联合循环、整体煤气化联合循环、增加液化床的联合循环等，同时随着能源应用的增多，加快更加先进的燃煤技术的研究；再次，进一步优化火力发电能源结构，天然气作为清洁能源的典型代表，因其燃烧热量高、污染小等优点，在一定时期内，火力发电可充分扩大天然气的使用规模；最后，为实现在发出相同电量的情况下，大幅度减少煤炭的使用量，采用低碳燃料进行部分或全部燃料替换，也就是生物质燃料与煤耦合混烧技术，在可能条件下不断增加生物质燃料混烧比例。

4. 探索“电热为主、多能互补”发展形势

在“双碳”目标实现的前期，在保障能源安全和稳定供应上，火力发电还应承担托底保供和重要负荷中心支撑性电源的作用；在促进绿色能源发展上要发挥灵活调节的主力电源作用，不断提高现有燃煤电厂的效率和效益，在能源资源大范围优化配置上要发挥区域能源基地的作用。通过数字化赋能，推进源头与负载侧数字化建设，通过负荷调整管理用

电需求，即搜集发电信息进行实时响应、削峰填谷；充分利用分布式电源、储能等装备反向供电，做到源网荷储协调配合。

此外我们必须清楚地认识到，绿色电力系统中的火电转型不能一蹴而就，火电在电源结构中依然占据主导地位。从能源安全角度来看，在相当长的一段时间内，技术成熟、资源丰富的煤电依然是我国能源安全的保障；从资源禀赋角度来看，中国富煤缺油少气，要支撑电力需求增长，相当长一段时期内煤电依然是电力供应的基础负荷；从电力系统可靠性和安全性角度看，煤电、气电等传统化石能源的基础性支撑是可再生能源渗透率上升到一定阶段时电网稳定性和安全性的保障。

3.2.5 关键技术

建设绿色电力系统，需要电力及相关领域多项关键技术的支撑，这对传统电力系统提出了新的要求。在绿色电力系统建设过程中，将在源网荷储各个环节催生大量新技术，并带动一批关键共性支撑技术的快速发展。

构建绿色电力系统所需要突破的关键技术如图 3-2 所示。

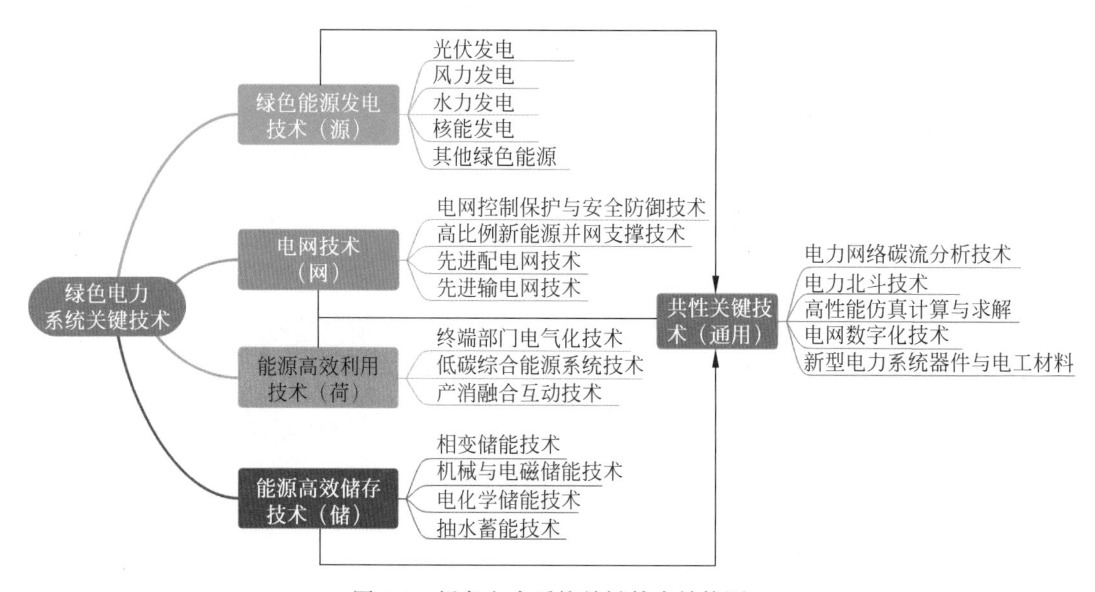

图 3-2　绿色电力系统关键技术结构图

电源侧技术主要指绿色能源发电技术，包括风能、太阳能、水能、氢能和核能等绿色能源的生产和利用，煤电、气电等常规化石能源发电的低碳化、灵活化转型，以及风光水火储一体化 ❹、源网荷储一体化 ❺ 应用。

网侧技术主要指电网技术，主要包括高比例绿色能源并网支撑技术、新型电能传输技术、新型电网保护与安全防御技术等。

负荷侧技术主要指能源高效利用技术，主要包括柔性智能配电网技术、智能用电与供需互动技术、低碳综合能源供能技术、终端部门电气化能效提升技术等。

储能技术是新型电力系统构建的关键支撑性技术，为提高新型电力系统的调节能力和电力供应保障能力，满足不同时空尺度的存储需要，对能量高效存储技术进行深入研究。根据储能对象的能量形式与技术原理，又可以将储能技术分为机械储能、相变储能、化学储能和电磁储能（详见第4章）。

此外，对源网荷储各环节还需一些共性技术支撑，主要包括新型电工材料、新型电力系统器件、电网数字化技术、高性能仿真计算与求解技术、电力北斗技术和电力网络碳流分析技术等。

3.2.6　安全保障机制

长期以来，我国能源安全保障的内核和基石是以煤炭高效稳产、增产为中心，从长期视角来看，“双碳”背景下，构建以新能源为主体的新型电力系统，并最终建设成为绿色电力系统，是保障我国能源电力安全的长治久安之策。

1. 绿色电力系统的安全机制

绿色电力系统的构建是极具挑战性、开创性的战略性工程，要始终把确保电力安全可靠供应摆在突出重要的位置，这也是建设绿色电力系统的基础。要严守大电网安全运行底线，有效防范化解各类风险，坚持改革创新，构建安全可靠的新型电力系统安全防御体系。

（1）构建绿色电力系统安全运行与保护体系。掌握大规模绿色能源及电力电子设备接入后电网及多能源系统的运行规律及安全稳定特性，实现基于源网荷储主动响应的协调控制；构建基于多源运行数据的在线分析与决策系统；掌握未来电力系统故障机理及形态，构建保护与防御体系；建立电力系统非常规安全风险评估基础理论体系及分析方法体系；突破全自主化芯片保护控制设备技术，研制基于新型传感通信技术的继电保护❻装置；实现保护控制装置状态感知、自动化运维及智能化在线监测与分析；建立变电站保护控制系统自动测试平台。研究绿色电力系统运行控制体系，加强系统安全运行控制、分布式和微网协调控制等技术研究，优化运行管理模式，构建绿色电力系统安全运行与保护体系，实现系统整体的可观、可判、可控。

（2）构建绿色电力系统安全供电体系。我国“双碳”目标的实现路径是建立在保障人类永续发展的基础上。在实现碳中和的过程中，用电负荷呈现出增长迅速、类型多样、变化复杂等特点，为绿色电力系统的供需平衡带来了严峻的挑战。构建绿色电力系统安全供电体系必须要考虑以下几个方面：一是需求响应应通过合理引导用户改变其用电行为，有效地减小系统运行中负荷的峰谷差，提高负荷率⑦，缓解厂网建设压力，改善系统运行的可靠性和经济性；二是绿色电力系统的构建离不开储能技术，绿色电力系统安全体系的构建要充分考虑各种储能技术的特性，结合不同储能技术的容量大小、功率范围、能量存储/释放时间（系统响应时间）等多因素角度，配置能量存储和释放的优先级，需要根据电网的实际运行情况分析需求响应方案规则，对目前多样的需求响应项目进行评估，以选择与需求响应目标最佳匹配的需求响应项目，这是一个多目标的优化问题，需要结合绿色电网的建设，进行实时动态调整和优化；三是不同类型储能系统（电源）的实际工作原理，开展绿色电力系统的硬件/软件设施建设。

（3）加强绿色电力系统安全稳定关键技术攻关。加快源网荷储协同发展、绿色能源自身体系优化、电力系统可观/可测/可控能力、智能调度运行、多能互补运行、终端互动调节、特高压及柔性输电技术等关键技术攻关，为新型电力系统安全稳定打造坚实技术基础和科技支撑。提高对“高比例绿色能源、高比例电力电子设备”双高电力系统的本质及运行特性认识，着力提升系统调节能力，巩固完善新型电力系统三道防线⑧，防范化解重大安全风险。

（4）大力加强绿色电力系统安全管理体系建设，提升安全生产管理的数字化、信息化、智能化、智慧化水平，牢固树立安全发展理念，深入贯彻落实中共中央国务院《关于安全生产领域改革发展的意见》、新《中华人民共和国安全生产法》等法律法规，建立健全全员安全生产责任制，构建绿色电力系统下安全风险分级管控和隐患排查治理双重预防体系，开展安全生产标准化建设，健全风险防范化解机制，提高安全生产管理水平，确保安全生产。

（5）加快进行既有设备的改造升级，加快电力系统和设备信息化管理系统建设，加强设备运行监测和隐患排查，要着力加快新型电力系统风险识别与管控研究与实践，推进开展电力系统危险源辨识与风险管理实践，推进安全风险信息化管控平台建设，推进实现作业计划、人员准入、安全监督、现场可视、风险管控、预警感知全覆盖。

（6）加强安全生产应急管理工作，提升电力应急能力现代化水平。一是开展电力行业自然灾害风险筛查。制定电力行业自然灾害风险普查实施工作方案，摸清电力行业重大自然灾害、主要承灾体底数，形成分布图及明细表。二是建设国家电力应急指挥中心。联合各主管部门，整合电力安全应急领域重要数据资源，实现关键数据的实时互动展现、监测预警以及资源智能调配。三是开展电力应急强基专项督察。推动电力应急相关部门制定电力应急预案流程图，相关岗位人员应做到“清楚应急职责、清楚应急预案、清楚应急流程”。四是加强用户自保自救能力。推动和制定相关国家强制标准，充分挖掘绿色能源动力设施在减灾方面“源荷一体、可储可供”的潜力。五是建设可移动应急电源储备库。开展可移动应急电源分布调查，结合绿色燃料储备针对性补强可移动应急资源，建立市场协议储备或社会协调联动机制，满足灾害等极端情形下跨省、跨区域抢修恢复的需求。六是提升关键领域抢修恢复能力。重点开展复杂地形特高压输电设施损毁抢修、城市地下电力设施快速抢修等技术攻关，着力提升雨雪冰冻灾害、极端强降雨等情形下的抢修恢复能力。

2. 绿色电力系统保障机制

切实做好绿色电力系统的保障机制，在保证绿色电能优先发、绿色电能与绿色能源产品优先供给方面重点做好电网安全和民生保障、资源利用保障、政策奖励保障等方面工作。简单来说就是要保障绿色电能“发得出”“送得走”“用得好”。

（1）保障绿色电能“发得出”。实现绿色能源大规模开发主要有两种途径：一种是集中式电站，通过建设大型风光电基地，加上周边清洁高效的煤电以弥补绿色能源不稳定的特性，并通过特高压远距离送出；另一种是分布式电站，把分布式光伏和风电作为基础，以储能、虚拟电厂等综合能源系统为支撑，实现就近消纳。我国地域辽阔、风光资源富集，相较于零敲碎打的分布式绿色能源建设，基地化、规模化建设风光电基地更利于短期放量、节约成本。要加快推进大型风电、光伏基地建设。

（2）保障绿色电能“送得走”。当前，作为绿色能源的主力军风电和太阳能发电具有随机性和波动性特点，电力供需实时平衡和安全稳定运行难度大。如果继续沿用当前的消纳模式，远远不能支撑绿色能源成长为主体电源。同时，受限于资源禀赋，我国大量风光等绿色能源资源分布在西部地区，但电力负荷多在中东部，这对绿色能源电力消纳提出了挑战。特高压输变电线路和清洁高效煤电，对于实现大型风光基地的安全、可靠外送电力不可或缺。一方面，要抓好煤炭清洁高效利用，统筹推动煤电节能降耗改造、供热改造和灵活性改造“三改联动”，发挥煤电调节性作用，增加绿色能源消纳能力；另一方面，提升现有特高压利用效率，加大特高压核准建设力度，通过特高压跨区输电通道实现大范围资源优化配置。

（3）保障绿色电能“用得好”。除了风光电基地、特高压等关键要素以外，构建绿色能源供给消纳体系还应充分发挥电力市场作用。要研究适应绿色电能发展的消纳和交易机制，在绿色能源绿色价值未能市场化的情况下，需要尽快研究相应的政策和市场机制，为绿色电能可持续发展和绿色能源产品储备创造良好的市场环境。特别是要研究如何稳妥有序推进绿色电能与绿色能源产品进入现货市场，完善容量补偿机制和电力系统运行成本的合理疏导机制，完善绿证交易的配额制等相关制度，保障绿色电能、绿色能源产品“用得好”。

3. 绿色智慧能源调度系统

绿色智慧能源调度系统是电力运营商用于监视、控制和优化发电或输电系统性能的系统。这一能源调度系统可以帮助工业生产企业在扩大生产的同时，合理计划和利用能源，降低单位产品能源消耗，提高经济效益，降低 CO_2 排放量。具体来说有以下功能。

（1）监控，定期收集能源消耗信息，以便为能源管理奠定基础。

（2）分析，即具有能够存储和分析能耗数据的信息系统，它可以帮助使用者确定有关制造过程的各个生产级别或建筑物的环境温度下使用能源情况的趋势。

（3）目标，根据适当的标准设定目标以减少或控制能耗。

（4）控制，系统会实施管理和技术措施以纠正与目标之间的任何差异。

（5）互动，为了将用户的行为与能源消耗联系起来，通过显示实时消费信息，用户可以看到其行为的直接影响，仅是让用户能够获得实时消耗量就可以大大降低能耗。

3.3 电网新技术

建设绿色电力系统，电网技术是关键，绿色电力系统建设的电网技术主要从先进输电网技术和先进配电网技术两个方面进行介绍。

3.3.1 先进输电网技术

电力系统主要由发电、输电、变电、配电和用电等环节组成，其中，输电环节的主要作用是把相距遥远的发电厂和负荷中心联系起来，电能的开发和利用超越地域的限制，输电电压、距离及容量是衡量输电技术水平的重要标志。

从空间分布来看，我国能源资源与消费需求呈明显的逆向分布，绝大部分能量相当，大部分的能源资源分布在西部，尤其是风能、太阳能等可再生能源资源集中分布在西北、东北、华北等“三北”地区，而受经济发展水平影响，我国能源需求主要分布在东部沿海地区，但能源资源相对匮乏。因此，依托先进输电技术实现能源资源的大规模、远距离、高效率传输，对保障能源电力系统安全稳定运行、支撑经济社会高质量发展意义重大。

根据不同的要求以及应用场景的不同，绿色电力系统先进输电网技术包括：特高压交直流输电技术、柔性直流输电技术和高温超导输电技术等。

1. 特高压交直流输电

特高压是指 ±800 千伏及以上的直流电和 1000 千伏及以上交流电的电压等级。特高压输电技术已广泛应用于国家电网、大型电厂与用电负荷区之间的电力传输。

（1）特高压输电技术的基本原理：在输电功率相等的情况下，通过增加输电电压，可以降低电流，从而减小线路损耗，实现长距离高效率的电能传输。

（2）特高压输电系统主要包括输电线路、变压器、输电塔和绝缘子等。

（3）特高压输电技术具有以下几个显著优势。高输电容量：特高压输电技术可以在相同输电距离下实现更高的输电容量，有利于大规模电力资源的调度和利用；长距离输电能力：特高压输电技术能够实现远距离电能传输，有助于解决资源丰富地区与需求集中地区之间的电力输送问题；线路损耗低：通过提高输电电压和采用高性能导线材料，特高压输电技术可以降低线路损耗，提高电能传输效率；节省投资成本：由于特高压输电技术具有较高的输电容量和远距离输电能力，因此可以减少输电线路的数量，从而降低投资成本；减少土地资源占用：特高压输电技术可以实现较高的输电容量和远距离输电能力，从而减少输电线路的数量，降低土地资源占用。

（4）目前，随着能源体系的变革，特高压技术在许多方面得到了突破性发展，如特高压同塔多回输电技术、特高压紧凑型输电技术以及特高压扩径导线技术等。其特点对比如图 3-3 所示。

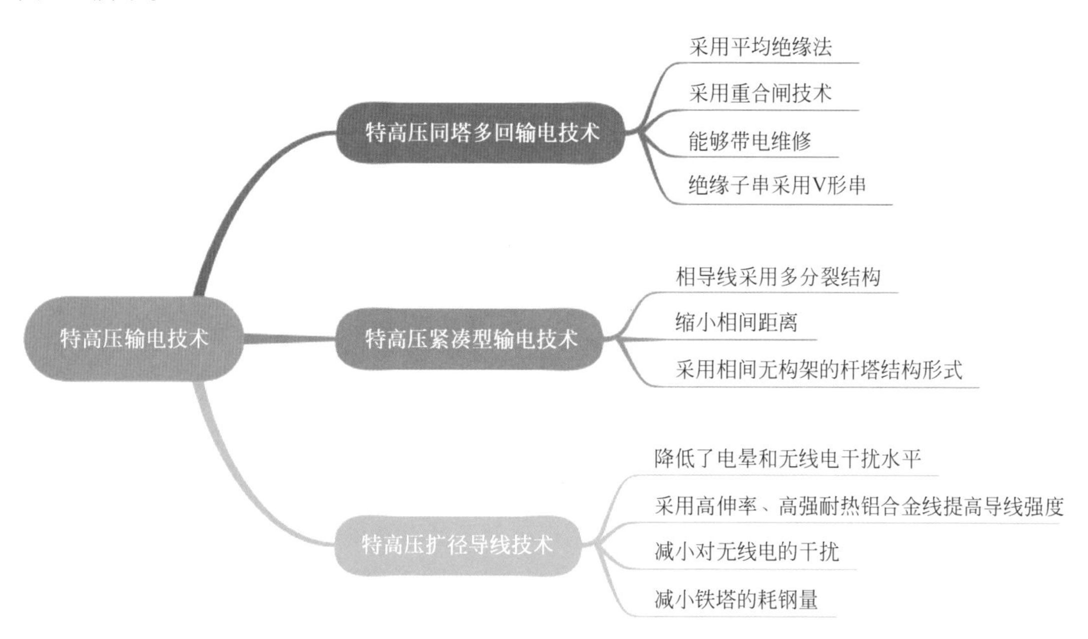

图 3-3 特高压输电技术分类及特点

（5）随着特高压直流工程的建设，特高压直流输电深刻影响着电网形态，交直流系统之间的相互影响更为复杂，送受端之间的耦合日趋紧密，电网安全稳定运行面临新的技术挑战。未来特高压直流输电技术的重点方向如下。

① 提升交流系统支撑能力。

② 提升特高压直流性能。

③ 实现全网综合控制和源网荷协同控制。

④ 推进特高压直流受端应用柔性直流技术发展。

⑤ 加快推进国家规划已明确的重大工程和基础设施建设。

全国各地的“十四五”规划和2035年远景目标纲要陆续公布。在发布的纲要中提到，提高特高压输电通道利用率，加强电力送出通道等重要输电工程建设，强化骨干网架结构，打造特高压电力枢纽。加强城市配电网建设和农村电网巩固升级改造，打造以特高压为骨干网络、各级电网协调发展的电网枢纽、绿色能源辐射中心。

2. 柔性直流输电技术

与基于相控换相技术的电流源换流器型高压直流输电不同，柔性直流输电中的换流器为电压源换流器（VSC），其最大的特点在于采用了可关断器件（通常为IGBT）和高频调制技术。通过调节换流器出口电压的幅值和与系统电压之间的功角差，可以独立地控制输出的有功功率和无功功率。这样，通过对两端换流站 ❾ 的控制，就可以实现两个交流网络之间有功功率的相互传送，同时两端换流站还可以独立调节各自所吸收或发出的无功功率，从而对所联的交流系统给予无功支撑。

3. 高温超导输电技术

高温超导输电是指在相对于绝对零度而言的接近零下200摄氏度的液氮环境下，利用超导材料的超导特性，使电力传输介质接近于零电阻，电能传输损耗接近于零，从而实现低电压等级的大容量输电。

当前，高温超导输电的总体发展趋势是：以示范工程为突破口，进一步发展实用化高温超导输电技术，逐步实现在更大容量、更长距离的电力传输领域的应用。同时，从过去以开发交流超导电缆为主，到目前开始并重推进直流超导电缆的研究开发与示范。

从应用场景来看，超导输电技术可以在特定环境和特殊地域条件下为传统输电技术无法实现的场合提供电力（能源）输送，具体如下。

（1）在现有输电网升级改造中用以取代部分受空间、容量等限制的常规电缆，解决大城市、高负荷密度地区供电的技术难题。

（2）山口、峡谷等输电走廊受限区域的电力输送。

（3）电力 / 燃料多种能源混合输运的新模式。

未来，需要研究超导电缆低损耗优化设计技术，长距离经济型高效低温制冷途径，以及超导电缆终端、引线套管等关键附件技术；研究超导电缆输电系统理论、结构特点及建模仿真方法；研究超导输电接入电网的短路故障暂态响应特性及失超保护方法；研究超导输电系统长期运行与维护技术；研究超导输电系统运行状态检测、故障预警和继电保护技术；研究超导输电综合性能试验检测技术及评价标准；研究含超导输电线路的电力系统运行稳定性及控制方法；进一步研究电力 / 燃料一体化输送的超导能源混输应用技术。

综上所述，在绿色电力输电网建设过程中，需重点针对高比例绿色能源的系统电压支撑能力不足、直流换相失败、绿色能源机组无序脱网、故障影响扩散等风险，研究静止式电压主动支撑技术，提升直流送受端交流电网的暂态电压支撑能力；针对绿色能源接入对电网潮流时空分布的冲击、输电通道潮流分布不均以及引发宽频振荡的问题，研究混合潮流控制及宽频阻尼控制技术，实现提高绿色能源外送能力和灵活调节的能力；针对超 / 特高压交流系统中操作过电压过高影响线路走廊、设备绝缘、制造难度及工程造价高昂的问题，研究交流电力电子式可控避雷器及可控耗能限压技术，实现深度抑制超 / 特高压交流输电线路操作过电压；研究新型电压调节器关键技术，实现动态调压和抵御直流换相失败，大幅度提升输电系统运行可靠性。

3.3.2 先进配电网技术

配电网是指从输电网或地区发电厂接受电能，通过配电设施就地分配或按电压逐级分配给各类用户的电力网，由架空线路、电缆、杆塔、配电变压器、隔离开关、无功补偿器及一些附属设施等组成。

传统配电网建设主要采用交流配电方式，交流配电网面临着线损高、电压跌落、电能质量扰动等一系列问题。近年来，随着海量分布式电源、储能、电动汽车等直流电源或直流负荷的广泛接入，配电网开始采用直流配电，直流配电方式能够减少功率损耗和电压降落，有效解决谐波、三相不平衡等电能质量问题，同时电能无须经过交直流转换，节省了整流器及逆变器等换流环节的设备建设，有利于缓解城市电网站点走廊紧张的问题，在改善供电质量⑩、提高供电效率与可靠性等方面优势明显。由于我国交流配电网的基础设施建设完善，在交流配电网的基础上建设交、直流混合技术是未来配电网的重要发展趋势。

广义上来讲，随着新型、多元化负荷的广泛接入，用户供需互动日益频繁，使得配电网出现双向化、智能化、电力电子化等新特征，配电网的源网荷具有更强的时空不确定性，呈现出常态化的随机波动和间歇性，给配电网安全可靠运行带来更大挑战。依托电力电子技术及新一代信息通信技术，建设适应高渗透率分布式电源的智能柔性配电网，是构建绿色电力系统的必要途径。根据用户的分布不同，先进配电网技术主要包括以下两种。

1. 智能电网

智能电网是在传统电力系统基础上，通过集成绿色能源、新材料、新设备和先进传感技术、信息技术、控制技术、储能技术等新技术，形成的新一代电力系统，具有高度信息化、自动化、互动化等特征，可以更好地实现电网安全、可靠、经济、高效运行。简单地说，智能电网就是将信息技术、通信技术、计算机技术和原有的输、配电基础设施高度集成而形成的新型电网，它具有提高能源效率、减少对环境的影响、提高供电的安全性和可靠性、减少输电网的电能损耗等多个优点。智能电网结构图如图 3-4 所示。

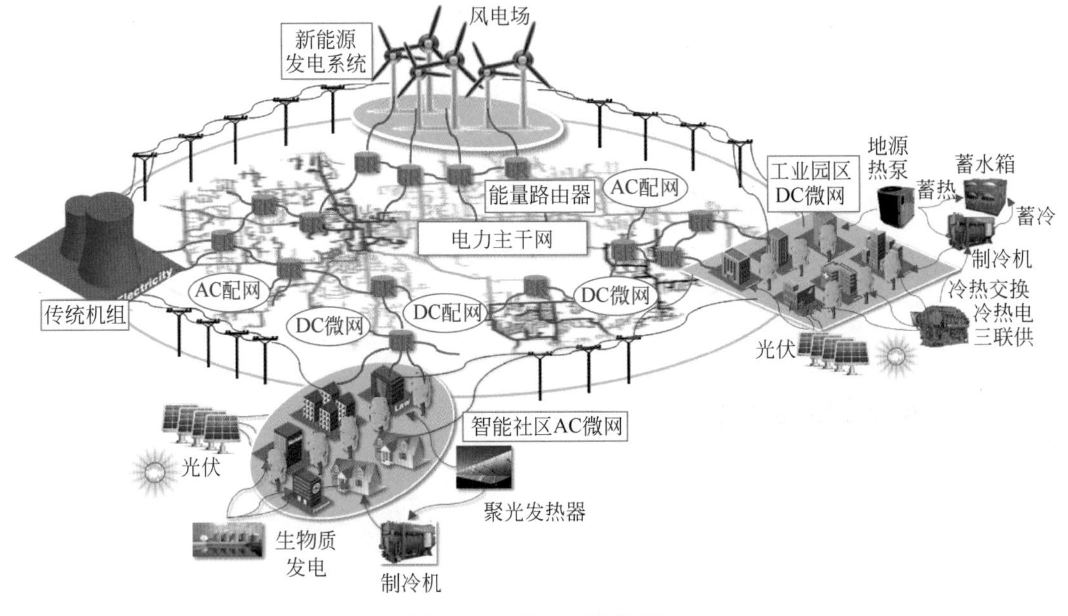

图 3-4 智能电网结构图

从宏观上看，与传统电网管理运行模式相比，智能电网是一个完整的企业级信息框架和基础设施体系，它可以实现对电力客户、资产及运营的持续监视，提高管理水平、工作效率、电网服务水平。从微观上看，与传统电网相比，智能电网进一步优化各级电网控制，构建结构扁平化、功能模块化、系统组态化的柔性体系结构，通过集中与分散相结合，灵活变换网络结构、智能重组系统结构、最佳配置系统效能、优化电网服务质量，实现与传统电网截然不同的电网构成理念和体系。智能电网与传统电网的对比如图 3-5 所示。

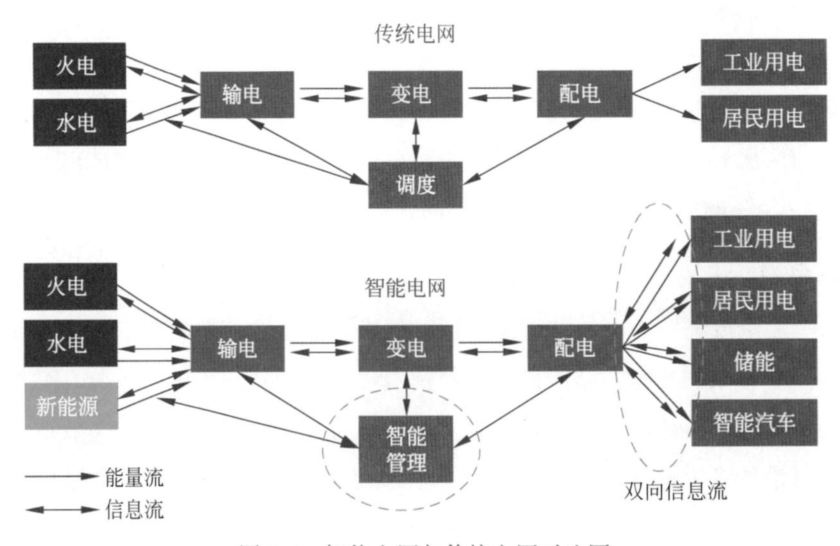

图 3-5 智能电网与传统电网对比图

智能电网是当今世界电力、能源产业发展变革的体现，是实施新的能源战略和优化能源资源配置的重要平台。在“互联网 +”时代，随着 5G 通信技术的发展，智能电网将全面推进创新实践，构建全面贯通的通信网络体系、高效互动的调度及控制体系、集成共享的信息平台和全面覆盖的技术保障体系。

2. 分布式微电网技术

绿色电网建设还包括多种类的微型电网建设，比如多能源互补的微电网、智能用电设施、用户电表数据传输、电动车充电桩等，电网布局也成为未来低碳经济制高点的重要战略措施。

微电网是由分布式电源（微源）、负荷、储能、变配电和控制系统构成的小型电力系统，如图 3-6 所示。与传统大电网概念相对，微电网可以实现自我控制、保护和管理，既可以与外部电网并网运行，也可以和大电网断开，从并网模式切换成孤岛运行模式。微网将各类微型能源与电力储能装置以及电力电子装置有机地结合起来，构建成为一个发电设备、储能设备组成的微型电网，通过电力电子装置实现与大电网的“柔性”联网，微网技术从局部解决了分布式电源大规模并网时的运行问题。

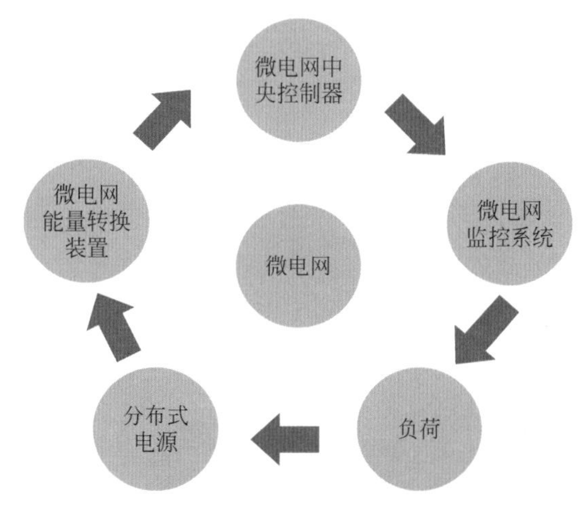

图 3-6　微电网示意图

2021 年 3 月，国家发改委、国家能源局发布《关于推进电力源网荷储一体化和多能互补发展的指导意见》，要求推进源网荷储一体化，提升保障能力和利用效率以及推进多能互补，促进新能源电力消纳，具备源网荷储统一管理思路、可整合本地分布式光伏、电网、负荷的微电网建设有望快速提升。

目前，微电网主要依据运行方式、电网类型、电压等级以及电网规模进行分类。其主要分类如图 3-7 所示。

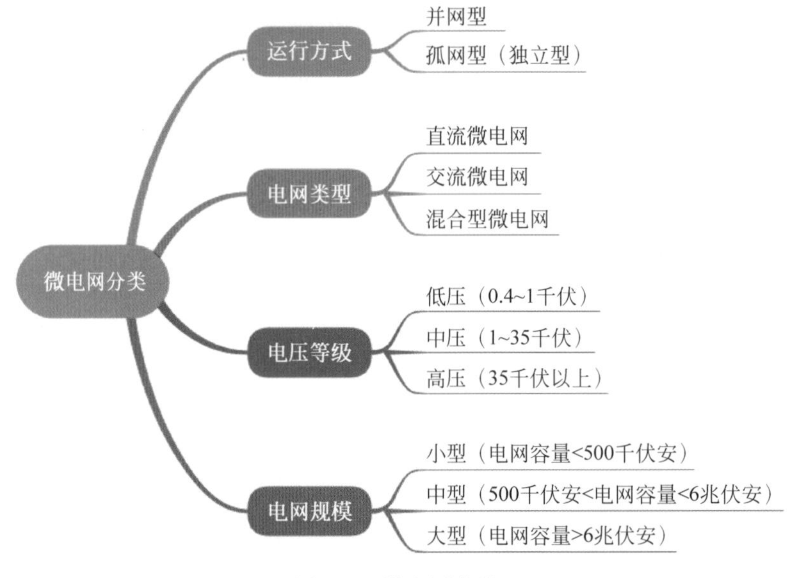

图 3-7　微电网分类

3.4　能源高效利用技术

绿色电力系统建设的另外一种关键技术是能源高效利用技术，主要从电能生产 - 消费融合互动技术（产消融合互动技术）、多能源低碳供能技术（低碳综合能源供能技术）、消费终端电气化替代技术（终端部门电气化技术）三个方面进行介绍，如图 3-8 所示。

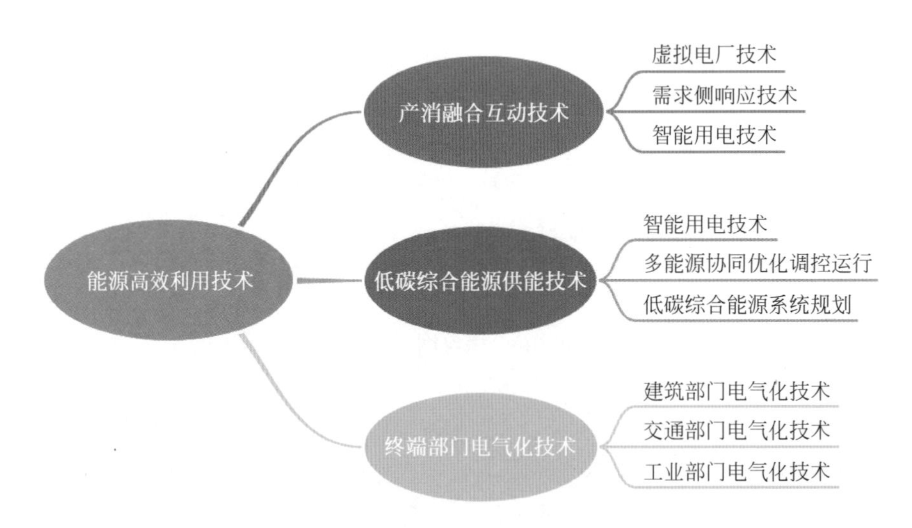

图 3-8　能源高效利用技术结构图

3.4.1　电能生产 - 消费融合互动技术

产消融合互动技术覆盖市场机制设计、源荷协同调度等关键环节，主要包含智能用电技术、需求侧响应技术、虚拟电厂技术等方向。其中智能用电技术包括智能用电关键技术与装备研发、需求侧潜力分析与特性挖掘，主要面向绿色电力系统供需互动的基础设施建设与用户数据分析。需求侧响应技术包括海量需求响应主体互动机制与架构设计、大规模工业需求响应、电动汽车等灵活性资源互动，主要面向负荷侧，侧重市场机制与政策激励。虚拟电厂技术包括信息通信、自动需求响应，侧重区域内各类分布式资源的聚合与协同控制，可直接接受电力系统调度机构的调度。

1. 智能用电技术

1）高精度状态感知关键技术与装备研发

供需互动的实施依赖于可靠的智慧用电基础设施与装备。目前亟须研发低成本、高可靠、具备即插即用功能的能源交互终端和智能表计。开展自动状态感知技术研究，对用户电、气、热、水等不同能源的使用情况进行精准测量与自动分析。亟须研发支撑终端负荷灵活调控要求的智能控制开关。研发用户侧高密度、长时程储热 / 蓄冷与综合能源联产联供技术与装备、电 - 气 - 热高效转换和存储技术及装备。亟须研发自主可控、低成本的用户侧能量管理算法、能量管理系统与能量控制装置。

2）潜力分析与特性挖掘

实现用电侧智能化，必须根据用电数据提取特征模型或用能模式，进而分析其互动潜力。亟须研究海量用户客观用能习惯过往轨迹和用电用能数据信息挖掘技术、自动计量管理技术、基于人工智能的综合能源负荷精准预测技术、数据驱动的用户用能互动特性和建模方法，构建考虑用电行为特性的滚动弹性辨识技术与需求响应决策模型，分析超大规模居民用户集群的需求响应特性和互动潜力。亟须研究典型工商业用户的生产流程，采用数据驱动方法辨识工业用户运行约束和决策机制，分析工商业用户的需求响应潜力与弹性特性。

2. 需求侧响应技术

1）产消融合互动机制

绿色电力系统中将涌现出大量灵活供能、用能主体，传统的单向能量流将发生改变，这给系统带来了更多样化的运行方式与优化控制空间。以微电网为典型代表的产消者正是其中的典型案例，由于微电网中存在内部和外部双环优化的可能，研究促进产消融合的互动机制显得尤为重要，具体包括抗干扰的分布式鲁棒协同优化、多态可调的系统控制策略、自动拓扑变换转换器、激励相容的市场机制设计。电动汽车是另一类具备移动特性的典型案例，其灵活性潜力影响因素较多，应用场景比较复杂，需要专门设计互动机制。研究新能源汽车与绿色能源高效协同方法，推动新能源汽车与气象、绿色能源电力预测系统信息共享与融合。研究开展新能源汽车智能有序充电、新能源汽车与可再生能源融合发展、城市基础设施与城际智能交通、异构多模式通信网络融合等技术。亟须开展新能源汽车与电网（vehicle-to-grid，V2G）能量互动技术研究，研究 V2G 市场机制设计。

2）高并发信息 - 能量流联合优化

对等分散调控是保障产消融合互动高效性与鲁棒性的关键，其中高并发信息 - 能量流联合优化是其中的重要前沿技术。亟须研究融合能源流与信息流的双向通信技术，建立能量流与信息流全景仿真平台，其中需要考虑协同算法的高度解耦与并行化，还需要考虑不同主体隐私保护与有限信息交互的实用化场景。技术上需要关注关键信息的辨识与提取方法，建立少迭代甚至零迭代的“预测 - 决策 - 协同”智能控制方法。研究支撑海量需求侧资源即插即用、自治协同的高效分布式优化与在线控制算法。亟须研究以价格信号为主体、兼容多种激励形式的响应激励机制，研究支撑多能源形式供需互动的市场机制，研发基于区块链的多元用户能源交易技术。研究综合能源系统中的多主体协同方法，研究考虑弹性负荷的电力系统优化调度方法。研究用户与电网供需互动信息防御技术。研究云计算、边缘计算等技术在需求侧响应中的应用。

3. 虚拟电厂

虚拟电厂顾名思义就是虚拟化的电厂，它不是一个真实的物理电厂，但起到了电厂的作用：发出电能，参与能量市场；通过调节功率参与辅助服务市场调峰、调频等。虚拟电厂是一种通过先进信息通信技术和软件系统，实现分布式电源、储能系统、可控负荷、微网、电动汽车等分布式能源资源的聚合和协调协同优化，以作为一个特殊电厂参与电力市场和电网运行的电源协调管理系统。虚拟电厂通过分布式能源管理系统将分散安装的清洁能源、可控负荷和储能聚合作为一个特别的电厂参与电网运行。

虚拟电厂的核心是“聚合”和“通信”。从某种意义上讲，虚拟电厂可以看作是一种先进的区域性电能集中管理模式，为配电网和输电网提供管理和辅助服务。虚拟电厂最具吸引力的功能就在于能够聚合多种类型的分布式能源参与电力市场运行。虚拟电厂充当分布式资源与电网运营商、电力交易市场之间的中介，代表分布式资源所有者执行市场出清结果，实现能源交易。其运营模式如图 3-9 所示。

3.4.2 多能源低碳供能技术

多能源低碳供能技术：低碳综合能源管理系统利用先进的物理信息技术和创新管理模式，整合区域内电、气、热、冷、氢等多种能源，实现多种异质能源子系统之间协调规划、优化运行、协同管理和互补互济，可提高能源的综合利用效率与供需协调能力，推动能源清洁生产和就近消纳，减少弃风、弃光、弃水，对建设清洁低碳、安全高效的现代能源体系具有重要的现实意义和深远的战略意义。相较于传统电网，综合能源系统在产能、用能、

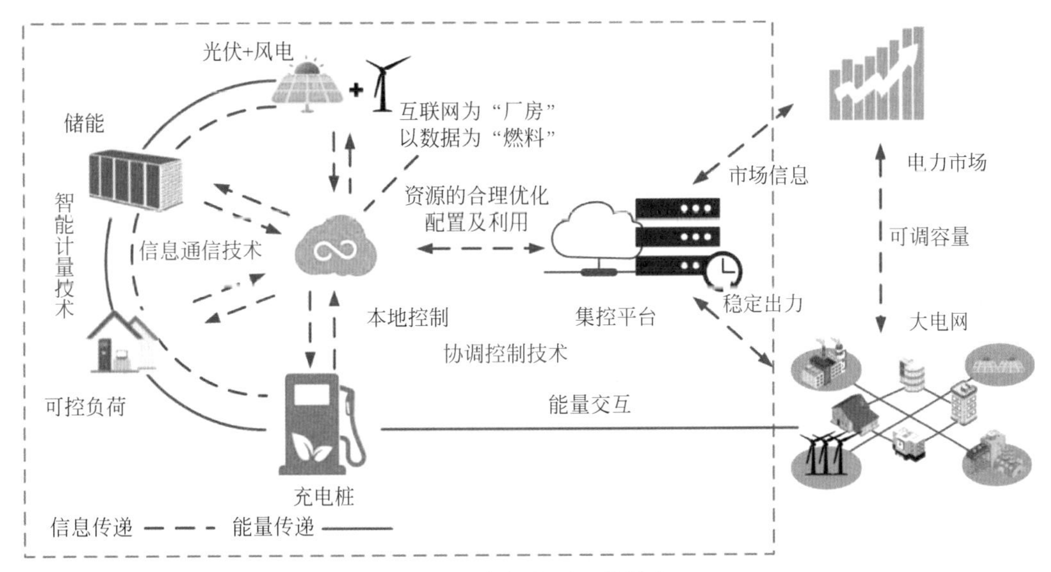

图 3-9 虚拟电厂运营模式

储能、能量传输和转换等方面都发生了显著变化。各类能源的特性差异及生产消费间的复杂耦合关系对综合能源系统的规划、调控、运行、分析提出新的挑战。

1. 多能源协同优化调控运行

低碳综合能源系统的源网荷储设计特性各异的不同能源环节，既包含传统能源（如电、气、冷、热），也包含新型能源（如氢能、光伏发电、风电等）；既有易于控制的柔性能源，也有间歇性强、难以控制的随机能源；既包含集中式供能部分，也包含分布式供能环节；既包含快动态，也包含慢动态；既要考虑元件和设备级动态，也要考虑单元系统和区域系统级动态；既要关注一种能源系统的内在变化规律，也要关注不同能源系统间的交互转换。在统一框架下，剖析综合能源源网荷储之间的多时空尺度的互补机理，实现多能源的协同优化调控，是保障低碳综合能源系统运行效能的关键。

2. 多能源主题市场交易

通过推动跨区域多能源系统市场交易技术创新，实现跨区域多能源的联动交互，促进跨区域能源消纳和交易机制完善；通过培育虚拟电厂、负荷聚集商⑪、储能电站等新型市场主体，建立能源消费与能源生产的互动以及不同能源需求之间的协同关系，推动需求响应等辅助市场的市场主体和规则完善；以综合能源系统灵活性特点为基础，加强与其他市场主体的合作与交互，促进能源供给的集群优化和市场主体间的合作共赢。

3.4.3 消费终端电气化替代技术

工业领域的能源消费占据着全国终端能耗的主力位置，是最大的能源消费和二氧化碳排放部门。预计今后一段时期，中国工业化进程还将持续推进，工业经济在国民经济中维持较高比重，但工业发展将由高碳产业为主向低碳先进制造业为主转变，工业用能效率水平和低碳水平持续提升。

在具体的工业电气化实现技术方面，主要包括鼓励利用热泵技术满足工业低温热力需求，推进“煤改电”“煤改气”等清洁能源替代工程，减少工业散煤利用；提升工业电气化水平，因地制宜利用绿色能源替代化石能源；发挥绿色氢能作为低碳原料和绿色能源的“双重属性”，扩大绿色能源在石油、化工、钢铁等工业行业的应用。

在交通领域，多种类型交通系统蓬勃发展，其能耗和碳排放巨大，是全球第三大温室气体排放源。据统计，我国交通运输领域碳排放占全国终端碳排放的15%左右，年均增速保持在5%以上，已成为温室气体排放增长最快的领域。

“双碳”目标下的交通领域电气化主要包括高速磁浮、高速铁路、城市轨道交通、电动汽车、船舶电力推进、航空航天等“海陆空”交通领域。交通领域电气化是实现终端用能电气化和能效提升、实现能源低碳转型的关键途径。

建筑领域是实施节能降碳的重点行业领域之一。其中公共建筑是最大的部分，其次是城镇住宅、农村住宅，还有少量是由北方集中采暖耗电造成的。随着城镇化进程的加速和人民生活水平提高，加上产业结构调整、主要依托建筑提供服务场所的第三产业将快速发展，我国建筑用电量和用电强度还有很大的增长空间。未来建筑领域还将释放巨大的节能降碳潜力。

建筑领域电气化首先从生态文明理念出发，坚持我国传统的节约型建筑运行模式，践行以生态文明发展理念作为基础的绿色生活方式和建筑室内环境营造方式，实现建筑运行能耗的合理增长；其次，提倡建筑用能电气化，为了实现建筑直接排放零碳化的目标，对建筑现有的化石燃料设备进行相应的电气化替代，例如，炊事设备电气化、蒸汽设备电气化、分散采暖电气化等。

3.5 绿色电力系统市场机制

为推动电力来源清洁化和终端能源消费电气化，适应新形势下能源绿色低碳转型和绿色能源电力发展，需要健全适应绿色电力系统的市场机制。

3.5.1 电力市场发展路径

从国际电力市场发展的实践看，随着资源配置需求的提升和电网网架的延伸，充分发挥市场在更大范围内的电力资源优化配置能力，逐步扩大电力市场范围，已经成为世界电力市场发展的共同方向。欧洲考虑到大范围配置资源的需要和各主权国家相对独立的客观实际，选择了“融合”式发展的路径。美国基于电网所有权分散、全国性资源配置需求尚不迫切等情况，选择了“整合”式发展的路径。

我国建立大范围统一资源优化配置的电力市场体系应结合实际选择自己的发展路径。首先，要在国家顶层设计中指明我国市场未来的目标模式和发展方向。其次，建立一整套完整的核心规则体系，将市场建设方案中最基础的市场模式、交易时序、交易品种、出清规则、价格机制、技术支持系统建设等予以规范。在此基础上，做好分阶段实施路径规划，最终实现电力市场的统一、高效运作。

既要充分挖掘全国统一优化的市场资源配置潜力，又要适应现有市场建设和调度管理机制，从“统一市场，两级运作”的模式起步，逐步推动市场融合，最终形成全国统一电力市场。

现阶段，也是市场发展的初期阶段，采取分层运行模式，即“统一市场，两级运作”的市场运作模式。实现国家能源战略、促进清洁能源消纳和大规模资源优化配置，建立资源配置型市场，并保障电力供需平衡和电网安全稳定运行，建立电力平衡型市场。中期阶段，采取松耦合运行模式，即省间交易统筹考虑各省总的发电曲线和总的购电曲线、各省化简的等值模型，并考虑全网发用电平衡、省间联络线输送能力，将省间优化出清后的结果作为省内交易出清的边界。随着市场逐渐成熟、优化技术能力的提升、调度和交易协同机制不断优化，市场进入成熟阶段，采取紧耦合运行模式，即在省间交易与省内交易出清中，联络线交换电量和市场价格保持一致。实现省间与省内交易协同开展、一级运作的全国统一电力市场，并适时开展容量交易、输电权交易。

当前，我国正处于全面推进电力市场建设的关键时期，亟须着眼全国统一电力市场未来发展，形成充分借鉴国际先进经验并具有中国特色的市场顶层设计，明确我国市场建设目标、发展路径、核心规则，有序推动电力建设，为我国经济社会发展做出新的贡献。

3.5.2 “电碳协同”电力市场机制

碳达峰碳中和目标下，电力系统将向适应大规模高比例绿色能源方向演进，变得更加清洁、低碳、绿色的同时，也对当前的电力市场机制提出了更高的要求。建立电能量市场、容量市场、辅助服务市场、绿证市场四位一体的“电碳协同”的电力市场机制有利于提升电力系统稳定性和灵活调节能力，推动形成适合中国国情、有更强绿色能源消纳能力的绿色电力系统。

绿色电力证书简称“绿证”，是国家对发电企业每兆瓦时非水可再生能源上网电量颁发的具有唯一代码标识的电子凭证，是作为绿色环境权益的唯一凭证。我国绿证由国家可再生能源信息管理中心负责核发、注销工作。初期，绿证核发和交易的范围主要为风电和光伏发电。后续，根据政策要求和市场发展情况逐步扩大为陆上风电、海上风电、集中式光伏发电、分布式光伏发电、常规水电等多种类型。绿证自核发之日起，有效期两年，有效期结束后不再进行交易，由国家可再生能源信息管理中心完成绿证注销，并将注销信息同步至电力交易机构。

1. 建立全国统一电力市场体系

建立国家、省（市、区）、区域多层次市场体系、统一市场交易基础规则和技术标准、多元市场主体参与跨省跨区交易、电力交易机制与绿色能源特性相适应的全国统一电力市场体系，加快电力辅助服务市场建设，推动重点区域电力现货市场试点运行，完善电力中长期、现货和辅助服务交易有机衔接机制，探索容量市场交易机制，深化输配电等重点领域改革，通过市场化方式促进电力绿色低碳发展，推动适应能源结构转型的电力市场机制建设。

2. 完善有利于可再生能源优先利用的电力交易机制

开展绿色电力交易试点，鼓励绿色能源发电主体与电力用户或售电公司等签订长期购售电协议。支持微电网、分布式电源、储能和负荷聚合商等新兴市场主体独立参与电力交易。积极推进分布式发电市场化交易，支持分布式发电（含电储能、电动车船等）与同一配电网内的电力用户通过电力交易平台就近进行交易，电网企业（含增量配电网企业）提供输电、计量和交易结算等技术支持，完善支持分布式发电市场化交易的价格政策及市场规则，完善支持储能应用的电价政策。

3.5.3 绿色电力交易

2021 年 9 月 7 日，国家发改委、国家能源局复函国家电网和南方电网，绿色电力交易试点由个别省市正式向全国更多地区铺开。这一旨在贯彻中国“双碳”战略的部署为企业主动使用绿色电力提供了市场机制。中国的碳中和之旅迎来又一个里程碑时刻。

目前，企业在以绿电消费为核心的低碳转型中，可选择的路径不断丰富，包括绿色电力交易、投资以及自建绿色能源电站、绿证交易、绿电 + 储能与需求侧响应模式等。

当前绿电交易带来的积极改变的同时，也呈现出诸如：绿电定价机制需进一步完善、多年期绿电交易普及需加强、跨省跨区交易需求亟待满足等方面的问题。为更好地促进绿色电力交易，更好地释放绿电消费潜力，应做好以下几个方面。

首先，降低省间交易门槛。通过跨省、跨区通道输送绿色能源电力，将是绿色能源消纳的重要途径，降低省间绿电交易门槛是关键的机制保障。打通跨省、跨区绿电“点对点”

交易的渠道，增强绿电交易品种、合同周期等灵活性，及时满足购电企业的需要。

其次，完善绿电消费与碳市场、能耗“双控”机制的联动。进一步做好企业“能耗指标”（固定资产投资项目节能评估）与绿电消费或碳减排管理工作，推动绿电、绿证交易结果在碳市场中的互认工作。

最后，通过政策制定，加强绿证公信力。增强绿证作为绿电环境权益的公信力，提升绿证在国际社会的认可度；通过激励机制的建立，扩大宣传，进一步引导和鼓励企业开展绿电消费。

思考题

1. “双碳”目标下构建绿色电力系统的重要意义是什么？
2. 我国电力系统碳减排路径的主要阶段是什么？
3. 构建绿色电力系统所需的关键技术应该从哪几个方面考虑？
4. 建设“电碳协同”市场机制的重要意义是什么？

储能技术与绿色燃料

相对于传统电力系统，前文中提到的绿色电力系统，通过在电力系统中增加了储能的环节，使得电力系统由刚性系统 ❶ 变成了柔性系统 ❷，再加上绿色燃料作为一种新型储能载体的加入，大大提高了电力系统的安全性、灵活性和可靠性。面对绿色能源规模化接入与消纳、智能电网和能源互联网发展的内在需求，储能被寄予了“基石”般的角色定位。

储能技术在电力系统“发、输、变（配）、用”的各个环节均可以发挥重要的作用，起到提高电力系统运行稳定性、供电可靠性和电能质量的作用，大大提高了电力资产利用率和运行的经济性。

4.1 概述

储能技术是指在能源的开发、转换、运输和利用的过程中，能量的供应和需求之间，往往存在着数量上、形态上和时间上的差异，为了弥补这些差异，有效地利用能源，常常采取存储和释放能量的人为过程和技术手段。

4.1.1 能量的储存与转化

能源是经济社会发展的重要物质基础，也是碳排放的最主要来源。不同的能源之间可以通过物理效应和化学反应实现能量的储存和相互转化，并最终转化为电、热等能源，如图 4-1 所示。

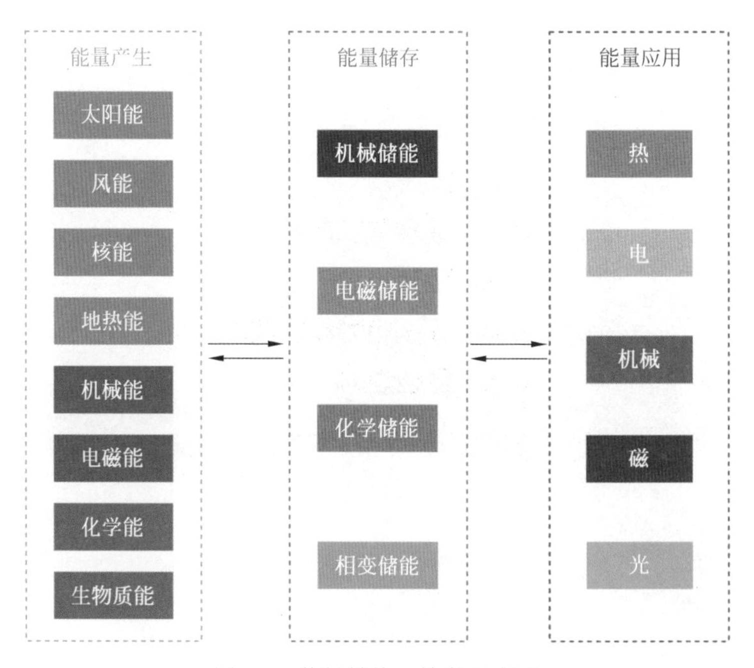

图 4-1　能量转换、储存和应用

4.1.2 储能技术的分类与应用

储能系统由一系列设备、器件和控制系统等组成，可实现电能或热能的存储和释放。储能系统具有动态吸收能量并适时释放的特点，能有效弥补太阳能、风能的间歇性和波动性的缺点，改善太阳能电站和风电场输出功率的可控性，提升输出电能的稳定水平，从而提高发电的质量和转换效率。因此，储能系统就显得至关重要。

储能学科作为一门综合性交叉学科，一般来说，按照储能系统的发展可以将储能技术分为传统储能技术和新型储能技术。传统的储能技术代表是抽水蓄能，近年来新型电力储能技术发展迅速，如锂离子电池、钠离子电池、液流电池、飞轮储能及超级电容储能等。

根据储能对象的能量形式与技术原理，又可以将储能技术分为机械储能、相变储能、化学储能和电磁储能四大类。

机械储能是一种利用物理量变化实现能量存储与释放的过程，其典型特征是将其他形式的能量转化为机械能进行存储，包括抽水储能、飞轮储能等。

相变储能的典型特征是将其他形式的能量转化为热能进行存储，即相变储热。常见的相变储热方式有显热储热、潜热储热和化学储热。

化学储能是利用化学反应转换电能的方式，其典型特征为将其他形式的能量转化为化学能进行存储。常见的化学储能包括以锂离子电池、硫酸电池、液流电池为主的电化学储能技术。

电磁储能的典型特征是将其他形式的能量转化为电磁能进行存储。常见的电磁储能方式是超导储能。

储能技术的分类与表现形式如图 4-2 所示。

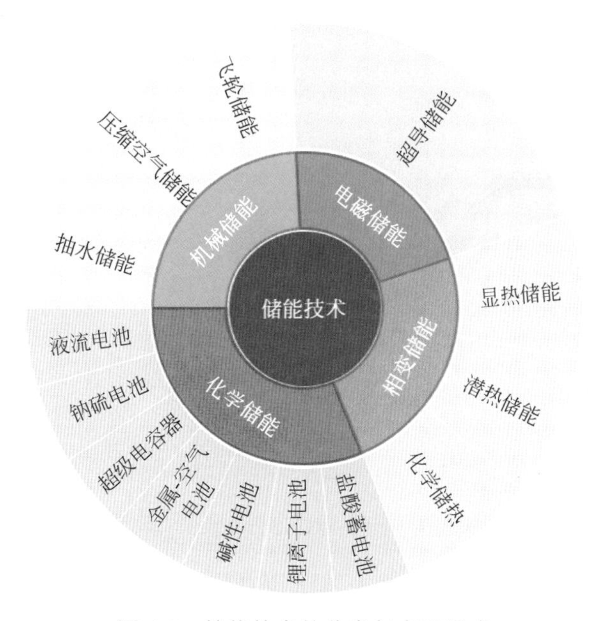

图 4-2 储能技术的分类与表现形式

4.2 抽水储能技术

抽水储能是一种利用水作为储能介质，通过电能与势能的相互转化，实现电能储存和管理的传统的储能技术。在新型电力系统中，如果与风电、太阳能发电、核电、火电等配合应用效果更佳。加快发展抽水储能是构建以绿色能源为主体的绿色电力系统的迫切要求，是保障电力系统安全稳定运行的重要支撑，是绿色能源大规模发展的重要保障。在全球应对气候变化，我国努力实现“双碳”目标，加快能源绿色低碳转型的新形势下，抽水储能加快发展势在必行。

4.2.1 抽水储能发展概述

抽水储能约占全世界总储能容量的99%以上，相当于全世界总发电装机容量的3%。我国水电理论藏量约为6.6亿千瓦，主要集中在西南和长江上游可再生能源富集地区，目前已开发约3.9亿千瓦，我国已投产抽水蓄能电站总规模约3249万千瓦，在建抽水蓄能电站总规模约5513万千瓦，中长期规划布局重点实施项目总装机容量约4.21亿千瓦。

4.2.2 抽水储能原理

抽水储能电站根据能量转换定律进行工作。抽水储能将“过剩的”电能以水的位能（即重力势能）的形式储存起来，在用电的尖峰时间再用来发电，因而也是一种特殊的水力发电技术。其基本原理如图4-3所示。

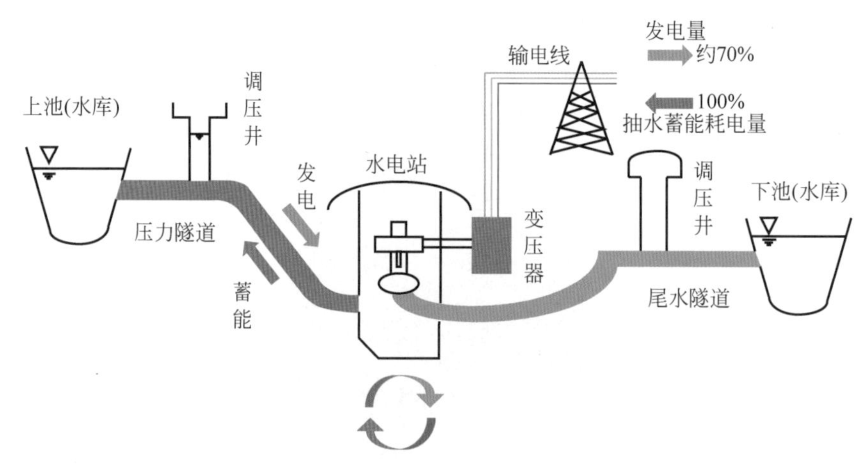

图4-3 抽水储能电站工作原理图

当午夜系统电力负荷较低时（负荷低谷时段），抽水储能电站工作在电动机状态，多余的电量会供给电动抽水泵，把水由下水库输送至地势较高的上水库，将这部分电能以势能的形式储存起来。待早晚电力系统负荷增加时（负荷高峰时段），抽水储能电站工作在发电机状态，上游水库中存储的水经水轮机流到下游水库，并推动水轮机发电。抽水储能电站主要用于电力系统的调峰，如表 4-1 所示，抽水储能通常按照表中 4 种运行模式中的一种进行工作。其中旋转备用模式和短路模式主要用来调节和维持电力系统的电能质量。

表 4-1　抽水储能工作模式

工作模式	功　能
储能模式	仅将水抽到上水库中
发电模式	仅将水释放到下水库中
旋转备用模式	电站已“充电”，即水已储存在上水库中；电站等待启动发电命令，而水轮机此时在旋转
短路模式	水同时被抽到上水库和释放到下水库，电能一边储存一边释放

4.2.3　抽水储能的主要功能

抽水储能系统是目前最有效的能量储存系统，储存容量非常庞大，可以储存几千兆瓦的电能，能量释放时间为几小时至几天，非常适合电力系统调峰和用作备用电源的长时间储能场合。抽水储能的优势是运行成本在所有能量储存系统中是最低的，能量储存商业价值高，不产生污染，无废料；其主要劣势是依赖于地质结构，即必须有两个大容量的水库以及足够高的落差才具有可行性。抽水储能技术主要有调峰填谷、调频、调相、紧急事故备用和提供系统的备用容量等功能。

1. 发电功能

抽水储能电站本身不能向电力系统供应电能，只是将系统中其他电站的低谷电能和多余电能，通过抽水将水流的机械能变为势能，存蓄于上水库中，待到电网需要时，将存于上水库的水放下，将水流的重力势能转化为机械能，进而发电，最后将电能提供给电网。储能机组发电的年利用小时数比常规水电站低得多，一般在 800~1000 小时。储能电站的作用是实现电能在时间上的转换。

2. 调峰功能

抽水储能电站是利用夜间低谷时其他电源的多余电能，抽水至上水库储存起来，待尖峰负荷时发电。因此，抽水储能电站抽水时相当于一个用电大户，其作用是把日负荷曲线的低谷填平了，即实现“填谷”。“填谷”的作用是使其他发电站发出的电力达到平衡，因此可降低能源的损耗。

3. 调频功能

调频功能又称旋转备用或负荷自动跟随功能。抽水储能机组在设计上考虑了快速启动和快速负荷跟踪的能力。现代大型储能机组可以在一两分钟之内从静止达到满载，增加出力的速度可达每秒 10000 千瓦，并能频繁转换工况。

4. 调相功能

调相运行的目的是稳定电网电压，包括发出无功的调相运行方式和吸收无功的进相运行方式。抽水储能机组在发电工况和抽水工况两种工作状态下，都可以实现调相和进相运行，并且可以在水轮机和水泵两种旋转方向进行，其灵活性更大。

5. 事故备用功能

具有较大库容的常规水电站都具备事故备用功能。抽水储能电站在设计上也考虑有事故备用的库容，但储能电站的库容相对于同容量常规水电站要小，所以其事故备用的持续时间没有常规水电站长。在事故备用操作后，机组需抽水将水库库容恢复。同时，抽水储能机组由于其水力设计的特点，在作旋转备用时所消耗电功率较少，并能在发电和抽水两个旋转方向空转，因此其事故备用的反应时间更短。此外，储能机组如果在抽水时遇电网发生重大事故，可以由抽水储能转为放水发电。

6. 黑启动功能

黑启动是指出现系统解列事故后，要求机组在无电源的情况下迅速启动。常规水电站一般不具备这种功能。现代抽水储能电站在设计时都要求有此功能。抽水储能机组的正常运行和工况转换存在多种操作方式，因此储能机组的运行方式是相当复杂的。

利用常规梯级水电站与各大电网互联的便利条件，抽水蓄能调节能力将为电力系统的灵活性调节提供有力支撑。

4.2.4 抽水储能机遇与挑战

抽水储能中长期发展规划的出台，给抽水储能的发展提供了动力。当前，正处于能源绿色低碳转型发展的关键时期，风、光等新能源大规模高比例发展，电力系统对调节电源的需求更加迫切。

结合我国能源资源禀赋条件，抽水储能电站是当前及未来一段时期满足电力系统调节需求的关键方式，对保障电力系统安全、促进新能源大规模发展和消纳利用具有重要作用，因此抽水储能发展空间较大。

可调节水电需要突破流域梯级水库联合优化调度运行技术，以及 50 万千瓦级、100 米级以上超高水头大型冲击式水轮发电机组等水力发电设备自主化设计、制造等关键技术，预计 2030 年左右可实现应用并发挥灵活性调节作用。

抽水储能需要进一步研发 40 万千瓦级、700 米级以上超高水头超大容量抽水蓄能机组，预计 2030 年左右可实现应用；海水抽蓄可以作为淡水抽蓄的补充，需要进一步解决设备与设施的海水兼容性、环保，以及选址与降低成本等问题，预计2030年后开始逐步商业应用。

4.3　储热技术

储热技术是以储热材料为媒介将太阳能光热、地热、工业余热、低品位废热等热能储存起来，在需要的时候释放，解决由于时间、空间或强度上的热能供给与需求间不匹配所带来的问题，最大限度地提高整个系统的能源利用率而逐渐发展起来的一种技术。储热技术的开发和利用能够有效提高能源综合利用水平，在太阳能热利用、电网调峰③、工业节能和余热回收、建筑节能等领域都具有重要的研究和应用价值。

4.3.1　储热技术发展概述

储热技术作为大规模储能技术的一种，在未来灵活性电源、需求侧响应能力的建设过程中，占据着极其重要的地位。目前，储热（冷）技术在火电灵活性改造、需求侧管理措施、可再生能源消纳及其他形式的应用具有重要的作用（其主要的价值体现如图4-4所示）。随着储热应用技术的进步，成本的进一步降低，其布局灵活、能量效率高和规模大等优势将不断凸显。

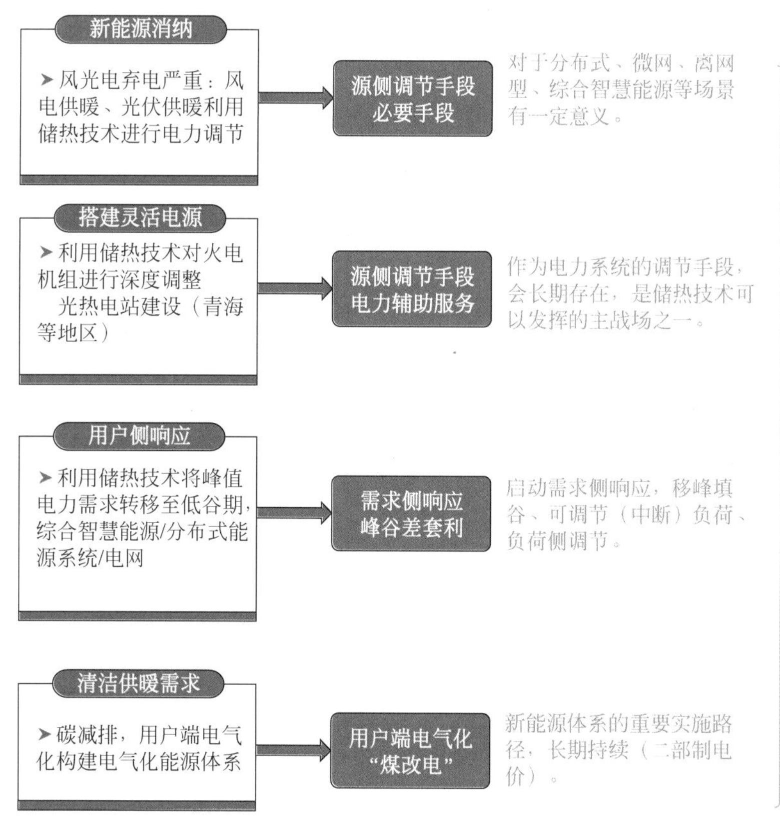

图4-4　储热在"双碳"目标下的价值体现

4.3.2 储热技术的分类和基本原理

按照储存的能量形式，储热技术主要分为物理储热和热化学储热，其主要分类如图 4-5 所示。

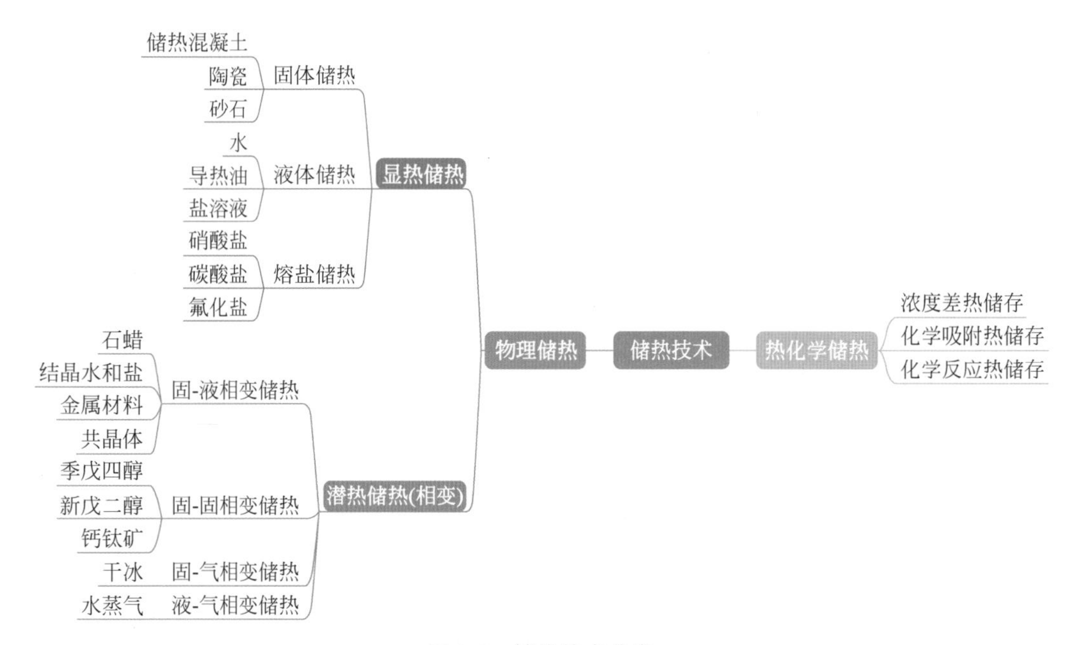

图 4-5 储热技术分类

物理储热包括显热储热和潜热储热。显热储热是指通过储能介质温度的变化实现储能的方式，分为固体储热、液体储热和熔盐储热，常见的储热介质包括水、导热油和熔融盐等；潜热储热是指通过储热材料（相变材料 ❹）发生相变时吸收或释放热量进行能量的存储和释放的储热方式，分为固 - 液相变储热、固 - 固相变储热、固 - 气相变储热和液 - 气相变储热，常见的介质包括金属或硅材料的熔融 ❺、相变胶囊、功能流体 ❻ 等。

热化学储热是利用物质间的可逆化学反应或者化学吸 / 脱附反应的吸 / 放热进行热量的存储与释放。按化学变化的分类主要分为浓度差热储存方式、化学吸附热储存方式以及化学反应热储存方式三类。

上述各类储热技术中熔盐储热技术和潜热储热技术在近几年备受业界关注。熔盐储热技术的主要优点是规模大，方便配合常规燃气机使用，主要应用于大型塔式光热发电系统和槽式光热发电系统。

一般而言，化学储热的能量密度要高于物理储热，是储热技术今后的重要发展方向。热化学储热技术的成熟度最低，其从实验室验证到商业推广还有很长的一段路要走，在未来热化学储热技术的循环原理、控制机制及技术经济性仍然需要大量的研究。

4.3.3　电热储能

“双碳”时代下，节能环保成为全国各地政府以及工业发展的主要关键词之一，我国正在加速环保装备制造标准化。整个社会对节能减排具体实施措施方案的需求让电储热技术迎来一次重大发展期。

电热储能技术是采用先进的水电分离技术、高压控制技术和储能保温技术，将夜晚电网闲置的、廉价的低谷电、风力发电或太阳能发电的电能转换成热能储存起来，根据不同需求通过交换装置，将储存的热能转换成热水、热风、蒸汽或在用电高峰时段发电馈送到电网。交换装置可全天24小时连续稳定释放储存的热能，使用过程中没有任何废气、废水、废渣产生，没有飘尘、PM2.5微尘、SO_2和氮化物的排放，实现了二氧化碳零排放，电热储能炉的热效率在90%以上。目前，电热储能技术已应用于北方的大型供暖和风电项目，为各领域节能环保的需求提供了新方法。

4.3.4　储热技术的机遇与挑战

在一系列政策支持下，大规模储热供热发展迎来了机遇，但是同时也暴露出了许多的问题。

首先，目前储热供暖成本依然较高，附加值有限。对此，应完善供暖价格体系，加大政策支持。具体而言，就是要建立清洁供暖的价格体系，包括供暖电价补贴、峰谷电价机制、取暖价格收费标准等，此外，明确建设补贴，包括初投资补贴、管网建设费、接口费（两部制价格）等，与此同时，推进可再生能源清洁供暖的配套政策。

其次，储热参与电力辅助服务领域较少，目前，只有火电灵活性改造还有储热技术参与的可能性，随着火电未来发展受限，市场会一直萎缩。对此，应做好技术升级，积极参与电力辅助服务，提升电网的灵活性，参与调峰/调频/备用/黑启动/需求侧响应（可中断负荷），同时争取政策支持，将供热与辅助服务有效地结合，在经济上打组合拳。

此外，储热技术需进一步加强，目前存在应用痛点。这个问题主要体现在两个方面，一是品质问题，“供蒸汽”的技术依然没有较大突破，成本、运维等难点依然存在；二是容量问题，大规模储热存在巨大需求（核电的调峰、跨季节光热供暖），但核心技术仍需进一步开发。

4.4　新型电力储能技术

新型储能是构建绿色电力系统的重要技术和基础装备，是实现碳中和目标的重要支撑。“十三五”规划以来，我国新型电力储能行业整体处于由研发示范向商业化初期的过渡阶段，在技术装备研发、示范项目建设、商业模式探索、政策体系构建等方面取得了实质性进展，市场应用规模稳步扩大，对能源转型的支撑作用初步显现。

到 2025 年，实现新型储能从商业化初期向规模化发展转变。到 2030 年，实现新型储能全面市场化发展。新型储能核心技术装备自主可控，技术创新和产业水平稳居全球前列，标准体系、市场机制、商业模式成熟健全，与电力系统各环节深度融合发展，装机规模基本满足新型电力系统相应需求。

4.4.1 新型电力储能技术概述

电力储能是指利用电化学或物理的方法储存电能的一系列措施。近年来，多种新型电力储能技术发展非常迅速，一些已经初步具备了商业化运营条件，包括锂离子电池、钠离子电池、液流电池、飞轮储能、超级电容器、新型压缩空气储能等。比起抽水蓄能，这些新型电力储能技术大多具有选址容易、部署便捷的特点，主要技术指标如功率密度、能量密度、响应时间、效率等也各有优势，具备成为电力系统灵活性调节资源的潜力。

4.4.2 基本工作原理

1. 锂离子电池

锂离子电池是一种二次电池，基本工作原理如图 4-6 所示。充电过程中，锂离子从正极材料中脱出，通过电解质扩散到负极并嵌入到负极晶格中，同时得到由外电路从正极流入的电子；放电过程则与之相反。

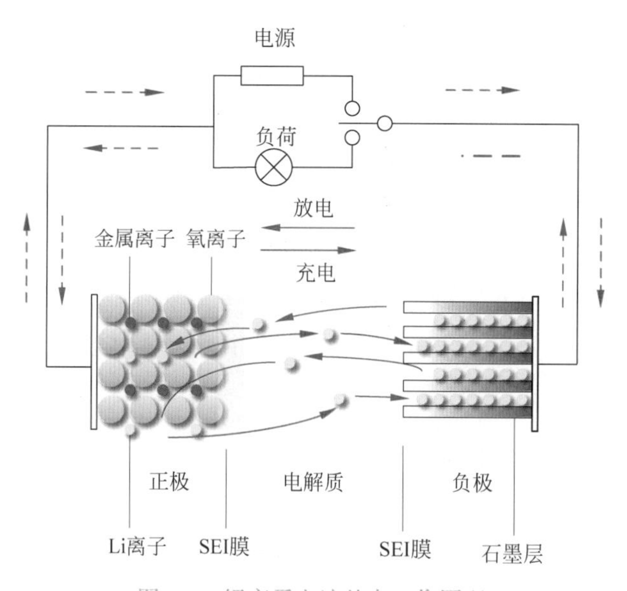

图 4-6　锂离子电池基本工作原理

充电的时候，在外加电场的影响下，正极材料钴酸锂分子（$LiCoO_2$）里面的锂元素脱离出来，变成带正电荷的锂离子（Li^+），在电场力的作用下，从正极移动到负极，与负极的碳原子发生化学反应，生成 LiC_6（嵌锂石墨、石墨插层化合物），于是从正极跑出来的锂离子就很“稳定”地嵌入到负极的石墨层状结构。从正极跑出来转移到负极的锂离子越多，电池存储的能量就越多。

放电的时候刚好相反，内部电场转向，锂离子（Li^+）从负极脱离出来，顺着电场的方向，又跑回到正极，重新变成钴酸锂分子（$LiCoO_2$）。从负极跑出来转移到正极的锂离子越多，电池释放的能量就越多。

锂离子电池的电化学性能主要取决于所用电极材料和电解质材料的结构及性能，负极材料主要为碳或钛酸锂，正极材料主要有锰酸锂、钴酸锂、磷酸铁锂、镍钴锰三元材料、镍钴铝三元材料等。

2. 钠离子电池

关于钠离子电池，主要分析有机电解液的钠离子电池，其储能原理与锂离子电池基本相同，负极材料一般为硬碳，正极材料为钠与其他过渡金属的氧化物，电解液中穿梭的是钠离子。

钠离子电池的缺点是其能量密度较低，主要用在固定式储能场合。钠离子电池目前仅处于技术验证阶段，未来商业化后，其平均化成本有望比锂离子电池低约 20% 以上，在固定式储能领域可能替代锂离子电池。

3. 液流电池

液流电池是一种新型、高效的电化学储能装置，通过电解质内离子的价态变化实现电能的储存和释放。其工作原理如图 4-7 所示。

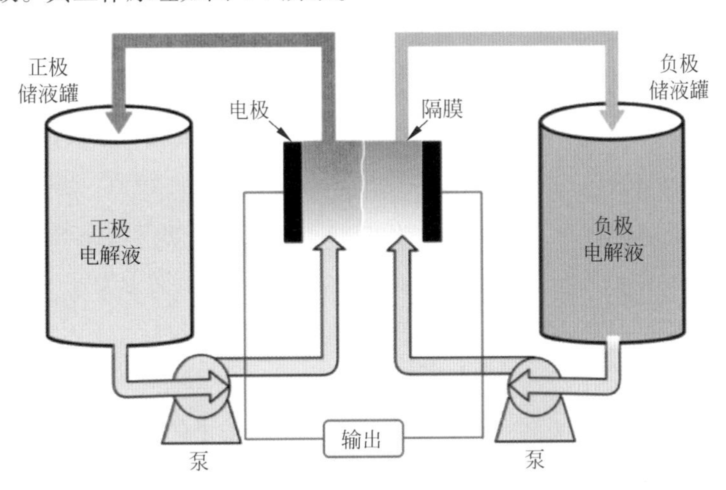

图 4-7 液流电池的工作原理

由图可以看出，电解质溶液（储能介质）存储在电池外部的电解液存储罐中，电池内部正、负极之间由离子交换膜分隔成彼此相互独立的两室（正极侧与负极侧），电池工作时正、负极电解液由各自的送液泵强制通过各自反应室循环流动，参与电化学反应。充电时电池外接电源，将电能转化为化学能，储存在电解质溶液中；放电时电池外接负载，将储存在电解质溶液中的化学能转化为电能，供负载使用。

液流电池主要包括全钒液流电池、锌溴液流电池、多硫化钠 / 溴液流电池，以及铁铬液流电池等。以全钒液流电池为例，其以钒离子溶液作为电池反应的活性物质，利用不同价态离子对的氧化还原反应实现化学能和电能相互转换。

液流电池适用于放电时长 4~20 小时和大容量应用场景，其效率为 70%~75%，循环寿命可达 10000 次。液流电池输出功率和容量相互独立，系统设计灵活，过载能力和深放电能力强，循环寿命长；但需要泵来维持电池运行，因而电池系统维护要求较高，低载荷时的效率较低。

4. 飞轮储能

飞轮储能是利用电机带动飞轮转子高速运转，将电能转化为机械能储存起来，并在需要时由转子带动电机发电的一种物理储能技术，其主要工作原理如图 4-8 所示。

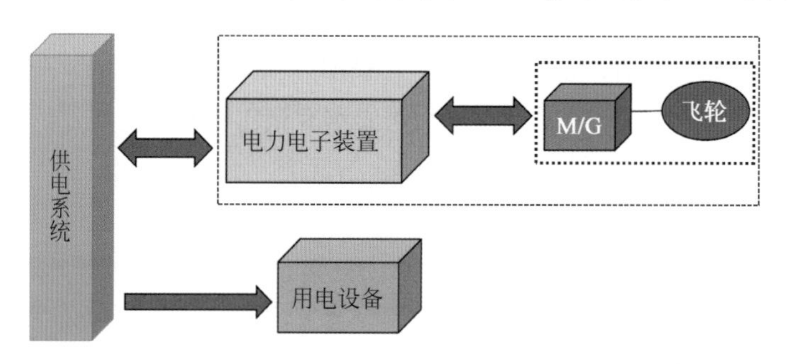

图 4-8　飞轮储能的工作原理

飞轮储能通过可逆电机的电动和发电两种状态完成能量的存储与释放。在储能时，电能通过电力电子装置变换后驱动电机（工作在电动机状态）运行，电机带动飞轮加速转动，储能系统以动能的形式把能量存储起来，完成电能到机械能的转换，之后电机维持一个恒定的转速；当系统接收到能量释放的控制信号时，高速旋转的飞轮拖动电机（工作在发电机状态）发电，输出的电能经电力电子装置转换后，反馈至电网（或直接供给负载），完成机械能到电能的转换。飞轮存储的能量由转子的质量和转速决定，其功率输出由电机和电力电子变流器的特性决定。

飞轮储能技术主要分为两类：一是基于接触式机械轴承的低速飞轮，其主要特点是储存功率大，但支撑时间较短，一般用于不间断电源等短时、高功率场合；二是基于磁悬浮轴承的高速飞轮，其主要特点是结构紧凑、效率高，但单体容量较小，可用于较长时间的功率支撑。高速飞轮目前最高转速可达每分钟 3 万转以上，其功率密度高、响应速度快、寿命长，是大容量飞轮储能的发展方向。

5. 新型压缩空气储能

压缩空气储能是以空气为介质进行电能的储存，新型压缩空气储能（compressed-air energy storage，CAES）是指在电网负荷低谷期将电能用于压缩空气，将空气高压密封在报废矿井、沉降的海底储气罐、山洞、过期油气井或新建储气井中，在电网负荷高峰期释放压缩空气推动汽轮机发电的储能方式。

传统压缩空气储能起源于燃气轮机，主要依赖化石燃料提供热源，储能效率相对较低，发展较慢。新型压缩空气储能系统（其工作原理如图 4-9 所示）是基于燃气轮机技术发展起来的一种能量存储系统。其压缩机和透平 ❼ 不同时工作，在储能时，压缩空气储能系统耗用电能将空气压缩并存于储气室中；在释能时，高压空气从储气室释放，进入燃烧室利用燃料燃烧加热升温后，驱动透平发电。由于储能、释能分时工作，在释能过程中，并没有压缩机消耗透平的输出，因此，相比于消耗同样燃料的燃气轮机系统，压缩空气储能系统可以多产生 1 倍以上的电力。

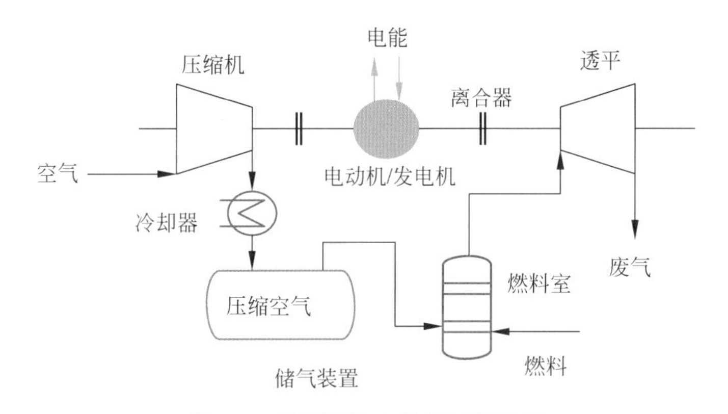

图 4-9 新型压缩空气储能的原理

压缩空气储能系统具有容量大、工作时间长、经济性能好、充放电循环多等优点。具体如下。

（1）压缩空气储能系统适合建造大型储能电站（>100 兆瓦），仅次于抽水储能电站，压缩空气储能系统可以持续工作数小时乃至数天，工作时间长。

（2）压缩空气储能系统的建造成本和运行成本均比较低，远低于钠硫电池或液流电池，也低于抽水储能电站，具有很好的经济性。

（3）压缩空气储能系统的寿命很长，可以储 / 释能上万次，寿命可达 40~50 年；并且其效率最高可以达到 70% 左右，接近抽水储能电站。

6. 超级电容器储能

超级电容器是介于传统电容器与电池之间的一种新型电化学储能器件，它相比传统电容器有着更高的能量密度，静电容量能达千法拉至万法拉级；相比电池有着更高的功率密度和超长的循环寿命，因此超级电容器兼具传统电容器与电池的优点，是一种应用前景广阔的化学电源。它主要利用电极 / 电解质界面电荷分离所形成的双电层，或借助电极表面、内部快速的氧化还原反应所产生的法拉第“准电容”来实现电荷和能量的储存。

超级电容储能装置主要由超级电容组和双向 DC/DC 变换器以及相应的控制电路组成。如图 4-10 所示，超级电容容器本体主要由集电极、电解质以及隔膜等几部分组成，其中，隔膜的作用和电池中隔膜的作用相同，将两电极隔离开，防止电极间短路，允许离子通过。超级电容器储能的基本原理是通过电解质和电解液之间界面上电荷分离形成的双电层电容来贮存电能。超级电容器具有充电速度快、大电流放电性能好、超长的循环寿命、工作温度范围宽等特点。

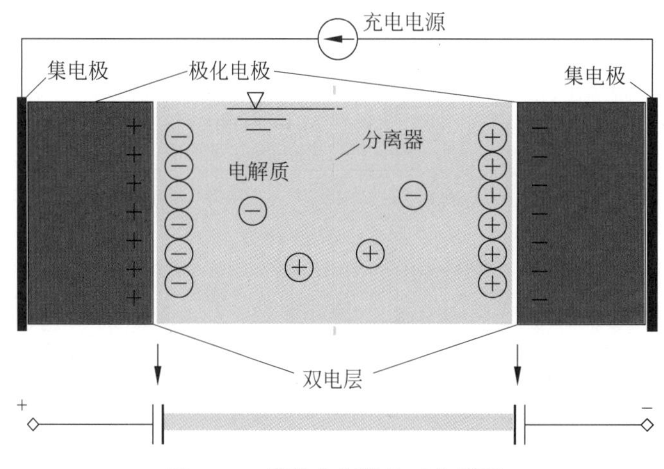

图 4-10　超级电容器的工作原理

7. 超导磁体储能

超导磁体储能的工作原理是利用超导体制成的超导线圈，形成大的电感，在通入电流后，线圈周围就会产生磁场，电能以磁能的方式存储在其中。其储存电能的容量模型如下：

$$E = \frac{LI^2}{2} \tag{4-1}$$

式中：L 为线圈的电感；I 为流过线圈的电流。

由于不需要能量转换，超导磁体储能具有很好的动态特性，其响应时间为毫秒级，而且可以产生非常高的功率。主要缺点是储存容量小、储能时间短。超导磁体储能技术主要应用于输配电网电压支撑、功率补偿、频率调节和提高系统稳定性等技术领域，可以实现与电力系统的实时大容量能量交换和功率补偿。

4.4.3　发展趋势及拟突破的关键技术

1. 锂离子电池

得益于电动汽车的快速发展，锂离子电池的成本近十年来下降了 85% 以上，锂离子电池储能正在跨越经济性门槛，在新型储能装机总量中占据绝对地位。目前锂离子电池储能系统的平准化成本为0.4~0.5元/千瓦时，作为电力系统灵活性调节资源仍然需要继续降低成本，并提高电芯及成套设备的安全性。预计到2030年，锂离子电池储能系统的平准化成本可以降到0.2~0.3元/千瓦时，在灵活性调节资源中逐步具有竞争力。预计到2060年，锂离子电池储能的平准化成本可以降到0.1元/千瓦时左右，成为主导的日内和小时级调节手段。

锂离子电池需要解决适应高安全、低成本、大容量应用需求的电池体系和材料、工艺及设备国产化问题，涉及关键材料/电芯制造、关键装备开发、电池系统集成等多个环节的技术和产业；需要研究锂离子电池储能系统的故障机理、安全防护及智能运维技术；此外，锂矿资源的高效开采、提炼及锂资源循环利用技术是其可持续发展的关键。

关于锂离子电池，还需要关注的一点就是旧锂电池的回收利用，近年来虽然国家连续出台多项政策，但总体来看，依然存在技术标准不高、发展动力不足、科技支撑不够和存在环境风险等一些问题。针对这些问题，我国研究人员对锂电池的回收做了很多研究，也提出了很多新的技术，但是大多处于实验阶段，并没有进行大规模的应用。所以目前我国电池回收企业仅仅能回收电池中的锂、镍、钴等价值较高的金属，且回收的效率较低，石墨等材料无法有效回收，回收过程容易造成二次污染。因此，未来我国锂电池回收的主要发展方向为自动化拆解。我国锂电池回收利用技术路线图如图4-11所示。

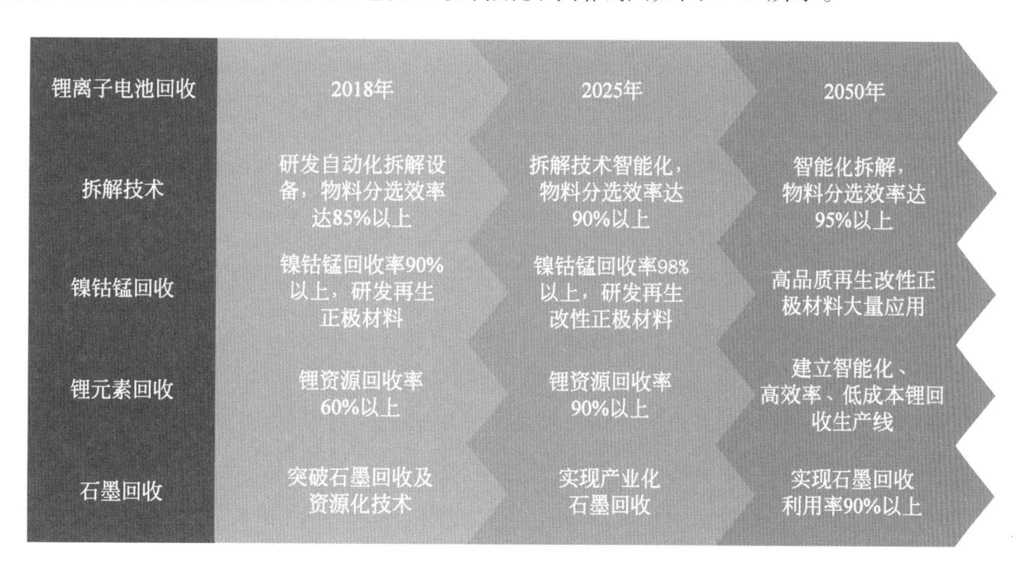

锂离子电池回收	2018年	2025年	2050年
拆解技术	研发自动化拆解设备，物料分选效率达85%以上	拆解技术智能化，物料分选效率达90%以上	智能化拆解，物料分选效率达95%以上
镍钴锰回收	镍钴锰回收率90%以上，研发再生正极材料	镍钴锰回收率98%以上，研发再生改性正极材料	高品质再生改性正极材料大量应用
锂元素回收	锂资源回收率60%以上	锂资源回收率90%以上	建立智能化、高效率、低成本锂回收生产线
石墨回收	突破石墨回收及资源化技术	实现产业化石墨回收	实现石墨回收利用率90%以上

图4-11　我国锂电池回收利用技术路线图

2. 钠离子电池

由于钠离子电池采用钠盐作为原材料，而钠盐储量资源基本不受限制；负极硬碳可以从储量丰富的无烟煤制得，因而其成本有望远低于锂离子电池。钠离子电池目前仅处于技术验证阶段，未来商业化应用后其平准化成本有望比锂离子电池低 20% 以上，在固定式储能领域具有替代锂离子电池的可能。

钠离子电池仍需要进一步探索低成本正、负极材料合成及量产技术；进一步探明界面反应、稳定性、全生命周期失效机制，研制长寿命钠离子电芯。

3. 液流电池

目前，全钒液流电池已经开始规模化应用，全钒液流电池的成本受钒材料影响大，钒材料主要来源于钢铁生产副产品（约 73%）和原矿开采（约 17%），其他途径主要从废催化剂、电厂灰、气化焦炭回收获得。

目前 4 小时全钒液流储能系统的平准化成本为 0.3~0.4 元 / 千瓦时，预计到 2030 年平准化成本达到 0.2~0.3 元 / 千瓦时，将出现一定规模的商业化应用，随后其成本将随着产业规模的扩大进一步下降，并在长时、大容量储能中占据一定的份额。全钒液流电池需要进一步研发低成本高电导率隔膜、国产化大功率电堆，以及解决成套设备的可靠和优化运行问题。

4. 飞轮储能

飞轮储能作为典型的功率型储能，在短时电力平衡如电力系统惯量支撑、快速调频、紧急备用等方面可以发挥其效率高、响应速度快、寿命长的优势，如飞轮辅助煤电机组和风电场进行惯量支撑与快速调频等。

飞轮储能有望在 2030 年之后在电力系统中开始规模化应用，到 2060 年成为重要的短时储能技术。高速飞轮需要进一步解决转子复合材料、磁悬浮轴承、整机优化设计、加工和控制技术等问题；在产品定位上宜采用系列化模块及阵列并联的技术路线，通过规模化实现成本进一步下降。

5. 新型压缩空气储能

与抽水蓄能类似，传统压缩空气储能也需要特殊的地理条件建造大型储气室，如岩石洞穴、盐洞、废弃矿井等，适用于大型储能场景。

近年来一些先进压缩空气储能技术不断发展，如绝热压缩空气储能、液化空气储能、超临界压缩空气储能等，在效率上已有较大改善，单机规模已经从 10 兆瓦发展到 100 兆瓦，处于研发示范和商业化初期。

新型压缩空气储能有望克服传统压缩空气储能的技术难点，在长时大规模储能领域成为抽水蓄能的重要补充。压缩空气储能需要突破基于总能系统理论的能量耦合与全工况调控技术、宽负荷组合式压缩机和高负荷轴流透平膨胀机技术，以及阵列式大容量蓄热换热器技术等关键技术。

6. 超级电容器储能

近几年来，超级电容器技术进步较快，其优势与飞轮储能类似，可以提供短时大功率支撑，可以与新能源发电系统、电能质量设备等结合起来以提升设备的调节能力和响应性能。超级电容器有望在2030年后在短时电力平衡应用领域成为飞轮储能的重要补充。

超级电容器需要解决应用中大量单体串并联组合的一致性管理问题，以避免个别单体电压过高而失效。

4.4.4 新型电力储能技术比较

常见新型电力储能技术主要特点及其技术现状对比如表4-2所示。

表4-2 新型电力储能技术特点及技术现状对比

储能方式		优　点	缺　点	技术现状
机械储能	压缩空气能	功率和容量等级高	响应速度慢、能量效率低	虽然起步较晚，但发展迅速，目前百兆瓦级新型压缩空气储能示范项目已建成
	飞轮储能	功率密度高、响应速度快、寿命长	能量密度低、成本高	美国在技术和产业化方面领先，我国处于引进吸收和自主研发阶段，尚未形成技术体系和产品
电化学储能	铅酸/铅炭电池储能	技术成熟、成本较低	能量密度低、循环寿命短	铅酸电池已有160余年的历史，全产业链体系健全，铅炭电池有一定的技术提升
	锂离子电池储能	能量密度高、功率密度高、能量效率高	安全性有待提高	已在储能电站中得到广泛使用，参与电力系统调峰、调频、平抑新能源发电波动等
	钠离子电池储能	资源丰富，成本较低	能量密度低	处于技术验证阶段，已有储能系统示范运行
	液流电池储能	寿命长、更适合长时应用	能量密度低、能量效率低	经过30年的发展，目前已取得长足进步，百兆瓦级液流电池储能电站已建成
	钠硫电池储能	能量密度高	安全性差	日本已进入商品化实施阶段，国内仍处于小规模试用阶段
电磁储能	超级电容器储能	功率密度高、响应速度快、循环寿命长	能量密度低、成本高	目前我国已实现产业化生产，在细分领域实现了商业应用
	超导磁储能	能量转换效率高、响应速度快、循环寿命长	能量密度低、成本高、维护难	目前处于理论研究和小型试验阶段

绿色电力系统的构建离不开储能技术，不同存在形式的能量具有不同的能级，其相互之间的转换效率也存在差异，造就了储能技术发展的多样性。

按照储能技术的大致充电时间及功率范围，其在电力系统中的典型应用如图4-12所示。

由于各种储能技术都有各自的优缺点，因此，将多种技术融合可形成新的储能方式，弥补单个储能技术的不足，从而实现能源的完全利用。

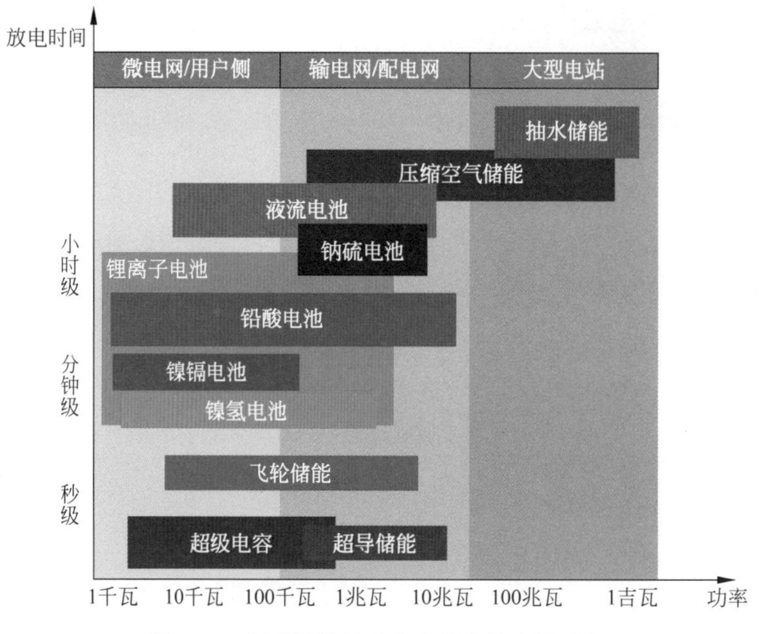

图 4-12　新型储能技术在电网中的应用对比

为加快构建清洁低碳、安全高效的能源体系，促进储能技术快速发展，我国首批科技创新（储能）试点示范项目，分别采用了电化学储能、物理储能、储热等多种技术类型，并覆盖了储能的主要应用场景，示范效应明显。从项目运行效果来看，可再生能源发电侧项目实现了与风电、光伏发电联合运行，能够有效增加清洁能源，促进大规模可再生能源消纳。电网侧项目既能够削峰填谷又能够参与辅助服务，实现了多功能复合应用，提升了电力系统运行的安全稳定性。联合火电厂参与辅助服务项目将明显提高火电厂跟踪调度曲线的能力，并避免机组反复调节出力带来的设备疲劳、系统效率下降和污染物排放增加等情况。用户侧项目能够有效调节用电负荷和增加分布式可再生能源应用，在为用户节约用电成本的同时，促进节能减排。

4.5　绿色燃料

在碳中和目标下，低排放、更环保的能源和燃料正变得越来越重要，人类需要用清洁燃烧、无排放的绿色燃料应对未来的能源需求。

绿色燃料属于二次能源，其燃烧（能量释放）过程中，不产生碳排放。绿色燃料在制备、储存、使用等方面，相比其他能源，其灵活性更强，相对我国能源禀赋特征（绿色能源分布范围广、分布不均、地域性强等），这一特点在适应绿色能源发电的分布式消纳方面，具有天然的优势。

绿色燃料具有鲜明的特征，一方面作为一种燃料，可以像传统的燃料（如汽油、柴油等）一样，通过燃烧直接使用；另一方面绿色燃料作为能量的载体，也是一种重要的储能方式（如风电制氢技术），在绿色电力系统的建设过程中发挥重要作用（电网调峰等）。

绿色燃料是我国能源体系的重要组成部分。考虑到存储、运输等方面的因素，目前应大力发展液体燃料，如液氢燃料、液氨和甲醇燃料 ⑧ 等，典型的绿色燃料以绿氢、绿氨为代表。随着绿色燃料制备、储运等关键技术的提高，伴随着商业化进程，其成本会越来越低，产量（储量）会越来越大，其在能源体系中扮演的角色将会越来越重要，是实现交通运输、工业和建筑等领域大规模深度脱碳的最佳选择。同时其他合成燃料的出现也反映出绿色燃料具有巨大的应用潜力。

4.5.1　绿氢技术

氢能作为可替代能源之一，受到国际社会和科学界的广泛关注。氢的热值高（120.0 兆焦 / 千克），是同质量焦炭、汽油等化石燃料热值的 2~4 倍。氢气还具有很强的还原性，既可以和氧气通过燃烧产生热能，也可以通过燃料电池转化成电能。氢能除用于发电外，还在炼钢、化工、水泥等工业部门中得到广泛应用。相比于其他储能技术，氢储能技术具备储能方式能量密度高，储能规模大，能量容量成本较小，可作为长时间储能或季节性储能的最优方案，从而有效提高能源利用率。

氢能全产业链包含制氢、氢能储运和氢能应用三个关键环节，其全产业链示意图如图 4-13 所示。

氢气在使用过程中无碳排放，氢气属于二次能源，利用一次能源生产而来。氢气在制备的过程中，不同制氢方式所消耗的原料不同，所排放的二氧化碳数量有明显的差异，“碳中和”目标下，可以将制氢过程的二氧化碳排放分为直接排放和间接排放，其中直接排放主要包含制氢反应过程和燃料燃烧过程所产生的二氧化碳排放，间接排放包含生产制氢原料过程所产生的二氧化碳排放。“绿氢”即制氢过程中其二氧化碳直接排放为零，实现“绿氢”的关键，就在于如何控制其在生产（制备）过程和储运过程碳排放。

1. 制氢技术

（1）电解水制氢（绿氢）：电解水制氢反应是燃料电池中 H_2 与 O_2 进行氧化还原反应生成水过程的逆反应。电解槽是其关键部件。由于纯水几乎不导电，电解水的过程需要加入强电解质，通常采用强碱或者强酸提高水的电导率，减小内阻，降低电解电压，使水分解成 H_2 和 O_2。当电解液中的离子通过电解槽的电极时，碱性电解液中的氢离子会被电解，形成氢气；而酸性电解液中的氧离子在被电解后，形成氧气。电解过程一般可以通过使用电解液和一个电解槽来实现。图 4-14 所示为碱性溶液电解制氢的原理。在两个浸没于碱液中的电极间加一个直流电压，便可使碱水溶液发生电解反应，分别从两个电极得到氢气和氧气。

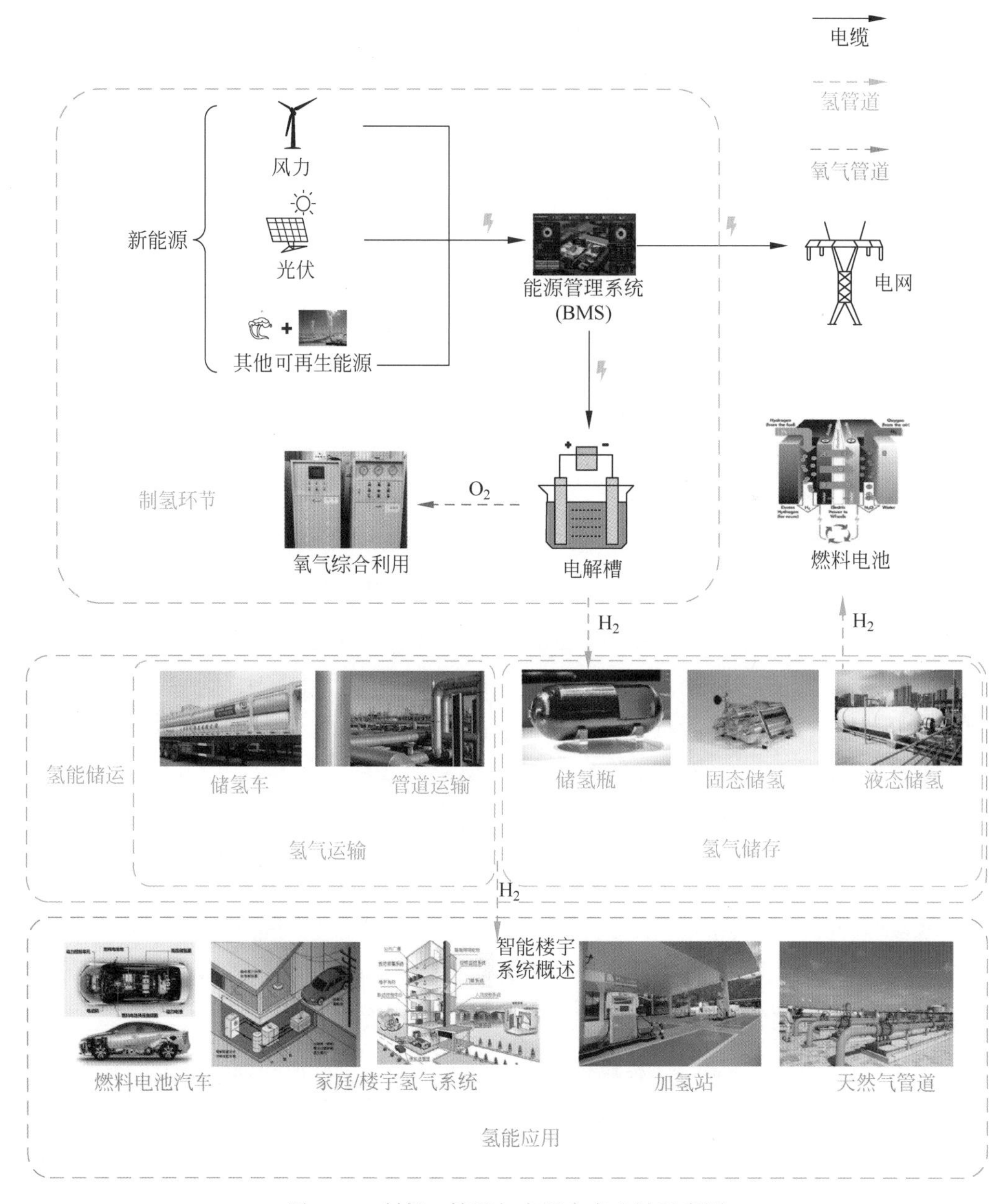

图 4-13　制氢、储运与应用全产业链示意图

水电解制氢的二氧化碳排放主要在电解水所需电能的生产（发电）环节，属于间接排放。将水电解制氢所使用的电改为“绿电”，即可解决二氧化碳排放问题，如图 4-15 所示的分布式“绿电”制氢流程，即将加氢站的建设与风电、光伏发电建设相结合，在加氢站附近建设风力发电站或者光伏发电站，发电站生产的“绿电”为加氢站提供水电解制氢装置、氢气压缩以及其他配套工程所需的电力，可以实现整个制氢和加氢过程的二氧化碳“零排放”。

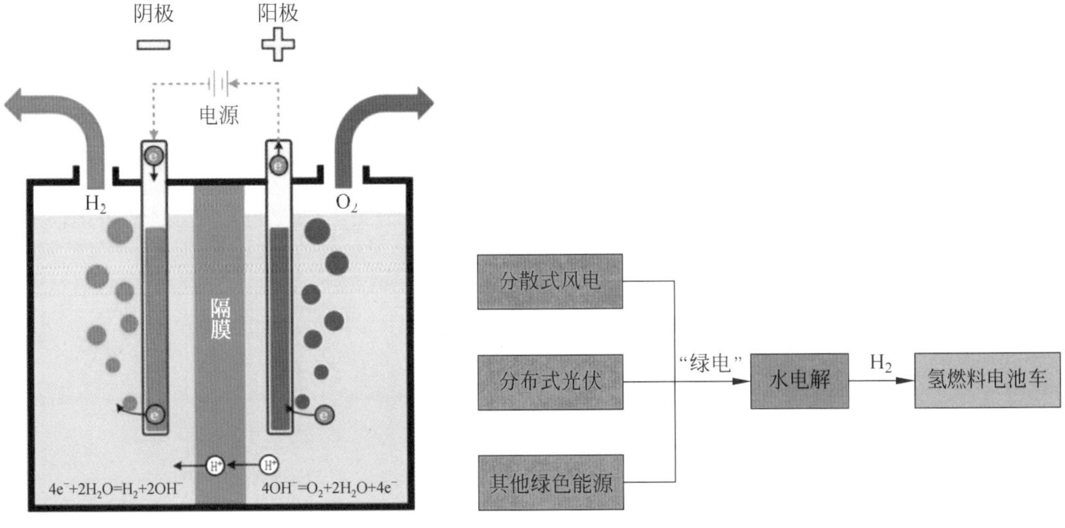

图 4-14　碱性溶液电解制氢的原理　　图 4-15　分布式“绿电”制氢流程图

电解水制氢与储能系统搭配可促进大规模、高比例绿色能源的电力供给系统，实现多异质、跨地域、跨季节的优化配置。电解水制氢技术中最具代表性的是风电制氢技术，主要是利用风力发电产生的电能作为电解水的能源，通过电解水制氢设备转化成氢气，完成从风能到氢能的转化。根据风电来源的不同，可以将风电制氢技术分为并网型风电制氢和离网型风电制氢两种。

并网型风电制氢是将风电机组接入电网，从电网取电的制氢方式，比如从风场的35千伏或220千伏电网侧取电，进行电解水制氢，主要应用于大规模风电场的弃风❾消纳和储能。离网型风电制氢是将单台风机或多台风机所发的电能，不经过电网直接提供给电解水制氢设备进行制氢，主要应用于分布式制氢或局部应用于燃料电池发电供能。

风电制氢技术作为一种新型的储能方式，更多地将被应用于平抑大规模风电场发电的不均衡性，提高风场风电的利用率。风电制氢技术主要涉及电氢转换和氢气运输两大关键技术，整个技术模块包括风力发电机及电网、电解水制氢系统、储氢系统和氢气运输系统。

（2）太阳能制氢（绿氢）：利用太阳能制氢主要可以分为两种，一种是利用太阳能热能制氢，另一种是利用太阳光能制氢。

在利用太阳能热能方面，主要有太阳能热化学分解水制氢和太阳能热化学循环制氢两种方法。太阳能热化学分解水制氢是通过聚集太阳能将水加热到2500开尔文以上进行热分解而产生氢气的方法，其过程简单。太阳能热化学循环制氢避免了单一步骤分解纯水所需的过高反应温度要求，而可以在不同阶段、不同温度下供给含有中间介质的水分解系统，使水沿着多步骤反应过程最终分解为 H_2 和 O_2，从而大大降低了热化学制氢的反应温度，可以在低于1273开尔文的温度下获得较高的制氢效率。

在利用太阳光能方面，主要有太阳能光伏发电电解水制氢、太阳能光电化学过程制氢、光催化水解制氢和太阳能光生物化学制氢四种方法。

（3）核能制氢（绿氢）：核能是低碳、高效的一次能源，其使用的铀资源可循环再利用，目前已成为人类大规模工业制氢的最佳选择。核能制氢就是利用核反应堆产生的热作为制氢的能源，通过选择合适的工艺，实现高效、大规模制氢。核能制氢原理示意如图 4-16 所示。

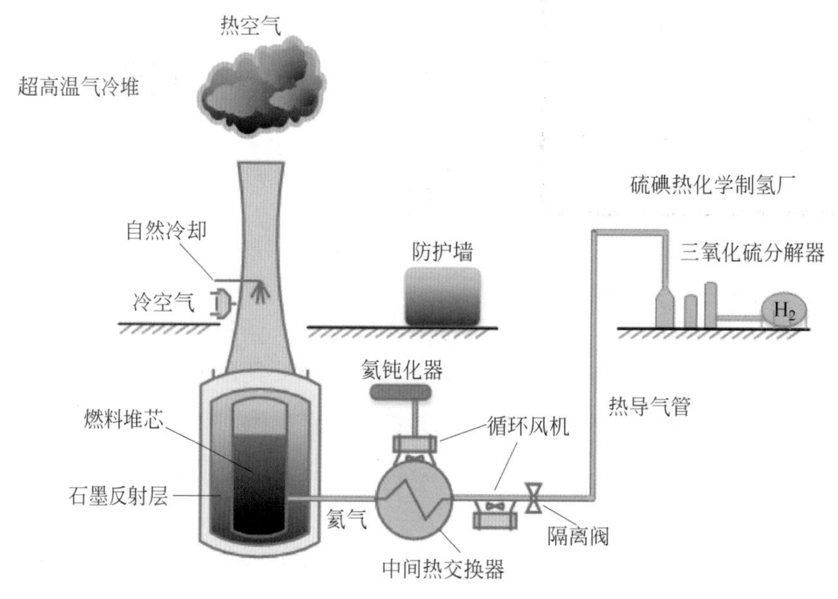

图 4-16 核能制氢原理示意图

核能到氢能的转化途径较多，包括以水为原料经电解、热化学循环、高温蒸汽电解制氢，以硫化氢为原料裂解制氢，以天然气、煤、生物质为原料的热解制氢等。以水为原料时，整个制氢工艺过程都不产生 CO_2，基本可以消除温室气体排放；以其他原料制氢时只能减少碳排放。因此，以水为原料、全部或部分利用核热的热化学循环和高温蒸汽电解被认为是代表未来发展方向的核能制氢技术。

（4）氨分解制氢（绿氢）：氨分解制氢的工艺流程如图 4-17 所示，加压汽化后的液氨在氨分解炉内发生分解反应，氨分解炉内装填镍催化剂，反应温度为 800~870 摄氏度，氨分解炉采用电加热或者采用以变压吸附 ⑩（pressure swing absorption，PSA）解吸气和氨为燃料的燃烧加热。一份氨分解后可以得到约为 75% 的粗氢气和 25% 的氮气，粗氢气冷却后经变压吸附提纯后得到产品氢气。氨分解制氢工艺简单，生产过程无二氧化碳排放，装置容易小型化，适合加氢站内分布式制氢。

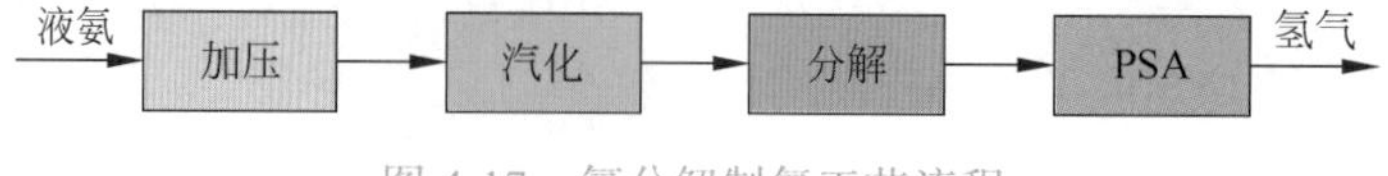

图 4-17 氨分解制氢工艺流程

其他制氢技术还包括化学制氢⑪和生物质制氢⑫，从碳足迹角度分析，此两种制氢技术在制取氢气的同时二氧化碳排放量大，不能达到真正的二氧化碳减排目的。

2. 氢气的储存与运输

（1）氢能储存的本质是氢气的储存，即将易燃、易爆的氢气以稳定形式储存。在确保安全前提下，提高储氢效率、降低成本、提高易取用性是储氢技术的发展重点。目前，氢气的储存主要有气态储氢、液态储氢和固体储氢等方式，高压气态储氢已得到广泛应用，低温液态储氢在航天等领域得到应用，有机液态储氢和固态储氢尚处于示范阶段。

对比几种储氢技术，不同储氢技术的各方面特点总结如表4-3所示。

表4-3 不同储氢技术对比表

储氢技术		优点	缺点	主要应用
气态储氢	高压气态储氢	技术成熟，结构简单，充放速度快，成本及能耗低	储氢密度低，安全性能差	普通钢瓶，储存量少；轻质高压储氢罐，多用于氢燃料电池车
液态储氢	低温液态储氢	储氢密度高，运输简单，安全性高	氢转化过程能耗较高，储氢装置要求较高，装置成本高，经济性较低	主要用于航天工程领域，如火箭低温推进剂
	有机液态储氢	储氢量大，能量密度高，储存设备相对简单	成本高，能耗大，操作条件苛刻	尚未广泛应用
固态储氢	物理吸附储氢	可利用的材料较多，选择性较强	常温或高温储氢性能差，储氢不牢固	实验研究阶段
	化学氢化物储氢	单位体积储氢密度大，能耗低，安全性好	温度要求较高，技术不成熟	实验研究阶段

在几种技术路线中，高压气态储氢具有充放氢气速度快、容器结构简单等优点，是现阶段主要的储氢方式。液态储氢有储氢密度高的优势，可分为低温液态储氢和有机液体储氢。固态储氢是以金属氢化物、化学氢化物或纳米材料等为储氢载体，通过化学吸附和物理吸附方式实现氢的存储。

高压气态储氢是我国最为成熟的储氢技术，目前加氢站采用的就是高压气态储氢技术，但由于该技术存有安全隐患和体积容量比低的问题，在氢燃料汽车上应用并不完美，因此该技术的应用在未来可能有下降的趋势。低温液态储氢和有机液态储氢综合性能好，但亟待相关技术攻关以降低其成本，长期来看，在国内商业化应用前景不如其他的储氢技术。固态储氢材料储氢性能卓越，是四种方式中最为理想的储氢方式，也是储氢科研领域的前沿方向之一，但是现在尚处于技术攻关阶段，因此我国可以以此技术为突破口，打破氢能储存技术壁垒，加速氢能产业发展。

（2）氢能的运输方式通常根据储氢状态和运输量的不同有所调整，主要有气氢输送、液氢输送和固氢输送3种方式，如图4-18所示。压缩氢气运输和低温液化运输是目前正在

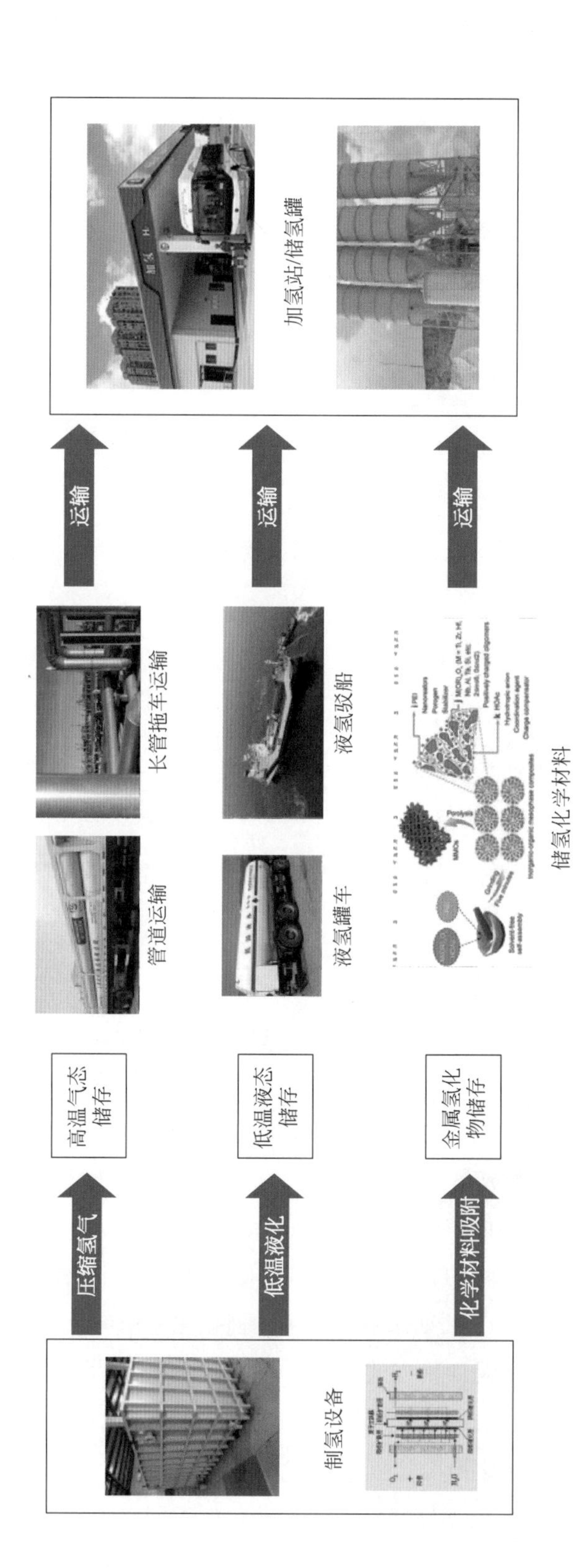

图 4-18 氢能运输结构图

大规模使用的两种方式。

总体来看，气氢储运由于工艺及设备相对简单而被应用得最为广泛，但储能密度低、不经济，适用于短距离运输。因此，采用输氢管道输送氢气对于分布集中的用户非常合适。液氢储运由于其储能密度较气氢高得多，因此适用于对储能量要求很高的航空火箭等场合，但其对设备的绝热、密封性等要求高。固氢储运兼具能量密度高、运输安全、经济等优点，适用于工业、交通工具等多种场合，但其对固体储氢材料性能要求较高，对新型储氢材料的开发提出了新要求。

4.5.2 绿氨技术

中国合成氨工业自 20 世纪 20 年代起步发展，目前已成为全球最大的合成氨生产及消费国家。合成氨的原料是氮气和氢气，二者在高温高压催化剂的条件下反应生成氨，由于氮气和氢气两种原料的常规生产也有二氧化碳排放，因此氨合成过程有二氧化碳排放。

根据合成氨原料氢的来源，氨可以分为棕氨、蓝氨和绿氨。棕氨指由甲烷重整制氢（steam methane reform，SMR）、重质燃料油制氢、煤制氢等工艺获得原料氢的氨产品；蓝氨指由副产氢、带碳捕捉的 SMR、电气化 SMR 等工艺获得原料氢的氨产品；绿氨指电解制氢、带碳捕捉的生物质制氢等工艺获得原料氢的氨产品，绿氨被归类为基本上零碳的氨。如果将氨合成过程的能源和原料制取都采用绿色能源，即可生产“绿氨”。

1. 绿氨的合成

国内外对基于可再生能源驱动的绿氨生产工艺技术进行大量研究，主要包括电解水制绿氢合成氨、电催化、生物催化、光催化、电磁催化等绿氨制备技术。其中，电催化需要研制高效可靠催化剂；光催化合成氨是利用可见光下的空气与水发生氧化还原反应生成氨，同样面临需要开发高效稳定的固氮光催化剂；生物催化合成氨技术暂不适用于规模化工业路径。电磁催化也尚未实现工业化生产。

总体来看，目前最常见的绿氨合成技术是通过电解水制氢（绿氢）技术与氨合成回路的常规技术相结合（见图 4-19）。

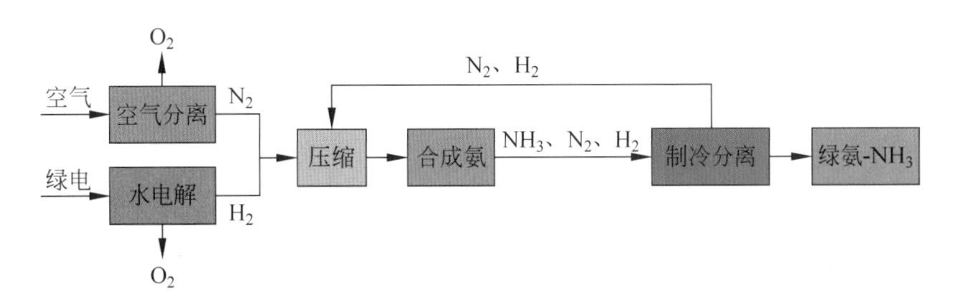

图 4-19　绿氨合成原理图

首先利用电解水制氢技术，由太阳能、风能等绿色能源产生的绿电，通过电解槽装置将水电解成氢气和氧气，其中氢气经过净化提纯得到高纯度的绿氢；利用空气分离技术将氮气从空气中分离出来；氢气、氮气按一定比例混合压缩后进入氨合成反应器，在反应器内部换热后进入催化剂床层，并在催化剂的作用下反应，反应后的高温气体经过空冷器、水冷器、冷交换器、氨冷器进行冷却后，将高压氨分离为液氨；再将液氨送入罐区液氨储罐中储存。

该合成氨的技术路径最为成熟，被认为是最有可能率先实现绿氨产业化技术路线。未来绿氢合成氨技术发展迭代主要取决于采用不同的电解水技术路线，可与液化空气等储能装置耦合，实现系统冷热电互济，放大系统灵活性，提升系统综合转换效率。

2. 氨气的储存与运输

与氢能相比，氨能在储存和运输上具有明显的优势。由于合成氨的沸点约为零下 30 摄氏度，与液化石油气（liquefied petroleum gas，LPG）接近，所以氨的存储和运输可以参考 LPG 的形式，通过 LPG 运输船或者槽车进行绿氨存储和运输。氨拥有着完备的贸易、运输体系，大规模储存运输也具有明显的优势。

液氨的单位体积质量密度约为液氢的 8.5 倍，液氨运输氢气体积效率是液氢的 1.5 倍。如对于年产 10 万吨合成氨装置，利用可再生能源电解水制氢合成氨，消耗相同电量的情况下，按照质量计算，合成氨的产量是制氢的 5.6 倍，但液氨储存所需的槽罐仅是液氢的 0.64 倍。表 4-4 所示给出了常用储氢方式（气态氢、液态氢）与液氨储氢的特性比较。

表 4-4　常用储氢方式（气态氢、液态氢）与液氨储氢的特性比较

氢储存方式	压缩储氢	液态氢	液氨
储存原理	压缩	液化	化学
储存温度 / 摄氏度	25	−252.9	25
储存压力 / 兆帕	69	0.1	0.99
密度 /（千克 / 立方米）	39	70.8	600
重力能量密度 /（兆焦 / 千克）	120	120	18.6
体积能量密度 /（兆焦 / 升）	4.5	8.49	12.7
单位重量氢含量 /%	100	100	17.8
单位体积氢含量 /（千克 / 立方米）	42.2	70.8	121
氢气释放	降压	蒸发	催化分解 $T>200$ 摄氏度
提取氢所需能量 /（千焦 / 摩尔）	—	0.907	30.6

4.5.3 绿氢、绿氨与绿电生态体系

“碳中和”目标的实现，必须要大力开发绿色能源，风电、光伏作为主力的绿色发电能源，因为本身天然随机性、间歇性和波动性的特征，随着装机量的快速增长，其带来的新

能源消纳问题愈加突出。此部分绿色电力接入电网，需要构建包含大规模储能系统的绿色电力系统，在此前提下，“绿色能源 + 储能”的模式开始在全球范围内得到有效推广，成为解决绿色能源在大幅装机下消纳难题的一把钥匙。绿色燃料作为重要的能源主体和储能形式，在我国能源体系中发挥着越来越重要的作用。

1. 绿氢、绿氨的发展

来自国际能源署发布的2050年净零排放路线图研究报告显示，至2050年，全球氢能需求量将增长至5.28亿吨，约60%来自于电解水制氢，占全球电力供应的20%。同时，将会有超过30%的氢气用于合成氨和燃料。

我国可再生能源布局主要以“三北”地区的风电、光伏、西南地区的水电、东部海上风电等大型集中式及各省分布式为主，整体可再生能源布局与现有合成氨产能基本重合，具有大部分产能实现就地供需平衡的条件。同时，在“宜电则电，宜氢（氨）则氢（氨）”的前提下，未来西北地区的戈壁与荒漠区域的绿氢合成氨项目，可利用管道及现有铁路运输至东部，华中区域可考虑通过铁路及槽罐车运输，可实现西部向东部及中部“运煤”到“运氨”转变。绿氢合成氨参与用户侧调峰辅助服务也将有助于西北地区的可再生能源基地、东部海上风电基地、西南水电基地加强系统灵活性调节。

2. 绿氢、绿氨与绿电生态体系

首先，以光伏发电、风力发电为代表的绿色能源发电（绿电）由于自身“间歇性、波动性”等特点，其所发出的电能并不能被电网全部接收，绿色燃料（绿氢、绿氨等）作为能量载体通过技术手段可以将这部分能量存储起来，除了直接应用于工业生产之外，在需要的时候，通过燃烧转化为电能反馈至电网；其次，“双碳”目标下绿色燃料原料的制备也离不开绿色电能。从能量转换的角度来看，绿氢、绿氨与绿电三者之间通过技术应用构成了一个有机的生态体系，如图4-20所示。

当前绿色能源发电、绿色电力系统的建设已经在技术和可行性上为绿氢、绿氨合成与转换奠定了基础，为绿色燃料产业发展厘清了思路。

加快发展以绿氢、绿氨为代表的绿色燃料，建设绿氢、绿氨与绿电生态体系，除了技术本身之外，还需要打破绿氢合成氨与电力、化工行业的政策壁垒，实现绿电 - 绿氢 - 绿氨产业的有效联通。加快出台绿色能源和绿色燃料用能不纳入能源消费总量控制的实施细则，科学分类绿氢、绿氨项目，实现“安全绿色”的审批通道。支持绿色能源发电侧制绿氢合成绿氨项目，制定绿电 - 绿氢 - 绿氨与电网互济用电政策，及绿氢合成绿氨柔性负荷参与电网调峰的补贴政策；分类指导、稳步推进荒漠、戈壁、沙漠等绿色能源配套的电解水制氢合成氨选址、审批及建设鼓励政策；出台绿氢、绿氨合成与转换相关的碳减排测算标准；支持增量项目碳交易；出台绿氢、绿氨贸易政策。

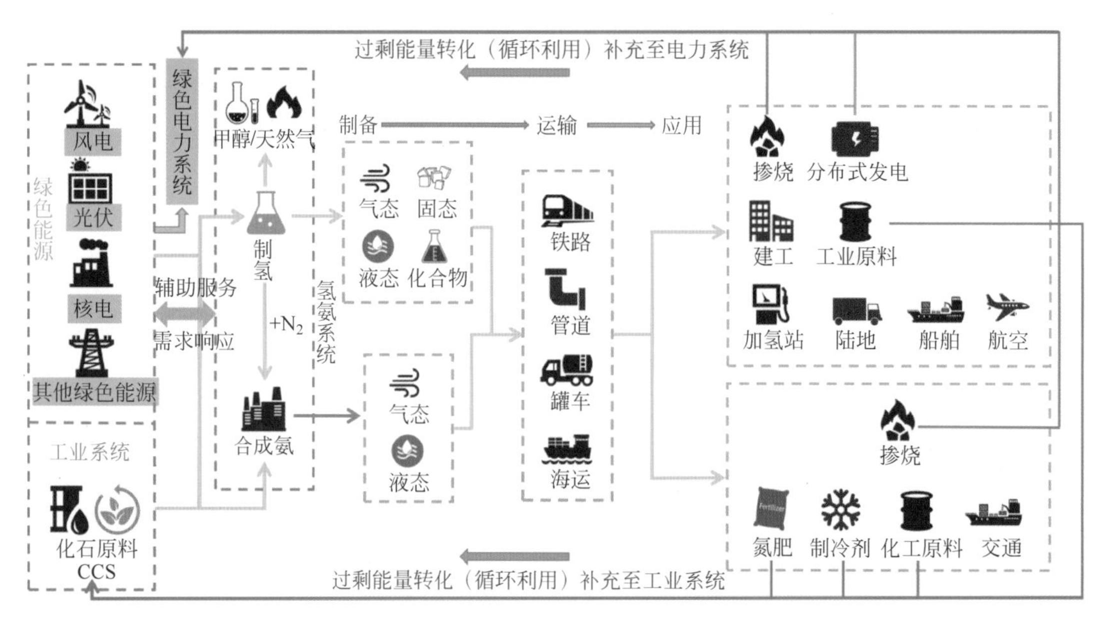

图 4-20　绿氢、绿氨与绿电生态体系

此外，前面提到的甲醇燃料也是一种重要的能源载体，在我国能源转型过程中，发展甲醇燃料对碳中和的实现意义重大。甲醇可以作为一种理想的储氢载体进行应用；作为燃料，虽然在直接燃烧过程中会产生二氧化碳排放，但应用范围较广，甲醇燃料既可以用于车用燃料、民用燃料、燃料电池燃料，也可以用于合成汽油、石化产品等。

思考题

1. 能量产生、储存和运输的形式有哪些？
2. 构建新型储能系统的意义是什么？
3. 储能在电力系统中有何作用？
4. 绿色燃料有哪些？请简述绿氢技术和绿氨技术。

负碳技术

碳中和技术可以分为两大类：低碳 / 零碳技术和负碳技术。低碳 / 零碳技术是以降低碳排放强度或者以零碳排放为主要特征的技术，目的在于尽可能地减少碳排放量，本书第 2~4 章已对相关技术进行了详细的介绍。当前，在碳约束条件下，仍有部分能源消费及碳排放是无法替代的，此时就需要第二类技术——负碳技术。负碳技术主要通过捕获、利用与封存等手段来减少已经产生的碳排放量。减少产生量、清除多余存量，这就是实现碳中和的最底层逻辑。

5.1 概述

纵观人类文明的历史进程，碳排放从未停止。早在薪柴时代，碳元素在燃烧时释放光与热，就会产生二氧化碳。但由于植物的光合作用可以轻松吸收二氧化碳，所以地球环境相对人类活动所产生的碳排放有着足够的承载能力。随着工业革命的高歌猛进，人类社会的科学技术、经济水平、人口规模都取得了令人惊叹的发展，与此同时，对能源的需求也越来越大。在巨大的能源需求下，埋藏在地下的化石能源被挖掘出来，在各式各样的蒸汽机、内燃机里燃烧，转化成推动人类社会进步的动力。化石燃料中的碳元素原本埋在地壳深处，现在得以重见天日，重新加入地球生态系统的碳循环中来。排放的碳元素迅速增加，不可避免地将二氧化碳等温室气体排放到环境中，随之而来出现了全球气候变暖、海平面上升等自然现象，并引发一系列极端气候变化。

由于气体的易扩散和易流动等特性，大气圈和其所包围的土壤、水和生物圈的自然交换过程非常活跃，经过长期地质年代的发展，形成了大气碳库、海洋碳库、土壤碳库和生物碳库。地球系统通过各种自然过程动态调节着这些碳库，维持着大气圈中的碳平衡。进入工业化时代后，由于人类活动的影响，特别是大规模化石能源的开采、使用以及过度的森林砍伐，一方面，导致大量的 CO_2 在短期内被释放到大气中；另一方面，植被和大气碳交换周期的改变使森林从大气中吸收碳的能力被显著削弱（见图 5-1）。在碳排放增多和吸收减弱两方面的作用下，打破了大气中原有的碳平衡，导致大气碳库中的 CO_2 增加，进而引起气候变化及一系列的灾难性影响。

碳捕集、利用与封存技术（CCUS）是指将 CO_2 从工业排放源分离后加以利用和封存，从而实现 CO_2 减排的过程，包括捕集、利用及封存多个环节。CCUS 技术是从 CCS（碳捕获与封存）技术发展而来的，在原来的基础上加入了 CO_2 的利用技术，是未来减少碳排放的趋势。国际能源署（IEA）研究结果表明，到 2060 年累计减排量的 14% 来自于 CCUS，而 CCUS 是截至目前唯一可以实现继续使用化石能源的同时大规模减排的低碳技术，也是工业领域深度减排的关键技术。碳捕集利用与封存技术是在 CO_2 排放前就对它进行捕捉，从工业过程、能源利用或大气中分离出来，然后通过管道或船舶运输，在新的生产过程进行提纯、循环再利用，或输送到封存地将其压缩，并注入到地下，使其发挥有效作用，达

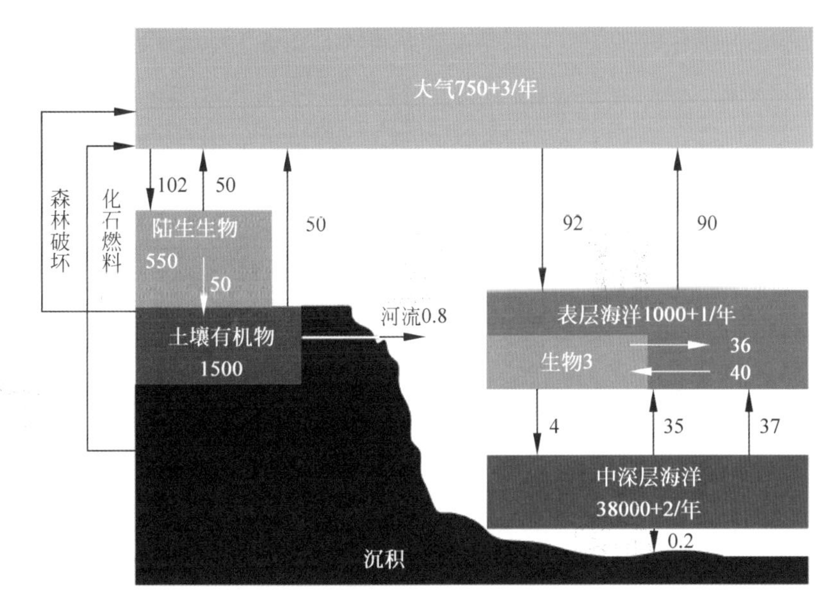

图 5-1 全球二氧化碳循环示意图

（单位：GtC，数据来源：IPCC Climate Change）

到彻底减排和二氧化碳资源化利用的目的。

CCUS 技术环节如图 5-2 所示。CO_2 捕集即通过燃烧前捕集、燃烧后捕集、富氧化捕集和化学链捕集等方式，将 CO_2 从工业生产的过程中或直接从空气中“抽”出来；CO_2 运输即用罐车、船舶或管道的方式进行运输，将这些 CO_2“聚集”起来；CO_2 利用即通过工程技术手段，实现资源化利用；CO_2 封存即将收集到的 CO_2 注入深部地质诸层，实现 CO_2 与大气长期隔绝。

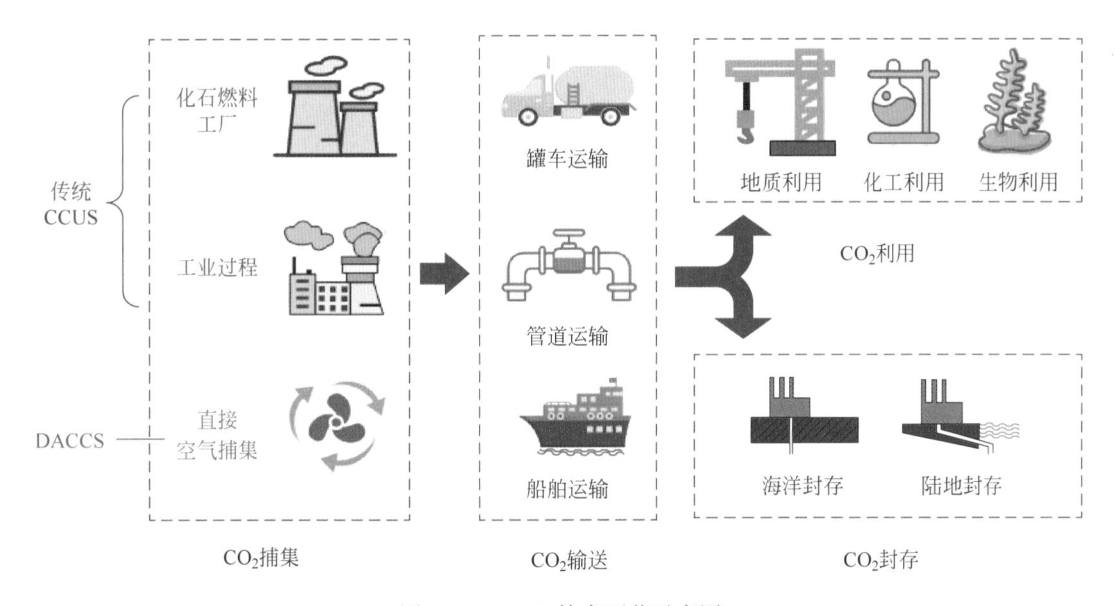

图 5-2 CCUS 技术环节示意图

CCUS 技术是一项包含多环节的复杂减排系统（见图 5-3），由多个基础设施组成，同时具有多个责任主体并能够在商业化后形成区域集群。其技术应具备两种属性：二氧化碳直接参与到系统中；在原理上能够实现净零排放。

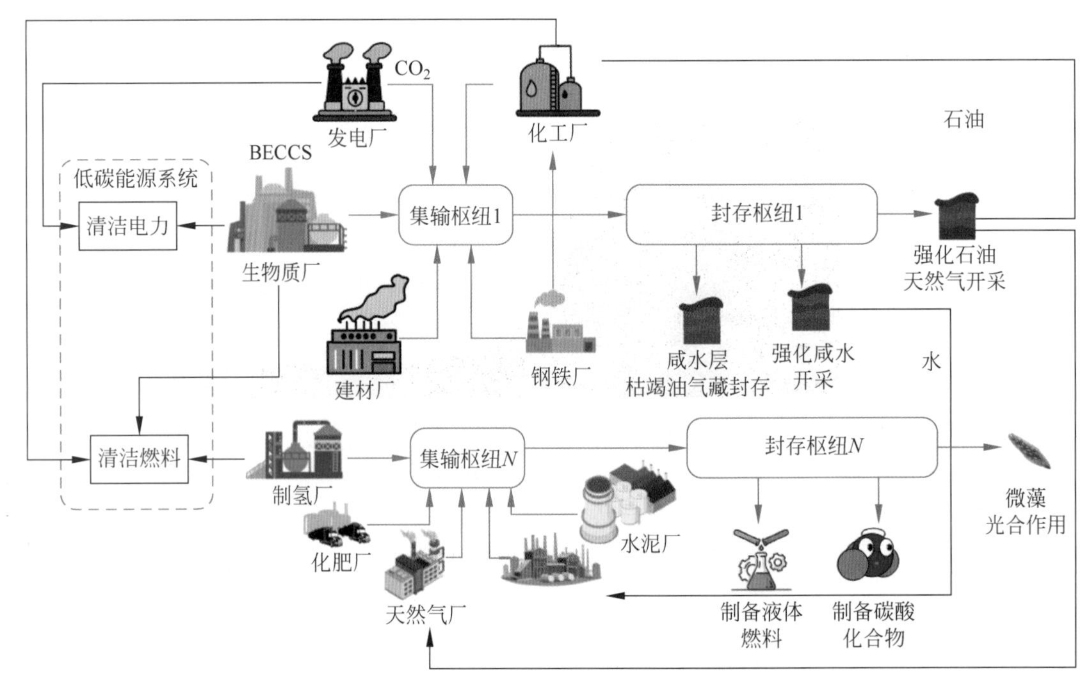

图 5-3　CCUS 系统技术区域集群

5.2　碳捕集技术

碳捕集技术是指利用吸收、吸附、膜分离等技术将排放源的 CO_2 进行分离和收集的技术，可应用于大量使用一次化石能源的工业行业，包括燃煤和燃气电厂、石油化工、水泥和建材、钢铁和冶金行业。

5.2.1　什么时候捕集二氧化碳

二氧化碳是一种无色无味的气体，化学性质相对稳定，广泛分布在化石燃料燃烧后产生的混合气体中。这些特性使得对二氧化碳的捕集非常困难，二氧化碳的捕集必须要选择合适的时机和条件。一般来说，捕集二氧化碳的“机会”可以分为燃烧前捕集、燃烧后捕集、富氧燃烧和化学链燃烧等。

1. 燃烧前捕集

燃烧前捕集（pre-combustion capture）是指在含碳和含氢燃料燃烧前将 CO_2 从燃料或

燃料变换气中进行分离的技术，如将氢气、天然气、煤气和合成气等可燃气体中的 CO_2 进行捕集。考虑到煤的富碳特性，煤炭经过整体煤气化或整体煤气化联合循环（integrated gasification combined cycle，IGCC）技术 ❶ 转化形成的合成气比天然气更加适合燃烧前 CO_2 捕集。基于 IGCC 的燃烧前 CO_2 捕集技术工艺流程如图 5-4 所示。通过空气分离装置将空气中的 O_2 和 N_2 进行分离，分离后的 N_2 将化石燃料吹入气化炉，高压下与氧气、水蒸气在气化反应器中分解生成 CO 和 H_2 混合气，经冷却后，送入变换器，进行催化重整反应，生成以 H_2 和 CO_2 为主的水煤气，并对其进行 CO_2 分离，获得的高浓度 H_2 作为燃料送入燃气轮机。

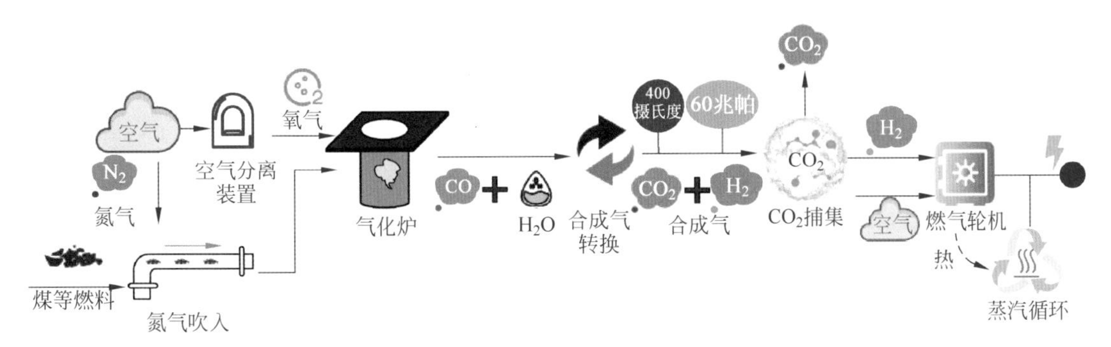

图 5-4　燃烧前捕集技术工艺流程图

相较于传统煤电技术，燃烧前捕集具有效率高（联合循环使其发电系统净效率超过 50%）、环保性能高、耗水量少、易大型化的优点；相较于其他 CO_2 捕集方式，燃烧前捕集也具有需处理的气体压力高（1~8 兆帕）、CO_2 浓度高（20%~50%）、杂质少、有利于吸收法或者其他分离方法进行 CO_2 分离、设备投资运行成本低和能耗相对较低的特点。已开发的燃烧前捕集技术主要包括溶液吸收、固体吸附、膜分离、低温精馏等，这些技术均已具备商业化推广的条件。目前，燃烧前 CO_2 捕集技术是国际上被验证的、能够工业化、具有较好发展前景的清洁高效煤电技术。

2. 燃烧后捕集

燃烧后捕集（post-combustion capture）是指从燃煤电厂和其他工业燃烧过程除尘和脱硫后的尾部烟气中分离回收 CO_2。由于燃煤尾气中不仅含有 CO_2、N_2、O_2、H_2O，还含有 SO_x、HF、粉尘等污染物，所以烟气在捕集前还需要经过水洗冷却、静电除尘、脱硫、脱硝等预处理流程，这使得捕获和分离成本不断增加。燃烧后捕集技术工艺流程相对简单成熟，煤燃烧产生的烟气，首先经过预处理，再经过吸收塔等设备捕集 CO_2，余下的气体为几乎纯净的 N_2，可以直接排放至大气中，其工艺流程如图 5-5 所示。

燃烧后捕集相对于其他捕集方式来说，适用于烟气排放体积大、排放压力低的 CO_2 排放源。燃烧后捕集技术成熟、原理简单，捕集系统独立灵活，对于燃煤电厂来说，不仅适

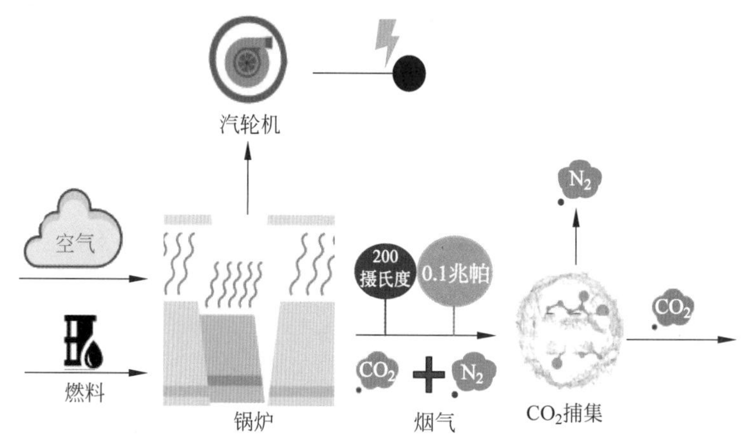

图 5-5 CO_2 燃烧后捕集工艺流程图

用于新建电厂，也同样适用于现有电厂改造，对现有机组发电效率影响较小。该捕集方式缺点是脱碳能耗高、出口温度高、设备腐蚀严重、捕集成本较高等。但是随着技术的不断发展，燃烧后捕集技术有望成为未来应用较广泛、成本较低的碳捕集技术。

3. 富氧燃烧和化学链燃烧

富氧燃烧（oxy-combustion）技术可分为常压富氧燃烧（atmospheric oxygen-combustion，AOC）和增压富氧燃烧（pressurized oxygen-combustion，POC）。AOC 技术目前处于工业示范阶段，POC 是在 AOC 的基础上将燃烧系统的压力提升到 1~1.5 兆帕，充分利用回收烟气水分中的热焓 ❷，从而提高碳捕集系统效率的新型技术，目前还处于实验室基础研究阶段。

富氧燃烧技术系统流程如图 5-6 所示。通过空分单元制取高浓度氧气，按一定比例与循环回来的部分锅炉尾部烟气进行混合，在富氧锅炉内完成与常规空气燃烧方式相类似的燃烧过程；不断地将燃烧后的 CO_2 烟气进行循环，在富氧锅炉中与氧气进行反应，最终使得锅炉尾部排出烟气中 CO_2 浓度不断升高，经烟气净化系统净化处理后，再进入压缩提纯装置，最终得到高纯度的液态 CO_2。

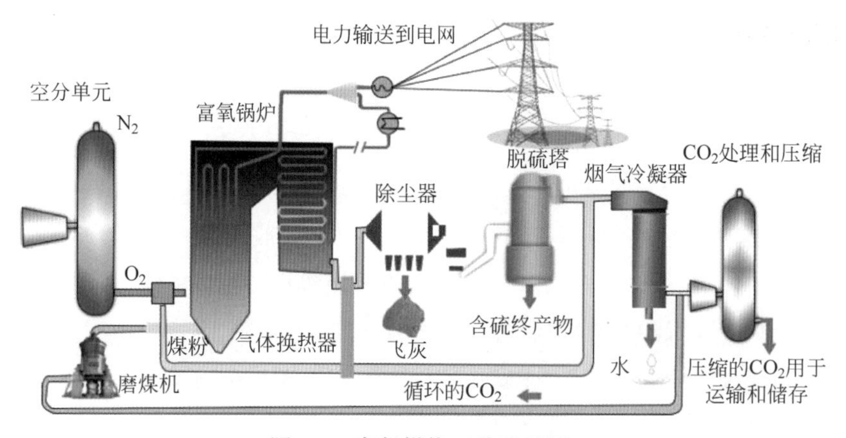

图 5-6 富氧燃烧工艺流程图

化学链燃烧（chemical looping combustion，CLC）是一种新型 CO_2 捕集技术，利用固体载氧体（金属氧化物等）将空气中的氧传递给燃料进行燃烧，避免了燃料与空气的直接接触，实现了再燃烧过程中 CO_2 的内分离。

与燃烧前、燃烧后 CO_2 捕集技术相比，富氧和化学链燃烧技术的特点是燃烧烟气中几乎不含 N_2，CO_2 纯度高，从而避免了从复杂烟气中分离提纯 CO_2。富氧燃烧技术发展的一个重要方向在于对已建成火电厂机组的改造，通过富氧改造，有可能在实现低碳减排的同时，提升火电机组的灵活性，这对未来火电机组发挥调峰能力，提升电网对可再生能源的消纳能力至关重要，是可能大规模商业化的 CCUS 技术之一。化学链燃烧技术作为一种新型的能源利用形式，具有燃料转化效率高的优势，被认为是最有潜力降低 CO_2 捕集成本的选择之一。但化学链燃烧技术在国内仍处于实验室规模实验阶段。

5.2.2 如何捕集二氧化碳

一般情况下，CO_2 在化石燃料燃烧后产生的混合气体中的含量为 3%~15%，这个含量已经比大气中的含量高很多，称得上是“富矿”。理论上来说，这种混合物的气体可以通过管道进行输送，并直接注入地下进行封存。但这样做的成本过于高昂，而且效率非常低，对 CO_2 的利用更是无从谈起。因此，想要降低封存成本，或是将 CO_2 重新利用、变废为宝，都需要 CO_2 达到足够的浓度。为了将 CO_2 从化石燃料燃烧后排放的混合气体中分离出来，人们尝试了多种方法，演化出了许多不同的技术路线。目前捕集、收集 CO_2 的技术主要分为吸收法分离技术、吸附法分离技术、膜分离技术等。

1. 吸收法分离技术

在现代化工生产中，吸收法分离技术是常用的分离方法之一，在各种气体混合物的分离过程中应用非常广泛，同样也应用于 CO_2 的捕集和收集。吸收法分离技术的原理并不难理解，因为每种气体在溶液中的溶解度不尽相同，气体是否与溶液发生反应也存在差异性，所以只要把混合气体与含有特定成分的溶液进行充分接触，其中的一种或几种成分通过物理溶解或化学反应的方式进入液体溶液后，混合气体就被分离开了，其工艺流程如图 5-7 所示。根据吸收剂与 CO_2 的相互作用原理不同，可以分为化学吸收、物理吸收和物理化学吸收三种形式。

2. 吸附法分离技术

固体物质表面对气体或液体分子的吸着现象称为吸附。其中固体物质称为吸附剂，被吸附的气体或液体分子称为吸附质。对于不同的气体分子，吸附剂的吸引力有很大的不同。与混合气体中常见的其他成分如一氧化碳、氮气、氢气等气体分子相比，二氧化碳分子是

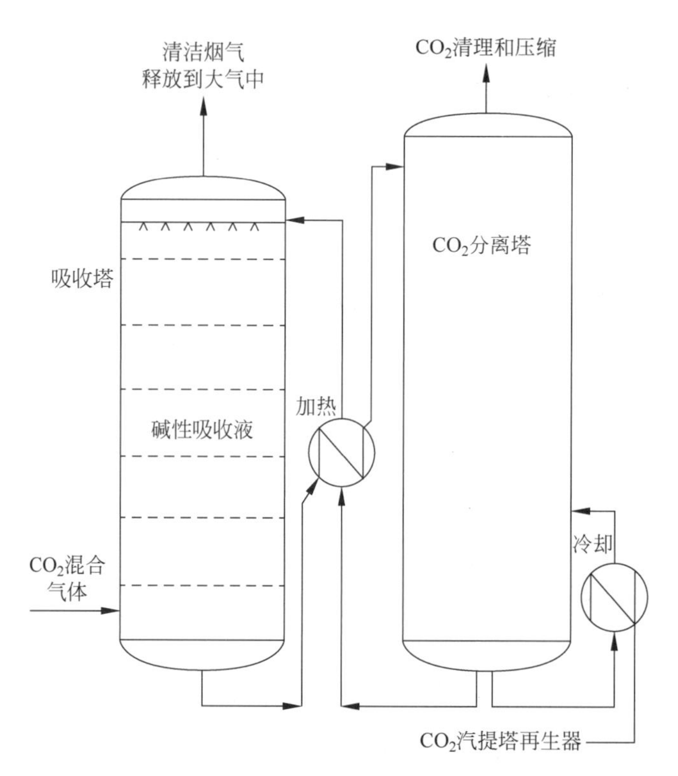

图 5-7　吸收法分离技术工艺流程图

一种强吸附质，与吸附剂之间的作用更强。利用这个特性，将二氧化碳从混合气体中分离出来，从而达到碳捕集的目的。捕集过程结束之后，只需要对吸附剂进行降压和升温，就能够将被吸附的二氧化碳释放出来，同时完成吸附剂的再生。其工艺流图如图 5-8 所示。

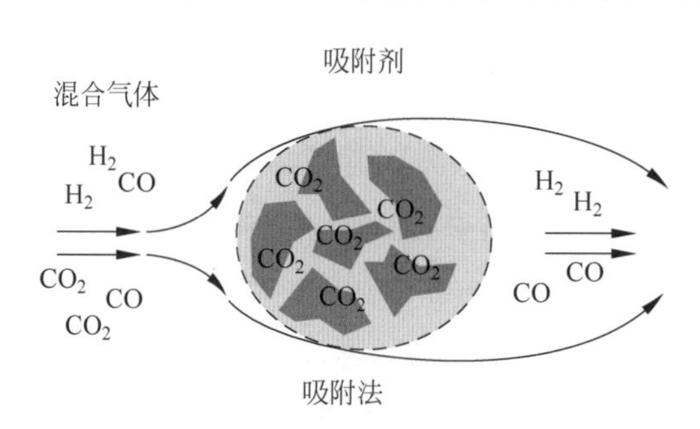

图 5-8　吸附法分离技术工艺流程图

在工业生产中，合格的吸附剂需要拥有足够大的表面积，从而让混合气体和吸附剂的表面能够充分接触，同时对二氧化碳的吸附能力必须远大于混合气体中的其他成分，否则无法分离出纯净的二氧化碳。

3. 膜分离技术

膜分离技术也可以看作一种利用“筛子”分离不同物质的技术。其原理是利用混合气体中的不同成分在特制的膜材料中穿过的速度不同，从而达到分离混合气体的目的，在微观尺度上筛选出大小不同的气体分子。其工艺流程如图 5-9 所示。

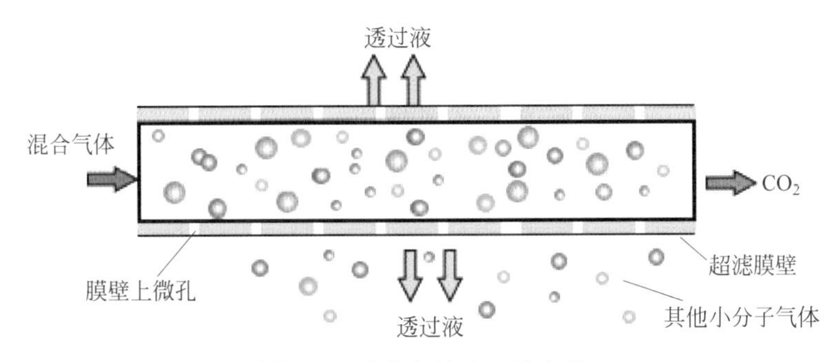

图 5-9 膜分离技术工艺流程

相比于吸收法分离技术，采用膜分离技术捕集二氧化碳的能耗较低，不会产生废渣、废液等污染物，而且操作相对容易，需要的装置较为简单，缺点是最终获得的二氧化碳纯度不够高。

未来，膜分离技术的发展具有广阔的空间，随着对高透过性、高选择性、高耐用性的新型膜材料研究的推进，以及膜材料、组件等制作工艺的进步，膜分离技术将会在碳捕集、利用与封存项目中发挥越来越重要的作用。

5.3 二氧化碳利用与封存技术

在我国各个行业和人民的日常生活中都需要大量能源，将 CO_2 捕集利用与能源结合在一起，既可以利用 CO_2 提高石油、煤层气的采收率，又可以将 CO_2 用于增产天然气、开发地热等新能源，以实现能源的高效利用和增产创收。

5.3.1 生物利用

绿色植物利用太阳的光能，将 CO_2 和水转化为有机质并释放 O_2 的过程称为光合作用，是自然界重要的固碳方式。CO_2 生物利用技术是指以生物转化为主要特征，通过植物光合作用等，将 CO_2 用于生物质的合成，并在下游技术的辅助下实现 CO_2 资源化利用。近年来，CO_2 生物利用技术已经成为 CO_2 利用技术中的后起之秀，不仅在 CO_2 减排中发挥了显著作用，还带来了巨大的经济效益，对我国工农业的永续发展具有重大意义。生物利用主要分为微藻固定和 CO_2 气肥利用技术两种。

生物固定 CO_2 技术，尤其是藻类固定 CO_2 技术，是目前世界上最有效的固碳方式之一。研究人员利用微藻的光合作用特性，实现吸收 CO_2 转化为微藻生长生存的营养物质。当微藻死亡后，碳颗粒会飘向海底，静静积累起来。这种方法可以将 CO_2 从大气转移到海底，长期封存。其主要反应过程如图 5-10 所示，包括光反应、暗反应两个阶段，涉及光吸收、电子传递、光合磷酸化、碳同化等重要反应步骤。

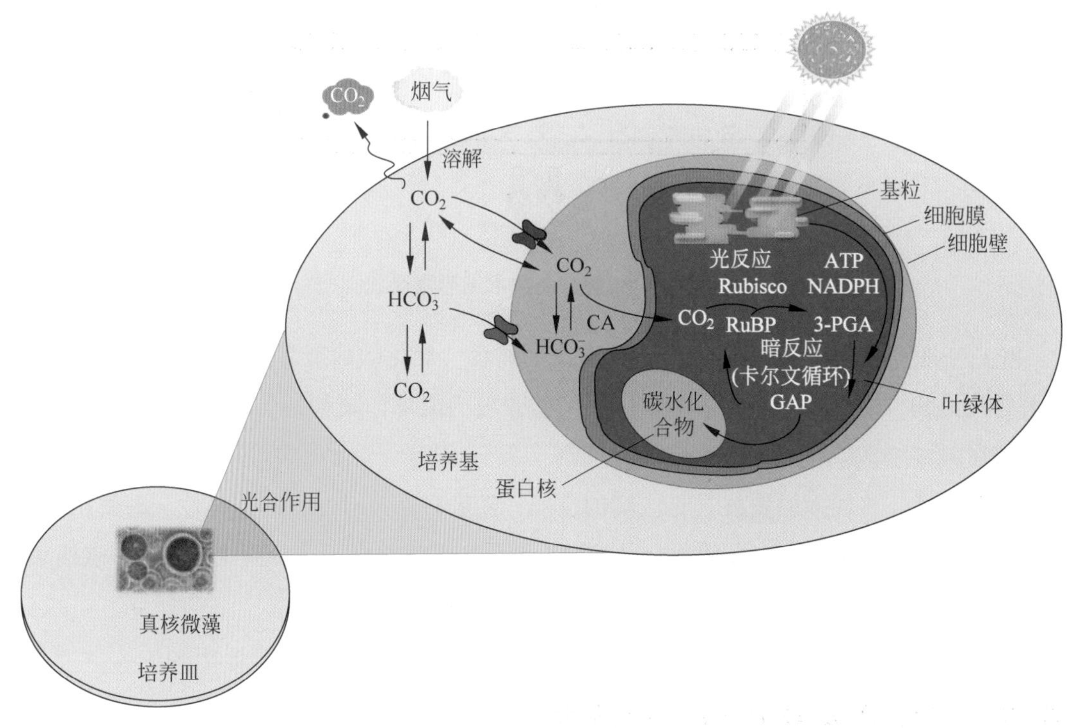

图 5-10　光合作用示意图

CO_2 气肥利用技术是将从能源、工业生产过程中捕集、提纯的 CO_2 注入温室，增加温室中 CO_2 的浓度，以提高作物产量的技术。该技术通过 CO_2 的生物利用发挥 CO_2 减排的环境效益，是国际碳捕集封存和利用领域可行的发展方向。CO_2 气肥施用方法主要有通风换气法、有机发酵法、化学反应法、固体 CO_2 气肥施放法等。因为不同的作物在各个生长阶段光合作用所需 CO_2 浓度不同，所以，在温室大棚内增施不同比例的 CO_2 气肥能够有效地提高相应作物的生产效益。

CO_2 气肥利用技术相对于其他固碳技术，主要应用于温室大棚，其在制备的过程中直接将 CO_2 转化为生物质，不仅能够促进作物的增产，也能降低病虫害的发病率和农药的施用量，具有良好的环境效益和减排效应。

5.3.2　化工利用

化工利用是将二氧化碳与其他燃料进行反应，转化成新的化合物，从而达到将二氧化碳变废为宝的目的。化工利用与物理利用不同，物理利用之后二氧化碳仍然是二氧化碳，化工利用之后，二氧化碳就不再是二氧化碳了，它可能变成我们手里的环保塑料袋、农业生产化肥等多种多样的产品。

1. CO_2 化学转化制备化学品

近年来，随着对 CO_2 化学转化技术的系统研究，从 CO_2 出发制备化学品的新兴路线已成为研究焦点，相关技术也受到了能源、化工等业界的广泛关注。可以说，未来化学品合成必将从当前的石油和煤炭等化石原料逐渐转变为更加绿色、环保、可持续的新型原料。根据产品的类别，CO_2 化学转化制备化学品技术主要包括制备能源化学品、精细化工品、聚合物材料技术。具体分类如图 5-11 所示。

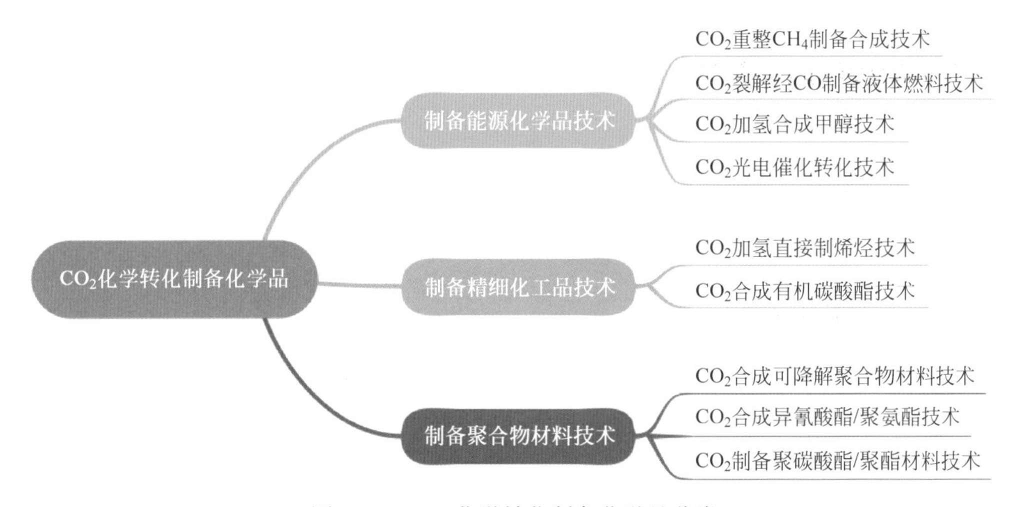

图 5-11　CO_2 化学转化制备化学品分类

CO_2 化学转化技术的主要特点是将 CO_2 通过化学手段转化为其他清洁燃料以及工业原料，和传统通过化石燃料裂解的制备技术相比，CO_2 化学转化技术不但可以减少 CO_2 的排放，还能降低工业生产过程中对化石燃料的依赖。随着技术的不断发展，CO_2 化学转化技术有望成为未来大规模制备化学品的技术。

2. CO_2 矿化利用技术

CO_2 矿化利用技术是以 CO_2 与碱性金属氧化物之间的化学反应，将 CO_2 以碳酸盐的形式固定，同时获取建筑材料等产品的技术。实现在封存 CO_2 的同时，生产有附加价值的化学品降低过程的成本。因此，这些具有较低的能量投入和产生附加值产品的技术，能在经济上解决固定 CO_2 的问题。其主要分类如图 5-12 所示。

和其他 CO_2 利用技术相比，CO_2 矿化利用技术的主要特点在于通过天然矿物、工业材料和工业废料中的钙、镁等金属离子将 CO_2 转化为碳酸盐，这一过程恰恰是固废处置和混凝土生产的共有化学品质。因此，CO_2 矿化利用技术有望为 CO_2 长期固定提供可行的解决方案。

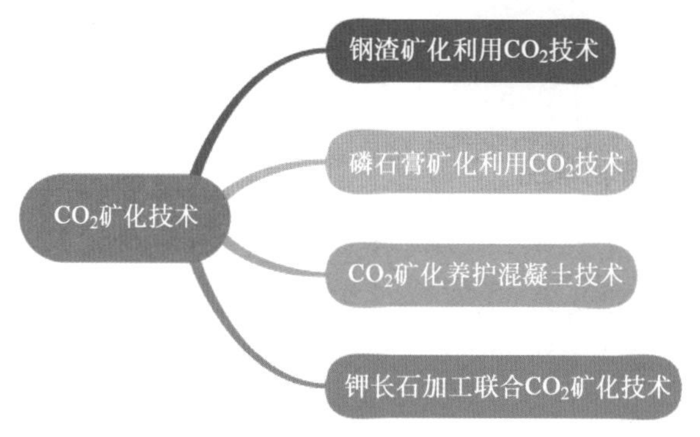

图 5-12　CO_2 矿化技术分类

5.3.3　物理利用与封存

二氧化碳的物理利用是利用二氧化碳特殊的物理性能，将其应用在生产生活中，利用过程中不改变二氧化碳的化学性质。二氧化碳的物理利用种类繁多，主要包括强化石油开采、强化甲烷开采、强化深部咸水开采技术、采热等。

1. CO_2 强化采油技术

CO_2 强化采油（CO_2 enhanced oil recovery，CO_2- EOR）技术是我国利用 CO_2 的主要方式，对我国保障油气安全和减少温室气体排放具有重要意义。根据国家重点基础研究发展计划（973 计划）“温室气体提高采收率的资源化利用及地下埋存”项目的分析，我国约有 130 亿吨原油地质储量适合 CO_2 强化采油，可将采收率提高 15%，增加石油可采储量 19.2 亿吨，同时可封存 47 亿 ~55 亿吨 CO_2。如 CO_2 强化采油技术得到广泛应用，可在实现提高石油产量的同时大幅度降低 CO_2 排放，不仅有利于提升油气产业的经济效益，更有助于缓解石油对外依存度不断上升所带来的能源安全挑战。

CO_2 强化采油技术流程如图 5-13 所示，在加压情况下向井中注入 CO_2，在 700 米以上的深度，CO_2 变成超临界状态，并作为一种很好的溶剂，与岩层中的石油混合，将它们冲到井口，由采油井采集后，对 CO_2 进行分离，分离后的 CO_2 重新注入矿层，而成品油则送入市场。

与传统的采油技术相比，CO_2 强化采油技术采用科学的井筒防腐手段以及科学的工程检测技术，在实现高效采油的同时，也防止了油田泄漏事故的发生。此外，用 CO_2 驱油技术代替水驱采油，也可减少水资源的消耗。

2. CO_2 强化开采甲烷技术

以甲烷（CH_4）为主要成分的天然气是重要的清洁能源，主要来源包括常规气和非常规气（包括煤层气、页岩气及天然气水合物等）。根据国家发改委数据显示，2020 年我国

图 5-13 CO_2 强化采油技术流程

天然气生产总量为 2053 亿立方米，消费总量为 3726 亿立方米，天然气生产和消费之间缺口巨大。CO_2 强化开采 CH_4 技术可增加常规天然气、煤层气、页岩气和天然气水合物开采规模并提高其开采效率，在减少 CO_2 排放的同时有效缓解我国天然气需求压力。

CO_2 强化开采 CH_4 技术是将 CO_2 或者含 CO_2 的混合流体注入到深部不可开采的矿层中，以实现 CO_2 长期封存的同时强化 CH_4 气体的开采。其主要流程如图 5-14 所示，将工业生产的 CO_2 注入到矿层中，由于地质层中的矿层（一般为煤层或页岩层）对 CO_2 具有更强的吸附作用，能够将 CH_4 从矿层中置换出来，实现 CO_2 的封存以及 CH_4 的开采。

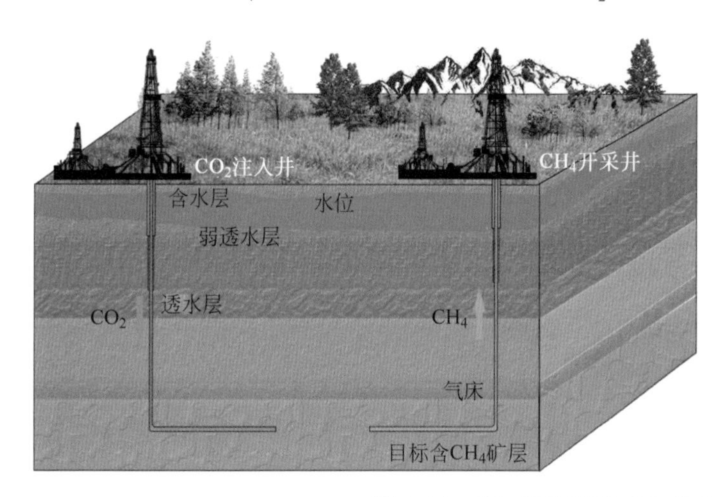

图 5-14 CO_2 强化开采 CH_4 技术

与传统的单纯抽采工艺相比，CO_2 强化开采 CH_4 技术可大幅度提高 CH_4 的采收率，同时利用岩石层裂隙、孔隙对 CO_2 吸附作用实现 CO_2 的长期封存，也可以减少开采田发生爆炸的可能性。

3. CO_2 采热技术

我国地热资源丰富，开发利用地热能对改善我国能源结构意义重大。根据观研报告网发布的《中国地热能行业现状深度研究与投资趋势预测报告（2022—2029 年）》显示，当前，我国 336 个主要城市浅层地热能年可开采资源量折合标准煤约为 7 亿吨；在回灌情景下，中深层地热能年可开采资源量折合标准煤约为 18.65 亿吨；全国埋深 3000~10000 米的深层地热基础资源量约为 2.5×10^{35} 焦耳，折合标准煤为 856 万亿吨。因此，利用 CO_2 采热技术进行地热资源的开发，尤其是增强型地热系统备受关注。

CO_2 采热技术是指以 CO_2 为工作介质的地热开采利用技术，包括 CO_2 羽流地热系统（CO_2-plume geothermal system，CPGS）和 CO_2 增强地热系统（CO_2-enhanced geothermal system，CO_2-EGS）。CPGS 以 CO_2 作为传热工质，开采高渗透性天然孔隙储层中的地热能。CO_2- EGS 以超临 CO_2 作为传热流体，替代水开采深层增强型地热系统中的地热能。两者均能达到地热能获取和 CO_2 地质封存的双重效果。

CO_2 增强地热系统通过将水或 CO_2 等载热流体由注入井注入岩层。注入的低温流体在储层裂隙中流动并与周围岩体换热，被加热后的高温流体或蒸汽通过生产井到达地面用于发电和供热。利用后的低温流体重新通过注入井注入到干热岩中，从而实现了系统的循环，如图 5-15 所示。

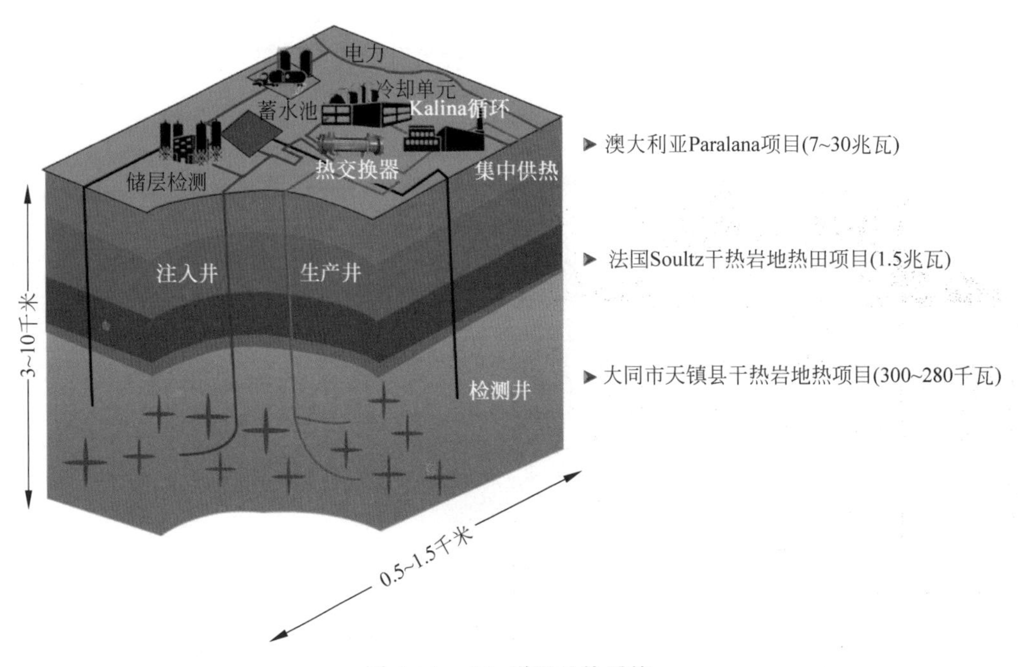

图 5-15　CO_2 增强地热系统

CO_2 采热技术与传统的采热技术相比，可节约大量宝贵的水资源，减少废水的产生和排放。但在其实际应用过程中，CO_2 的泄漏风险要高于 CO_2 地质封存或 CO_2 驱油技术。另外，也无法避免干热岩常规热储建造和开发过程中可能诱发地震的风险。因此，CO_2 采热技术距离大规模投入使用还需要很长一段时间的技术完善。

4. CO_2 强化深部咸水开采技术

沉积盆地内广泛的深部咸水层具有巨大的 CO_2 地质封存潜力，我国中东部及沿海区域集中分布有大量的火电、钢铁、水泥和化工等高排放碳源，两者之间的源汇匹配关系较好。在 CO_2 咸水层封存工程实施过程中，为优化调控 CO_2 注入过程中的地层压力，提高封存的安全性，原 CO_2 咸水层封存技术从单一封存逐步发展为 CO_2 强化深部咸水开采与封存联合的技术。强化开采的深部咸水经淡化处理后，可有效缓解我国富能乏水区域的 CO_2 排放与水缺乏双重困境，是未来 CO_2 咸水层封存技术的发展趋势。同时，CO_2 强化深部咸水开采技术可应用于液体矿床，通过提取卤水或浓缩咸水内高附加值液体矿产资源和各种有价值元素，可在减少碳排放的同时产生明显的经济效益和社会效益。

CO_2 强化深部咸水开采技术（CO_2-enhanced water recovery，CO_2-EWR）是指将 CO_2 注入深部咸水含水层或卤水层，强化深部地下水及地层内高附加值溶解态矿产资源（如锂盐、钾盐、溴素等）的开采，同时实现 CO_2 在地层内与大气长期隔离的技术，其主要技术流程如图 5-16 所示。

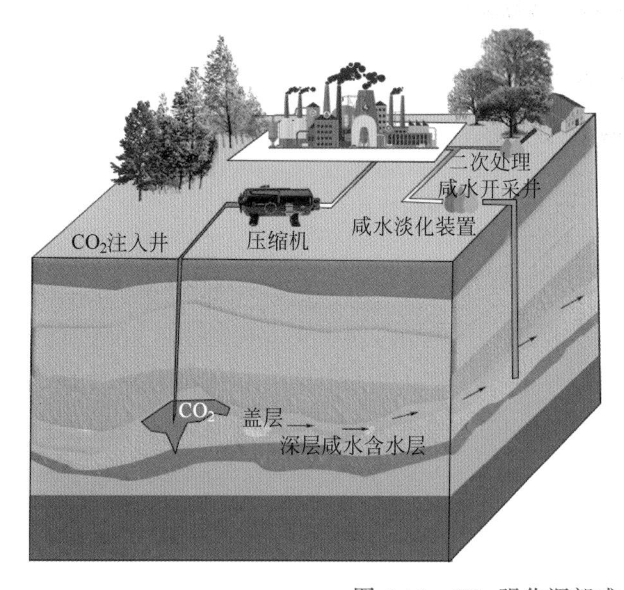

图 5-16　CO_2 强化深部咸水开采

CO_2 强化深部咸水开采技术由于采用注采平衡工艺实现压力控制，和传统注入工艺相比，不太可能形成大规模的压力聚集，从而降低了压力聚集诱发的地表大规模变形等风险。再加上该技术在封存 CO_2 的同时增采地下咸水资源，是未来 CO_2 咸水层封存技术的发展趋势。

5. CO_2 铀矿浸出增采技术

中国工程院提出了核电中长期发展目标：2030 年核电总装机容量达到 2 亿千瓦，核电装机占电力总装机的 10%，2050 年核电总装机容量达到 4 亿千瓦，核电装机占电力总装机的 16%。2016 年我国新疆建成了首个千吨级铀矿大基地，但国内对于天然铀的需求缺口仍然很大，对外依存度仍然处于 60% 以上。因此，利用 CO_2 铀矿浸出增采技术进行铀矿资源的开采，备受业界关注。

CO_2 铀矿浸出增采技术（CO_2-enhanced uranium leaching，CO_2-EUL）是指将 CO_2 与溶浸液注入砂岩型铀矿层，通过抽注平衡维持溶浸流体在铀矿床中运移，促使含铀矿物发生选择性溶解，在浸采铀资源的同时实现 CO_2 地质封存的技术，其主要技术流程如图 5-17 所示。

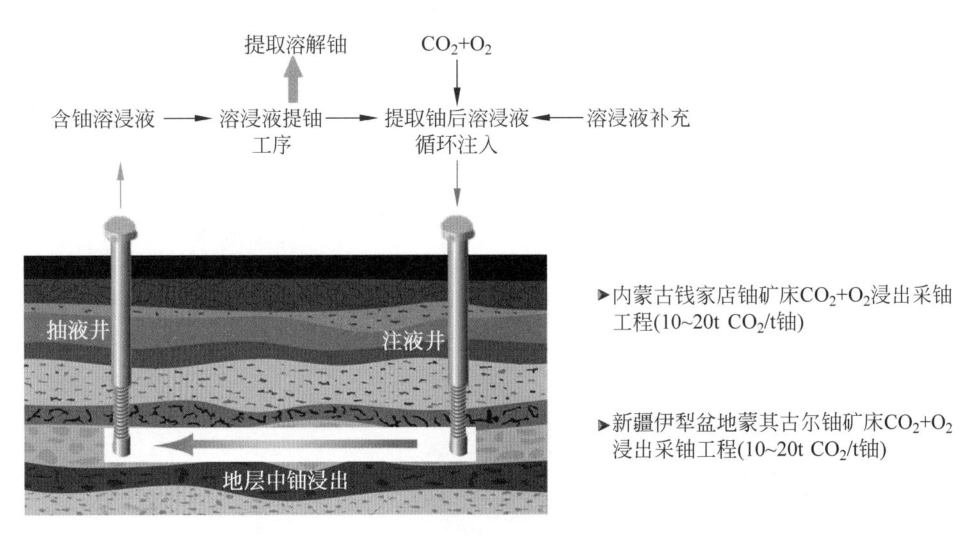

图 5-17　CO_2 铀矿浸出增采技术

CO_2 铀矿浸出增采技术的原理主要有两方面：一是常规的碳酸盐浸出原理，即通过通入 CO_2 调整和控制浸出剂的碳酸盐浓度和酸度，促进砂岩铀矿床中铀矿物的配位溶解，提高铀的浸出率；二是 CO_2 促进浸出的原理，即 CO_2 的加入可控制地层内碳酸盐矿物的影响，避免以碳酸钙为主的化学沉淀物堵塞矿层，同时能够有效地溶解铀矿床中的碳酸盐矿物，提高矿床的渗透性，由此提高铀矿开采的经济性。

与常规原地浸出技术相比，CO_2-EUL 可大幅度降低铀矿开采水土污染，有利于开采完毕后的地下水环境修复。CO_2 地浸采铀方法地下矿石不输送至地面，没有尾矿、废渣和粉尘污染问题。同时，CO_2 地浸采铀技术因 CO_2 注入规模较小，具有良好的安全性。但由于大多数现有铀矿储层埋深较浅，若盖层发生破裂或存在未知的 CO_2 泄漏途径，则会存在 CO_2 污染浅层可利用地下水的风险。

6. 地质封存技术

CO_2 地质封存技术的实质是将 CO_2 流体通过井筒直接注入到合适的目标储层中以实现永久封存。根据储层多孔介质捕获 CO_2 的本质过程以及 CO_2 封存的时间效应，将封存机制分为物理和化学两个角度。

短期的封存效应主要取决于物理封存机制，二氧化碳注入后，储层构造顶底面的泥岩和页岩等弱透水层（也叫隔水层）起到了阻挡超临界二氧化碳向上和向下流动的物理阻隔效应，储层岩石的毛细压力则将其捕获于储层岩石的孔隙中，然后在持续的地下水动力作用下，二氧化碳不断地向侧向迁移，并且由于不同流体的密度差异（浮托力），二氧化碳主要富集于储层上部，进而表现黏性推进的羽状分布形态。这说明物理封存机制的形成是地质构造、地下水动力、流体密度差、岩石孔隙毛细压力及矿物吸附等共同作用的结果。根据其形成原理的不同，可进一步细分为构造封存和水动力封存（也称为残余气封存），当二氧化碳注入后，构造封存首先发生效应，随后在各种水力作用下，水动力封存机制逐渐发挥效应。随着时间的进一步延长，二氧化碳的长期封存效应则取决于化学封存机制，其本质是储层中的岩石矿物、地下水溶液与超临界二氧化碳流体在一定的温度和压力条件下发生缓慢的地球化学反应，生成碳酸盐矿物或碳酸氢根离子（HCO^{3+}），从而把二氧化碳转化为新的物质固定下来。根据化学反应的先后过程不同，化学封存机制可细分为溶解封存和矿化封存，即随着化学反应的发生，首先表现为溶解封存，当化学反应发生到一定程度才表现为矿化封存，其主要实施方式如图 5-18 所示。

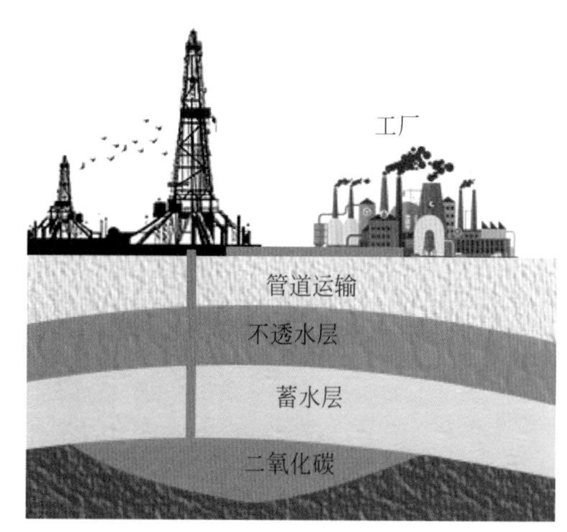

图 5-18　地质封存主要实施方式

7. 海洋封存技术

实施二氧化碳的海洋封存主要有两种方式：一种是通过船或管道将二氧化碳输送到封存地点，并注入到 1000 米以上深度的海中，使其自然溶解；另一种是将二氧化碳注入到 3000 米以上深度的海里，由于该深度范围内二氧化碳的密度大于海水，因此会在海底形成固态的二氧化碳水合物或液态的二氧化碳“湖”，从而大大延缓了二氧化碳分解到环境中的过程。这两种封存方式从封存原理上讲都是将二氧化碳以不同相态封存于海洋水体之中，其科学依据是二氧化碳在水溶液中的可溶性。当二氧化碳溶解到海水中后，海洋中不同种类的离子和分子构成了一个相对稳定的缓冲体系，然后通过进一步的化学反应对二氧化碳进行吸收，最终达到封存的目的。随着注入深度不同，达到的封存效果也会产生很大差异：当注入的水深小于 500 米时，二氧化碳以气态形式存在，连续注入的二氧化碳会形成富含二氧化碳气泡的羽状流，尽管二氧化碳可逐渐溶解于周围水体，但由于其密度小于海水，一部分二氧化碳在完全溶解前逐渐上浮而排放到大气中。当注入的水深介于 1000~2500 米时，二氧化碳以正浮力的液态存在，此时其密度仍小于海水，连续注入的二氧化碳将形成富含二氧化碳液滴的羽状流，在逐步溶解的过程中仍会有一部分二氧化碳将上浮到表层水体而再次进入大气。当注入水深达到3000米时，二氧化碳以负浮力的形式液态存在，此时其密度已明显大于海水，通常会下沉至海洋底部或全部溶解于水体，在海底的低洼处形成二氧化碳湖——“碳湖”，其主要实施方式如图5-19所示。

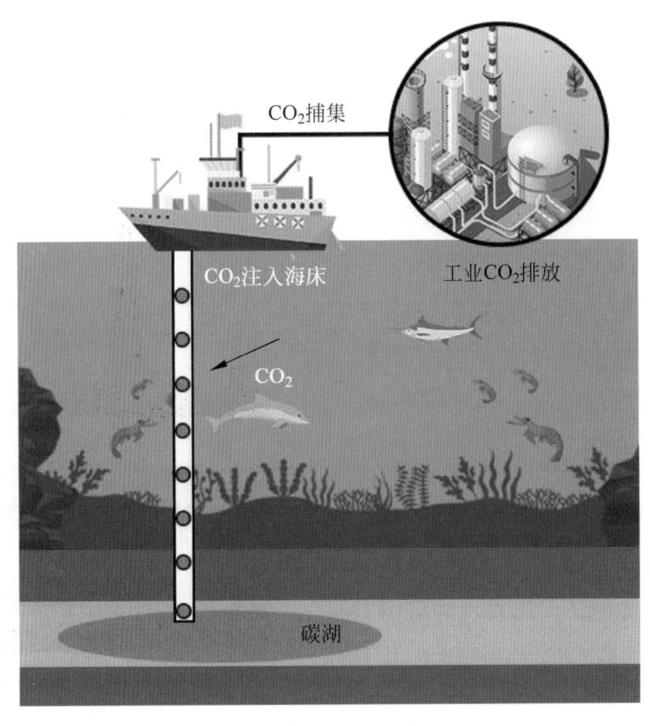

图5-19　海洋封存主要实施方式

5.4　生物固碳

以CCUS为代表的工业固碳技术尚未发展成熟，在吸收大气二氧化碳方面作用仍然有限。因此，生物固碳受到了许多国家、组织和科学界的高度关注。生物固碳并不是一个具体的二氧化碳固定机制，而是二氧化碳生态系统固定的简称。自然生态系统不仅是人类赖以生存的物质基础，也是最有效的天然碳汇。陆地和海洋生态系统中的各种植物、自养微生物等通过光合作用或化能合成作用来吸收、转化并固定大气中的CO_2，从而实现CO_2的封存。CO_2的生态固定，充分利用了自然界的内在调节机制，不仅是CO_2大规模绿色减排途径，更重要的是，CO_2的生态固定很容易与经济发展统筹协调，发挥综合效益。

5.4.1　海洋固碳

海洋覆盖地球表面的70.8%，是地球上重要的“碳汇”聚集地。根据“全球碳计划”

2020 年的评估报告，全球年均人为碳排放量约为 401 亿吨二氧化碳，其中，约 31% 被陆地吸收，约 23% 被海洋吸收。与陆地生态系统的碳储量和固碳速率评估相比，我们对海洋系统的碳储量、固碳速率缺乏足够的了解，还难以做到可计量、可报告及可核查。因此海洋固碳吸收量及其未来变化趋势仍存在较大争议。

海洋固碳是通过海洋“生物泵”的作用进行固碳，即由海洋生物进行有机碳生产、消费、传递、沉降、分解、沉积等一系列生物学过程及由此导致的颗粒有机碳（particulate organic carbon，POC）由海洋表层向深海乃至海底的转移过程。海洋吸收二氧化碳的主要机制除了生物泵 ❸（biological pump，BP）之外，还包括溶解度泵 ❹（solubility pump，SP）、碳酸盐泵 ❺（carbonate pump，CP）等。

海洋生物固碳的主要过程如图 5-20 所示，由浮游植物光合作用开始，沿食物链从初级生产者逐级向高营养级传递有机碳，并产生 POC 沉降，将一部分碳长期封存到海洋中。因此，生物泵对于海洋固碳与储碳至关重要。

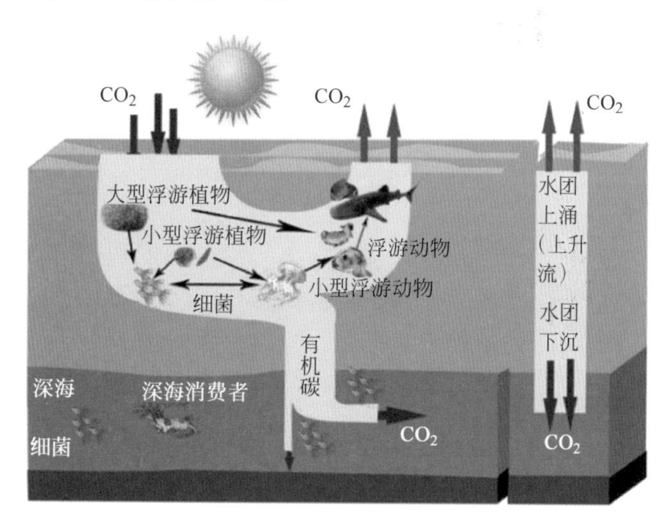

图 5-20 海洋生物固碳的主要过程

5.4.2 陆地固碳

陆地固碳是指森林、草原、农田等吸收大气中的 CO_2 并将其固定在植被或土壤中的过程。陆地固碳主要包括森林固碳、草地固碳、湿地固碳和土壤固碳。据估算，陆地碳汇中约有一半（1146×10^9 吨）储存在森林生态系统中，其中植物约占 1/3（359×10^9 吨），土壤约占 2/3（787×10^9 吨）。

1. 森林固碳

森林生态系统储存的碳通常是木质素和其他相关的碳的聚合物。目前，森林生态系统每年固碳约（1.7 ± 0.5）兆吨。温带和热带森林管理是控制和降低大气中 CO_2 浓度的重要途径。森林储存的碳不仅存在于采伐的木材中，还存在于木质碎片、木制品和其他植物中。

二氧化碳本身是地球生态碳循环的重要一环，在循环过程中发挥着不可替代的作用，森林可以通过光合作用将二氧化碳转化为碳水化合物存储起来，森林碳循环示意图如图 5-21 所示。森林固碳总量取决于两个因素：森林面积和碳密度。因此，增加森林固碳总量有两种途径：一是增加森林面积，包括造林与再造林以及避免毁林；二是增加碳密度，包括避免森林退化以及采取可持续性的经营活动。

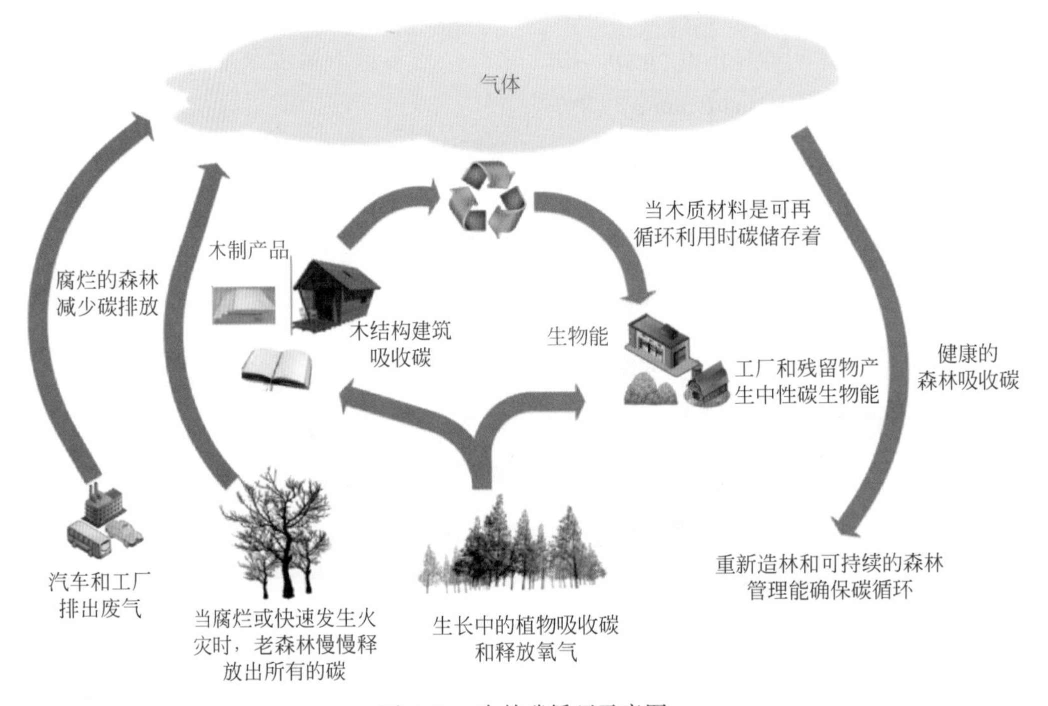

图 5-21　森林碳循环示意图

2. 草原固碳

草原一般分布在纬度或海拔较高的内陆地区，因为这些地方的温度较低、土地相对贫瘠而且降水量较少，高大的乔木无法大量生长，这便给低矮的草本植物留下了充足的生长和繁衍空间，最终形成了广袤的草原。与森林相比，虽然草原的固碳能力相对较弱，但草地的总面积却很大，占整个地球表面的近 20%，庞大的面积让草地成为和森林一样存储碳元素的巨大仓库，在地球生态系统的碳循环中占据着重要的位置。

草原植物在生命周期中吸收空气中的二氧化碳，转化为有机物存储起来，同时释放出氧气。死亡后，有相当一部分会被细菌分解变成腐殖质进入土壤，在改良土壤营养的同时将碳元素固定在土壤中。

草地作为陆地生态系统的重要组成部分，不仅可以提供草产品、保持湿地水土和维持生物多样性，还可以通过光合作用吸收大气中的 CO_2。草地地上部分和地下部分总的碳储量约占全球陆地生态系统的1/3，仅次于森林生态系统，对改善全球气候变暖具有重要作用和积极意义。

草原在世界上的分布非常广泛，欧亚大陆分布着世界最大的草原，美洲、非洲和大洋洲也都有草原分布。

由于人类的过度开发和放牧，世界各地的草原都曾经受到了不同程度的破坏，出现了荒漠化、沙漠化的现象，严重影响了当地的生态环境。近年来，随着环保意识的提高，人们对草原的生态保护也越来越重视，退耕还草、科学放牧等工作陆续展开。经过多年的治理，草原生态开始逐渐恢复。

中国拥有丰富的草原资源，草原总面积近 4 亿公顷，约占全国土地总面积的 40%，每公顷的草原每年能够吸收约 2 吨的二氧化碳，对降低大气中的二氧化碳含量起到了非常重要的作用。

3. 湿地固碳

湿地是指天然或人造、永久或暂时的死水或流水、淡水、微咸或咸水沼泽地、泥炭地或水域，包括低潮时水深不超过 6 米的海水区。湿地中生活着种类繁多的植物、动物和微生物，它们共同构成了复杂的湿地生态系统。

湿地生态系统是地球上最重要的碳库之一，是陆地上巨大的有机碳库。尽管全球湿地面积仅占陆地面积的 5%~8%，但却储存了全球陆地生态系统中 20%~35% 的碳。这是因为湿地水体构成了厌氧环境，使得大多数微生物的活性降低，延缓了微生物对动植物残骸的分解过程，这些没有被分解的残骸沉积下来构成了富含有机质的湿地土壤，或沉积在水底变成“泥炭”，从而将大量的碳元素长期存储起来。

4. 土壤固碳

在全球碳循环中，土壤碳汇是森林和其他植被碳汇的 5 倍，是大气碳汇的 3 倍。土壤碳库中 60% 的碳是以有机质的形式存在于土壤中的，巨大的土壤碳储存量对大气 CO_2 的水平产生重要的影响。因此降低农田生态系统温室气体排放，提升土壤有机质是实现碳中和目标的重要措施。

土壤中大部分的碳最初都来源于大气，而后通过植物光合作用进入植物体。植物体脱离植株（如成为枯枝落叶），就会作为新鲜的有机物被土壤微生物分解。蚯蚓和其他无脊椎动物完成最初的有机物分解，接着是真菌和其他微生物，新鲜有机物降解后的最终产物是腐殖质。腐殖质在几年内释放出大部分碳到大气中，但是部分有机物能够抵御微生物分解，仍然保存于土壤中，一般能够保存几百年至几千年时间，形成土壤碳汇。土壤腐殖质水平代表着土壤中根本的碳储存水平，相对于其他有机复合物，腐殖质水平变化较慢。由于有机物是所有腐殖质的来源，土壤中的有机物越多，土壤中碳水平就越高。

在土壤固碳减排机理方面，施用生物质碳能够显著降低酸性土壤温室气体 N_2O 排放。研究表明，生物质碳通过促进细菌驱动的 N_2O 还原过程以及抑制真菌对 N_2O 排放的贡献从而降低土壤 N_2O 排放，具体机制如图 5-22 所示。

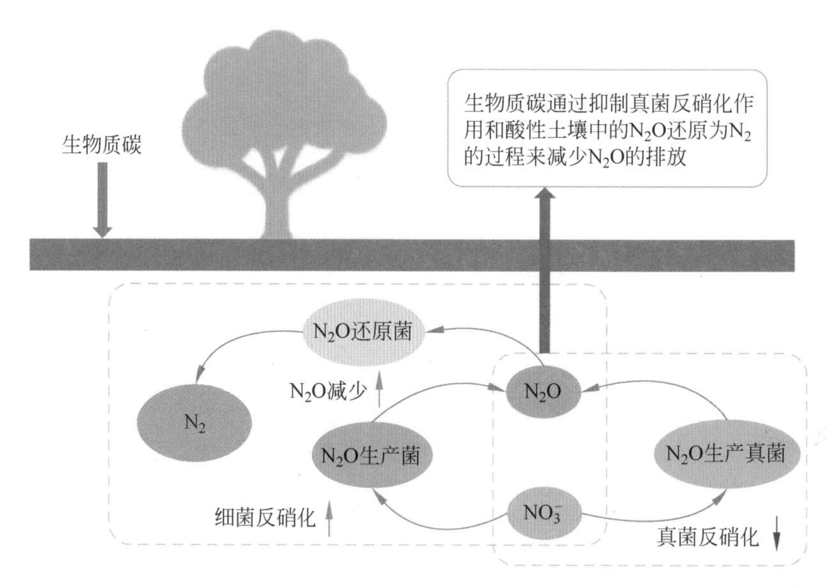

图 5-22　土壤固碳减排机制

在碳中和情境下，由化石能源使用及土地利用变化（如森林砍伐、开垦农田等）导致的人为碳排放量与陆海生态系统吸收及通过 CCUS 等技术方式封存的碳量之间应当达到平衡，即二氧化碳净排放量为零。这种关系可表达为

碳中和⇔人为碳排放量 –（陆海生态系统固碳量 + CCUS 固碳量）≈ 0

目前我国大部分 CCUS 技术处于研发示范阶段，与国外尚存在差距，技术经济性有待改善，减排潜力有待释放。当前阶段，生态系统碳汇的大小直接决定了人为碳排放空间。生态碳汇为新能源与工业部门转型升级及 CCUS 技术成熟发展争取时间。随着 CCUS 领域的新技术不断涌现、技术种类持续增多、能耗成本逐渐降低、技术效率不断提高，系统集成度逐步提升，未来 CCUS 技术将在推进生态文明建设的过程中扮演越来越重要的角色。

思考题

1. 什么是碳捕获、利用和封存（CCUS）？ CCUS 和 CCS 有什么区别？
2. 海洋封存和海洋固碳有何不同？

06

CHAPTER 6

第6章

节能减碳技术

碳中和是一项充满挑战性的系统工程。碳中和工程的实施需以举国体制的优势来推动经济、社会、环境、能源领域的全方位变革。其中碳中和工程技术大致可分为三类：无碳能源技术，即绿色能源技术；过程节能减碳技术，即工业生产和社会服务过程的节能减碳技术；主动控制负碳技术，即捕集封存利用 CO_2 技术（CCS/CCUS）。

当前，碳基能源仍然是我国能源结构的主体，消费占比超过 80%，其中煤炭占比更是高达 55%。所以节能减碳就成为推进碳达峰碳中和的重要手段和关键支撑。

6.1 概述

节能减碳是节约能源、降低能源消耗、减少二氧化碳排放的统称，核心是通过技术手段提高能效。如图 6-1 所示，能效提升主要包含两个方面。一方面是能源转化效率，即从一次能源到电能或其他二次能源的转化效率；另一方面是能量利用效率，即社会生产利用能量（能量是指以二次能源形式存在的各种能量和能量载体所具有的能量）做功过程中的效率。总之，节能减碳是一个涉及生产、管理、服务、环保等多方位的社会活动，首先要利用科技革新提高能源转化效率和能量利用效率，减少损耗；其次要增强全民节约意识，避免浪费。

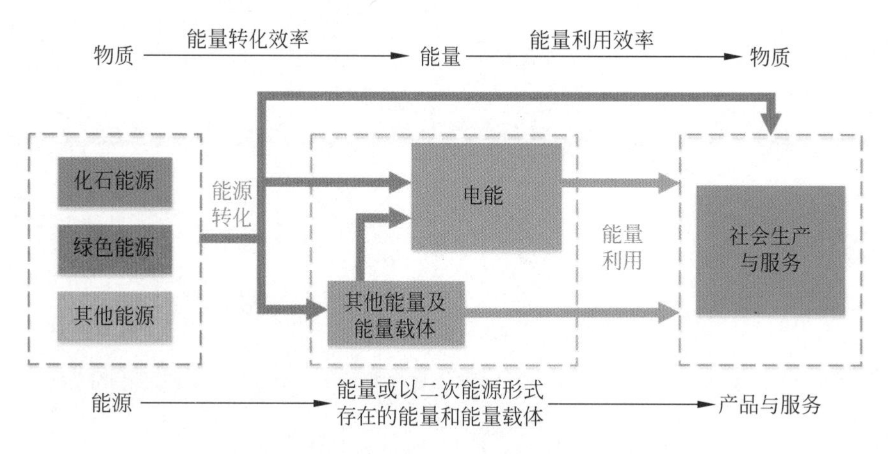

图 6-1　能源利用过程中的能效关系

我国节能减碳主题从“节能减排”逐渐演变为“低碳”发展并过渡到“双碳”时代。三十余年来在坚持节能优先的前提下，从采取单一的行政命令控制手段到重视市场化调节机制的重要作用，积极调整能源战略并主动防治污染，在降低能耗、治理环境污染等方面取得了一定成效。未来，产业结构和能源结构的转型升级、碳交易和绿色金融的发展，都是实现碳中和工程的着力点。

节能减碳主要体现在节约与能效提升，其中工业能效提升是一个重要的方面。我国工业能效提升的主要对象是提升重点行业领域能效、提升用能设备系统能效、提升企业园区综合能效、有序推进工业用能低碳转型、持续夯实节能提效产业基础、加快完善节能提效体制机制及保障措施等。大力推进重点领域节能减碳，推进工业能效提升，是产业升级、实现高质量发展的内在要求，是降低工业领域碳排放、实现碳达峰碳中和目标的重要途径，是培育形成绿色低碳发展新动能、促进工业经济增长的有效举措。首先，推进能源的清洁化使用。由于煤炭等一次能源在使用过程中会产生污染与碳排放，所以提升非化石能源占比、强化一次能源的清洁使用成为重要工作。其次，大力优化能源结构，提升非化石能源比例。优化能源结构是实现“双碳”目标的最重要途径之一。具体措施包括：加快发展风力发电和光伏发电；大力提升绿色能源消纳和存储能力；推进煤炭消费替代和转型升级；加快建设绿色电力系统；加快构建清洁低碳安全高效的能源体系；严格控制化石能源消费；不断提高非化石能源消费比重等。此外，深入开展节能减碳全民行动、全民教育，坚决遏制资源浪费和不合理的消费，也是引导全社会主动适应绿色发展的有效途径。

6.2 化石能源节能减碳技术

“双碳”目标开启了低碳新时代，成为社会转型的巨大动力。节能就是提高能源利用率、控制能源消耗，减少碳排放和减少污染物排放。目前，我国能源利用效率较低，节能潜力很大。因此，确立节能在国民经济中的战略地位，不断提高能源利用率，是我国经济、能源、环境持续协调发展的重要保证。因此，要以实现减排、低碳密集生产和消费为目标，寻求低碳排放和清洁能源的发展。

化石能源是碳氢化合物或其衍生物，由古代生物的化石沉积而来，是一次能源。化石能源所包含的天然资源主要有煤炭、石油和天然气。实现化石能源的降耗减碳，一方面要减少化石能源的使用，增加清洁能源的供应；另一方面要采用新技术，在煤炭、石油、天然气等化石燃料的使用过程中提升能效，减少二氧化碳的排放量。中国能源消费结构正向清洁、低碳加快转变，构建清洁、低碳、安全、高效能源体系是我们国家的一个重要目标，在这种情况下我们要逐步减少对化石能源的依赖，不要随意浪费资源，与此同时还要优先发展清洁能源。

随着科技的进步，化石能源的节能减碳技术也日新月异、不一而足，这里主要对其中一些常用的技术进行介绍。

6.2.1 煤炭的节能减碳技术

煤炭是我国的主体能源，一直在能源生产和消费结构中占据主导地位。自我国提出碳达峰碳中和目标以来，积极谋划煤炭产业高质量发展路径非常必要。目前，从资源量、开发利用条件、能源系统稳定性等方面综合来看，在未来相当长时期内，煤炭仍将是中国最稳定、最可靠的基础能源。煤炭的清洁利用对我国转变经济发展方式具有重要意义，推动着化石能源的清洁高效利用和低碳发展，将成为清洁能源领域备受关注的重点之一。煤炭的清洁高效利用主要以一些节能新技术为主，新技术的应用是煤由黑变绿的关键，下面介绍煤炭节能技术。

1. 燃煤催化燃烧节能技术

燃煤催化燃烧节能技术主要应用游离基、催化及扩散燃烧机制，使用时用专用泵喷出催化剂与粉煤混合，改善燃煤燃烧的动力学特征。喷出催化剂地点可以选在进料口的输粉管道处，或在传送带输送燃料到锅炉时向煤喷洒，或在称重处向胶带输送机上喷洒。人工或自动控制催化剂定速定量供给。通过向燃煤添加煤燃烧催化剂，使燃煤在锅炉中充分燃烧，提高燃烧温度，达到节煤的目的。同时减少粉尘、有害气体等污染物的排放。

应用燃煤催化燃烧节能技术无须改造锅炉，添加量小，使用方便，储运和使用安全，而且对煤质要求低，可使劣质煤资源得到充分利用。该技术在节能的同时减少了燃煤产生的污染物，还有助于燃煤锅炉高效燃烧、低负荷稳燃，防止结渣与高温腐蚀。该技术适用于循环流化床锅炉、粉煤炉、链条炉等各种工业燃煤锅炉、煤窑或水泥窑。

2. 煤炭液化技术

煤炭液化技术是把固体煤炭通过化学加工过程，使其转化成为液体燃料、化工原料和产品的先进洁净煤技术。根据不同的加工路线，煤炭液化可分为直接液化和间接液化两大类。

直接液化是在高温（400 摄氏度以上）、高压（10 兆帕以上），在催化剂和溶剂作用下使煤的分子进行裂解加氢，直接转化成液体燃料，再进一步加工精制成汽油、柴油等燃料油，又称加氢液化。直接液化典型的工艺过程主要包括煤的破碎与干燥、煤浆制备、加氢液化、固液分离、气体净化、液体产品分馏和精制，以及液化残渣气化制取氢气等部分。此工艺过程具有液化油收率高，煤消耗量小，油煤浆进料、设备体积小、投资低、运行费用低等优点，但反应条件相对较苛刻，出液化反应器的产物组成较复杂，液、固两相混合物由于黏度较高，分离相对困难。

间接液化是先将煤全部气化成合成气，然后以煤基合成气（一氧化碳和氢气）为原料，在一定温度和压力下，将其催化合成为烃类燃料油及化工原料和产品的工艺，包括煤炭气化制取合成气、气体净化与交换、催化合成烃类产品以及产品分离和改制加工等过程。此工艺过程合成条件较温和，无论是固定床、流化床还是浆态床 ❶，反应温度均低于 350 摄氏度，反应压力 2.0~3.0 兆帕，转化率高；但是煤消耗量大，反应物均为气相，设备体积庞大，投资高，运行费用高。

3. 清洁煤 ❷ 技术

清洁煤技术旨在减少污染和提高能源效率及实现煤的高效、洁净利用，是化解当前环境保护与经济发展矛盾的有效手段。

目前，清洁煤技术主要有：煤炭洁净燃烧技术、粉煤加压气化技术、节煤助燃剂技术、节煤固硫除尘浓缩液、空腔型煤技术等。

煤炭洁净燃烧技术主要包括燃烧前的净化加工技术、燃烧中的净化燃烧技术和燃烧后的净化处理技术。粉煤加压气化技术是以干煤粉为原料，以纯氧和蒸汽为汽化剂，加压气化，水激冷粗洗涤合成气，可提高能量转换效率，减少环境污染。节煤助燃剂是一种高效助燃，节煤率高，减少黑烟排放，提高锅炉热效率，延长锅炉使用寿命的助燃节煤降污剂。节煤固硫除尘浓缩液是一种紫红色液体，使用时按用煤量的0.1%~0.2%掺入煤中，原则上优质煤少用，劣质煤多用。经评定，使用这种洁净煤可以达到二氧化硫排放降低12%~32%，初始烟尘排放量降低30%~45%。空腔型煤技术改变了传统工业型煤的物理结构，在结构上彻底消除煤渣核的可能，改变煤炭由外向内的燃烧方式，燃烧过程中煤层热空气迅速流通，产生空腔风道效应，使型煤内外表面同时燃烧，不结渣燃尽度接近100%，残炭率趋近零，可节能10%~20%。

6.2.2 石油的节能减碳技术

石油是不可再生资源，现代社会的运转离不开石油。我国的油气田开发状况贫瘠，大部分靠进口石油维持我国的工业需求。因此，有效的使用石油资源，发展节能技术是目前亟待解决的问题。

1. 石油炼制技术

石油炼制就是通过对原油的一系列工艺加工过程，得到各种有用的石油产品和化工原料。根据目标产品的区别，石油炼制包括以下七种常见的工艺流程。

（1）以原油为原料，生产石脑油、渣油、沥青等的常减压蒸馏技术。

（2）以渣油和蜡油为原料，生产汽油、柴油、液化气等的催化裂化技术，该技术是最常见的汽油、柴油的生产工序，是石油炼制企业最重要的生产环节。

（3）以重油、渣油为原料，生产蜡油、柴油、焦炭等的延迟焦化技术。

（4）以重质油为原料，生产汽油、煤油、柴油等轻质油的加氢裂化技术，该技术是改变油品的一条重要途径。

（5）以减压渣油、常压渣油等重质油为原料，生产脱沥青油的溶剂脱沥青技术。

（6）以含硫、氧、氮等有害杂质较多的汽油、柴油、煤油、润滑油等为原料，生产精制改质后的汽油、柴油、煤油、润滑油的加氢精制技术。

（7）以石脑油为原料，生产高辛烷值汽油、苯、甲苯、二甲苯等产品的催化重整技术。

2. 石油炼制的低能耗技术

石油炼制的节能减碳技术涉及很多方面，主要包括常减压、催化裂化、延迟焦化、催化重整、加氢、润滑油生产、炼油设备与公用工程等装置与技术，以下是几种常用技术。

1）基于分子炼油的低能耗技术

基于分子炼油的低能耗技术是一个技术包，具体包含石脑油中链烷烃和环烷烃及少量芳烃的吸附分离或膜分离技术；富含芳烃柴油（富芳柴油）的吸附分离或萃取分离技术；富含芳烃蜡油的萃取分离技术；渣油脱沥青和脱油沥青气化-脱沥青油固定床加氢组合技术。

2）基于新型催化技术的低能耗技术

创新开发新的催化材料和催化剂应该是开发低能耗炼油技术的重要措施。根据新催化剂的特性，创新开发适配的新型反应器，形成新的炼油工艺与工程技术，实现低能耗低碳炼油。在减少催化裂化碳排放方面，催化剂的开发方向是在原料加氢上要致力于提高产品氢含量，在催化裂化阶段进一步降低焦炭选择性。在延长固定床重油加氢处理装置运转周期、为催化裂化提供更优质原料方面，催化剂的开发方向是开发容金属量更高的脱金属催化剂、脱氮能力更高的脱氮催化剂、脱残碳能力更高的脱残炭催化剂。

3）耦合过程强化的低能耗技术

精馏是石油炼制中使用最多的过程。开发与推广应用精馏强化技术将在炼油低碳化中发挥重要作用。在多组分物料分离中，间壁式精馏塔在国外已有较多的应用业绩，国内突破工程设计技术瓶颈已有应用示范，可节能约30%。以炼油过程节能减碳为目标，研究开发推广新型精馏塔内构件使塔板效率趋近理论值，以及开发精馏塔物料性质、分离要求、操作压力、板效率、塔板数、回流比❸、能耗等多因素综合优化的工程技术，应该成为长期努力的方向。炼油过程大多在高温下进行，终端产品基本在常温下储存，换热强化是炼油过程低碳化的又一重要方向。既要重视开发使用板式、缠绕管式等各种强化换热设备的工程技术，又要重视开发装置内和装置之间的热集成和热联合技术，还要重视开发低品位余热发生低压蒸汽后，进行电驱动的机械压缩升压直接利用的工程技术，尽量避免低品位余热采用低温工质发电的能量回收技术。对于部分难以通过热集成、热联合回收的高温位能量，如催化裂化待再生催化剂烧焦产生的高温热和烟机排出的高温烟气的热量，应通过工程技术与装备技术创新，尽可能发生高能级蒸汽。

4）基于多能互补的低碳化技术

我国煤炭高效转化成二次能源的技术也取得长足进步，是国际上投运600摄氏度超临界燃煤发电机组最多的国家。构建低碳化炼油厂能源系统还应重视与可再生能源的耦合。炼油厂周边有风力发电和太阳能发电资源的，要积极发展风电及太阳能发电，在不影响炼油厂电力系统可靠性的前提下，接入可再生电力。高比例接入可再生电力而影响电力系统可靠性时，可考虑绿电电解水制氢，将绿氢接入工厂氢气系统或向社会供氢。

5）与炼油过程耦合的废塑料利用技术

由炼油提供的原料生产的各种高分子材料随意废弃已对生态环境造成严重污染。废弃高分子材料回收利用与炼油过程耦合是高效资源同收的重要途径，这样就可以使一部分碳实现闭环循环，减少碳排放。

6）基于数字化炼油厂❹的节能技术

基于数字化炼油厂的节能技术的主要内容是：建设数字化、智能化炼油厂，突破数据准确自感知的难题；实现炼油厂物质流、能量流、数据自动感知与自动采集、异构数据自动集成，建设好数据存储系统；采用机制建模和数据建模技术相结合的方法，建设能量流驱动物质流、物质流产生或影响能量流的动态关联模型；逐步开发和完善在线优化技术，既能保证生产效率、产品品质，同时又能使加工能耗最低、碳排放最少。

7）高效二氧化碳捕集利用储存技术

二氧化碳捕集技术要围绕进一步降低能耗和成本进行。溶剂吸收法要通过机制研究进行新溶剂的合成或传统溶剂的改性，开发纳微尺度传质强化吸收技术，优化解吸流程工艺与工程技术。吸附分离法的重点是开发吸附容量大的金属 - 有机框架材料、共价有机骨架材料等新型吸附材料、吸附剂及配套的吸附分离工程技术。膜分离的重点是膜材料的选择、改性和高通量的膜制备技术和工程应用技术。还要探索电化学捕集等新捕集技术。二氧化碳储存技术要围绕地下储存的机制、储层地质条件进行，重点是大规模存储的地质构造选择、工程技术和地表安全性研究。二氧化碳利用技术要围绕能大规模利用二氧化碳的技术进行，重点是二氧化碳高效加氢生产甲醇技术、二氧化碳电催化制乙烯技术、二氧化碳电化学或催化还原生产一氧化碳技术、二氧化碳生物微藻法生产高蛋白饲料及生物油脂技术等。

3. 清洁柴油生产技术

适度发展民用柴油轿车，是清洁汽、柴油的高能效（高能源效率）化发展的一个重要方向。汽、柴油深度、超深度脱硫技术，汽、柴油脱苯降芳技术，汽油降低烯烃技术，以及汽油中的替代技术作为新世纪清洁汽、柴油燃料生产的关键技术得到开发和应用。

所谓清洁柴油，是指含硫量低的柴油（含硫量低于 350 毫克 / 千克的柴油）。目前欧美等发达国家已经广泛使用低硫柴油，并在积极推广使用超低硫清洁柴油（含硫量低于 50 毫克 / 千克的柴油）。《世界燃油规范》指出，降低柴油中的硫含量，不论对具有何种排放水平的车辆，都有减少颗粒物排放的作用。随着石化工业和汽车工业的不断发展，我国的柴油清洁化水平逐渐提高，清洁柴油生产成套技术也实现了跨越式进步，可实现劣质柴油中硫、氮、芳烃的同步协同超深度脱除，配套的新一代国Ⅵ柴油加氢催化剂，加氢活性提高 10% 以上，成本降低近 30%，在技术水平和价格方面与国际先进催化剂不相上下。

清洁柴油生产技术主要包括加氢裂化技术（高压加氢裂化技术、中压加氢裂化技术、缓和加氢裂化技术）、加氢改质技术（加氢脱硫、加氢脱芳、加氢改质）、非加氢改质技术、降低柴汽比催化裂化技术等。

1）加氢裂化技术

加氢裂化是指在加氢反应过程中，原料油分子有10%以上变小的加氢技术。它包括传统意义上的高压加氢裂化（反应压力>14.5兆帕）和缓和与中压加氢裂化（反应压力≤12.0兆帕）技术。按照其所加工的原料油不同，可分为馏分油加氢裂化、渣油加氢裂化和馏分油加氢脱蜡等。

2）加氢改质技术

提升劣质二次柴油的质量是炼油厂采取柴油加氢改质技术的最终目的，即在降低催化剂裂化柴油中的氮、硫等污染环境的杂质，并改善柴油油品颜色的同时，又能够使柴油油品中的十六烷值大幅增加。我国炼油厂现有的柴油加氢改质装置主要包括加氢改质工序、分馏、煤油加氢补充精制等工艺流程。

3）非加氢改质技术

柴油非加氢改质技术主要包括吸附脱硫——S zorb技术、氧化抽提脱硫——PetroStar技术、生物脱硫技术、RS精制技术等。

4）降低柴汽比催化裂化技术（DCP）

DCP技术是中国石油自主研发的柴油催化转化技术，该技术解决了柴油在常规催化裂化条件下难以转化的难题，开辟了一种新型柴油催化转化模式，使柴油和催化原料在提升管反应器内分区耦合反应，将柴油一次转化为高附加值的汽油等产品。该技术不仅可以深度转化柴油，而且可通过正碳离子反应，促进重油的催化转化，提高汽油产率。该技术可在常规、双段、双提升管、MIP等多种形式的催化裂化装置❺应用；在削减柴油库存的同时，催化装置汽油收率可提高1个百分点以上，催化汽油RON❻可提高1个单位。

6.2.3 天然气的节能减碳技术

天然气是蕴藏在地层内的优质可燃气体。在长期的地质条件作用下，经过复杂的有机化学反应而形成，需通过钻井开采出来。其主要成分是甲烷、氮、二氧化碳、硫化氢和微量的稀有气体。

天然气是一种清洁、低碳、高效的化石能源，其热值是人工煤气的两倍。天然气几乎不含硫、粉尘和其他有害物质，燃烧时产生二氧化碳少于其他化石燃料，温室效应较低，因而能从根本上改善环境质量。我国天然气资源非常丰富，可采储量占世界总量的36.8%（煤和石油的可采储量分别占世界总量的11%和2.4%），供应充足，价格稳定。充分利用我国西部天然气资源，是促进东西部同时发展，调整能源结构，保护生态环境的重要国策。为广大市民和工商企业引进天然气，取代人工煤气是市政府的利民工程。

天然气是不可再生能源，是社会终端用能的三大支柱之一，其利用领域非常广泛，除了能用于炊事外，还可广泛作为发电、石油化工、机械制造、玻璃陶瓷、汽车、集中空调的燃料或原料等。因此，节约用气意义重大，下面介绍几种常见的天然气节能减碳技术。

1. 预混式二次燃烧节能技术

预混式二次燃气燃烧系统主要由混气管（预混合装置）、燃气与供风管路（送气管道）、燃烧体（扩散式燃烧装置）三大部件构成，其主要机制是通过采用可燃气体与空气进行预混后再高速喷射燃烧，产生紫红色外焰短火焰，短火焰在炉膛中受喷射的推力沿着炉腔的火道形成旋流喷射，使热辐射能量及烟气在炉膛中螺旋式推进，从而延长热能在炉膛中的停留时间，增加热能与工件热交换，降低排烟速度和排烟温度。

该技术已经应用于部分陶瓷企业，也可用于采用燃气燃烧加热的耐火材料、有色金属熔化、保温的窑炉；黑色金属的轧制、锻打、热处理窑炉和石油、化工等的工业炉窑及生活、工业锅炉等。

2. 超低浓度煤矿乏风瓦斯利用技术

该技术主要是采用逆流氧化反应技术（不添加催化剂）对煤矿乏风中的甲烷进行氧化反应处理，也可将低浓度抽排瓦斯兑入乏风中一并氧化处理，提高乏风的利用效率。其氧化装置主要由固定式逆流氧化床和控制系统两部分构成，通过排气蓄热、进气预热、进排气交换逆循环，实现通风瓦斯周期性自热氧化反应。该技术通过采用适合在周期性双向逆流冷、热交变状态下稳定可靠提取氧化床内氧化热量的蒸汽锅炉系统，产生饱和蒸汽用于制热或产生过热蒸汽发电。

根据实际生产统计，1 台 40000 立方米 / 小时乏风氧化装置可实现每小时销毁乏风约 4 万立方米，生产蒸汽 3 吨，发电 510 千瓦时，设备年运行 7200 小时，每年实现节能 812.7 吨标准煤，实现减碳量 2113 吨 CO_2，年收益 150.9 万元。

3. 全氧燃烧技术

全氧燃烧技术又称纯氧燃烧，即用纯氧气代替传统空气作助燃，与燃料按照预定燃料比混合进行燃烧。在传统的空气助燃中，只有 21% 的氧参加燃烧反应，约 79% 的氮气不参与燃烧，反而会吸收大量的燃烧反应放出的热，并从烟道排走，造成能量的浪费。采用全氧燃烧，由于没有大量氮气参与，燃料燃烧所需空气量大幅减少，废气带走的热量下降，燃烧完全充分，热利用率高，节能效果明显。同时，烟气携带的粉尘量相应减少，有利于达到环保要求。

以某投产的 600 吨 / 天全氧浮法玻璃熔窑为例，与同规模的普通浮法玻璃熔窑相比，每条全氧燃烧浮法玻璃熔窑，每年可节约天然气 532.5 万立方米，实现年减碳量 11513 吨 CO_2。

4. 天然气掺氢技术

天然气掺氢技术是将氢气以一定体积比例掺入天然气中，形成掺氢天然气，通过现有天然气管道进行输送，可直接替代天然气使用的一种能源技术。天然气与氢对于减碳都具有区别于其他化石能源的绿色低碳价值。从理论上讲，二者的结合可大大提升天然气的绿色低碳软实力。大量研究结果表明，天然气掺氢混合气体的燃烧能够改善终端设备的燃烧性能，减少氮氧化物污染和二氧化碳排放。因此，天然气掺氢技术正在成为各国竞相发展的技术“潮流”。

6.2.4 其他节能增效技术

化石能源的节能减碳涉及开采、生产、利用以及设备和工艺更新等多领域、多方面的技术。下面简单介绍煤炭的绿色开采技术、油气田集输系统节能技术、催化燃烧技术、低氮氧化物燃烧技术、锅炉节能技术。

1. 煤炭绿色开采技术

绿色开采是一种综合考虑资源效率与环境影响的现代开采模式，其目标是使在矿山开采过程中最大效率地开发资源，保护环境，从而让企业效益与社会效益相适应。绿色开采的技术主要包括以下两个方面。

（1）保水开采技术：煤矿开采过程直接影响到区域水文地质条件。保水开采技术以水资源保护和利用为主，减少对水资源的破坏，以防治水灾害为主。

（2）煤与瓦斯共采技术：瓦斯既是矿井有害气体，也是洁净能源，使其资源化的技术途径有采前抽采、煤与瓦斯共采、废弃矿井抽采瓦斯、回风井回收瓦斯等。

2. 油气田集输系统节能技术

油气田集输系统是指将从油田提取出来的原油或者天然气等收集并运输的系统，主要包括油气分离、油气计量、原油脱水等工艺，是油田地面工作核心。

油气田集输系统的节能降耗措施主要包括两个方面：①利用网络、计算机等智能化技术，建立集输系统智能监控系统，对该系统的生产、加工、输送各个过程实施全面监控，对集输系统的相关数据进行采集、整理、分析，从而实现系统的优化运行，提高效率；②对油气田集输系统的工艺及相关技术进行革新，提高系统运行效率，减少资源损耗，包括常温/低温集油技术、油气混输技术、热泵回收技术、低温集油技术、无功动态补偿技术、油水泵变频技术等。

3. 催化燃烧技术

催化燃烧可以使燃料在较低的温度下实现完全燃烧，对改善燃烧过程、降低反应温度、促进完全燃烧、抑制有毒有害物质的形成等方面具有极为重要的作用，是一个环境友好的过程，其应用领域不断扩展，已广泛地应用在工业生产与日常生活的诸多方面。该技术具有操作方便、能耗低、安全可靠、净化效率高等优点；缺点是由于高温，使管道、设备容易损坏，使用寿命减少。

催化燃烧不但可以使燃料得到充分利用，而且无论是从能源利用角度还是从环境保护角度考虑，这种技术进步都会对社会发展产生重大影响。对催化燃烧技术的研究不应只停留在理论及实验室水平上，更具有现实意义的是让催化剂成为一种产业走进我们的生活。

4. 低氮氧化物燃烧技术

低氮氧化物燃烧技术是改进燃烧设备或控制燃烧条件，以降低燃烧尾气中 NO_x 浓度的各项技术。影响燃烧过程中 NO_x 生成的主要因素是燃烧温度、烟气在高温区的停留时间、烟气中各种组分的浓度以及混合程度。因此，改变空气 - 燃料比、燃烧空气的温度、燃烧区冷却的程度和燃烧器的形状设计都可以减少燃烧过程中氮氧化物的生成。工业上多以减少过剩空气和采用分段燃烧、烟气循环和低温空气预热、特殊燃烧器等方法达到减少氮氧化物生成的目的。该技术有着氮氢氧化物排放量较低、低氮燃烧器安全有保障等诸多优点，但是存在着燃烧不充分，形成飞灰含碳量增多等缺点。因此，随着我国进入工业化中期阶段，对能源的需求不断增加，基于我国能源结构等具体国情，发展低氮燃烧技术对提高燃料灵活性、降低氮氧化物排放有着重要的作用。

5. 锅炉节能技术

锅炉是一种燃烧煤、石油、天然气等化石燃料以产生蒸汽（或热水）的热力设备。锅炉能将煤、油、气等一次能源转换成蒸汽、热水等载热体二次能源。目前我国锅炉的燃料以煤为主。锅炉不仅是火力发电厂的“心脏”，也是化工、纺织、印染、供暖、食品、饲料、医药、建材、酿酒、橡胶等行业的关键设备。同时，食物加工、医疗消毒、洗澡取暖等，也都离不开工业锅炉。此外，一般还要求锅炉连续运转，不同于一般设备能够随时停下检修，由于锅炉停炉会影响到一条生产线、一个工厂，甚至一个企业的经济效益。因此，在国民经济发展的进程中，直接关系国民经济的发展，其重要性自然不言而喻。

锅炉节能是化石能源节能降碳的一个重要方面，锅炉节能的主要目的是提高锅炉热效率，降低燃料消耗，减少热损失，节约能源，并使锅炉综合运行费用尽量降低。

1）锅炉的节能措施

锅炉的节能措施主要有：推行集中供热，发展热电联产；优化工况，充分燃烧；研究开发锅炉节能的新设备与新工艺等。首先，集中供热、热电联产就是采用大锅炉集中供热，既能节约大量燃料又易于实现机械化和自动化运行。同时工作人员减少，能大幅度降低运行管理费用。由于锅炉房集中而使房屋利用率高，此外，大型锅炉便于加装除尘设备，采取高烟囱扩散，有利于减轻对环境的污染。其次，优化工况，充分燃烧，这是提高工业锅炉热能利用率的必要条件。充分燃烧要同时满足三个条件：足够的空气，并能同燃料充分接触；炉膛有足够的高温使燃料着火；燃料在炉内停留时间能使燃料完全燃尽。最后，开发研究工业锅炉节能的新设备、新工艺并推广运用，可使锅炉节能工作收到显著效果。

2）锅炉节能技术

锅炉节能是一项综合技术，主要包括加装燃油锅炉节能器技术；安装冷凝型燃气锅炉节能器；采用冷凝式余热回收锅炉技术；锅炉尾部采用热管余热回收技术；采用防垢、除垢技术；采用燃料添加剂技术；采用新燃料，用清洁可再生的能源替代；采用富氧燃烧技术；采用旋流燃烧锅炉技术；采用空气源热泵热水机组替换技术；燃煤锅炉改装成燃油（气）锅炉等技术。

6.2.5 工艺改造与节能意识

实现化石能源的降耗减碳，一方面需要通过工艺改造提升能源的能效；另一方面要增强全民节能意识。先进的工艺改造是能源高效利用的技术保障。采用先进的新技术、新工艺、新设备、新材料等对现有设施、生产工艺条件进行改造，以提高经济效益、提高产品质量、扩大出口、降低成本、节约能耗。

增强全民节约意识，既蕴含着珍惜资源、保护环境的价值取向，也包含着以勤俭节约为荣、以奢靡浪费为耻的道德品质。国家和社会的可持续发展，节约煤炭、石油、天然气等传统能源，合理高效地利用好能源，是整个人类社会的责任，也是每位公民所不能推脱的责任与义务。节能降碳的生活正日渐成为社会新风尚，建设低碳城市，追求绿色生活，与大自然和谐相处已成为人们的共识。

6.3 能量利用的节能减碳技术

能源是人类生存和发展的物质基础；能量是人类社会各种经济活动的直接动力。能量利用的节能减碳技术旨在提高电能及其他以二次能源形式存在的能量和能量载体的利用效率。因此，能量利用技术涉及工业、农业、交通、建筑、航空等领域。这里主要介绍节电、节油、节气三方面的常用节能减碳技术。

6.3.1 节电技术

节约用电指在满足生产、生活所必需的用电条件下，减少电能的消耗，提高用户的电能利用率和减少供电网络的电能损耗。电能利用与人们的生活息息相关，节约用电的措施包括采用有效的节电技术和加强节电管理两个方面。节电技术主要包括无功功率补偿技术、闭环控制技术、能量回馈技术、电动机节电技术、照明节能技术、稳压调流技术、电能质量治理技术、节能管理等。

1. 无功功率补偿技术

无功功率补偿技术是一种在电力供电系统中起提高电网的功率因数的作用，降低供电变压器及输送线路的损耗，提高供电效率，改善供电环境的技术。因此，无功功率补偿装置在电力供电系统中处于不可或缺的重要位置。合理地选择补偿装置，可以做到最大限度地减少电网的损耗，提高电网质量。

电力系统中常见的无功补偿方式如下。

（1）集中补偿：在高低压配电线路中安装并联电容器组。

（2）单台电动机就地补偿：在单台电动机处安装并联电容器等。

（3）分组补偿：在配电变压器低压侧和用户车间配电屏安装并联补偿电容器。

（4）静止无功补偿器装置：由电抗器与电容器所构成，其主要特点是快速投切。

2. 闭环控制技术

闭环控制是控制论的一个基本概念，是指输出端反馈到输入端并参与对输出端的再控制。闭环控制是根据控制对象输出反馈进行校正的控制方式，是在测量出实际与计划发生偏差时，按定额或标准进行纠正的。闭环控制从输出量变化取出控制信号作为比较量反馈给输入端控制输入量，一般这个取出量和输入量相位相反，所以叫负反馈控制。自动控制通常是闭环控制。在闭环控制中，由于控制主体能根据反馈信息发现和纠正受控对象运行的偏差，所以有较强的抗干扰能力，能进行有效的控制，从而保证预定目标的实现。所实行的控制大多是闭环控制，所用的控制原理主要是反馈原理。

闭环控制广泛应用于工业、农业、民用、管理领域。对各种用电设备、装置、装备，乃至大型工矿系统，闭环控制能达到较高的控制效果，能有效地避免能源浪费，节约电能。

3. 能量回馈技术

能量回馈技术的基本原理是将运动中负载上的机械能（势能、动能）通过能量回馈装置变换成电能（再生电能）并反馈至电网，供自身或其他设备使用，使电机拖动系统在单位时间消耗电网电能下降，从而达到节约电能的目的。能量回馈装置节电效果十分明显，一般节电率可达15%~45%。

在混动汽车、电梯、矿山提升机、港口起重机、工厂离心机、油田抽油机等许多场合，都会伴随着负载势能、动能的变化。以电梯为例，其在运行的过程中会产生一定的机械能，电梯节能的方式可通过其产生的机械能加以利用，从而减少电梯从电网上汲取的电能，实现电能的循环利用。该技术能对电梯运行过程中产生的机械能进行转换，并将能量储存在直流母线同路的电容中，再结合有源逆变技术将能量转变为与电网同频同相的交流电，能够为建筑物、电梯间的其他用电设备提供运行能源，从而实现电梯节能目的。

4. 电动机节电技术

电动机是使用最广泛的电气设备之一，所消耗的电能约占全部工业生产用电的 60%。可见，做好电动机电能节约对提高企业的经济效益及促进国民经济发展，具有十分重要的意义。

1）相控调压技术

相控调压技术采用闭环反馈系统进行优化控制，相控器将实际相位差与电动机特性的理想相位差进行比较，并据此控制晶闸管整流桥触发角以给电动机提供优化的电流和电压，以便及时调整输入电机的功率，实现“所供即所需”。相控技术采用了可控硅半导体和集成芯片检测与控制触发系统实现无触点开关功能，其检测和控制集成芯片的高速处理特性和可控硅的快速反应特点，使相控器装置能自动处理各种工况下的电动机动态特性，具有软启动、节能、优化运行及保护等特性。

2）变频技术

变频技术是一种把直流电逆变成不同频率的交流电的转换技术。通过变频技术可把交流电变成直流电后再逆变成不同频率的交流电，或是把直流电变成交流电后再把交流电变成直流电。变频电机控制技术主要是通过改变输入交流电的频率来改变电机的转速，利用电力半导体器件的通断作用，将工频电源变换为另一频率的电能控制装置。变频电机通过变频控制节能技术可以有效降低电动机的能耗，减少温室气体的排放量，降低企业的使用成本，实现节能减排的目标。

变频器节能的原理主要表现在：变频节能、动态调整节能、通过变频器自身的 V/F 功能节能 ❼、变频器自带软启动节能、提高功率因数节能。

变频节能：为保证各种设备的可靠性，在设计动力驱动时，都留有一定的裕量。电动机不能在满负荷下运行，除达到动力驱动要求外，多余的力矩增加了有功功率的消耗，造成电能的浪费。变频器可降低电机的运行速度，使其在恒压的同时节约电能。比如，采用变频技术的空调比普通空调运行平稳，节能且温度调节准确。变频空调使用变频压缩机，结合变频控制系统，然后根据空间的使用情况自动提供所需的冷 / 热量。当室内温度达到预期效果后，空调主机就会准确地保持这一温度恒速运转，从而实现不停机运转，保证环境温度的稳定。变频节能主要体现在动态调整节能、软启动节能、提高功率因数节能等方面。

动态调整节能：迅速适应负载变动，供给最大效率电压。变频器在软件上设有 5000 次 / 秒的测控输出功能，可始终保证电动机高效率运行。

变频器自带软启动节能：在电动机全压启动时，电动机会产生额定电流 5~7 倍的启动电流。启动电流不仅浪费电力，而且对电网的损害很大。采用软启动后，可从零到额定电流之间调节启动电流，既减少了启动电流对电网的冲击，也减少了启动惯性对设备转速的大惯量冲击，延长了设备的使用寿命。

提高功率因数节能：电动机定子绕组和转子绕组通过电磁作用而产生力矩。电动机在运行时产生大量的无功功率，造成功率因数很低。采用变频节能调速器后，由于其性能已变为交流 - 直流 - 交流，在整流滤波后，负载特性发生了变化。变频调速器对电网的阻抗特性呈阻性，功率因数很高，减少了无功损耗。

5. 照明节能技术

1）晶闸管斩波技术

通过控制晶闸管（可控硅）的导通角，将电网输入的正弦波电压斩掉一部分，从而降低输出电压的平均值，达到控压节电的目的。这类节能调控设备对照明系统的电压调节速度快、精度高，可分时段实时调整，有稳压的作用。因为是电子器件，相对来说体积较小、成本较低。

2）自耦降压式调控技术

通过自耦变压器机芯，根据输入电压高低情况，连接不同的固定变压器抽头，将电网电压降低 5 伏、10 伏、15 伏、20 伏等几个挡，从而达到降压节电的目的。这项技术可做到电压正弦波输出，避免谐波污染。但不能实现电压的自动精确控制，只能固定降电压，不能升压和稳压。

3）智能照明技术

通过对照明线路输出电压的调节，降低光源的有效电流。在电压线性下降的初期，照度并不明显降低，而节约的功率却按电压的平方下降。恒定调节输出电压，对较高电网电压可实现灯具的保护，延长灯具寿命，同时有较大节电空间。这类照明节电技术具有智能照明调控、有效保护光源、降低电能消耗的功能，是目前国际上比较成熟的照明控制解决方案。

4）LED 照明技术

半导体 LED 技术在照明、背光、显示、景观、汽车照明等领域有广泛应用，其中对节能降碳贡献较大的领域是照明。

首先，与传统光源相比，LED 灯具发光效率显著提升。室内灯具中，白炽灯光效约 20 流明 / 瓦，荧光灯光效约 60~80 流明 / 瓦，LED 灯具光效约为 110 流明 / 瓦；室外灯具中，高压钠灯光效 75~100 流明 / 瓦，金卤灯光效 60~90 流明 / 瓦，LED 路灯光效 130 流明 / 瓦。光效越高，对能源的利用率也就越高。其次，白炽灯的寿命约为 1000 小时，荧光灯寿命约为 6000 小时，而 LED 灯的寿命达到了 5 万 ~10 万小时，这就意味着 LED 灯的损坏和更换频率要远低于白炽灯和荧光灯。最后，LED 照明的智能控制还将带来二次节能。LED 不仅是光源，还是电子元器件，它便于集成控制，能够通过智能控制实现二次节能。如在室内领域，可实现人走灯灭，或分时控制亮度；在室外领域，可通过单灯控制实现分路段、分时亮度调节。LED 室内外照明产品通过发光效率的提升，与传统照明产品相比可实现 50% 以上的节能；通过智能控制，可再实现 20% 以上的节能。总体而言，LED 照明与传统照明产品相比，可实现节能 50%~75%。除了节能以外，LED 还改变了照明设计方式，在节能的同时能够实现更好的光环境。因此，不论是使用成本，还是制造灯具所消耗的资源，LED 灯是名副其实的绿色照明。

6. 稳压调流技术

由于电网电压存在高峰和低谷，这不但给用电设备寿命带来影响，同时还会因电压不稳而造成用电过程中的电能浪费。稳压调流技术通过稳压调控节电装置实现。稳压调控节电装置一般由补偿变压器、调压变压器、无触点控制专利技术（或无极调压控制技术）、采样电路、主控制电路、调压控制电路、时控电路、保护电路等组成。稳压器适合就近补偿稳压，离负载越近越好。稳压调流节电技术可以在电网电压不论处于高峰还是低谷时，实现输出电压始终可以稳定在用户的设定值上，以达到节能效果。

7. 电能质量治理技术

随着太阳能、风能、生物质能等新能源以分布式发电、微电网、中小型电站（含储能电站、电动汽车充电站）等形式大量接入配电网，使得新形势下的智能电网面临诸多新问题。智能电网架构下的电能质量控制结构，其主要由分布式发电、输配电网络、用电负荷、电能质量补偿器等构成。一方面，作为新能源接入的核心动力，电力电子变换装备的大量接入使输配电网的电能质量呈现新特征、新问题，亟待解决；另一方面，用电侧负荷的多样性、非线性、冲击性等日益加剧，电能高效利用迫在眉睫。这些新问题给电能质量控制技术带来了机遇与挑战。作为智能电网的核心，微电网是耦合了多种能源的非线性复杂系统，其内部的分布式电源具有间歇性、复杂性、多样性、不稳定性等特点，其电能质量呈现的新问题与新特征日益突出。因此，为保证微电网接入下配电网的安全稳定运行，亟须研究和解决的关键问题之一就是电能质量问题。

电能质量治理技术主要包括电能质量补偿器的控制技术、大型分布式电站的电能质量分析与控制技术、微电网及含微电网配电系统的电能质量分析与控制技术。

8. 节电管理

节电管理是指通过管理手段，减少从电能生产到消费过程中的损失和浪费，更加有效、合理地利用电能的行为。主要包括：根据用户规模和用电量大小，设立节电管理机构，或设专人负责节电管理工作；建立和实施节电管理的规章制度，包括用电管理制度、耗电定额管理制度、电能计量测试仪表管理制度、节电奖惩制度等；对本单位、本区域用电情况定期进行分析，根据需要进行用电设备的更新改造、生产工艺的改进、生产工序的调整，制定节电计划和措施；加强对电能计量与测试仪器的管理；组织节电教育和技术培训等。

6.3.2 节油技术

汽油、柴油等燃料在工业、农业、交通、航空等领域应用非常广泛，具有重要的节能意义。

1. 柴油机节油技术

1）共轨技术

共轨技术是指在高压油泵、压力传感器和电子控制单元（ECU）组成的闭环系统中，将喷射压力的产生和喷射过程彼此完全分开的一种供油方式。由高压油泵把高压燃油输送到公共供油管，通过对公共供油管内的油压实现精确控制，使高压油管压力大小与发动机的转速无关，可以大幅度减小柴油机供油压力随发动机转速的变化，因此也就减少了传统柴油机的缺陷。ECU 控制喷油器的喷油量，喷油量大小取决于燃油轨（公共供油管）压力和电磁阀开启时间的长短。

2）高压喷射和电控喷射技术

在电控喷射方面柴油机与汽油机的主要差别是：汽油机的电控喷射系统只是控制空燃比来调节转速和动力性能（汽油与空气的比例），而柴油机的电控喷射系统则是通过控制喷油时间来调节转速和动力性能。

柴油机电控喷射系统由传感器、ECU 和执行机构三部分组成。其任务是对喷油系统进行电子控制，实现对喷油量、喷油时长的实时控制。采用转速、温度、压力等传感器，将实时检测的参数同步输入计算机，与 ECU 储存的参数值进行比较，经过处理计算按照最佳值对执行机构进行控制，驱动喷油系统，使柴油机运作状态达到最佳。

3）涡轮增压 ⑧ 技术

涡轮增压技术主要有两级涡轮增压技术、VTA（variable turbine area）涡轮增压技术。

两级涡轮增压系统是由两个大小不同的涡轮增压器串联组成。其工作原理是：利用发动机工作产生的废气的能量，驱动体积较小、增压度较高的涡轮增压器，然后驱动体积较大的、增压度较低的涡轮增压器。低压比涡轮增压器的压缩机将周围的空气压缩，然后经过一个直接相连的冷却器，将压缩后的空气传送到高压比涡轮增压器的压缩机中；在此之前被压缩过的空气再次被压缩，再经过一个空气冷却器，传送到发动机汽缸。经过两次压缩，可以大大增加进入汽缸的空气量，从而使发动机中的燃料燃烧更充分，大大提高发动机的输出功率和功率密度，并大幅减少有害气体的排放量。

VTA 涡轮增压技术使柴油机处在任何负荷和速度运行时，都能根据燃油的喷入量自动、持续、精确地匹配压缩空气的进入量，解决了传统涡轮增压器只能在事先设定的发动机负荷点实现最大效率的问题。这大大提高了燃料燃烧的效率，节约了燃油，大幅削减了碳氢化合物、二氧化碳、煤烟的排放量。

4）预温方法

为节约用油、降低能耗，可在柴油机上安装预温装置，通过排气管预温，提高柴油的温度并降低柴油的黏度。经过预温的柴油进入柴油泵时，雾化效果好，燃烧充分，耗油量明显降低。具体方法有以下两种：一是单层管预温。在柴油机排气支管的两端各钻直径为 11 毫米的孔，使预温管从排气支管中通过，油管两端各焊有油管接头螺钉，一端与柴油机细滤器的出油管接通。采用单层管预温，一般可使油温提高到 56~75 摄氏度，耗油量降低 5%~6%。二是双层管预温。柴油机排气管的两端各钻直径 17 毫米的孔，穿进一根长度为 500 毫米的铁管，铁管与排气支管焊接牢固，再将预温管穿进铁管。油管的两端焊有油管接头螺钉，一端接通燃油细滤器的出油管，另一端接通燃油泵的进油管。采用双层管预温，一般可使柴油温度提高到 65 摄氏度，耗油量可降低 6%~10%。

2. 柴油发电机节油技术

1）乳化节油技术（燃油掺水）

在不改变柴油机任何结构的前提下，增设一套供水系统，发动机工作时，喷水器适时向气缸内喷射一定量的水，喷入气缸的水微粒在高温高压的条件下产生“微爆”效应，使柴油颗粒进一步雾化和高度分散，与空气混合更加均匀，促使燃料完全燃烧，以达到节油、降污的目的。试验结果表明，增设的供水系统工作性能可靠，掺水燃烧时油耗及排烟度等明显下降，最大节油率为 4%。

2）燃油和空气磁化节油技术

磁化节油技术是让燃油在磁场作用下改善油质指标、提高雾化性能、提高雾化热值，使油在发动机汽缸中充分燃烧，从而提高发动机的功率、降低油耗、减轻排气烟度。这种技术被称为磁化节油技术。实现这种技术的相应装置为节油器或节油降烟器。实验证明，安装磁化节油器后，柴油机的功率提高与节油率一般随负荷的变化而变化。在 70%~90% 负荷区段内功率提高 3%~5%，节油率达 3%~4%，节油器装车后作业 72 小时以上进行烟度测定，较之装车前烟度减轻 30%~50%，安装磁化节油器后，闪点降低及馏分变轻 ❾，相应地使黏度和凝点也降低。有利于雾化性能的改善，使喷出的雾滴更细微化，便于在发动机中充分燃烧，使发动机排放的尾气中有害气体和烟浓度明显减少。

3）柴油机燃用生物质燃油 ⑩ 等技术

可采用蒸馏方法从木焦油中提取出可燃成分，在测定其热物理特性的基础上，用生物质燃油与柴油为混合燃料。柴油机不做任何改动即可燃用生物质燃油和柴油混合燃料，且具有良好的动力性、经济性和排放性。这对于促进代用燃料的发展具有重要的意义。因为生物质燃油是含氧燃料，增加了缸内氧的浓度，使在燃烧过程中形成的碳烟微粒与氧有更多的接触机会。因此，尾气排放烟度明显低于纯柴油。

3. 汽车节油技术

汽车节能技术用于改进汽车能源消耗的技术。就中国现状而言，汽车节能有效措施包括以下几个方面：非技术方面，公路与交通设施的合理配套、车型及油品按需生产配置、运营的合理等；技术方面，保证产品质量，按照规范使用和维护机器，改变汽油机燃烧方式以提高能量转换效率；在现有的燃烧方式下，可采取的节能方法有：改进供油系统，汽油机改气缸燃油喷射，可提高汽油燃烧效率；改进点火系统，提高汽油机运转稳定性；减少发动机附件损失，合理使用配件，进行相应的改装。

汽车上常用的节油技术主要有以下几种。

1）稀薄燃烧技术

稀薄燃烧是指空燃比为（17.1：1）~（20：1）混合气的燃烧过程。稀混合气可以提高发动机燃料经济性的主要原因：稀混合气中的汽油分子有更多的机会与空气中的氧分子接触，容易燃烧完全；同时混合气越稀，越接近于空气循环，绝热指数越大，热效率得以提高；稀混合气燃烧后最高温度降低，一方面使通过气缸壁传热损失较小，另一方面燃烧产物的离解现象减少，热效率得到提高；采用稀混合气，由于气缸内压力、温度低，不易发生爆震，可以提高压缩比，增大混合气的膨胀比和温度，减少燃烧室残余留量，因而可以提高燃油的能量利用效率。因此，车用汽油的选用主要是根据发动机的压缩比，发动机压缩比越高，所需使用的汽油牌号越高。

2）闭缸节油技术

闭缸节油技术主要有闭缸可变排量技术、废气涡轮增压技术。闭缸可变排量技术是应用行车电脑控制技术来调整发动机气缸的开闭数量，对气缸停止供油和关闭气门，减少发动机工作的气缸数，从而改善汽车的燃油经济性、降低能耗的一种技术。闭缸可变排量技术能根据汽车运行工况调节发动机功率，使发动机始终保持在有利的负荷率，通常采用改变发动机有效工作排量的方法有变行程法和变缸法 ⑪。

3）废气涡轮增压技术

所谓增压，就是增加进入发动机气缸内的空气密度，这种方式能大幅度提高发动机的动力性和经济性。增压方法有机械增压、气波增压⑫和废气涡轮增压三种方式，其中废气涡轮增压与主机没有任何机械传动联系，它是靠高压废气驱动涡轮并带动与其同轴的离心压气机工作，结构简单，工作可靠，并且利用了部分废气的能量，使发动机功率提高的同时，燃料经济性也得到大大改善。

6.3.3 节气技术

天然气广泛应用于民用及商业燃气灶具、热水器、采暖及制冷，也用于造纸、冶金、采石、陶瓷、玻璃等行业，还可用于废料焚烧及干燥脱水处理。天然气是制造氮肥的最佳原料，天然气占氮肥生产原料的比重大，世界平均约为80%。另外，以天然气为原料的化工生产装置还具有投资省、能耗低、占地少、人员少、环保性好、运营成本低的特点。

1. 民用节气技术

目前，我国天然气开发和民用天然气利用具有很大发展潜力。民用天然气主要是燃气灶与壁挂炉，在城市民用天然气管理的过程中，需要从节能安全意识、天然气价格和法律政策等方面同时入手，全面改善民用天然气管理，增强全民节能意识。

2. 工业节气技术

工业节气技术主要包括节能型燃烧技术与燃烧装置、余热回收技术、蓄热燃烧技术、燃料电池，以及其他节气技术等。

节能型燃烧技术与装置主要有平焰燃烧、高速燃烧、浸没燃烧、催化燃烧、脉冲燃烧等。余热回收利用技术与装置主要有余热回收用热交换器、余热锅炉、吸收式制冷机与热泵、余热的动力转换技术等。蓄热燃烧技术有传统蓄热燃烧技术和高温蓄热燃烧技术两种。高温蓄热燃烧技术是在传统蓄热室换热技术的基础上形成和发展的，是蓄热室设计结构、热工操作及火焰炉燃烧方法和燃气显热回收方式的一次重大革新。燃料电池用燃料和氧气作为原料，同时没有机械传动部件，故排放出的有害气体极少，使用寿命长，是最有发展前途的节能环保发电技术。此外，常用的燃气工程节能技术还有液化天然气（liquefied natural gas，LNG）冷热利用技术、燃气工业炉的节能技术、燃气空调技术等。

6.4 综合能源管理节能技术

在能源利用过程中，常常面临着不同能源形式协同优化的情况。综合能源管理节能技术是指在规划、建设和运行等过程中，利用信息与通信技术，对能源的产生、传输与分配（能源网络）、转换、储存、消费等环节进行优化协调，有效促进电力、交通、建筑、工业等各领域的技术重塑、运行节能、用能结构优化，以实现从源头到社会生产和服务的全过程节能减碳。

6.4.1 信息与通信技术

信息与通信技术是带动未来科技创新的重要引擎和推动经济社会数字化转型的关键支撑。信息与通信技术包括大数据、人工智能、云计算、物联网、数字孪生、区块链、卫星遥感等前沿技术。将信息与通信技术融入碳排放的各行各业，优化或重塑各领域行业技术环节和管理决策环节，可有效实现各行业领域，乃至整个社会生产和服务领域的节能减碳。

目前，信息与通信技术已应用于工业、农业、交通、建筑等领域，并发挥了相应作用，提高了行业生产率、能效使用效率、产业管理效率等。此外，随着5G、物联网、云计算、人工智能、区块链等信息技术的快速发展，信息与通信行业规模增长迅速，能耗急剧增长，也产生了大量的碳排放。实现“数字化”与“绿色化”协同，让数字技术与基础设施最大化低碳转型也是碳中和工程中的一个重要环节。

6.4.2 综合能源管理系统

综合能源管理系统（comprehensive energy management system，CEMS）是指一定区域内利用先进的物理信息技术和创新管理模式，整合区域内煤炭、石油、天然气、电能、热能等多种能源，实现多种异质能源⑬子系统之间的协调规划、优化运行、协同管理、交互响应和互补互济。在满足系统内多元化用能需求的同时，综合能源管理系统可有效提升能源利用效率，是一种促进能源可持续发展的新型一体化能源系统。近几年，我国能源监测与管理行业发展迅速，加之节能降耗逐渐被重视，能源管理系统的应用也越来越多。尽管当前整个企业能源管理系统应用发展很快，但是还不够成熟。

综合能源管理系统是一个信息与通信技术构建的网络与大数据系统，主要由服务管理中心、用户终端设备、多种能源系统、能源路由器等部分组成，如图6-2所示。

综合能源管理系统有三方面意义。第一，创新管理体制。实现多种能源子系统的统筹管理和协调规划，打破体制壁垒。第二，创新技术。通过研发异质能源物理特性，明晰各种能源之间的互补性以及它的可替代性。开发转换和存储新技术，提高能源开发和利用效率，打破技术壁垒。第三，创新市场模式。建立统一的市场价值衡量标准以及价值转换媒介，使能源的转换和互补能够体现出经济价值和社会价值，不断挖掘新的潜在市场。

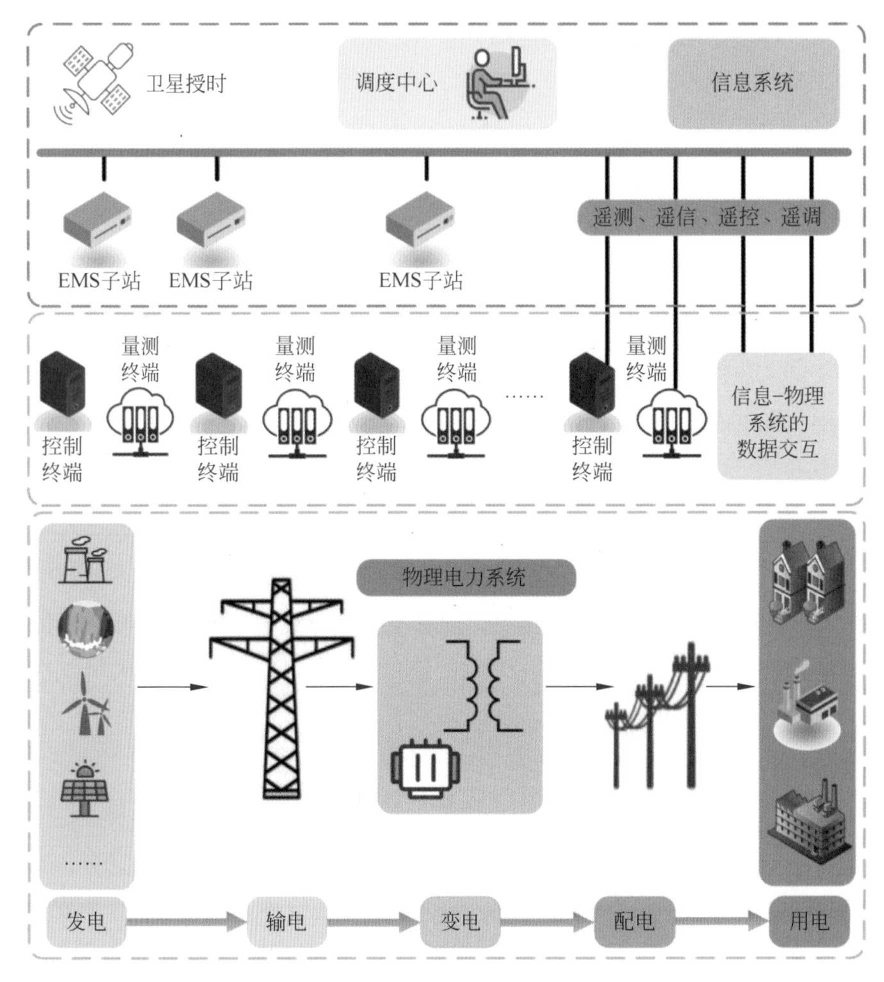

图 6-2 综合能源管理系统

6.4.3 能源路由器

能源路由器可以实现不同能源载体的输入、输出、转换、存储，是能源互联网的核心装置。中国电力科学研究院配电研究所将“能源路由器”定义为：融合电网信息物理系统的具有计算、通信、精确控制、远程协调、自治，以及即插即用的接入通用性的智能体。有如下基本特点：采用全柔性架构的固态设备；兼具传统变压器、断路器、潮流控制装置⑭和电能质量控制装置的功能；可以实现交直流无缝混合配用电；分布式电源、柔性负荷（分布式储能、电动汽车）装置即插即用接入；具有信息融合的智能控制单元，实现自主分布式控制运行和能量管理；集成坚强的通信网络功能。

如图 6-3 所示，能源路由器作为能源互联网的核心装置，具有能源交互、智能分配、缓冲储能等一系列功能。能源路由器的实现，既离不开电力电子技术的进步，还有赖于大规模储能技术的发展。储能相当于能源互联网中的缓存，是拓扑架构下能源交互的必备条件。

虽然大规模储能面临效率、成本、容量等技术问题，但包括电池储能、机械储能、氢气（天然气）储能、深冷储能在内的一系列储能技术正在蓬勃发展。在大规模储能技术取得突破、电力电子技术不断进步之下，能源路由器的问世就可以期待，能源互联网才会真正实现。

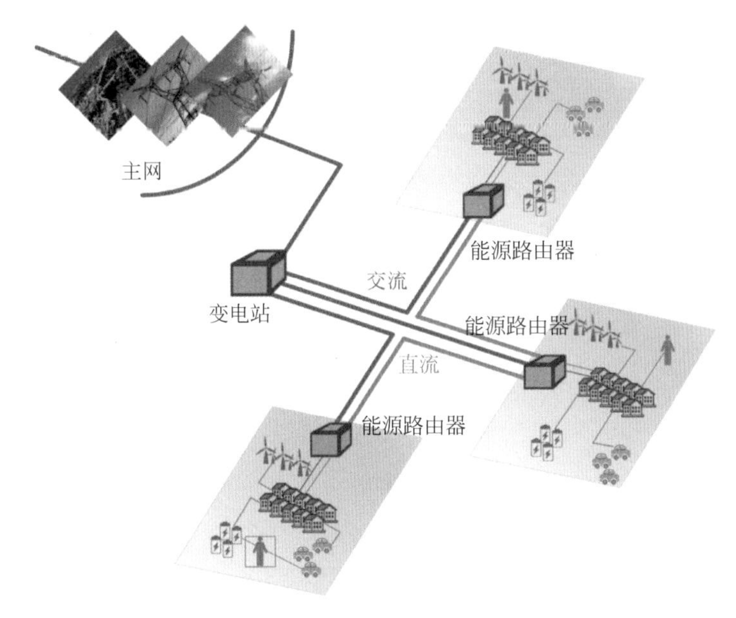

图 6-3　能源互联网及能源路由器应用场景示意图

思考题

1. 节能减碳的内涵是什么？
2. 工业领域的节能减碳主要表现在哪些方面？
3. 节能减碳全民行动的主要内容是什么？

07

CHAPTER 7

第7章

绿色经济

积极应对气候变化已成为全球共识，实现“双碳”目标，必须加快发展方式绿色转型，加强宏观调控，通过经济手段推动绿色低碳发展。加大绿色技术创新支持力度，全面实施节能提效战略，发展绿色低碳产业，倡导绿色消费，用绿色经济手段推动碳中和实现进程，促进人与自然和谐共生。实施绿色低碳发展专项政策，设立市场化碳减排支持工具和绿色金融等多策并举，加快形成全社会绿色低碳的生产方式，生活方式和消费方式。

绿色经济是一种新的发展理念、新的发展目标、新的经济结构和新的发展模式，是一种资源节约、环境友好型的经济形态，是实现人类社会可持续发展的必然产物。

绿色经济是以市场为导向，以生态、环境、资源为要素，以产业经济为基础，以科技创新为支撑，以经济、社会、生态协调发展为目的，以维护人类生存环境，科学开发利用资源和协调人与自然关系为主要特征的一种新的经济形态。绿色经济手段主要通过碳交易、碳税、碳汇等碳减排工具和绿色金融实现。

7.1 概述

长期以来，经济发展和生态环境被认为无法兼顾，发展避免不了要牺牲环境。构建绿色低碳循环发展经济体系，坚定不移走生态优先、绿色低碳发展道路，着力推动经济社会发展全面绿色转型，既要发展经济，也要保护环境已成为全社会新发展理念。如何以经济手段促进实现碳中和已成为国内外长期研究的重大战略问题。若想在经济增长的同时减少碳排放，需大力发展绿色能源，并大幅度提高能源利用效率。构建绿色低碳循环发展经济体系是提升劳动生产率，推动产业创新发展的重要抓手。

发展绿色经济是建设生态文明的基本要求，把生态基础、环境容量和资源承载力等作为前提条件，充分发挥生态环境对经济发展的先导作用，逐步构建以绿色科技创新和绿色机制创新为支撑，以绿色能源、绿色生产、绿色消费为基础，符合环境保护和绿色发展要求的经济运行体系，将绿色发展理念贯穿到生产、消费、贸易和投资等经济活动的全过程，从而推动经济、社会、生态、能源安全实现全面、协调、可持续发展。

发展绿色经济是建设生态文明的重要支撑。一方面，发展绿色经济要求促进微观经济领域的绿色化，通过淘汰落后产能和工艺，推动技术创新，促进绿色企业和绿色产业的发展。另一方面，发展绿色经济要求促进宏观经济领域的绿色化，积极调整经济结构，提高绿色经济的比重，逐步减少资源消耗多、环境污染重的传统经济在国民经济中的比重。同时，发展绿色经济要求促进生活和消费领域的绿色化，培养全民践行绿色低碳理念，形成资源节约、环境友好的绿色生活方式和绿色消费模式。因此，发展绿色经济是推进我国生态文明建设、构建绿色低碳循环发展经济体系的重要基础。

7.1.1 碳交易市场

1. 碳交易市场背景

碳排放权 ❶ 交易的出现来自《联合国气候变化框架公约》和《京都议定书》。《京都议定书》将联合履约机制 ❷、清洁发展机制 ❷ 和排放交易机制 ❷ 作为各国“联合减排”政策的具体实施机制。碳市场作为《京都议定书》三种减排机制 ❷ 的重要实现手段，是当前应用最广、最有发展潜力的低成本减排工具。通过这种机制，发达国家之间、发达国家与发展中国家之间通过碳排放权配额 ❸ 互换、资源互补，推动碳市场的建立和发展。为了控制本国或地区内的高排放企业的过量排放，全球很多国家和地区也开始引入碳市场。政府通过给控排企业 ❹ 发放碳配额来约束企业的年度排放量，碳市场通过激励企业节能减排，使企业有效实现低碳成本生产，有效实现节能减排的目标。

2. 碳交易市场的定义和分类

碳交易（见图 7-1）作为市场化的减排机制，在节约能源、发展绿色能源、降低社会减排成本、促进技术创新和调动企业积极性方面都具有明显优势。碳交易市场全称为碳排放权交易市场（以下简称为碳市场），碳交易也称碳排放权交易，指将碳排放的权利作为一种资产标的，用于进行公开交易的市场，通过碳排放权的交易达到控制碳排放总量的目的。

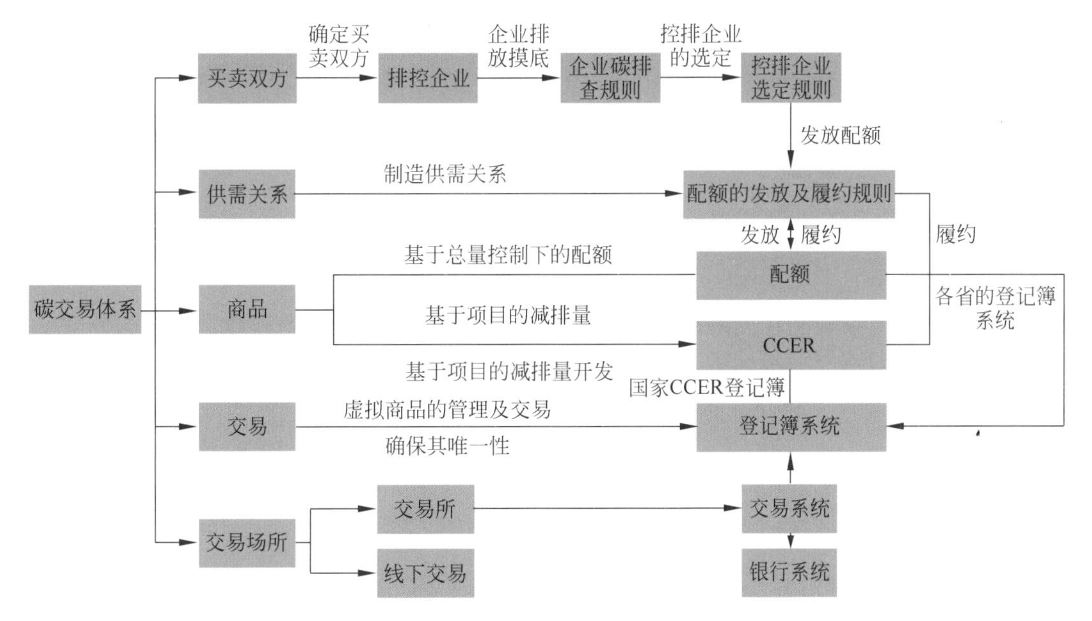

图 7-1 碳交易体系

碳交易是温室气体排放权交易的统称，二氧化碳在温室气体中的占比最大，因此，温室气体排放权交易以每吨二氧化碳当量为计算单位。在排放总量控制的前提下，包括二氧化碳在内的温室气体排放权成为一种稀缺资源，从而具备了商品属性。

通俗来说，企业的碳排放配额不够用，就需要自己掏钱到碳排放权交易市场去买。如果企业节能减排做得好，分配的碳配额用不完，就可以到市场上卖掉剩余的碳配额获取收益。碳交易能够充分发挥市场机制对环境资源的优化配置作用，调动企业减少碳排放的积极性，灵活地调节经济发展与环境保护之间的平衡，使社会碳减排治理成本趋向最小化。碳交易市场原理示意如图 7-2 所示。

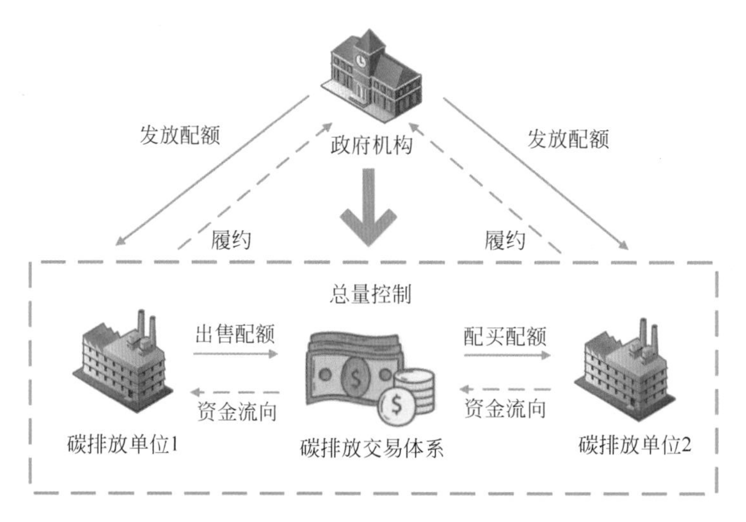

图 7-2　碳交易市场原理示意图

例如，某企业每年的碳排放总配额为 10000 吨，若企业通过技术改造，碳排放量减少到 8000 吨，而多余的 2000 吨，就可以进入碳交易市场出售。而那些需扩大生产的企业，原定的碳排放配额不够用，就可以在市场上购买这些被出售的额度。这样既控制了碳排放总量，又能鼓励企业通过优化能源结构、提升能效等手段实现减排。

碳排放权交易分为两种类型：配额型交易和项目型交易。

（1）配额型交易：指在配额总量管制下，减排企业之间为完成减排履约而产生的交易，如欧盟排放权交易的“欧盟排放配额”交易通常是现货交易。

（2）项目型交易：指减排单位之间因进行减排项目而产生的交易，如在清洁发展机制下的“排放减量权证”、联合履行机制下的“排放减量单位”，主要是通过国际合作的减排计划所产生的减排量交易，通常以期货方式预先买卖。

3. 碳交易市场的作用

建立碳市场，促进地区进行低碳发展，发挥的主要作用如下。

（1）碳市场有助于区域实现碳减排目标。例如，2020 年欧盟碳市场纳入的电力，钢铁、水泥、玻璃、造纸航空等行业的碳排放总量比 2008 年减少了 1/3，2020 年欧盟碳排放量比

2005 年下降 20% 以上。我国七个碳交易试点城市都超额完成了碳减排目标，而且明显优于非试点城市。例如北京市“十三五”碳排放下降 23%，而国家分给其目标是 20.5%。因此，碳市场作为实现碳减排的政策工具之一，对实现减排目标发挥了积极的作用。

（2）碳市场促进能源结构优化。以欧盟为例，为应对碳减排带来的压力，多数企业选择绿色能源代替化石能源，因此过去 10 年间欧盟的煤炭、石油、天然气消费分别下降了 43%、19% 和 10%。与此同时，从 2010 年到 2020 年，欧盟的风电、光伏发电量由 162 太瓦时增加到 541 太瓦时（1 太瓦时 =1000 吉瓦时 =10^6 兆瓦时 =10^9 千瓦时）。

（3）碳市场促进绿色投资。碳市场使得欧洲在绿色能源方面的投资持续发展。在 2012 年到 2020 年，欧盟仅通过在碳市场拍卖碳配额就收获了 570 亿欧元的收入，而这些资金也是推动欧盟绿色能源发展的关键因素。同时，我国的绿色投资也因为碳市场得到大力发展。

7.1.2 碳税和碳关税

1. 碳税

碳税分为广义碳税和狭义碳税。广义碳税还包括对能源使用征收的税，主要是能源消费税。狭义碳税以减少化石燃料消耗和二氧化碳排放为目的，主要通过对燃煤和石油下游的汽油、航空燃油、天然气等化石燃料产品，按照其碳含量或碳排放量征收的税赋。征收碳税只需要额外增加少量的管理成本就可以实现。

通俗来讲，碳税是企业使用化石燃料产品时需向国家上交的税，一般根据企业使用化石燃料产生的碳排放量来上缴赋税，税率则由国家政府制定，具体的碳税机制也因国家的不同而各有不同的征收机制。

根据世界银行《2021 年碳定价现状与趋势》的统计，全球已有超过 46 个国家和 32 个地区实施或计划实施碳定价政策，其中 31 个为碳排放权交易市场，30 个为碳税机制，覆盖了 22% 的全球温室气体排放量。

从 20 世纪 90 年代起，挪威、瑞典、芬兰以及丹麦等北欧国家开始征收全国性碳税。目前，国际上碳税政策模式主要分为两种：①单一碳税政策，即在碳减排工具中仅选择碳税，如芬兰等北欧国家初期的碳税制度和英国的气候变化税；②复合碳税政策，即碳税与碳交易等其他碳定价机制并行，这种模式在欧盟较为普遍。

在已经开征碳税的国家（地区）中，碳税并非完全作为一个独立税种存在，而是作为该国（地区）加强环境保护和节能减排税收体系中一部分。芬兰、瑞典等北欧国家将碳税作为消费税、能源税或燃料税的一部分；丹麦和斯洛文尼亚等国家将碳税作为环境税的一部分；大部分参与欧盟碳排放权交易体系的欧洲国家将碳税作为该体系的补充机制。

表 7-1 为施行碳税的主要国家和相应施行状况。

表 7-1　碳税实行国家及其状况

国　家	内　　容
芬兰	1990 年对燃料按含碳量征税 1994 年对燃料分类征税
丹麦	1992 年开征 CO_2 税 1996 年引入新碳税（包含 CO_2、SO_2 等）
荷兰	1990 年开征碳税作为能源税的一个税目；1992 年成为能源 / 碳税（各 50%）
瑞典	1991 年引入碳税，按含碳量计税
挪威	1991 年征收碳税，覆盖范围占所有 CO_2 排放的 65% 按燃料含碳量计税
英国	2001 年开始征收气候变化税
美国	2006 年科罗拉多州大学城圆石市开征碳税
加拿大	2008 年不列颠哥伦比亚省开始征收碳税
日本	2012 年开始征收气候变化减缓税
澳大利亚	2012 开征碳税
南非	2015 年正式引入碳税

2. 碳关税

碳关税是国家之间进出口产品税额。碳税多是国家内部征收，而碳关税是指国家或地区对高耗能产品的进口所征收的碳排放特别关税。主要针对进口产品中的碳排放密集型产品，如铝、钢铁、水泥、玻璃制品等产品而进行的关税税收。碳关税本质上属于碳税的边境税收调节。碳关税的纳税人主要是指不接受污染物减排标准的国家其高耗能产品出口到其他国家时的发货人、收货人或货物所有人。

7.1.3　碳汇

碳汇（carbon sink）是指从大气中清除二氧化碳的过程、活动或机制。

碳汇交易是指发达国家向发展中国家购买碳排放指标，这是一种利用市场机制实现森林生态价值补偿的有效方法。某些国家通过碳汇交易减少排放或者吸收二氧化碳，将过剩的碳排放指标出售给有需求的国家，以此抵消其减排任务。

简单来说，通过植树造林等方式有效地吸收二氧化碳，降低碳排放量，由此产生碳汇，并且将碳汇出售给碳配额超量单位，从而获取收益。中国碳汇交易的发展情况与政策建议如图 7-3 所示。

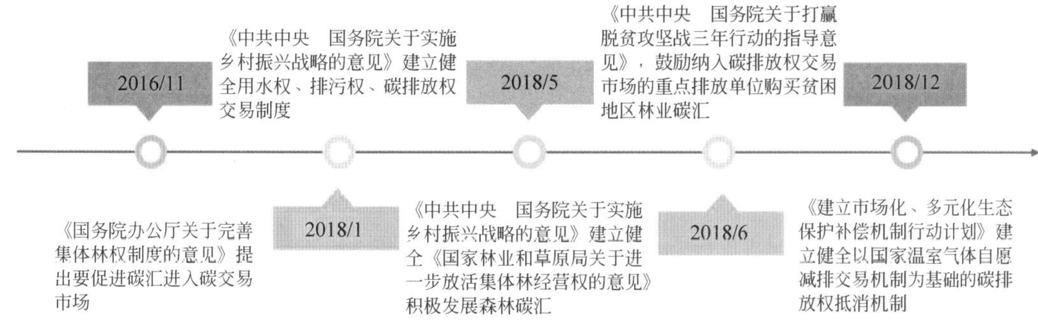

图 7-3 中国碳汇交易的发展情况与政策建议

1. 林业碳汇

《联合国气候变化框架公约》中提到，林业是抵消温室气体排放的重要途径之一，同时也是气候政策与碳市场的重要组成部分。林业碳汇是指通过森林保护、湿地管理、荒漠化治理、造林和更新造林、森林经营管理等林业经营管理活动，稳定和增加碳汇量的过程、活动或机制。

大气中的二氧化碳与森林等植物之间有双重作用。一方面，森林可以吸收并固定大气中的二氧化碳，是大气二氧化碳的吸收汇、存储库和缓冲器。森林的碳含量约占生物量重量的 50%。森林每生长 1 立方米，约可吸收 1.83 吨二氧化碳，释放 1.62 吨氧气。另一方面，森林火灾是大气二氧化碳的重要排放源。毁林导致大部分储存在森林中的巨额生物碳被迅速释放进入大气。同时毁林引起的土地利用变化还将导致森林土壤有机碳的大量排放。因此，要想不断增强森林的碳吸收能力，就需要科学地进行森林保护。

林业碳汇交易有利于林业的发展，建立森林生态的市场化新机制。集体林改后，农民获得了林地和林木所有权，如果能使森林生态服务的功能价值化，就可以弥补森林经营周期长、短期没有经济收益的问题。同时，企业通过捐资碳汇帮助农民造林，提升农民植树造林的积极性，提高森林经营效益。同时，企业可以从中积累碳信用❺指标，为企业未来发展储存了更大的生存空间。

2. 中国碳汇交易机制

我国是最早开展林业碳汇交易的国家。提升生态系统碳汇能力是经济工作的重点任务和“双碳”目标的重要内容。“十四五”期间森林覆盖率将提高到24.1%。2021 年 12 月 31 日颁布的《林业碳汇项目审定和核证指南》是我国发布的首个涉及林业碳汇的国家标准。

林业碳汇作为增加生态系统碳汇和实现森林生态系统碳汇功能经济价值的主要路径，已成为各级政府碳中和行动计划的主要内容。

1）国家 CCER 碳汇交易机制

中国核证自愿减排量（CCER）❻项目也是我国碳交易的主要形式。CCER 项目通过科学的核算减排量经国家核证后进行交易，已形成竹林、草地、森林、耕作等使用的核算及交易，目前应用案例主要集中在森林板块。

CCER 林业碳汇交易有以下两种方式。

方式一：项目林业碳汇 CCER 获得国家发展改革委备案签发后，在国家发展改革委备案的碳交易所交易，用于重点排放单位（控排单位）履约或者有关组织机构开展碳中和、碳补偿等自愿减排、履行社会责任。这是主要的交易方式。

方式二：项目备案注册后，项目业主与买家签署订购协议，支付定金或预付款，每次获得国家主管部门签发减排量后交付买家林业碳汇 CCER。

2）各省核证减排机制

各省市建立地方化的核证减排机制与产品，如广东省的 PHCER（广东省核证自愿减排量）、湖北省的 HBCER（湖北省核证减排量）、福建省的 FFCER（福建林业碳汇）等。其中以广东省 PHCER 探索最早，体系最为完善。2015 年试点建设，至今已被控排企业累计购买了 150 多万吨的碳汇核证减排量，为贫困地区、生态发展区带来了 2500 万元经济收入。

3. 中国林业碳汇发展现状

我国林业碳汇 CCER 审定项目 97 个，备案项目 15 个，减排总量 5.6 亿吨。林业碳汇 CCER 项目的类型主要分为碳汇造林、森林经营、竹子造林和竹林经营，其中占主流的主要是碳汇造林和森林经营。其中造林 68 个，森林经营 23 个，竹林经营 5 个，竹子造林 1 个。

“十四五”期间，我国林业碳汇 CCER 市场潜在价值接近 2000 亿元。截至 2022 年 3 月 21 日，全国森林面积 2.2 亿公顷，森林蓄积量 175 亿立方米。预计到 2025 年，森林覆盖率将达到 24.1%，森林蓄积量达到 190 亿立方米。

7.1.4 绿色电力交易

绿色电力交易是指以绿色电力产品 ❼ 为主的中长期交易，用以满足发电企业、售电公司、电力用户等市场主体出售、购买绿色电力产品的需求，并为购买绿色电力产品的电力用户提供绿色电力证书 ❽。

参与的市场成员有发电企业、电力用户、售电公司等市场主体，以及电网企业、电力交易机构、电力调度机构、国家可再生能源信息管理中心等。

参与绿色电力交易的发电企业初期主要为风电和光伏发电等新能源企业。已纳入国家可再生能源电价附加补助政策范围内的风电和光伏电量可自愿参与绿色电力交易，其绿色电力交易电量不计入利用小时数。

绿色电力交易主要包括省内绿色电力交易和省间绿色电力交易。

（1）省内绿色电力交易是指由电力用户或售电公司通过电力直接交易的方式向本省发电企业购买绿色电力产品。

（2）省间绿色电力交易是指电力用户或售电公司向其他省发电企业购买符合条件的绿色电力产品，初期由电网企业汇总省内绿色电力交易需求，跨区跨省购买绿色电力产品，结合电力市场建设进展和发用电计划放开程度，建立多元市场主体参与跨省跨区交易机制，有序推动发电企业与售电公司、用户参与省间绿电交易。

在价格方面，绿色电力交易价格由市场主体通过双边协商交易⑨、挂牌交易⑩等方式形成。

参与绿色电力交易的电力用户、售电公司，其购电价格由绿色电力交易价格、输配电价、辅助服务费用、政府性基金及附加等构成。输配电价、辅助服务费用、政府性基金及附加按照国家有关规定执行。参与绿色电力交易的电力用户应公平承担为保障居民农业等优购用户电价稳定产生的新增损益分摊费用。绿色电力交易是大力发展绿色能源，促进绿色电力消纳的重要经济手段。

7.2　全球碳市场的现状与发展趋势

在全球应对气候变化的过程中，全球碳排放交易计划作为国际行动战略推动了《京都议定书》目标的实现。巴黎会议认为构建国际性的碳交易市场体系是应对全球气候变化的一项重要工具。

7.2.1　全球碳市场的现状

根据国际碳行动组织（ICAP）2021 年报告,《京都议定书》生效以来，碳交易体系快速发展，各国及地区相继建立了区域内的碳交易体系以达到碳减排承诺的目标，在 2005—2015 十年间，全球已建成 17 个碳交易市场；2021 年，全球碳排放权交易覆盖的碳排放量占比相比于 2005 年高出了 2 倍多。目前，碳交易已经成为降低碳排放量的核心政策工具之一。图 7-4 所示为全球碳交易市场的发展历程。

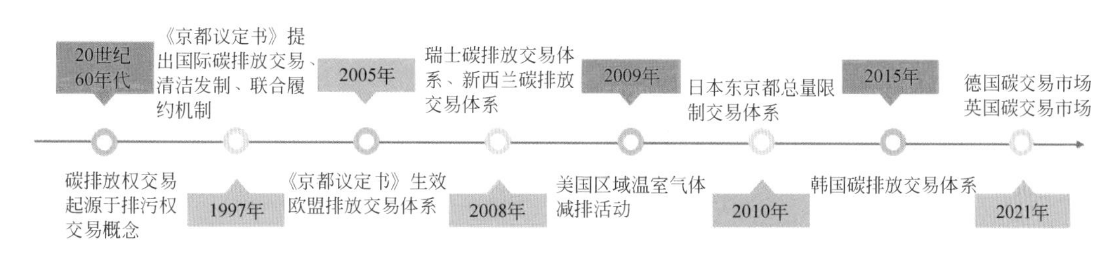

图 7-4　全球碳交易市场的发展历程

不同碳交易市场的覆盖范围、碳交易规则及政策都有所不同。从碳交易体系覆盖行业上来看，约 76.5%、76.5%、52.9% 的碳交易体系分别将工业、电力、建筑行业纳入为重点行业领域。其中，新西兰碳交易体系覆盖行业范围最为广泛，包含工业、电力、建筑、交通、航空、废弃物、林业；从覆盖温室气体排放量大小上看，中国碳市场、欧盟碳市场、韩国碳市场覆盖的温室气体排放量较大。

2020 以来，新冠疫情已给不同国家和地区造成巨大的经济影响，并且对碳市场的运行也造成了一定程度的冲击。但是，在这场危机中，全球主要碳市场均表现出了很强的韧性，能够经受住这些冲击，体现了这一政策工具在今后实现碳中和方面具有巨大潜力。

（1）欧盟碳交易市场（EU Emissions Trading System，EU ETS）从 2015 年起正式启动，作为全球启动最早的碳市场，同时也是欧盟实现碳减排目标的主要政策工具。EU ETS 包括五大部分：一是总量设置机制 ⑪；二是 MRV 管理机制 ⑫；三是强制履约机制 ⑬；四是减排项目抵消机制 ⑭；五是统一登记簿机制 ⑮。

（2）美国碳交易市场具有区域性优势，即地方政府在碳交易政策的制定及行动方面都发挥了积极作用，并正在形成“自下而上”的局面。虽然各地区的限排法律不同，但运行机制几乎都是基于限额与交易倡议，即政府规定减排量上限，并划定相对应的排放许可权，用来通过市场交易机制去协调各参与者的减排完成量。排放权可通过免费发放、销售、拍卖的方式获取或三者混合使用。各参与者的参与情况、排放情况都将会受到监控和记录。

（3）韩国碳排放交易制度采用“总量控制型”交易模式。韩国的碳排放权交易方式从大类上分属于基于配额的交易制度。在配额总量控制方面，韩国碳交易体系根据实际情况进行灵活安排，设立配额储备机制用以分配给新加入的企业并稳定碳价，并且在市场相对成熟后配额总量逐年递减。在配额分配方面，韩国碳交易体系的拍卖占比逐渐提高。在灵活履约方面，韩国碳交易体系设置了碳抵消信用，并且在第二个交易期与国际接轨，允许使用国际抵消信用完成履约。

（4）新西兰是亚太地区第一个启动碳排放权交易的国家。除了专注于国内市场，它还注重与其他交易体系的协调和衔接，允许本国企业在国际碳排放市场进行交易，并且可以使用国际碳信用额度。超过排放标准的企业可以通过碳排放交易制度购买交易的配额，也可以通过海外交易购买国际碳信用额度。

2022 年 6 月 8 日，新西兰政府公布了一项计划草案，要求该国农民从 2025 年开始为饲养的牛羊交“打嗝税”，以减少该国温室气体甲烷的排放。

截至 2021 年 1 月 31 日，全球共有 24 个运行中的碳市场，另外有 8 个碳市场正在计划实施。图 7-5 是 2021 年全球碳市场发展状况图。

从世界各国的发展实践看，发展绿色经济主要需要把握以下几点：一是要把生态、环境、资源作为绿色经济系统运行的基本要素，充分体现生态、环境、资源的价值和利用的

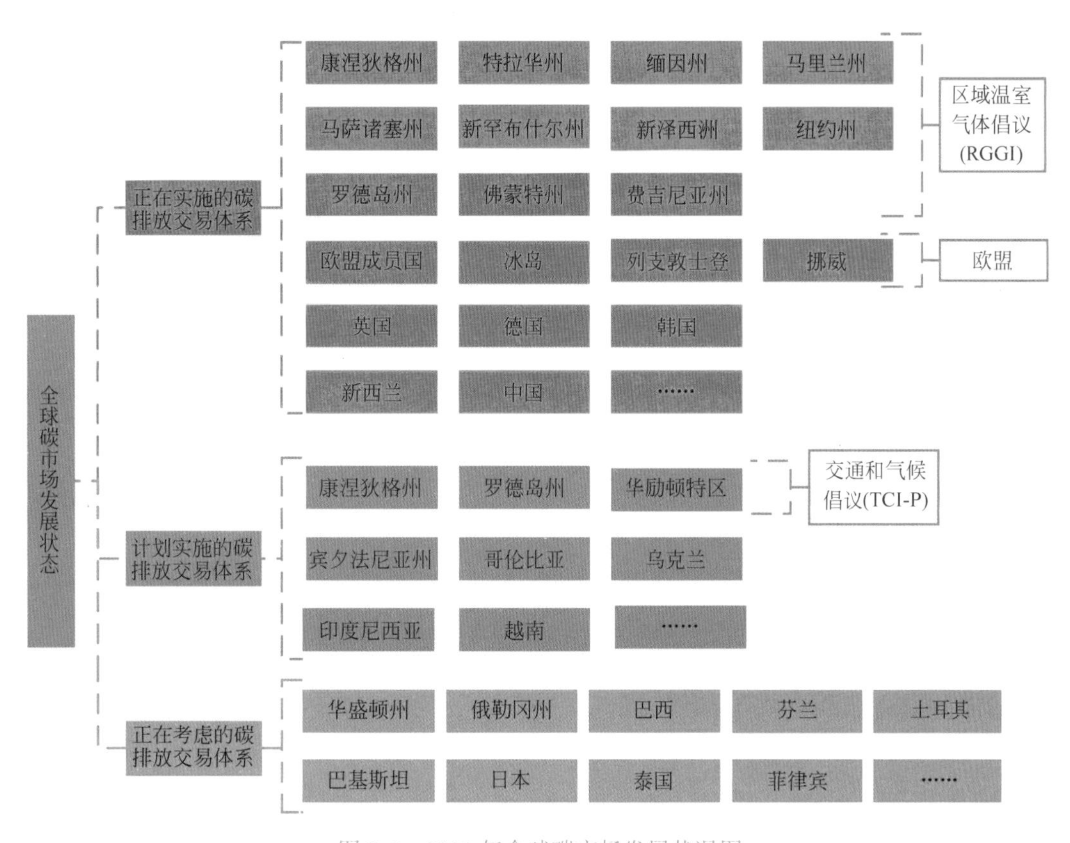

图 7-5　2021 年全球碳市场发展状况图

公平性；二是要把实现经济效益、社会效益和生态效益的综合效益最大化作为发展绿色经济的根本目标；三是要把推动传统经济转型、构建经济全过程的生态化作为发展绿色经济的主要途径；四是要把绿色科技创新作为发展绿色经济的关键手段和重要支撑。

7.2.2　全球碳市场的发展趋势

目前，碳市场分布较为分散，严重影响了国际碳市场的发展，特别是在不同行政区内碳价格差别很大的情况下，该问题尤为严重。碳市场发展急需推进国际合作，例如在参与减排任务的国家间制定统一的国际标准、价格和分配方法。

全球碳市场经过十余年的发展，不断总结经验，优化制度设计。总体来看，全球碳市场发展呈以下趋势。

1. 碳市场覆盖范围不断扩大、碳配额总量不断紧缩以实现环境效益

自 2005 年欧盟碳市场启动以来，新的碳市场纷纷建立，碳市场所覆盖的全球碳排放份额逐年增长（从 5% 到 15%）。从 2005 年到 2018 年，所覆盖的碳排放由 21 亿吨二氧化碳当量增长到了 74 亿吨。在碳市场覆盖范围不断扩大的同时，分配给控排企业的碳配额总量不断紧缩，以实现严格的减排目标。

2. 创新碳价管理机制

创新碳价管理机制，以实现市场价格的稳定，并释放可预测的有效价格信号。碳价管理机制包括基于价格和基于数量的两类机制。基于数量的机制在特定情形下将碳配额投入市场或撤回，使碳配额供给量能够根据需求进行调整。基于价格的机制，如某些碳市场中会设定碳配额投入或撤回的“门槛价格”，或者在碳配额拍卖中设定拍卖底价，此类价格一般逐年递增，由此逐步实现碳排放目标。

3. 利用拍卖收入扩大碳市场减排效果

通过拍卖的方式分配碳配额，政府通过拍卖创造出一个“全新”的市场。现有的碳市场对拍卖收入的使用进行了明确的规定，主要有以下几种处理方式：第一，将资金投向其他低碳减排项目，通过拍卖获得的收益支持那些有助于解决气候变化问题（如提高能源效率和节能）的项目。第二，返还给消费者。企业在付出成本购买碳配额后，往往通过提价等方式从消费者手中收回成本，而政府可以将碳配额拍卖收入补贴给消费者，减少消费者负担。

4. 碳市场链接和合作是新趋势

碳市场链接是指由一个碳市场通过直接或者间接的方式接受另一个碳市场的碳配额以达到各自的履约目标。碳市场链接作为一种自下而上的方式，在促进制度设计的合理性等方面更具优势，从而能够逐步实现各参与方之间的碳市场一体化，最终促进全球碳市场的实现。

7.3 中国碳市场的现状与发展趋势

7.3.1 中国碳市场的现状

碳市场是利用市场机制对温室气体排放进行控制的一种有效的政策工具。建立一个全国性的碳排放交易市场是一种重要的创新实践，它可以通过市场机制控制和降低温室气体排放，促进绿色低碳发展。国家高度重视碳排放权交易市场建设工作，对推动建设全国统一的碳排放权交易市场提出了明确要求。

全国碳市场对碳达峰碳中和的作用和意义主要体现在以下方面。

（1）推动碳市场管控的高排放行业实现产业结构和能源消费的绿色低碳化，促进高排放行业率先达峰。

（2）为碳减排释放价格信号，并提供经济激励机制，将资金引导到减排潜力大的行业企业，推动绿色低碳技术创新，推动前沿技术创新突破和高排放行业绿色低碳发展的转型。

（3）通过构建全国碳市场抵消机制，促进增加林业碳汇和可再生能源的发展，助力区域协调发展和生态保护补偿，倡导绿色低碳的生产和消费方式。

（4）依托全国碳市场，为行业、区域绿色低碳发展转型，实现碳达峰碳中和提供投融资渠道。

1. 中国碳市场的构成

我国的碳市场由碳配额交易和自愿减排交易市场构成。碳配额交易市场是以控排企业获得的碳配额为交易对象，自愿减排交易是通过实施项目削减温室气体排放而取得减排凭证。

我国初步形成了配额与自愿减排的碳市场运行机制。碳配额交易市场的运行机制总体分为配额核定与分配、市场交易、监测报告核查、清缴抵消等。

在配额分配上，国家实行无偿分配，各地预留的配额采用有偿分配的方式。在市场交易方面，买卖双方通过交易平台进行配额和 CCER 交易，试点地区的交易形式包括协议转让、竞价交易、定价交易、挂牌点选、拍卖交易等。在监测、报告与核查方面，企业对排放源进行监测，提交监测报告；有关部门将监督检查报告委托第三方机构进行核实。在清缴抵消方面，重点排放单位在规定时限内，向省级主管部门清缴上年度的碳配额。

自愿减排交易市场主要针对 CCER 开展交易。自愿减排交易以国家温室气体自愿减排交易注册登记系统为支撑，该系统记录了 CCER 签发、持有、转移、履约清缴、注销等全过程以及权属变更信息。我国的自愿减排注册登记系统于 2015 年 1 月建成启动，形成了国家与省级管理账户、持有账户和交易机构交付账户等不同权限与功能。

2. 中国碳市场的发展历程

我国碳市场建设从七省市试点到启动全国碳市场走过了较长的发展过程（见图 7-6）。

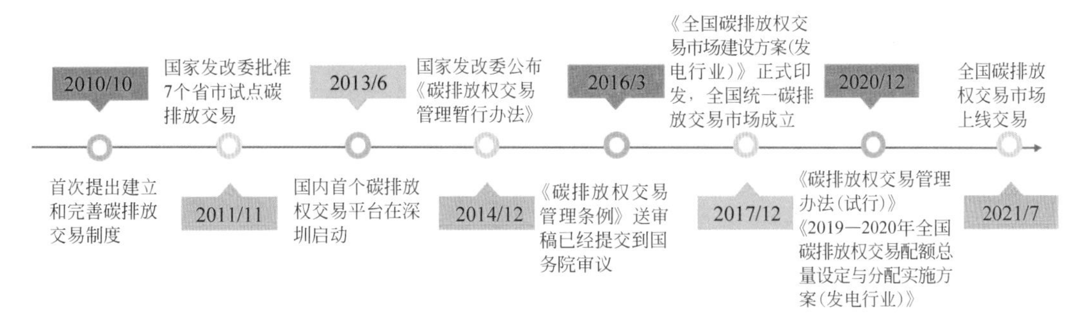

图 7-6 中国碳市场发展历程

3. 中国碳市场交易现状

2020 年 12 月发布的《碳排放权交易管理办法（试行）》规定，全国碳市场的交易产品为碳排放配额。2021 年 7 月 16 日，全国碳排放权交易市场上线交易，地方试点碳市场与全国碳市场并行，碳市场走向全国统一。2021 年 10 月，生态环境部印发《关于做好全国碳排放权交易市场第一个履约周期碳排放配额清缴工作的通知》，要求 2021 年 12 月 15 日前本行政区域 95% 的重点排放单位完成履约，12 月 31 日 17 点前全部重点排放单位完成履约。

重点排放单位可使用国家核证自愿减排量（CCER）抵消配额清缴，但不能超过应清缴配额的 5%。

1）重点排放单位地区分布差异较大

《2019—2020 年全国碳排放权交易配额总量设定与分配实施方案（发电行业）》规定纳入 2019—2020 年全国碳市场的重点排放单位为 2013—2019 年间任一年排放达到 2.6 万吨二氧化碳当量（综合能源消费量约 1 万吨标准煤）的发电企业。从 2021 年 1 月 1 日起，全国碳市场首个履约周期正式启动，截至 2021 年 12 月 31 日，涉及 2225 家发电行业重点排放单位，这些企业碳排放量超过 45 亿吨二氧化碳，其地区分布如图 7-7 所示。山东覆盖重点排放单位数量最多，共 338 家；海南覆盖重点排放单位数量最少，共 7 家。山东和江苏覆盖的重点排放单位均超过了 200 家，重点排放单位在地区间的分布差异较大。

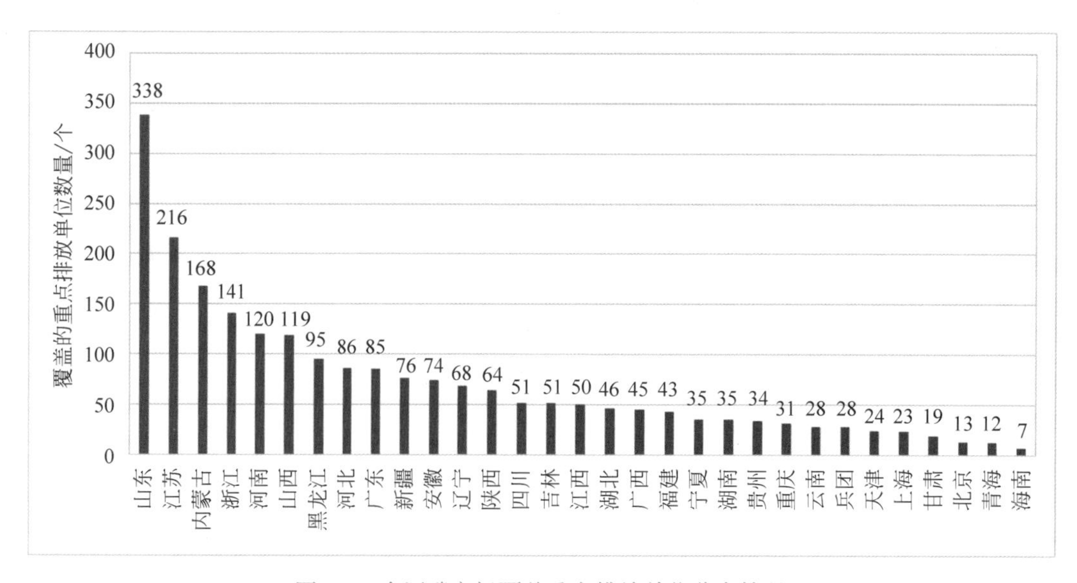

图 7-7　全国碳市场覆盖重点排放单位分布情况

2）市场活跃度有较大提升空间

在 2021 年 7 月 16 日，即首个交易日，CEA 交易量为 410.40 万吨，总成交额为 2.10 亿元。截至 2021 年 12 月 31 日，全国碳市场累计交易量约为 1.79 亿吨，总成交金额约为 76.84 亿元。全国碳市场的配额总量约为 45 亿吨，目前，全国碳排放权交易市场交易换手率在 3% 左右。全国碳市场尚处于发展初期，市场活跃程度还有较大提升空间。

3）交易量初期较少，临近履约截止日期激增

全国碳市场的日交易量在开市初期较少，大多在 50 万吨以内，但从 2021 年 10 月开始，日交易量出现上升趋势，并在 2021 年 11 月和 12 月急剧增加，大多在 500 万 ~1000 万吨，远远高于其他月份，整体来看，临近履约周期结束时碳市场空前活跃，全国碳市场的市场成熟程度有待进一步提升。

4）日成交均价基本平稳

在2021年7月16日即开市首日，日成交均价为51.2元/吨。在开市首月，日成交均价于2021年8月4日最高，为58.7元/吨；于2021年7月28日最低，为41.9元/吨，此期间整体价格波动性较大。从8月中旬开始，价格波动性逐渐减弱，日成交均价逐步下降，并在2021年9—12月初基本稳定在40元/吨左右，但12月中旬急剧回升，至2021年12月31日达到60.4元/吨，已经超过开市状态。整体来看，全国碳市场的日成交均价基本保持平稳。

4. 中国试点碳市场运行情况

2011年10月，国家发展改革委下发《关于开展碳排放权交易试点工作的通知》，批准在北京、天津、上海、重庆、湖北、广东和深圳开展碳排放权交易试点工作。截至2021年，七个碳排放权交易试点中，北京、天津、上海、广东和深圳五个试点地区完成了八次履约，湖北和重庆地区完成了七次履约。表7-2展示了2021年七个试点碳市场线上交易情况。

表7-2　2021年度七个试点碳市场线上交易情况

地区	总交易量/万吨	总交易额/万元	最高成交价/（元/吨）	最低成交价/（元/吨）	平均成交价/（元/吨）
北京	186.58	13544.26	107.26	24.00	72.59
天津	494.87	15052.38	34.10	21.00	30.42
上海	127.43	5133.28	43.66	38.00	40.28
湖北	329.03	8648.90	43.47	26.56	35.10
广东	2750.58	104871.20	57.70	24.61	38.13
深圳	599.29	6766.10	36.32	3.12	11.29
重庆	115.06	3707.07	40.00	20.41	32.22

如表7-2所示，2021年七个试点碳市场共完成线上配额交易量4603万吨，达成线上交易额15.41亿元，成交均价为33.47元/吨。其中北京试点碳市场的年平均成交价最高，价格波动性大；深圳碳市场的年平均成交价最低，碳配额价格有待提升。广东试点碳市场的总交易量和总交易额最多，市场最为活跃；重庆试点碳市场的总交易量和总交易额最少，市场最不活跃。总体来看，全国七个试点碳市场的差别依然很大，这与不同碳市场的配额分配机制、MRV监管机制以及违约处罚等存在较大的差异有关。整体来看，广东、湖北碳市场表现较好，重庆碳市场表现相对较差。

7.3.2　中国碳市场的发展趋势

我国七个试点碳市场的表现与各地能源消费结构、经济发展水平以及政府监管力度等有关。建设和运行试点碳市场的经验，对构建全国碳市场具有重要的参考价值。中国的碳市场将会不断地完善市场机制，引导社会资金的流动，从而减少整个社会的碳排放，使碳减排的资源得到最优化的分配，促进生产和生活向绿色、低碳方向转变，推动实现“双碳”目标。

1. 预期全国碳市场优先引入机构投资者，之后逐步引入个人投资者

预期全国碳市场将会呈现出多元化的趋势，金融机构将碳市场作为投资渠道，向碳市场参与者提供金融中介服务，有助于推动交易顺利进行，并且可以有效促进碳配额的合理流通，进一步提升碳市场的交易活跃度。

2. 预期全国碳市场将在“十四五”期间逐步增加交易品种，丰富碳金融产品

目前全国碳市场主要是现货交易，未来碳市场会加入更多的碳金融衍生品。预计在“十四五”期间，我国碳市场将会推出更加市场化与金融化的产品，增加期权期货等碳排放交易的衍生品。碳交易产品多样化可以有效减少交易价格波动，提升碳市场的活跃度，满足不同参与者的需求，但同时需要注重市场的风险管理。成熟发达的碳金融市场可以使市场资源得到合理的分配，从而增强企业的减排意愿，提高减排效果。

3. 预期全国碳市场的制度规则将进一步完善

未来的碳排放权交易市场预期将从目前的基于强度减排的配额总量设定方式，向基于总量减排的配额总量设定方式过渡，碳减排目标将会直接影响碳配额的供给和需求，从而对碳市场的价格产生影响。在碳中和目标下，未来我国碳减排力度将进一步增强，在交易平台的公开透明性、排放和配额数据的真实准确性、核查监管机制的严格性等方面持续加强。

4. 预期中国碳市场将加深与全球碳市场的合作，开始探索国际化道路

2021 年 9 月，中国—加州碳市场联合研究项目正式启动，旨在推动美国加州碳市场与中国碳市场之间的合作，共同应对气候变化挑战，尽早实现碳达峰碳中和目标。未来中国碳市场会进一步加强与全球各碳市场的合作，借鉴国际碳市场的发展经验，协调中国与国际碳排放权交易机制间的差异，加快中国碳市场的国际化进程。

7.4 绿色金融

绿色金融指为支持环境改善、应对气候变化和资源节约高效利用的经济活动，即对环保、节能、清洁能源、绿色交通、绿色建筑等领域的项目投融资、项目运营、风险管理等所提供的金融服务。

绿色金融的目的是支持有环境效益的项目，环境效益包括支持环境改善、应对气候变

化和资源高效利用；绿色项目的主要类别对未来各种绿色金融产品的界定和分类有重要的指导意义；明确了绿色金融包括支持绿色项目投融资、项目运营和风险管理的金融服务，说明绿色金融不仅包括贷款和证券发行等融资活动，也包括绿色保险等风险管理活动，还包括了有多种功能的碳金融业务。

1. 绿色信贷

我国绿色信贷在发行标准、监督管理、激励制度等方面均已具有严格详细的管理政策。金融机构绿色贷款规模快速增长，以基础设施的绿色升级及清洁能源的发展为核心，不断推进我国绿色行业的发展进程。然而，目前绿色项目需求资金仍有较大缺口，绿色信贷所提供的资金规模与我国绿色融资需求水平还相去甚远。

2. 绿色债券

绿色债券所募集的资金主要用于节能环保的绿色产业项目，从而推动绿色金融的发展。绿色债券市场是我国绿色金融体系中的一个重要组成部分，建立一个良性的、可持续的债券市场，对于促进我国绿色债券市场的健康发展有着非常重要的作用。近年来，我国政府出台了一系列关于推进绿色债券发展的政策文件，有效促进了我国绿色债券的发展。

3. 绿色基金

绿色基金是专门为绿色发展而设立的专项投资基金，旨在使资金流入绿色企业及绿色项目，从而促进绿色经济发展。近几年我国绿色基金发展迅速，政府相继出台了支持绿色基金发展的政策文件，相关法律法规逐步完善，市场规模不断扩大。地方性的绿色基金创新产品也不断增多，基金种类日益丰富。

4. 绿色保险

绿色保险又称为生态保险，以环境责任保险为代表，主要用于管理环境风险。环境责任保险是指以污染导致的第三方利益损失为标的，量化环境风险，从而帮助企业更好地应对环境风险，增强对污染的控制，避免污染事故的发生，进而使生态环境更安全。2007 年，我国开始试点环境责任保险，2015 年之后，发展速度加快。为了增强企业的环保意识，我国修订了《环保法》，绿色保险的规模逐渐提升。

改革开放初期，绿色金融就已经在中国开始萌芽。近几年来，我国大力推进绿色金融发展，绿色信贷、绿色债券、绿色基金、绿色保险等绿色金融产品也都发展迅速，在法律政策、总体规模数量和产品创新等方面取得可喜的成绩，以绿色信贷为代表的绿色金融产品位居世界前列。

通过发展绿色经济，促进生产方式和生活方式的根本性变革，推动经济、社会、生态实现绿色低碳发展，我们一定能够共建绿色中国，共创生态文明，共享美好未来。

7.5 绿色评价

实现碳中和目标已成为绿色低碳发展的国家战略。国内外实践表明，如果缺乏可量化的、科学、客观的绿色评价标准作为依据，就很难监测评价对象碳中和的实现进程和现状；就无法对评价对象提供和发挥判断、鉴定和激励的导向作用；更无法有效提升评价对象的碳管理能力；社会也无法对碳排放单位进行绿色辨别。因此，科学、客观、全面地量化绿色评价标准是实现“双碳”目标不可或缺的技术基础。

7.5.1 概述

碳中和是二氧化碳“净零排放”，而不是二氧化碳“零排放”。净零排放的概念就是人类可以排放一定数量的二氧化碳，但这个排放量中的部分被自然界吸收固定，余下部分则通过人为努力固定，使排放量与固碳量相等，即为碳中和。评价一个国家、一个地区甚至一家企业等的碳中和程度，就是看其排放量和固碳量的程度和发展进程。

实现“双碳”目标是一个复杂的动态过程，需要采取包括能源升级转型、节能减排、资源循环利用、固碳等一系列措施。在此过程中，科学的绿色评价可以全面监测碳排放评价对象的现状和发展趋势，为制定减排策略提供依据；同时评估碳中和项目的可行性，及时发现问题和不足，并制定相应碳减排措施，充分发挥经济手段的效能。绿色评价将推动碳中和的实现进程，对促进绿色低碳发展，保护生态环境，发挥重要的积极作用。

由于目前暂没有统一的绿色评价量化指标，本节重点对绿色评价指标进行量化，旨在给出一种可以根据不同类型评价对象的情况，进行多元化综合评价的量化参考标准。

绿色评价指标需要秉持科学性、客观性、可操作性原则，符合国家相关碳减排方针政策，建立综合量化评价指标体系，准确、客观、有效、全面地反映评价对象的碳中和现状和发展进程。我们将绿色评价，分为主观评价和客观评价。

（1）主观评价：主要从主观因素针对不同场景的不同需求对企业或组织等的碳排放措施及实施情况进行多元化综合评价。包括减排项目计划书的制定，是否做出合理的碳中和承诺，减排过程中是否使用绿色能源，是否开发和使用节能技术提高能源使用效率等进行量化评价。

（2）客观评价：主要根据企业或组织等实际碳排放量的各项参数进行客观计算，根据计算结果进行量化评价。本节提出了三种可供参考的客观评价量化指标，包含绿色能源指数、绿色电力指数和碳中和电力指数。

7.5.2 绿色量化评价

绿色评价对象重点分为温室气体排放企业或产品服务提供单位（简称排放单位），区域和大型活动承办单位（简称大型活动）等不同类型的评价对象。

针对不同类型的评价对象可选择不同的评价标准。其中，主观评价占 20%，客观评价占 80%，满分为 100 分。

1. 主观评价

主观评价部分总分 100 分，分为共性化主观评价和个性化主观评价。其中，共性化主观评价占 40 分，个性化主观评价占 60 分。主观评价得分根据不同评价对象（排放单位、区域、大型活动）的共性化主观评价和个性化主观评价的指标得分之和确定。主观评价具体指标及分值见表 7-3。

表 7-3　绿色评价主观指标描述及分值

一级指标		二级指标	分值
共性化主观评价	碳中和承诺评价	碳中和承诺内容是否规范、充分	10
		碳中和管理文件文件是否完整	10
	温室气体排放量评价	温室气体排放报告是否规范、充分	10
		独立第三方评价机构认定的温室气体排放检查报告是否规范、充分	10
	小　计	40	
个性化主观评价	a. 排放单位		
	排放单位碳排放管理体系评价	碳排放管理体系的建设情况	20
		碳排放管理体系的执行情况	20
	能源计量情况评价	执行国家对用能单位能源计量器具配备和管理要求的情况	20
	小　计	60	
	b. 区域		
	区域碳排放管理体系评价	碳排放管理体系的建设情况	20
		碳排放管理体系的执行情况	20
	低碳策略评价	是否有低碳策划书	10
		低碳策划书内容是否充分、规范	10
	小　计	60	
	c. 大型活动		
	公众减排参与机制评价	公众参与碳排放监督制度建立情况	20
		以信息化、智能化为基础的绿色大型活动碳排放管理体系建设情况	20
	低碳策略评价	是否有低碳策划书	10
		低碳策划书内容是否充分、规范	10
	小　计	60	
合　计		100	

2. 客观评价

客观评价部分总分 100 分。评价指标主要分为绿色能源指数、绿色电力指数、碳中和电力指数，这三个评价指标是并行的评价模式，可以根据实际情况选取其中一种作为客观评价的分值计算评价标准。

1）绿色能源指数

绿色能源指数是以能量作为参考物的评价指数，是对评价对象使用绿色能量占比进行评价的指数。绿色能源指数量化定义为

$$绿色能源指数 = \frac{绿色能量}{总能量 - 中性能量} \times 100$$

式中：绿色能量是评价对象使用的绿色能源所提供的能量；总能量是评价对象使用的总能源所提供的能量；中性能量是评价对象使用的生物质能源所提供的能量。这里的能源包含评价对象使用的一次能源、二次能源等所有能源。

随着碳中和目标的实现，评价对象使用的绿色能源逐步替代化石能源，绿色能量占比逐渐增大，绿色能源指数会逐渐趋近 100 分。

2）绿色电力指数

绿色电力指数是以电能作为参考物的评价指数，是绿色能源指数在电能上的应用。绿色电力指数是对评价对象使用绿色电能占比进行评价的指数。通过绿色电力能源占比发展现状的量化评价，有效考核评价对象使用电力能源的脱碳化进程，有利于评价对象客观、准确掌握绿色电力能源的使用现状，进一步调动电力用户参与绿色电力建设的积极性和主动性，促进绿色能源发展；有利于建立市场化绿色电力交易机制和价格形成机制，提升电力用户参与电力脱碳化的积极性，促进绿色电力消费；有利于电力系统建立以政府为主导、市场为基础的绿色电力消纳机制，促进绿色能源合理消纳，实现电力脱碳。

将绿色能源指数公式中的能量代入电能时，则

$$绿色电力指数 = \frac{绿色电能总量}{电能总量 - 中性发电量} \times 100$$

式中：中性发电量指生物质能源的发电量。

3）碳中和电力指数

碳中和电力指数以电能作为参考物的评价指数，是电力使用中衡量评价对象使用绿色电力能源和节约电力能源占比现状的评价指数。

$$碳中和电力指数 = \frac{绿色电能总量 + 节电总量}{计划用电总量 - 中性发电量} \times 100$$

式中：计划用电总量是指节能提效技术使用前的原用电总量。

因此，随着碳中和目标的实现，碳中和电力指数会逐渐增加。

最后，评价对象评价总分为

$$总得分 = 主观评价得分 \times 20\% + 客观评价得分 \times 80\%$$

根据评价对象的总分进行综合评级，具体如表 7-4 所示。

表 7-4 碳中和评价结果

分数	85~100	70~84	60~69	60 分以下
状态	优秀	良好	一般	不合格
等级	AAAAA 级	AAAA 级	AAA 级	暂不评级

7.5.3 绿色评价应用举例

以江苏省某企业绿色产业园区建设项目为例。

江苏省某企业绿色产业园区，该企业计划一年用电 550×10^4 千瓦时，其中使用中性能源发电为 90×10^4 千瓦时。为实现“双碳”目标，该园区陆续建设了屋顶分布式光伏电站项目，光伏电站一年发电 47×10^4 千瓦时；园区进行了 LED 照明装修改造，使用率达到 100%，全区内共使用各类型 LED 灯 13000 多只，总功率 300 千瓦，和普通节能灯相比 LED 照明节能电能 60% 以上，一年节电为 56×10^4 千瓦时；园区进行了中央空调系统改造项目，安装地源热泵 20 台、合计功率 1170 千瓦，一年的节电量为 215×10^4 千瓦时。应用绿色评价指标体系，对该园区进行综合评价如下。

1. 主观评价

主观评价如表 7-5 所示。

表 7-5 主观评价打分表

一级指标	二级指标	完成情况	所得分值
碳中和承诺评价	碳中和承诺内容是否规范、充分	完成	10
	碳中和管理文件是否完整	部分完成	3
温室气体排放量评价	温室气体排放报告是否规范、充分	完成	10
	独立第三方评价机构认定的温室气体排放检查报告是否规范、充分	未完成	0
碳排放管理体系评价	碳排放管理体系的建设情况	完成	20
	碳排放管理体系的执行情况	完成	20
能源计量情况评价	执行国家对用能单位能源计量器配备和管理要求的情况	完成	20
总得分	83		

2. 客观评价

选取碳中和电力指标对该企业改造一年来进行客观评价计算如下：

$$
\begin{aligned}
\text{客观评价得分} &= \frac{\text{绿色电能总量} + \text{节电总量}}{\text{计划用电总量} - \text{中性发电量}} \times 100 \\
&= \frac{(47 + 56 + 215) \times 10^4}{(550 - 90) \times 10^4} \times 100 \\
&\approx 69.1
\end{aligned}
$$

最终评价得分为

$$
\begin{aligned}
\text{总得分} &= \text{定性评价得分} \times 20\% + \text{定量评价得分} \times 80\% \\
&= 83 \times 20\% + 69.1 \times 80\% \\
&= 71.88
\end{aligned}
$$

最后，该园区综合评定为 AAAA 绿色园区。

思考题

1. 如何理解“绿色经济”？
2. 简述碳市场在全球应对气候变化中的重要性。
3. 全球碳市场发展呈现出哪些趋势？

碳中和工程典型应用案例

前面章节已经详细介绍了绿色能源技术、绿色电力系统、储能技术、节能减碳技术和负碳技术等，我们对这些技术已经有一定的了解；在实际的工程应用中，针对不同行业和应用场景，需要遵循科学的一般规律，围绕不同的碳中和目标，构建适合的体系（系统），通过利用适合的技术，解决实际的问题，最终实现碳中和工程目标。

本章选取国内外四个碳中和工程典型案例，分别是国内首个碳中和小镇——中新天津生态城智慧能源小镇、国内首个碳中和园区——金风科技亦庄智慧园区、世界首个碳中和奥运会——北京 2022 冬奥会赛事工程和首届碳中和世界杯——卡塔尔赛事工程。四个案例均以碳中和为目标，通过技术的综合应用，实现了二氧化碳的净零排放，尤其是北京冬奥会和卡塔尔世界杯在赛事初期就制定了具体的碳中和实施计划，通过“数字赋能”等多种措施对各项数据进行严格控制，开启了碳中和大型国际赛事的先河，提供了一种数据可量化、指标可考核、经验可借鉴、模式可推广的碳中和工程模型。

以下围绕碳中和目标的实现，逐一进行介绍。

8.1 国内首个碳中和小镇——中新天津生态城智慧能源小镇

在绿色理念延伸的影响下，中国节能与综合利用水平明显提升，绿色技术装备供给能力大幅增强，重点区域绿色发展水平显著进步，绿色制造工程取得阶段性成效。

从用能自给自足，余电还能“上网”的“零能耗小屋”，到能源自给率达 112% 的不动产登记中心，再到实现碳中和的“零碳”社区商业示范工程，2008 年 9 月开始建设至今，中新天津生态城依托自身绿色发展基础，在打造“零碳”示范工程的同时，加快推进“零碳”示范单元体系标准制定，为全国探索可复制推广的实现“零碳”排放的成果和经验。图 8-1 所示为中新天津生态城碳中和路线图。

中新天津生态城智慧能源小镇是世界上第一个国家间（中国和新加坡）合作开发建设的生态城市，国内首个“生态宜居”和“产城集约”智慧能源小镇。建设目的是面对全球气候变暖和化石能源日益短缺的严峻形势下，肩负起研究和利用新型能源，探索城市可发展之路，解决环境污染日趋严重的历史使命。确立了以低碳城市为目标、以低碳产业为核心、以新能源利用为重点的发展战略。生态城在开发建设过程产业引入倡导“高附加、低能耗”的绿色经济理念。

目前中新生态城区域可再生能源利用率不小于 20%，绿色出行比例达到 90%，人均能耗比国内城市人均水平降低 20% 以上，100% 为绿色建筑。供电可靠性、清洁能源利用比例、电能占终端能源比重、综合能源利用效率等核心技术指标达到国际领先水平。下面对相关技术系统中的典型案例进行介绍。

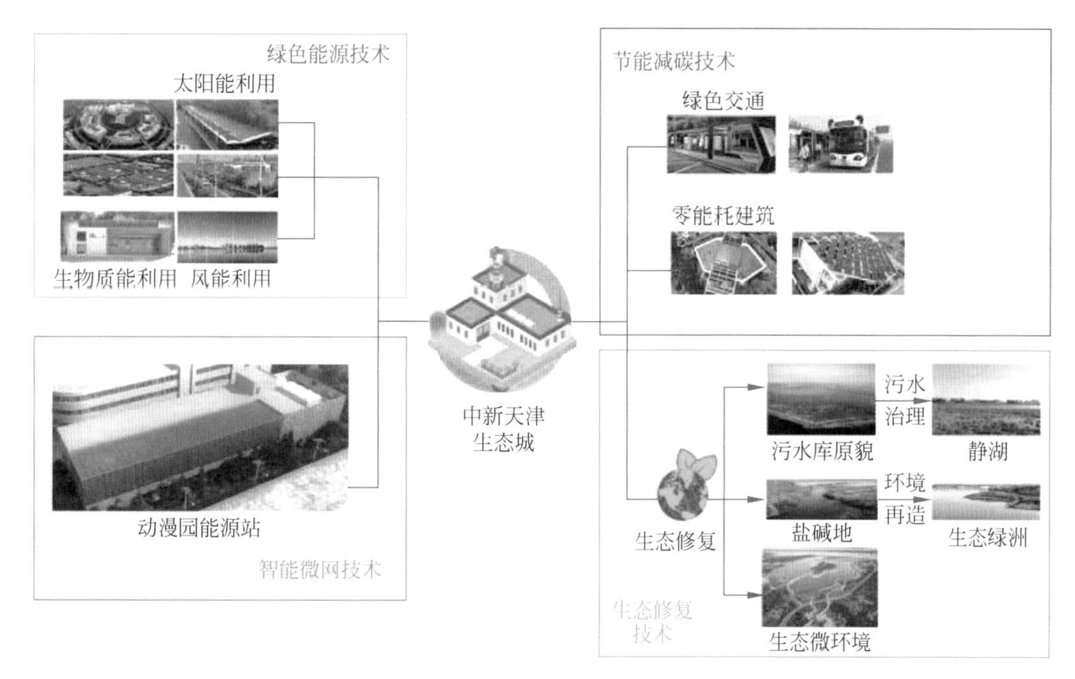

图 8-1 中新天津生态城碳中和路线图

8.1.1 绿色能源技术应用

中新生态城已建成中央大道光伏工程、北部高压带光伏工程、楼宇光伏工程三大工程共包括 6 座光伏电站，总规模 11.5 兆瓦。

1. 中央大道光伏工程

如图 8-2 所示，中新天津生态城中央大道 30 米宽绿化带建设的城市景观型太阳能光伏发电 ❶ 工程，位于生态城内，总占地 24 万平方米。工程总体投资约 1.89 亿元，总装机容量 5.6 兆瓦，2014 年 3 月建成，年发电量约 600 万千瓦时。该工程已覆盖《温室气体自愿减排工程审定与核证指南》的“审定要求”中所要求的全部内容，工程预计年均减排量为 6644 吨二氧化碳当量。推荐备案为中国温室气体自愿减排工程。

图 8-2 中央大道光伏工程

工程安装了 11 个多晶硅电池并网发电单元和 2 组双玻光伏并网发电单元，并建设一座 10 千伏集中开关站。工程通过替代由化石燃料占主导的华北电网产生的同等电量，减少与所替代的电力相对应的发电过程的 CO_2 排放，实现温室气体的减排。

工程的设计预期寿命为 25 年。根据《电力系统排放因子计算工具》考虑电池组件的衰减，即上网电量按每年 0.8% 线性递减，基于运行后首年预计发电量为 7330 兆瓦时，每年上网电量逐渐减少，计算得到本工程第一计入期内年平均净上网电量为 7154 兆瓦时，因此工程在第一计入期内的年均基准线排放量 ❷ 为 6644 吨二氧化碳当量。

2. 北部高压带光伏工程及楼宇光伏工程

中新天津生态城北部高压带下方城市边角地建设的太阳能光伏发电工程，总投资约 1.18 亿元，总装机容量 0.37 兆瓦，2014 年 3 月建成，年发电量 3628 万千瓦时。

动漫园楼宇光伏工程，利用动漫园 4 栋公建楼顶的空间，装机容量 502.9 千瓦，2013 年 5 月 14 日建成同期并网发电，年发电量约 57 万千瓦时，如图 8-3 所示。

图 8-3　动漫园楼宇光伏工程

3. 污水处理厂光伏工程

污水处理厂占地面积 28 公顷，位于中新生态城西侧，是一项重要的公益环保工程。污水处理厂本期共建设 4 座氧化沟，远期再建设 2 座氧化沟，采用混凝土盖板加盖封闭的方式。该光伏发电工程充分利用氧化沟沟盖板上方约 1.9 万平方米的空间，利用沟盖板作为光伏支架的基础安装光伏支架建设污水厂光伏电站。

如图 8-4、图 8-5 所示，该工程采用多晶硅和非晶硅电池板发电，其中多晶硅电池板单块功率 210 瓦，规格 1.5 米 ×1 米，共计 3432 块，单晶硅电池板单块功率 95 瓦，规格 1.3 米 ×1 米，共计 630 块。装机容量将达 780 千瓦，年发电量 88.7 万千瓦时，每年节约标准煤 293 吨，减少二氧化碳排放量 887 吨、二氧化硫 4.4 吨、氮氧化物 2.8 吨、烟尘 1.2 吨。

4. 蓟运河口风电工程

位于起步区内，属于南部城市入口区主体公园景观区，蓟运河与永定新河的汇合入海处是生态城可再生能源规划的重要组成部分，具有较大的社会环境效益。图 8-6 所示为蓟

图 8-4 生态城污水厂光伏工程单晶硅电池板

图 8-5 生态城污水厂光伏工程效果图

运河口风电工程，工程共配备 5 台 WTG900 型励磁风机，总装机容量 4.5 兆瓦，发电量约为每年 522.5 万千瓦时。2011 年 11 月 29 日建成同期并网发电，截至 2021 年 3 月累计发电 3506 万千瓦时。

图 8-6 蓟运河口风电工程

除以上典型工程外，中新生态城内遍布安装了“风光互补路灯”“光伏车棚”“太阳能垃圾桶”“智能垃圾分类驿站”等绿色能源设备，为居民打造了绿色应用下的生态环境氛围。

8.1.2 绿色电力技术应用

动漫园综合能源站作为国内首创的多种能源综合利用示范工程，集地源热泵、水蓄能、燃气三联供、电制冷、市政热源等多种能源利用方式于一体，实现了多技术耦合利用，如图 8-7 所示。主要为动漫园区内 24 万平方米的公建用户提供集中供冷、供热服务，为园区构建了安全、高效、节能、低污染的现代化功能中心。

能源站突破传统，建设多级微网协调调配的新型能源体系，从而达到优化能源结构，提升能源利用效率的目的；主要功能通过部署配变终端（TTU）、环境监测传感器、低压线路监测单元、末端监测单元等实现。主要技术如下。

图 8-7　生态城智慧城市运营中心

1. 燃气冷热电三联供技术

燃气冷热电三联供属于清洁能源利用技术，是指以天然气为主要燃料的燃气轮机或内燃机带动发电机等发电设备运行，产生的电力满足用户的电力需求，系统产生的废热通过余热回收利用设备（余热锅炉或者溴化锂余热机组等）向用户供热、供冷，从而实现冷、热、电三联供。燃气冷热电三联供作为分布式能源的一种，采用先进的技术，使能源综合利用率达到 80% 以上。图 8-8 所示为三联供系统年发电量和减排示意图。

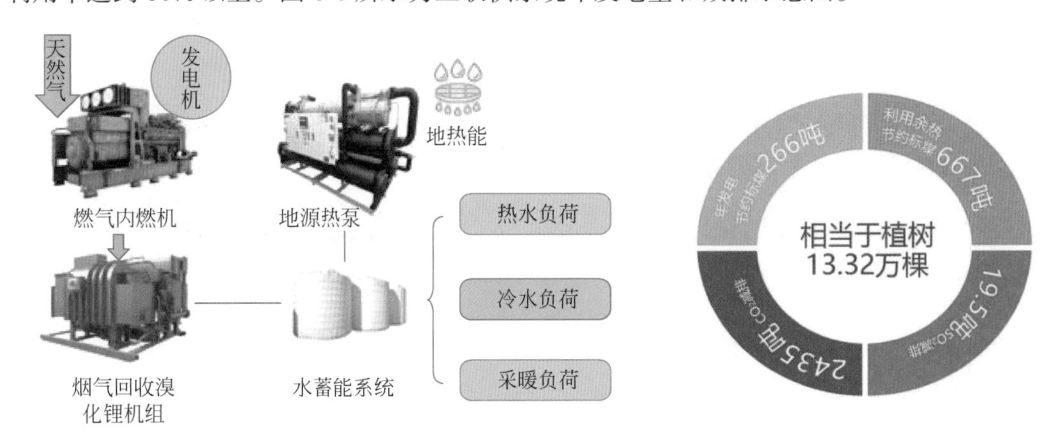

图 8-8　三联供系统年发电量和减排示意图

动漫园能源站燃气三联供系统由 1 台发电功率为 1480 千瓦的燃气内燃发电机组和 1 台制冷量 1465 千瓦的溴化锂烟气热水型余热吸收机组组成。其中燃气内燃机的发电热效率可达 43%，发出的电通过 10 千伏母线并入市电网，作为补充电力，溴化锂机组利用发电机组产生的 386 摄氏度高温缸套水作为动力制取冷水和热水，为用户提供冷热负荷，使得整个系统的一次能源利用率可超过 80%，为火力发电厂效率的 2 倍，污染物排放量为传统火电厂的十分之一，实现了能源的阶梯有效利用，达到节能减排的目的。

2. 土壤源热泵技术

图 8-9 所示为地源热泵工作原理图，该技术的工作原理为，在夏季制冷中，首先空调侧

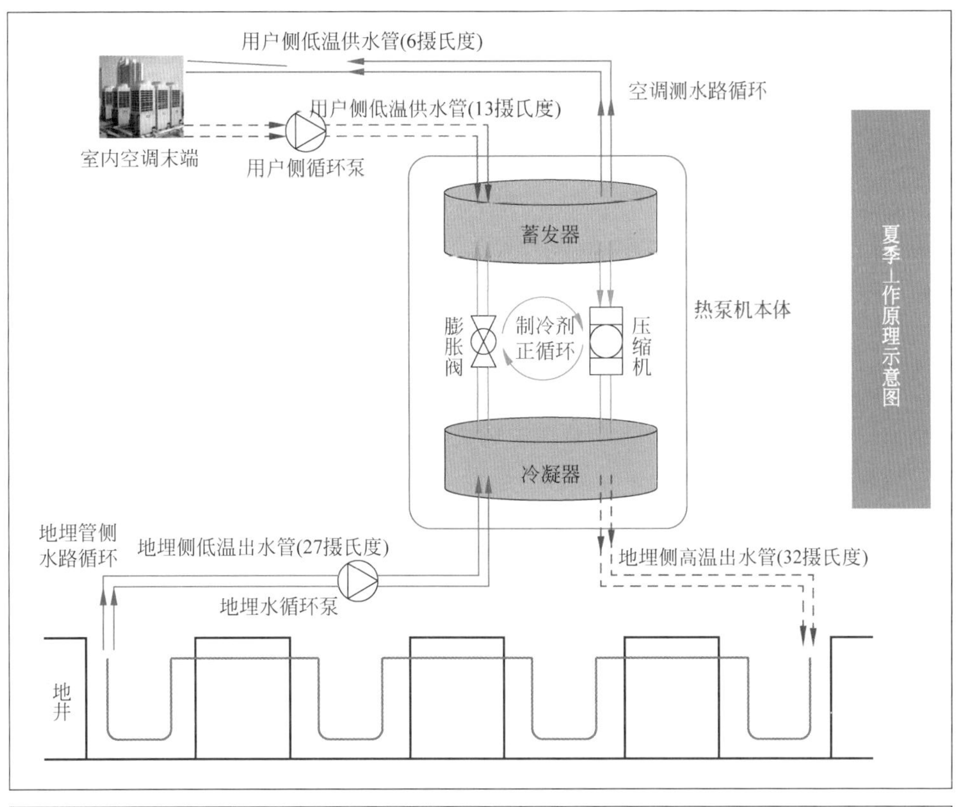

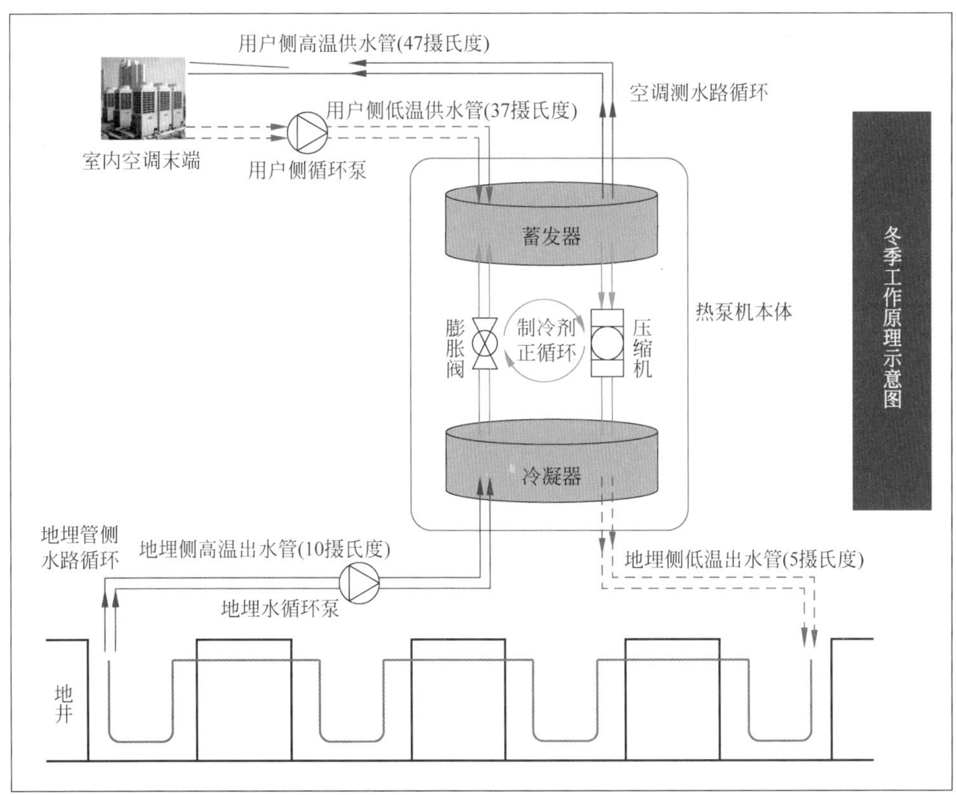

图 8-9　地源热泵工作原理图

的循环水路将房间的热能在机组蒸发器中转移给制冷剂，然后通过制冷剂的循环，将热量在机组的冷凝器中转移给地埋管侧的循环水路，排放到土壤中，为冬季采暖储存热量，从而实现热量由室内至土壤的转移，达到给房间制冷的目的。

3. 水蓄能技术

水蓄能技术是空调蓄能技术的重要方式之一，它以水为介质，利用水的温度变化，将冷量 / 热量储蓄起来，并在必要时将储蓄的冷量 / 热量进行释放，能有效节约空调系统的运行成本，目前已在国内大面积推广应用。

图 8-10 所示为水蓄能夏季 / 冬季工况示意图，此工程水蓄能系统采用大温差空调水蓄能方案，可以冬、夏两季使用，主要有 4 个直径 9 米、高 12.16 米、容积 750 立方米的蓄能罐及 2 台地源热泵、2 台板式换热器组成。蓄能罐夏季一次可蓄冷量约 24300 千瓦时，向外供出 4 摄氏度的冷水；冬季一次可蓄热量约 45700 千瓦时，可向外供出 65 摄氏度热水。

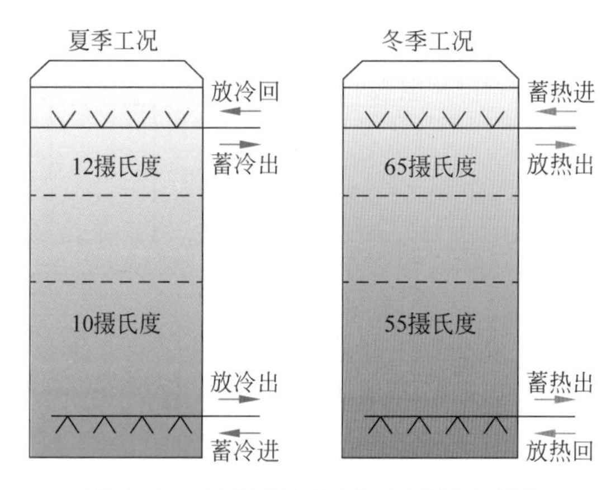

图 8-10 水蓄能夏季 / 冬季工况示意图

在运行方式上，采用低谷电价时段蓄冷 / 蓄热，高峰电价时段放冷 / 放热原则。通过能源站内先进的自动控制系统，实时监测罐体内的温度、蓄能及放能程度，实现放能时间、放能速度及能量的自动优化运行，以达到节能、节约运行成本的目的。

8.1.3 节能减碳技术应用

1. 零能耗建筑

零能耗建筑是指应用太阳能和可再生能源来运作的建筑，使一年中现场产生能量的净额等于建筑所必需的能源净额。零能耗建筑是最理想也是最现实的能源节约建筑。

建筑光伏（简称 BMPV）是安装在建筑物上的光伏发电系统，包括 BAPV 和 BIPV。其中，BAPV 是附着在建筑物上的光伏发电系统，也称为“安装型”光伏建筑。BIPV 是与建筑同时设计、同时施工和安装并与建筑物形成完美结合的光伏发电系统，也称为“构件型”和“建材型”光伏建筑。将光伏发电系统与建筑实际情况相结合，将光伏发电系统设计融入建筑设计施工的全过程中，才能够在建筑功能及美感不受影响的同时，使太阳能的利用达到最优化，甚至优化建筑功能，提升建筑美感。

天津的年均日射量为4.073千瓦时/平方米、年日照时间为2778小时、年平均日照率为63%。作为零能耗建筑，光伏发电全年的发电量应大于负荷能耗的10%以上。华北地区季节差异较大，夏季及春秋季，光伏发电量大于负荷用电量；冬季，光伏发电量小于负荷用电量。通过光伏发电系统的并网技术措施，即可实现从电网取电，也可向电网馈电的并网形式。即：夏季及春秋季多余的电量馈向电网，冬季从电网取电。一年的光伏发电总量大于建筑能耗的总量，从而真正实现零能耗建筑。图8-11所示为光伏建筑一体化设计流程图。

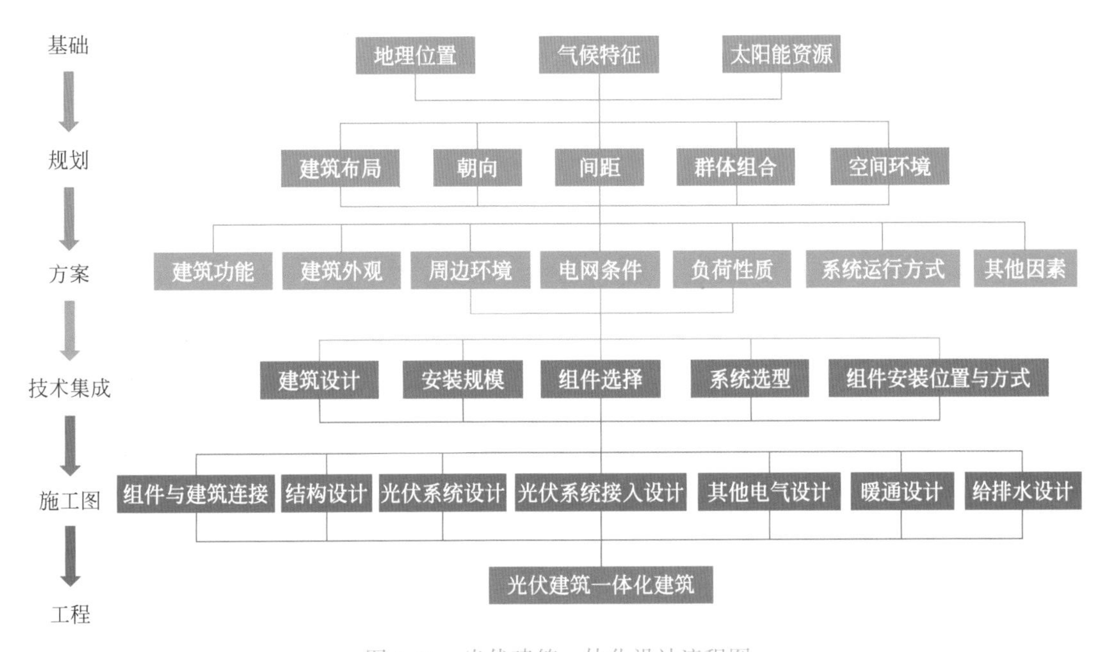

图8-11 光伏建筑一体化设计流程图

中新生态城在建筑方面利用“光伏建筑一体化”和再造石装饰混凝土挂板技术，真正实现了零能耗建筑的应用。图8-12、图8-13所示分别为中新天津生态城不动产登记服务中心和生态城零+小屋。

图8-12 中新天津生态城不动产登记服务中心

图8-13 生态城零+小屋

建筑外檐材料采用了由矿山废料及混凝土废渣加工而成的再造石幕墙挂板，既实现了废物的回收利用，又减少了对环境的污染。

2. 绿色交通

绿色交通是一个全新的理念，与可持续发展一脉相承，它强调的是城市交通的“绿色性”，即减轻交通拥挤，减少环境污染，促进社会公平，合理利用资源。与传统的交通理论相比，绿色交通理论更加注重城市土地布局、城市形态与环境容量等因素对交通供给的制约。

中新天津生态城建设的核心目标就是在资源约束条件下寻求城市的繁荣与发展。绿色交通模式的推行是其实现集约紧凑发展目标的重要手段。首先，在目标理念层面，更加注重交通引导而不是单纯地进行道路规划，更加注重交通规划与城市用地布局及环境保护之间的密切联系。其次，在规划制定层面，构建符合绿色交通发展需要的交通系统及功能系统。最后，在管理实施层面，通过制定相应的指标体系，对规划实施状况进行监督和反馈。

8.1.4 负碳技术应用

规划中，结合蓟运河故道、污水库、高尔夫球场等规划范围内自然要素，和“大黄堡 - 七里海湿地连绵区”等区域自然本地资源，建立“中心生态核 - 片区生态廊道 - 区域生态基底”连通一体的生态格局，构建“一岛、三水、六廊”的生态空间结构，形成“水库 - 漫滩湿地 - 河流 - 滩涂湿地 - 海水”的多级水生态网络。在故道河和清净湖围合的区域建设生态城的开敞绿色核心——生态岛；在生态岛西南侧，将原 3 平方千米的工业污水库进行整治，成为今天的静湖。以静湖、蓟运河和故道河三大水系为骨干，规划建设惠风溪、甘露溪、吟风林、琥珀溪、白鹭洲及鹦鹉洲六条以人工水体和绿化为主的生态廊道，形成内部相联、外部相通的生态网络。

生态城扩区以后，延续合作区可持续发展的理念、先底后图的规划方法和生态空间塑造、湿地保护等经验。继续坚持生态优先原则，加强对区域性生态廊道、鸟类栖息地和河流水系的保护，保留入海口大面积生态湿地，确保生态系统有机衔接，形成区域一体化的生态格局，实现湿地净损失为零。以静湖、故道河、南湾、贝壳堤等水系为依托，规划多级生态廊道，构建复合生态系统。规划建设东堤公园、南堤滨海步道、海堤公园、生态谷等线性绿色廊道，串联城市公园和社区绿地，形成蓝绿交织、清新明亮、水城共融的生态城市。

8.1.5 “零碳”示范单元标准体系

生态城在开发建设过程中确定了 100% 绿色建筑的强制性指标，产业引入倡导“高附加、低能耗”的绿色经济理念，充分考虑环境承载能力。此外，生态城还建立起太阳能、地热能、风能、生物质能综合可再生利用体系，年减碳量超过5万吨。

通过能源管理手段，建立“零碳”示范单元标准体系。对于“零碳”目标的探索不仅在技术层面，还涉及能源、环境、生产方式等众多方面，是一个复杂的系统工程，一套可量化、可操作、可评价的标准体系对于低碳技术推广至关重要。

2022年10月正式发布中新天津生态城首套“零碳”示范单元标准体系（下称“标准体系”），包括《“零碳”社区认定和评价指南》《“零碳”产业园区认定和评价指南》《“零碳”工厂认定和评价指南——通则》《“零碳”工厂认定和评价指南——汽车整车制造工厂》，涵盖社区、工厂、产业园区等诸多领域。“标准体系”充分借鉴生态城绿色建筑、可再生能源利用、绿色出行、无废城市建设、绿色低碳产业等领域的发展经验和成果，明确了控制指标、碳排放量核算、认定评价等核心内容。在这个思路下，为统筹兼顾经济发展与碳达峰目标，“标准体系”为社区、工厂、产业园区等探索出了一条“低碳-超低-近零-净零”的有效减碳路径，并综合考虑控制指标符合程度与碳排放量核算结果后，对认定对象进行“零碳”水平评级。

2022年年初，天津生态城投资开发有限公司从“碳账户”中注销了513吨国家核证自愿减排量（CCER），用以抵消该社区碳排放量，使示范社区率先实现了预先“零碳”目标。

中新天津生态城应用“零碳”示范单元标准体系，率先推动形成一批可复制、可推广的低碳或“零碳”示范单元，持续为低碳发展、碳中和提供标准样板。

8.1.6 小结

中新天津生态城的首次“零碳”探索，并不是不排放二氧化碳，而是通过计算碳排放量，采取多种措施增加碳汇、减少碳排放实现等量抵消，从而达到碳的净零排放。通过多项绿色能源技术的综合应用，生态城生活宜居不断发展和完善，已经以“零碳”示范单元为点逐步实现了绿色低碳目标，是典型的“零碳”示范单元体系碳中和工程应用案例。

8.2 国内首个碳中和园区——金风科技亦庄智慧园区

金风科技亦庄智慧园区（以下简称为“园区”）于2021年，由北京绿色交易所颁发了碳中和证书，成为中国第一个碳中和智慧园区。如图8-14所示，园区集分布式绿色能源技术、储能技术、节能减碳技术、绿色电力技术、能效管理技术等于一体，在优化能源利用结构的基础上，实现了碳中和运行。其中，园区自产绿色电力能源占比超过50%，实现每年5000吨左右的碳减排，节省电费约450万元；借助绿色电力技术，电力就地消纳，最大限度利用绿色能源以降低碳排放；利用能效管理系统和节能技术，每年可节约电力 60 万千瓦时。园区对剩余的温室气体排放，通过购买中国核证自愿减排量进行抵消。

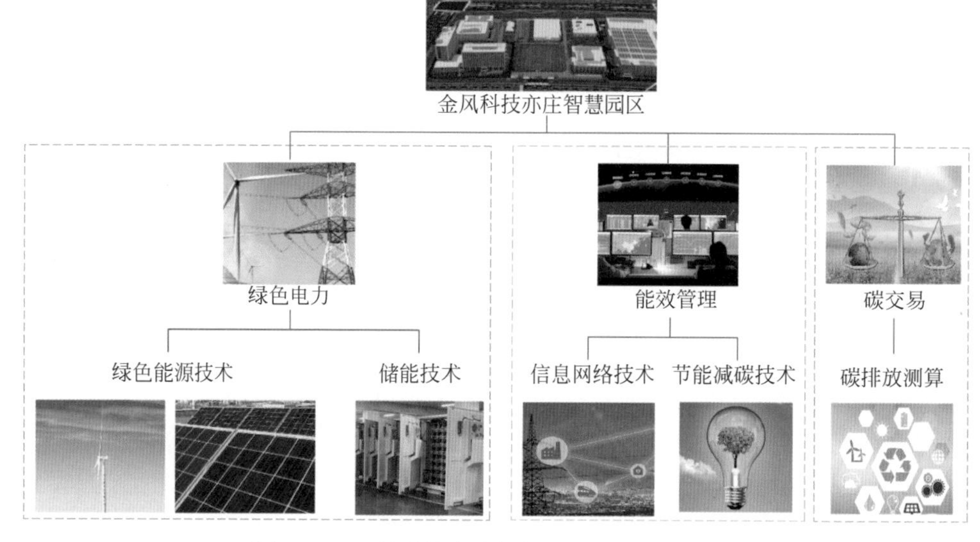

图 8-14 金风科技亦庄智慧园区的碳中和路径

8.2.1 绿色能源技术应用

1. 绿色能源技术应用

园区采用风电、光伏、储能、天然气发电等能源的多能互补模式，借助智能微网、能源互联网等技术实现碳中和。绿色能源的自产自销是核心环节，每年绿色能源的发电量超过 750 万千瓦时，满足了园区 50% 以上的电力需求，实现每年 5000 吨左右的碳减排。

风力发电与光伏发电是现在以及未来关键的绿色电力能源，是我国构建绿色电力系统的主要关注点，还是应对全球气候变暖的核心手段。当前，各行各业的生产活动离不开电力的使用，如果电力是绿色的，那么生产活动的底色就是绿色的，才有可能使人类生存摆脱对化石能源的依赖，从而走上绿色发展之路。这也就意味着绿色能源是我国乃至世界控制碳排放、实现碳中和的基石，对于园区亦是如此。在能源设备配置方面，园区主要的能源设备如表 8-1 所示，其分布图如图 8-15 所示。园区配置了两台分别为 2.5 兆瓦和 2.3 兆瓦的分布式风力发电机组，以及 1.3 兆瓦的分布式光伏发电系统，用以提供绿色电力。

表 8-1 园区主要能源设备

设备类型	作　用	数　量	容　量
风电机组	提供绿色能源	2 台	4.8 兆瓦
光伏设备	提供绿色能源	若干	1.3 兆瓦

续表

设备类型	作　　用	数　量	容　量
钒液流储能装置	稳定并改善绿色电力质量	—	800 千瓦时
锂电池储能装置		—	950 千瓦时
铅酸储能装置		—	1080 千瓦时
超级电容储能装置		—	0.56 千瓦时
光伏车棚		—	92 千瓦时
天然气微燃机	冷热电三联供	3 台	730 千瓦

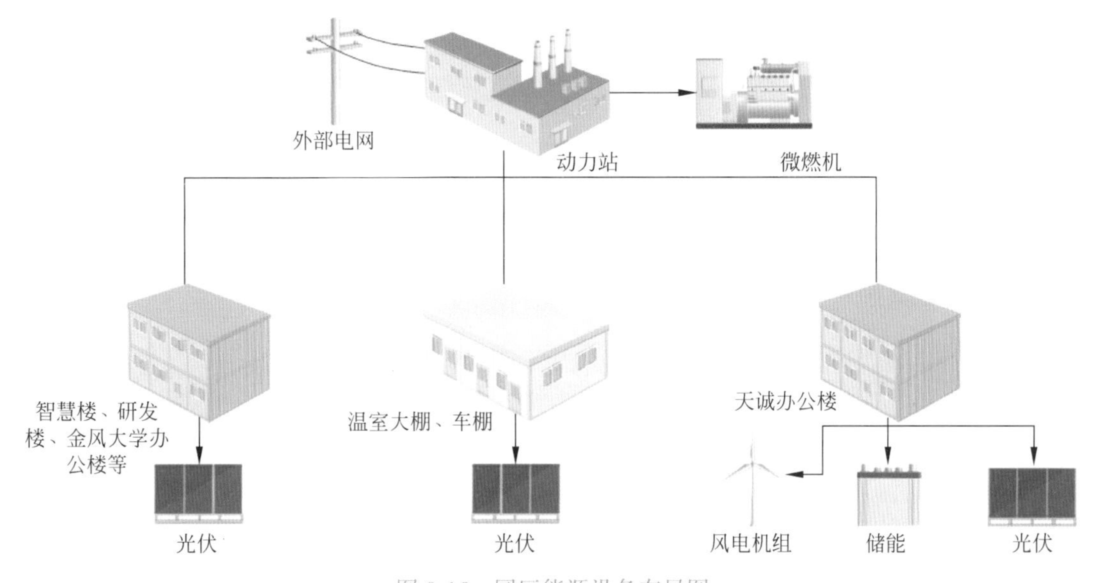

图 8-15　园区能源设备布局图

此外，为了抑制园区内风力、光伏为主的绿色能源发电存在的间歇性和波动性，为了获得稳定的电力能源供应，园区配置了储能装置，包括钒液流电池、锂电池和超级电容器等，以改善园区的电能质量；同时园区还配置了一台 600 千瓦和两台 65 千瓦的天然气微燃机，向园区联合供能，满足园区冷、热、电的需求。

2. 分布式电源技术应用

对比我国三种主流发电方式，并按照当前装机容量规模排序，分别为常规能源发电、集中式绿色能源发电和分布式发电。从输入能量的角度来看，常规能源发电与集中式绿色能源发电可明显区分开来，但都与分布式发电有一定关联。因为分布式发电的输入能量既可以是常规能源如天然气，也可以是绿色能源如风能或太阳能等，且以后者为主。

在用电负载侧，分布式发电 ❸ 也称为分布式电源。分布式电源的关键不是指其所消耗的能源类型，而是其特殊建设地点和利用模式。分布式电源的建设地点距用户负载很近，可减少输电损耗和电网建设成本。分布式电源的利用模式有两种：一种是以本地自发自用为主，剩电可上网，并参与电力系统的动态调节；另一种是属于综合利用形式，如分布式热电联产、分布式热电冷三联供等。

园区内的分布式电源包括风力发电和光伏发电，完全提供的是绿色电力，满足了园区50% 以上的电力需求，主要供园区本地消耗，剩电可储存或反馈给外部电网。传统集中式风电场或光伏电站呈现集群规模，所生产的绿色电力通常是直接并入主干电网。集群规模产生的集群效应带来的好处包括便于维护、集中管理、效率高、成本低等。但分布式电源更加靠近负荷中心，且占地面积小、灵活，可为园区级别的区域提供绿色电力能源。相对来说，光伏发电更适合于分布式利用。

园区内天然气微燃机的应用属于分布式综合利用模式，用于向园区提供热、电、冷，在园区供电充足的情况下不提供电力供应。天然气燃烧产生的碳排放远低于同等情况下的煤炭，更由于燃气电站的建设周期短、占地面积小、造价低、响应速度快等优点成为了我国能源优化结构中不可或缺的一种。

8.2.2 绿色电力技术应用

智能微网是绿色电力技术的一种现代化、小型化的应用形式。智能微网中各部分协同合作共同构成了电力能源生产与传输的“生态系统”。此“生态系统”中的能量交换可在系统中实现，也可与其他系统相互关联实现，分别是智能微网的孤岛、并网两种运行状态❹，且这两种运行状态可根据需要进行切换。园区内的电力系统就是一个典型的智能微网系统。

园区可以等效为一个海岛，园区与外部电网的关系即是海岛与大陆电网的关系。在并网运行时，园区内部的绿色电力能源与负荷之间的平衡状态主要受其自身供需关系的影响，而外部电网更多是起到了辅助稳定的作用，如在园区内部电力供应大于需要的时候，外部电网起到了“削峰”的作用；反之，则是“填谷”的作用。同理，园区内部的储能系统也起到了这个作用，并且其作用发挥的优先级要高于外部电网。在孤岛运行下，为了确保电力系统的稳定性，通常会以柴油发电机等作为备用电源，在所有分布式电源失效的情况下切入备用柴油发电机作为“稳定电源”供应。因此，园区还配置了一台 500 千瓦的柴油发电机，用于模拟孤网的运行。

8.2.3 节能减碳技术应用

“节能”和“增效”是实现碳中和的关键手段，也是走绿色永续发展道路的必要选择。“增效”就是要在优化能源结构中，优先发展绿色能源；“节能”则是倡导全社会节约使用能源，尤其是节约使用化石能源。行业、企业、个人都要树立节约意识，形成自觉行为，以全社会的共同行动建设节约型社会。尤其在我国经济快速发展的同时，各行各业能源消耗巨大，若能实现智能化、合理化的能效控制，社会收益十分巨大。在园区实现碳中和的过程中，利用如图 8-16 所示的能效管理平台，不仅可以对园区内部的能量进行统筹管理，还能清晰掌握园区内部的耗能情况以针对性地进行节能优化。

图 8-16　园区的综合能效管理平台

园区采用基于信息和网络技术的综合能效管理平台的功能框图如图 8-17 所示。在能量管理方面，核心目标是要确保园区自产绿色能源尽可能多地优先就地消纳，而绿色能源的波动需要以储能、外部电网等进行补偿，所以能源联控的实施效果是决定绿电消纳、绿电减碳、绿电降本的关键。由于园区的应用性质是以办公为主，所以能耗管理的主要对象是空调与照明系统。园区通过数字化的节能控制，每年节约电力可达 60 万千瓦时，主要包括两方面措施。一方面，充分利用峰谷电价的差异以提高经济运行效益，如智能化的空调系统可在用电低谷时储存能量，在用电高峰时释放能量，从而可节省 30%~60% 的电力。另一方面，充分挖掘能耗大户以针对性改进。在空调和照明系统中，通过传感器实现运行过程的全时段数字化采集，再由能效管理平台可视化呈现，以直观了解运行及损耗情况，并作为决策依据。同时也可根据内嵌算法自动完成过程调节，还可利用专家系统针对性给出建议报告以期服务于今后的改进。

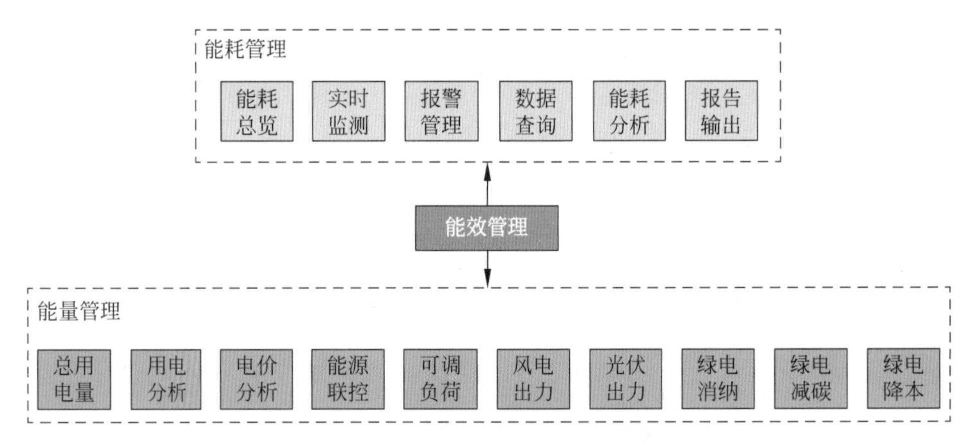

图 8-17 综合能效管理平台的功能框图

8.2.4 绿色经济运行

园区的碳减排是实现碳中和工程的必要环节。以 2020 年的测算数据为例，园区的碳排放总量在 1.1 万吨左右，主要产生于外购电力、天然气、成品油等能源的消耗过程，分别占比 85%、11% 和 4%。根据数据可知，电力能源的消耗是园区碳排放的主要来源，这也是以办公为主的园区的共同特点。不过，若没有风电、光伏等园区自产绿色电力，园区总碳排放量将超过 1.5 万吨。不妨进一步试想，若外购电力也都是绿色的，那减碳效果将更为显著。

绿色经济运行是园区碳中和的必由之路。以园区的总用电量 1500 万千瓦时为基准，若全部电力外购，园区每年电费约为 1000 万元，折合后的度电成本约为 0.65 元；而采用园区自建的风、光、储等构成的多能互补的电力供应模式后，园区外购电力费用约为 550 万元，折后的度电成本约为 0.35 元，与当地的基准电价相近。可见，园区的经济运营效益明显。

8.2.5 小结

园区采取多种碳中和技术手段控制并降低碳排放，以自产绿色能源、智能微网、能效管理等为核心，实现了自产绿色能源的高效利用。园区的碳中和技术路线不仅为类似区域的绿色永续发展提供了参照，其实现的绿色经济运行还起到了示范引领效用，如全国首个碳中和工业园区——福建三峡海上风电产业园区的落地即是园区成功经验的推广。

8.3 首个碳中和奥运会——北京 2022 冬奥会赛事工程

北京 2022 冬奥会和冬残奥会（简称“北京冬奥会”）已成功举办。近 7 年的办奥历程坚持绿色发展，“绿色办奥”的理念通过实践成为了现实。中国以实际行动兑现了对国际社会“绿色办奥”的庄严承诺，向世界集中展现了中国坚持绿色发展、建设美丽中国的坚强决心和不懈努力，为世界各国贡献了一整套“绿色办奥”的中国方案，同时创造了丰厚的绿色低碳实践遗产。北京冬奥会成为迄今为止首个碳中和奥运会。

北京冬奥会温室气体核算时间范围为2016年1月1日至2022年6月30日。如图8-18所示，北京冬奥会2016—2022年温室气体基准线排放量为130.6万吨二氧化碳当量。基准线排放量前三位的排放源分别是场馆建设改造（30.2%）、观众（23%）、交通基础设施和物流服务（19.8%）。

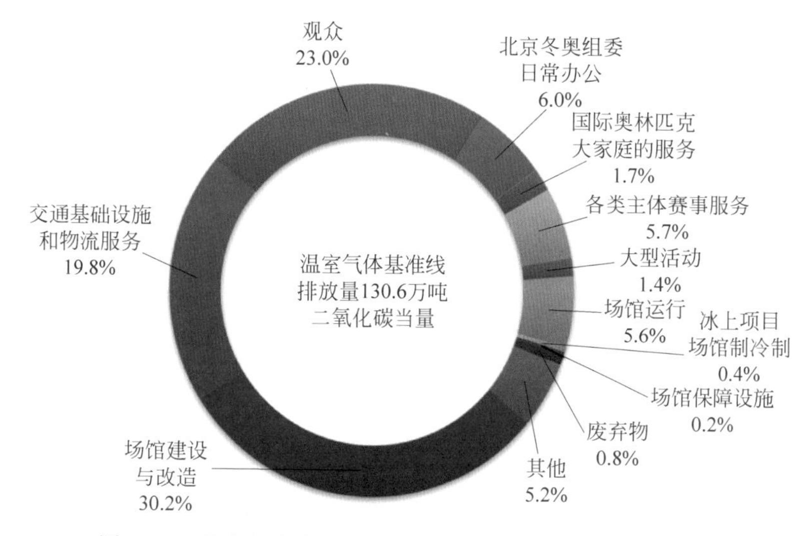

图8-18 北京冬奥会2016—2022年温室气体基准线排放量

如图8-19所示，北京冬奥会碳中和目标的实现，采取了绿色能源、绿色低碳场馆、绿色低碳交通、林业碳汇、企业核证减排量捐赠、冬奥组委低碳行动和引导社会大众行动等多种措施。涉及的典型技术应用包括绿色能源技术应用、节能减碳技术应用和负碳技术应用等，此外还涉及绿色经济运行。

8.3.1 绿色能源技术应用

“张北的风点亮北京的灯”，此次赛事所用电能全部来自张家口地区的风电和光伏发电，在供应端真正实现了“绿色能源”供应。

使用张家口地区的风电和光伏发电，还必须解决绿电并网运输的问题，张北柔性直流电网示范工程解决了这一难题。工程设计额定电压±500千伏，单换流器额定容量150万千瓦，线路总长666千米，建有4座换流站（如图8-20所示，张北、康保换流站作为送端直接接入大规模清洁能源，丰宁站作为调节端接入电网并连接抽水蓄能，北京站作为受端接入首都负荷中心），总换流容量900万千瓦，实现将张家口市风电、光伏、抽水蓄

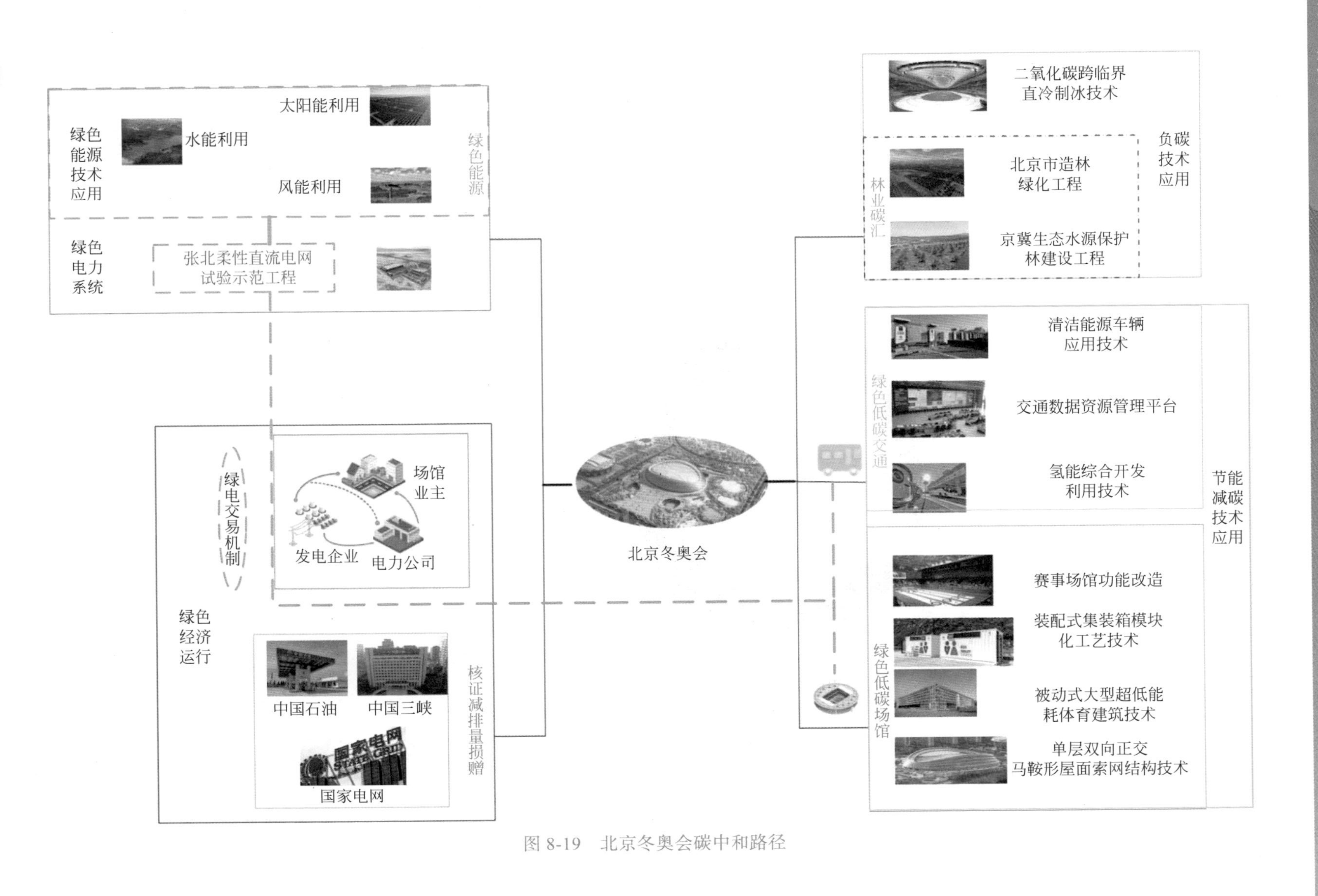

图 8-19　北京冬奥会碳中和路径

能等多种能源安全高效输送至北京市内和延庆赛区，有效支撑了 2022 年北京冬奥场馆实现 100% 清洁能源供电。

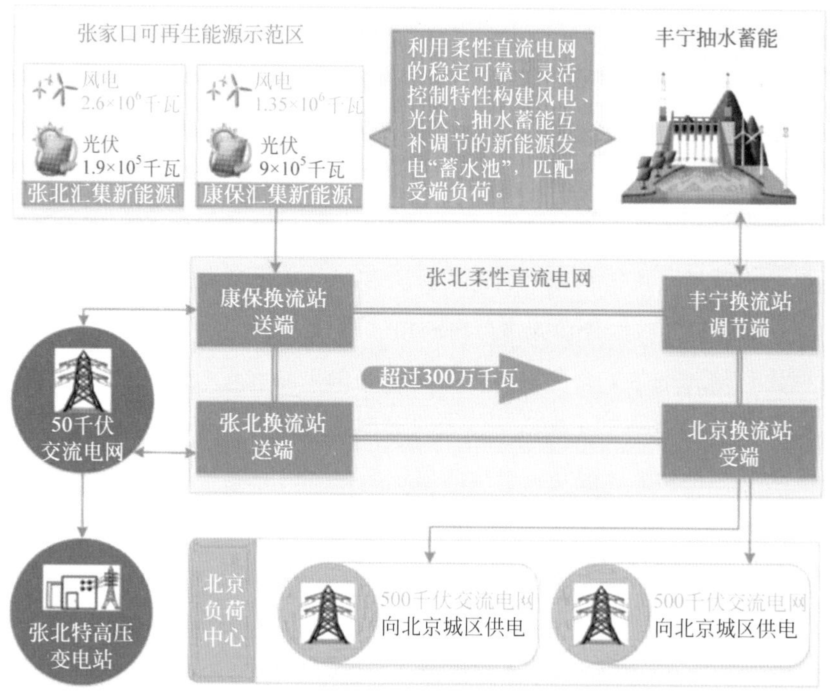

图 8-20 张北柔性直流电网试验示范工程

该工程首次突破了柔性直流电网构建与稳定控制的核心技术，提出了柔直组网、多点汇集、多能互补的直流电网拓扑和系统方案，建立了柔直电网稳定控制体系，攻克了柔直电网功率盈余与孤岛接入新能源的稳定控制等技术难题，成功实现了世界首个直流电网的稳定运行。工程响应了冬奥会“绿色用电”号召的同时，工程建设创造了12项世界第一，成为践行绿色冬奥理念的标志性工程。每年可输送约140亿千瓦时清洁电力，大约相当于北京市用电量的十分之一，全面满足北京地区以及张家口地区26个冬奥会场馆用电需求，每年节约标准煤490万吨，减排二氧化碳1280万吨。冬奥会结束后，该工程继续为北京输送绿色电能，助力减少首都大气污染、节能减排。

8.3.2 节能减碳技术应用

1. 绿色低碳场馆

1）场馆可持续发展改造技术应用

冬奥会的改造项目目的在于最大限度地节能减排，坚持践行可持续发展道路。改造工程中涉及的技术种类有很多，如建筑信息模型、单层双向正交马鞍形索网、助滑道冰面准分布式智能监测系统和二氧化碳制冰技术等。“水立方”场馆改造项目是场馆中首个获得绿色建筑二星设计评价标识的项目，“水立方”是集合承办游泳赛事、冰上赛事、大型文化演出活动等功能为一体的综合场馆，它也为夏奥遗产变身冬奥场馆树立了典型。“冰之帆”（国家体育馆）经过改造，成功实现冰场和夏季项目场地自由转换。五棵松体育中心可以在6小时之内实现冰种比赛模式的转换。同样的改造项目还包括国家速滑馆、国家游泳中心、首都体育馆等。

2）装配式集装箱模块化工艺技术应用

大量使用临时设施，满足赛事产生的短期需求。国家体育馆更衣室通过采用装配式集装箱模块化工艺，现场可像搭积木一样进行拆除和组装，重复利用率达95%以上。赛后可以无痕移除或作为场馆公共服务设施进行再利用。

装配式模块化是北京冬奥会国家跳台滑雪中心的主要设计技术之一。国家跳台滑雪中心设计团队采用建筑信息模型（BIM）技术与装配式技术，实现模数化设计、工厂化预制加工、现场安装等多种功能，成功建造顶峰俱乐部钢结构系统、装配式单元体外幕墙系统、看台预制混凝土台阶系统、助滑道系统、裁判塔系统等一系列具有代表性的装配式建筑系统，整体装配率达到90%，减少现场作业并降低了施工难度，显著缩短了建筑工期。

3）被动式大型超低能耗体育建筑技术应用

在北京冬奥会所用建筑中，有3个超低能耗建筑示范建设项目——北京冬奥村综合医疗诊所、延庆赛区冬奥村D6公寓楼组团和五棵松冰上运动中心，示范面积分别为1358平方米、10856平方米和38960平方米，总建筑面积达到51174平方米。

以五棵松冰上运动中心为例，如图 8-21 所示，五棵松冰上运动中心低碳节能举措如下。

（1）在冰场首次采用溶液除湿系统，相比传统的电热转轮除湿，节能率达 77.1%。

（2）大面积采用传热系数 *K* 值小于 1.0 瓦 /（平方米 · 开尔文）的高性能被动式建筑幕墙。

（3）在屋顶安装光伏发电晶硅组件 1958 块，光伏发电项目总容量约 600 千瓦，在生命周期内预计平均每年可产生清洁电力约 70 万千瓦时，相当于节约标准煤 252 吨，减少二氧化碳排放约 697.8 吨。

（4）冰场区采用的 LED 照明设计，不仅满足了高清转播需求，还降低了灯具热量释放对冰面的影响。

（5）冰面制作使用了最清洁、最低碳的二氧化碳跨临界直冷制冰技术，相比传统的制冷技术，不仅实现了更高质量的冰面，还大幅降低制冷系统功率，节约了 20% 以上的能源。

图 8-21　五棵松冰上运动中心

4）国内最大跨度的单层双向正交马鞍形屋面索网结构技术应用

国家速滑馆采用了双曲面马鞍形单层索网结构屋面设计，如图 8-22 所示，由 49 对承重索和 30 对稳定索“编织”而成，长跨 198 米、短跨 124 米，其中东西向拉索为承重索，南北向拉索为稳定索，均采用高钒封闭索，极限抗拉强度为 1570 兆帕。承重索和稳定索都采用双索结构，承重索直径为 64 毫米，稳定索直径为 74 毫米，整个屋面钢索及节点的总重量约 960 吨。马鞍形索网屋顶设计采用高钒封闭索。通过计算机辅助模拟索张拉施工过程，精确控制施工过程中索网的受力状态，优化张拉方法。实现 2 万平方米无立柱空间，屋面用钢量仅约为传统钢屋面的四分之一，节约钢材约 3200 吨。

图 8-22　国家速滑馆及其马鞍形屋面

2. 绿色低碳交通

1）清洁能源车辆应用技术应用

北京冬奥会以“平原用电、山地用氢”为配置原则，综合考虑赛区车辆使用环境，建设配套的充电桩、加氢站等，最大限度应用节能与清洁能源车辆，减少碳排放量。冬奥期间，赛事服务交通用车4090辆，其中氢燃料车816辆、纯电动车370辆、天然气车478辆、混合动力车1807辆、传统能源车619辆。节能与清洁能源车辆在小客车中占比100%，在全部车辆中占比84.9%，为历届冬奥会最高。

2）跨区域、部门的冬奥交通数据资源管理平台

图8-23所示为北京冬奥会低碳交通体系，北京冬奥会交通运行指挥中心利用冬奥交通数据资源管理平台实现综合指挥调度、跨部门协同组织、跨地域紧密协调，在多种需求叠加的前提下保障全市交通有条不紊运行。综合指挥调度系统的高效响应实现了交通服务的事前预案、事中监控、事后快速处置。实现了两地三赛区各参与单位的全部数据整合联通，打破了数据壁垒，将北京、延庆、张家口的交通、交管、气象、公安等多部门数据接入；整合了铁路、民航、两地公交集团、高速公路运营企业、网约车公司等多个企业数据，系统联动推送至冬奥官方应用“冬奥通”，保证信息对称与秒级同步；通过系统报送程序与PC端信息系统及时报送详细信息，管理人员能够快速掌握并精准响应，保障车辆时刻的准确与时效，做好载客突发事件的应急处置以及闭环车辆与社会车辆的交通应急处置等工作；在需求匹配和调度管理上，完成城市和赛事车辆的合理调度。冬奥交通数据资源管理平台提高了交通运输效率，降低了能耗水平。

图8-23 北京冬奥会低碳交通体系

3）大规模氢能综合开发利用技术应用

氢能开发利用技术在北京冬奥会中得到了广泛体现。在氢气制备方面，工作团队设计开发的“光伏发电-电解水制氢-绿氢缓存-绿氢加注”一体化的可再生能源电解水制绿氢系统为北京冬奥会提供“绿氢”燃料。在氢气储运方面，完全由我国自主研发生产的74升35兆帕储氢装备成功应用于北京冬奥会主火炬，国产自主研发的70兆帕储氢系统成功应用

于氢燃料电池大巴车中，储氢技术国产自主性不断提高，成熟度逐渐增强。氢能利用方面，在开幕式上使用氢燃料点燃北京冬奥赛场的主火炬，首次实现奥运史上火炬零碳排。如图 8-24 所示为氢燃料电池车，冬奥会大量使用氢燃料电池车运行，并配备超过 30 个加氢站。

图 8-24　氢燃料电池车

8.3.3　负碳技术应用

1. 二氧化碳跨临界直冷制冰技术应用

二氧化碳跨临界直冷制冰技术是当前冬季运动场馆最先进、最环保、最高效的制冰技术之一。与传统制冷系统相比较，提升能效 20% 以上，冰表面温差不超过 0.5 摄氏度。通过场馆的智能能源管理系统，还能够把制冰过程产生的废热用于供暖、除湿、冰面维护、场馆生活热水等。北京冬奥会国家速滑馆、首都体育馆、首体短道速滑训练馆、五棵松冰球训练馆共 4 个冰上场馆 5 块冰面均采用这种制冰技术，这是奥运史和世界上的首创，碳排放趋近于零，相当于减少近 3900 辆汽车的二氧化碳年度排放量。图 8-25 所示为国家速滑馆 1.2 万平方米冰面采用二氧化碳跨临界直冷制冰技术。

图 8-25　国家速滑馆 $1.2\times10^4m^2$ 冰面采用二氧化碳跨临界直冷制冰技术

2. 陆地固碳技术应用

北京市以 2018—2020 年度开展的新一轮百万亩造林绿化工程，造林工程涉及 14 个区，17 个树种组，包括白桦、侧柏、槐树、栎树、杨树、银杏等。对绿化造林工程产生的林业碳汇量进行计量、监测与核证，将 53 万吨的林业碳汇量捐赠北京冬奥组委。

张家口市的京冀生态水源保护林建设工程，涉及崇礼区、赤城县、沽源县、怀来县和涿鹿县 5 个区县，主要包括油松、落叶松、樟子松、侧柏、桦树、蒙古栎、金叶榆、云杉、山杏、五角枫等树种的随机混交造林。张家口对 2016—2021 年 500945.45 亩（33396.36 公顷）林地产生的林业碳汇量进行计量、监测与核证，将 57 万吨的林业碳汇量捐赠给北京冬奥组委，助力冬奥会碳中和实现。

8.3.4 绿色经济运行

1. 绿电交易机制

图 8-26 所示为北京冬奥会绿色电力交易机制示意图，根据北京冬奥会跨区域绿电交易机制，依托电力交易平台，通过市场化直购绿电方式为奥运场馆及其配套设施提供清洁能源，保障了赛时所有场馆 100% 使用可再生能源电力。

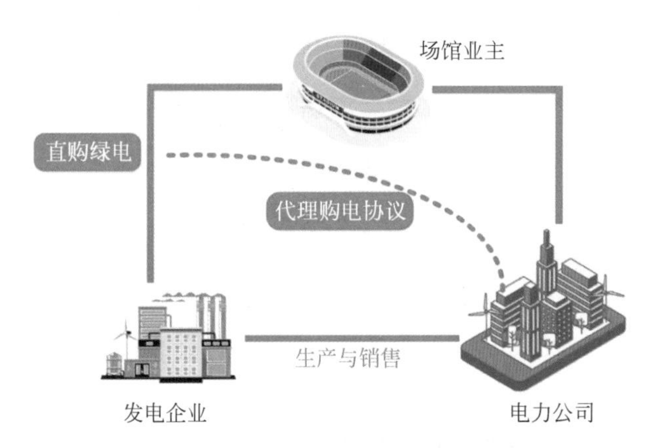

图 8-26 北京冬奥会绿色电力交易机制示意图

2. 核证减排量捐赠

北京冬奥会的中国石油、国家电网和三峡集团 3 家官方合作伙伴，为北京冬奥会赞助经过认证签发的一定数量的 CCER（中国核证自愿碳减排量）、CER（核证减排量）等抵消产品。中国石油通过公开摘牌形式线上购买 CCER，自愿将 20 万吨 CCER 赞助给北京冬奥组委；国家电网在国家温室气体自愿减排交易注册登记系统注销自身 CCER，自愿将 20 万吨 CCER 赞助给北京冬奥组委；三峡集团向联合国应对气候变化框架公约（UNFCCC）协议核销自身 20 万吨 CER，自愿赞助给北京冬奥组委。

8.3.5 小结

北京冬奥会采取了多种措施、涉及多种典型技术应用，北京奥组委与主办城市政府紧密协作，以北京冬奥会为契机，积极践行绿色和可持续发展理念，扎实推进低碳管理各项措施任务。将绿色和可持续发展理念融入北京冬奥会筹办和举办全过程，圆满兑现实现碳中和的承诺，成为迄今为止第一个碳中和的奥运会，为今后奥运会等大型活动低碳管理工作提供了可借鉴的经验及案例。

8.4 首届碳中和世界杯——卡塔尔赛事工程

2022 年 12 月 18 日卡塔尔世界杯完美落幕，除呈现精彩刺激的视觉盛宴外，通过“增强意识、测量排放、减少排放和抵消排放”四步详细路线图，实现了“绿色、环保、低碳”的绿色赛事。世界杯温室气体排放总量为 363 万吨二氧化碳当量，如图 8-27 所示，其中最大的碳排放来自国际航运，占总碳排放 48.5%；占比较大的还有场馆修建带来 22.5% 的碳排放，食宿碳排放占比为 20.8%。

图 8-27 卡塔尔世界杯期间温室气体排放情况

赛项实施了多项降碳措施，如图 8-28 所示，包括建设光伏发电站，满足卡塔尔用电峰值时 10% 的电力需求；卢塞尔和 974 体育场，在建造时使用可回收材料，场馆建设时节约了 40% 的淡水；赛事使用新能源车，建设全球最大的电动车场站；大量绿植实现光合作用固碳；从吉祥物到足球甚至执裁新技术都体现了可持续发展的低碳理念，最小化产生废弃物，分类隔离、回收并循环利用；通过购买碳信用额度应对长距离航空碳排放、采用海水淡化技术解决环境变化问题。

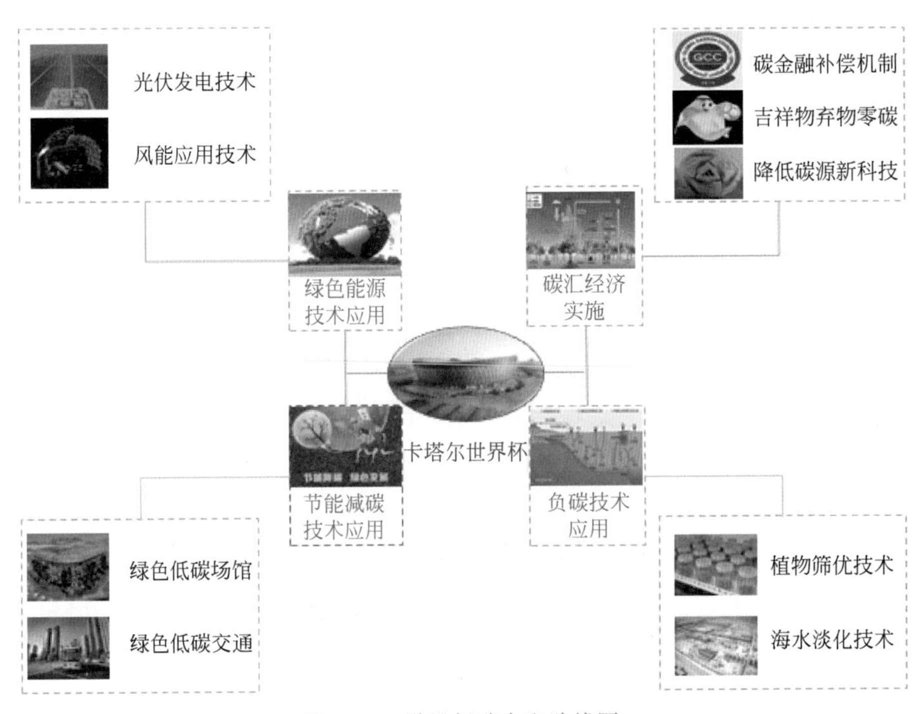

图 8-28　世界杯碳中和路线图

8.4.1　绿色能源技术应用

1. 光伏应用技术

卡塔尔有史以来首个全容量并网的大型地面光伏电站，由中国电建 EPC 总承包投资 29.8 亿元人民币，占地 10 平方千米的光伏电场，是世界第三大单体使用跟踪系统和双面组件的光伏项目，它的跟踪系统实时跟随太阳位置一直保持最佳光照角度，双面组件为正反两面皆具备光电转换能力，新技术的同时应用提高了电站的发电效率，如图 8-29 所示。

图 8-29　中国电建 EPC 总承包光伏电站

光伏电场每年发电 18 亿千瓦时，可减少 2600 万吨碳排放，可持续满足卡塔尔峰值电力需求的 10%，点燃了全球球迷的“绿色激情”，支撑了卡塔尔举办“碳平衡”世界杯的承诺。

2. 风能应用技术

背靠大海的 974 球场是世界杯中唯一一座不配备降温系统的球场，独特的顶棚和座椅排布设计让海风成了这座球场的自然空调，“舒服”是 974 体育场给人们留下的深刻印象。不过由于地处北纬 25 度，12 月的多哈白天平均气温是 25 摄氏度。在 974 体育场，临近海边的地域特性加上设计师在集装箱货柜间留出的风道，可以让海风自然地吹送到场馆内，让球场里的观众感觉非常舒服。

8.4.2 节能减碳技术应用

1. 绿色低碳场馆

1）场馆建设技术

卡塔尔世界杯由 8 座体育场组成，分别是卢塞尔体育场、海湾体育场、教育城体育场、艾哈迈德·本·阿里体育场、哈里发国际体育场、阿图玛玛球场、974 体育场、贾努布体育场。各赛场均有降碳特色，主会场卢塞尔和 974 球场最为突出。

由中国铁建国际集团有限公司承建的卢赛尔体育场被媒体誉为世界杯“皇冠上的明珠”，如图 8-30 所示。

图 8-30 卢赛尔体育场

卢赛尔体育场的降碳理念包括：一是科学设计，通过模拟仿真技术，对各环境条件进行建模，指导建筑结构设计、建材选取和功能配置，获得美观性、舒适性和对能源、资源的节约性的最优方案；二是精准管控，在建筑施工阶段，通过建筑信息模型（BIM）技术开展场馆建设全生命周期管理，通过数字孪生模型使场馆建设过程更加准确、高效、安全，大幅降低了建筑材料损耗、施工过程能耗以及返工率；三是智能运维，智能控制地下渗管技术体系，将风能、太阳能发电提水技术与物联网智能控制技术有效结合，实现对场地草坪维护中水泵启停、喷灌区域和喷灌时间的自动化控制，能够比传统体育场节省约 40% 的淡水资源。

可容纳 4 万人的 974 体育场由 974 个海运集装箱和模块化钢材制成，这些集装箱是用来向卡塔尔运输建筑材料的，比赛结束后，集装箱将被完全拆除并回收，如图 8-31 所示。

图 8-31　可拆卸的 974 体育场

可拆卸的“绿色”体育场馆，为未来的大型赛事东道主提供了一张降耗、低碳、环保的可借鉴可复制的创新蓝图。

2）场馆制冷技术

卡塔尔属热带沙漠气候，夏季炎热漫长，最高气温可达 50 摄氏度，冬季凉爽干燥，最低气温 7 摄氏度。雨季虽然在冬季，但年平均降水量 75.2 毫米，且日间温度普遍在 20 摄氏度以上。

（1）室外装空调技术：可供暖不能制冷，这是共同的问题，降温技术的设计灵感来源于汽车空调，体育场的降温如同机动车的冷却，使用了相同的工具和原理，但规模巨大。这项技术融合了隔热材料与“定向降温”技术，这意味着降温会作用于人们真正出现的区域，使得体育场如同屏障一般，包含一个“冷泡泡”，如图 8-32 所示。

图 8-32　室外球场空调喷口和座椅送风口

（2）太阳热制冷技术：系统不使用传统制冷剂氟利昂，从太阳能换热器中吸收能量，利用吸收式制冷机来冷却一个独立的水回路。这些 7 摄氏度的冷却水被保存起来，为场内的空气降温。当凉爽的空气重新变热之后，会被位于中层区域的风扇排出、重新过滤、冷却，再送入场内，循环往复，如图 8-33 所示。

3）开合屋顶技术

沃克拉体育场最大的设计亮点就是可控式折叠屋顶，屋顶采用了折叠式聚四氟乙烯（PTFE）板材和电缆覆盖，当它展开时，就像一个船帆覆盖在球场的上方。正如本书第2.2.1小节薄膜太阳能电池所述，采用光伏屋顶设计方案，对移动采光顶还需满足抗风压、抗雪压等极端条件的冲击，整体结构采用预应力连接结构，确保整体结构不受跨度大影响，中间不塌陷，安全可靠，如图8-34所示。

图8-33　制冷净化空气循环系统

图8-34　屋顶可以开合的沃克拉体育场

4）幕墙节能技术

卢塞尔塔楼应用的“92块”异形玻璃研制与工艺保障的企业正是“中国玻璃”的骄傲——“北玻股份”旗下天津北玻的超级玻璃，如图8-35所示。

由中国铁建集团承建卢赛尔体育场设计成双幕墙结构，冷弯成型技术将玻璃“拧曲”成型，优异的热性能和良好的光学性，降低制冷能耗。外幕墙由4200多个三角形单元铝板分段拟合出碗形弧面，内幕墙设置了完全封闭的隔热玻璃，中空玻璃有效阻挡辐射传热3倍以上，如图8-36所示。

图8-35　卢塞尔塔楼

图8-36　卢塞尔体育场隔热玻璃幕墙

2. 绿色低碳交通

1）新能源车技术

宇通调研提出了“干线公交＋支线微循环＋长续航客旅团”的纯电动综合解决方案。

针对卡塔尔温度高、风沙大的环境特点，宇通对整车密封、底盘防护方面进行升级；动力电池采用液冷系统，可将电池温度控制不超45摄氏度的理想范围内，电池容量衰减降低10%，并在车辆顶部安装300千瓦受电弓设备，快速给车辆充电；客车空调采用智能温控算法，让乘客体验更智能化的乘坐体验。

图 8-37　卡塔尔宇通电动大客车

宇通的888辆纯电动客车，共接驳乘客256万余人次，总运营里程高达300万千米，减少二氧化碳排放330万千克，相当于23931棵树吸收一年的量，如图 8-37 所示。

2）场馆分布技术

交通的低碳设计，8座球场都位于首都多哈一小时的车程范围内，从首都多哈出发，到最远的球场仅仅46千米，到最近的球场只需7千米，如图 8-38 所示。

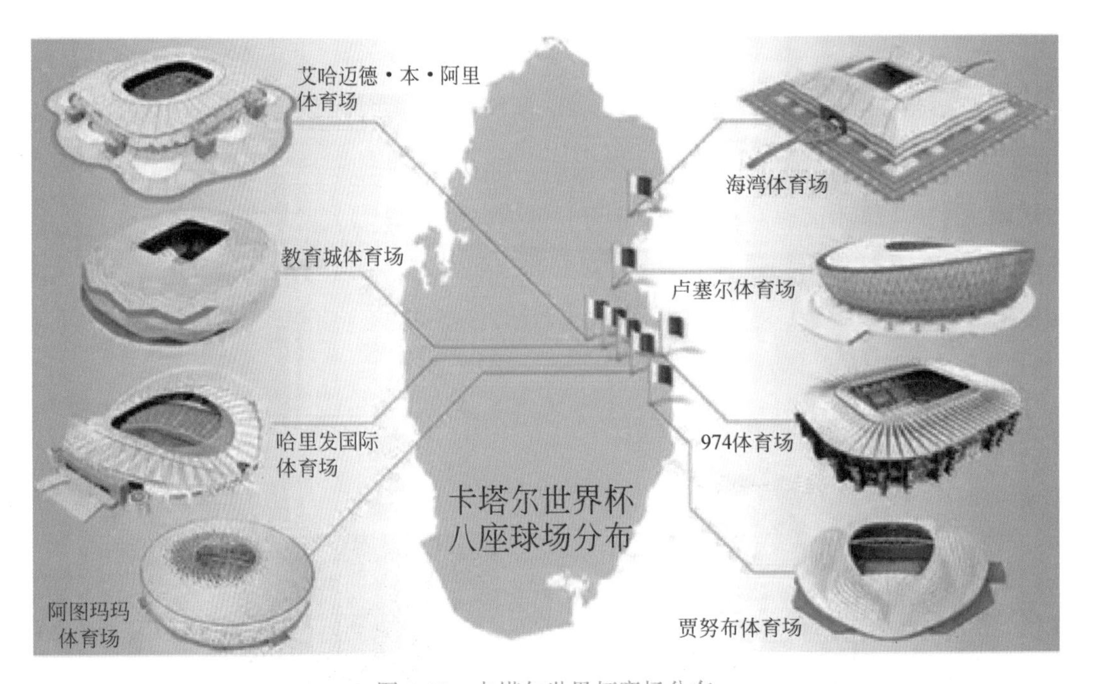

图 8-38　卡塔尔世界杯赛场分布

国际足联确认，由于世界杯的紧凑性以及场馆之间的短距离，赛事通勤产生的碳排放量低于2018年俄罗斯世界杯排放量的1/3。

3）公交服务技术

无人驾驶交通系统比赛期间保持每天24小时运行，多哈的地铁线路长度将达到79千米37个车站，分为红、绿、金3条线路。有110趟列车直达8个世界杯场馆中的5个。场馆将提供免费的巴士服务，有些场馆之间的距离很近，球迷步行就可抵达，支撑碳中和达标。

8.4.3 负碳技术应用

1. 植物筛优技术

世界杯购置1.6万棵树和70万株苗圃灌木光合固碳，其中5万多棵黄槐、黄槿、印楝、凤凰木、水黄皮、金合欢、银鳞风铃木树苗，由佛山绿汎园林有限公司根据卡塔尔当地炎热干旱的气候筛优特供。光合作用（photosynthesis）是植物、藻类和某些细菌利用叶绿素，在可见光的照射下，将二氧化碳和水转化为葡萄糖，并释放出氧气的生化过程。

2. 海水淡化技术

卡塔尔年均降水量100毫米，为增强储水和供水能力，在沙漠中修建15个全世界最大的集海水淡化、蓄水、输水、配水等功能的蓄水池。由中国能建葛洲坝集团承建的最大的蓄水池，库容约50万平方米，提供200万人一天的用水，海水淡化和雨水收集再利用技术结合智能节水喷灌系统比传统草坪种植节省大40%的淡水，固碳效果明显，如图8-39所示。

图8-39 海水淡化蓄水池系统

8.4.4 碳汇经济❺实施

1. 世界杯碳补偿，抵消项目产生的温室气体

卡塔尔向全球碳理事会（GCC）购买180万个碳抵消❻额度，每一个抵消额度代表1000千克二氧化碳。卡塔尔的认购资金将由GCC用于在全球其他地区建设可再生能源发电项目。

2. 吉祥物弃物零碳

世界杯首款“零碳吉祥物”拉伊卜在天猫国际独家限量首发，购买这款零碳产品，获得阿里巴巴“88碳账户”中相应的低碳福利。单个吉祥物人偶的原始碳排放量为3.06千克，中国东莞工厂采用可再生废弃物、采购碳排放指标等方式，实现碳零排放，如图8-40所示。

世界杯将确保球场和球迷餐饮区产生的所有垃圾都得到回收，并且将它们制成堆肥或转化为绿色能源，如图 8-40 所示。超过 90% 的建筑垃圾通过再利用或回收而避免填埋，实现“零填埋”，19 天的赛事期间垃圾被分为有机、塑料、金属、电子和纸板五大类处理。

图 8-40　世界杯吉祥物与弃物零碳技术

3. 降低碳源新科技

足球由 20 片新聚氨酯皮革材料热粘合组合，空气动力学性能稳定，成为“历届世界杯中飞行速度最快的足球”。球内中央芯片以每秒 500 次的速度跟踪每个球员的触碰，悬挂系统每秒钟可收集高精度的球运动数据。

半自动越位技术帮助裁判做出准确、快速的越位判决。球员越位时，12 个跟踪摄像头自动发出越位警报，无须 VAR 回放，有效降低碳源，如图 8-41 所示。

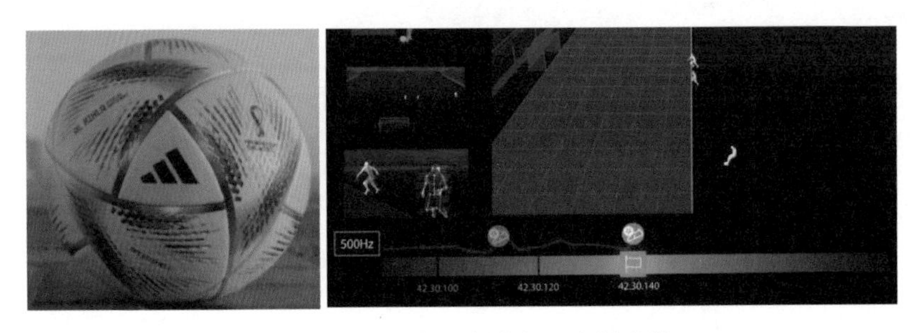

图 8-41　新技术提高效率，降低碳排

借助智能手机 App，食物可直接被送到座位，场地周边都配备 ElPalm 凉亭，太阳能电池板供电提供 USB 充电座和 Wi-Fi 接入。系列传感器帮助球迷往返体育场馆，出租车、停车场、地铁系统和场馆出入口的交通信息可实现轻松导航，降低各种损耗，提高能源利用率。

8.4.5　小结

世界杯赛事是综合性工程，涉及能源应用、场馆建设、绿色运输、弃物处理、碳汇经济和负碳技术等内容，使用多措并举、节点数控的方法能达到零碳效果。展望世界杯采用氢燃料电池的航空、地铁、汽车，可减少 51.7% 的碳排放。光伏电站每年提供 18 亿千瓦时的清洁电能，每年减碳 90 万吨，宇通客车长期服务绿色交通转型，可持续发展理念成为最大亮点。

8.5 总结

以上四个碳中和工程典型应用案例综合应用多种技术，多措并举实现了碳中和目标，其中涉及的关键技术主要包括光伏发电技术、风力发电技术、柔性直流电网技术、储能技术、超低能耗建筑技术和绿色燃料电池技术等。对于一个碳中和工程来说，可遵循如下路径进行实现，如图 8-42 所示。

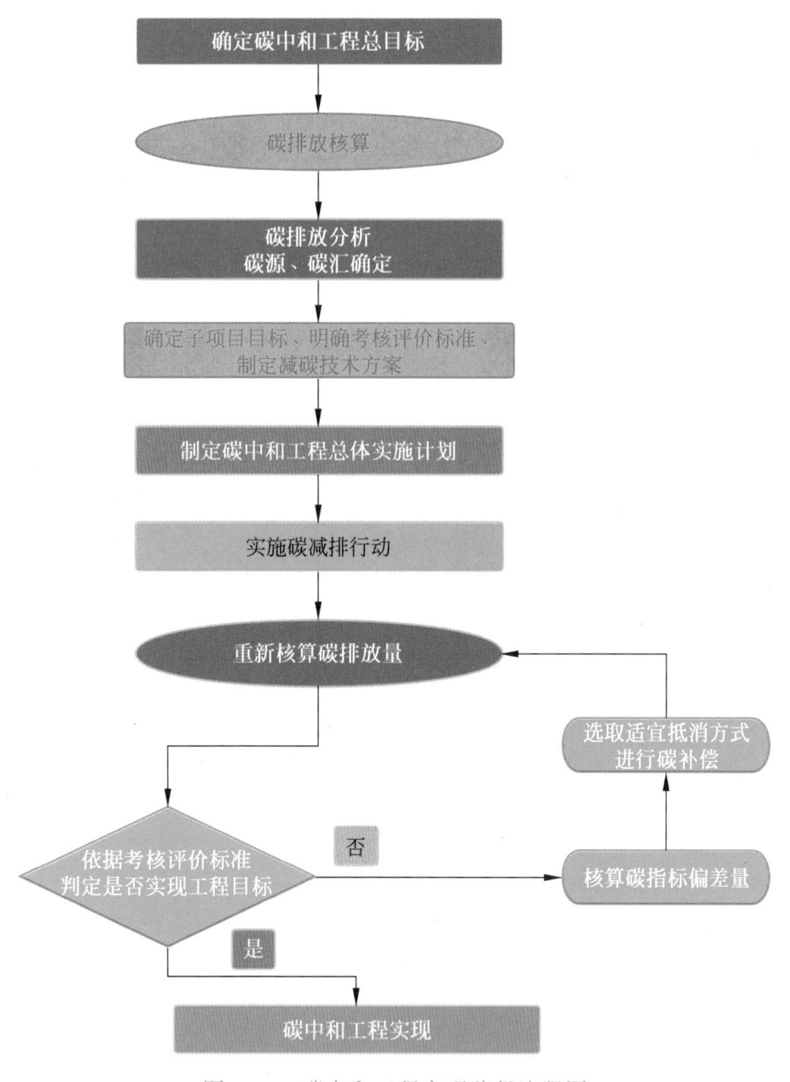

图 8-42 碳中和工程实现路径流程图

碳中和工程是一项系统工程，随着绿色电力应用、节能减碳技术、生物固碳等科学技术的不断完善和零碳路径的实现，碳中和工程将为未来全球范围内碳中和的顺利实施提供可参考的工程示范样例。碳中和工程下，“绿色理念”为以后推动绿色发展，促进资源节约集约循环利用，推行绿色规划、绿色设计、绿色建设，实现碳中和工程建设与自然生态环境有机融合，促进人与自然和谐共生打下了良好的基础。

碳中和人才需求与人才培养

“双碳”目标是一项长期的系统工程，其时间跨度近40年。绿色低碳发展将带来能源转型升级和相关产业的技术革命，并引发我们工作方式、生活方式和消费方式的重大变革。将淘汰大量落后产业，特别是传统能源和高耗能产业。同时，绿色能源和相关高新技术产业呈现爆发式发展趋势。我国绿色低碳发展的新要求，产业低碳和脱碳转型将不可避免地促使我国人才需求结构的大调整，同时，对人才标准提出更高、更新的要求。“用明天的主流技术，培养今天的人才，为未来服务”这是产业发展对高校人才培养适度超前提出的新时代重大需求，也是教育界改革创新责无旁贷的光荣使命。

社会需求是创新发展的原动力。碳中和广泛涵盖理、工、农、经、管、法多学科门类交叉，包含自然科学和社会科学。碳中和相关技术和管理模式创新迭代快，对产业影响面广。由于不同应用行业、企业岗位对碳中和人才需求的标准和规格不同，对相关人才的技术和技能要求也不同，针对不同领域、不同行业企业岗位的碳中和人才需求也不尽相同。所以，加大力度培养国家急需的碳中和人才必须尊重教育规律，通过教育创新，才能适应新时代对复合型国际化碳中和人才培养的国家重大发展战略需求。

9.1 碳中和人才需求

实现“双碳”目标是我国着力解决能源资源环境约束突出问题、实现中华民族永续发展的必然选择。推动经济社会发展绿色化、低碳化是实现高质量发展的关键。我国“双碳”目标面临存量高、时间紧、战线长、涉及领域覆盖面广、技术迭代快等特点，将带来新的人才需求和我国高校专业的重大调整，同时，将催生一大批不同规格和层次的新专业、新学科高素质复合型紧缺人才培养的新需求。

9.1.1 能源行业发展对碳中和人才需求

目前，绿色能源产业正逐步淘汰传统能源行业的劳动力岗位，绿色能源雇用人数占比已超传统能源达50%以上，终端用户电气化率进程加速，2035年将达到35%，2050年将达到55%，2060年将达到70%。用电总量快速增长，相比2020年，2035年将增长约50%，2050年将增长80%，2060年将翻一番。绿色能源产业将获得重大发展机遇。能源行业产业升级面临深刻的全产业链绿色低碳转型发展。能源转型呈现：能源系统零碳化，绿色能源产业规模化，绿色电力主流化，终端用户电气化，生产、生活方式绿色化的特征。因此，必须大力发展绿色能源产业，加快新一代信息技术、生物技术、新能源、新材料、新能源汽车、绿色环保、人工智能等战略性新兴产业的发展。教育部积极响应国家绿色低碳发展要求出台文件，加快培养国家急需碳达峰碳中和人才。这是教育领域的一次大跨越，也是高校人才培养模式创新发展的重大机遇和挑战。

目前，全球能源领域的就业人数已超过 6500 万，绿色能源及其相关行业正在引领人才需求的高速增长。根据 IEA❶ 的数据，清洁能源❷ 及其相关行业已经占据了能源就业市场的“半壁江山”。IEA 署长法提赫·比罗尔表示，各国都在寻求加速本国清洁能源产业增长，这无疑会产生庞大的就业需求。占全球排放量 70% 以上的经济体，都做出了到本世纪中叶实现“净零排放”的承诺，这将在全球创造数以千万计的碳中和工作岗位。

随着绿色能源相关领域工程技术人才的需求增多，相应行业的能源管理、能源经济、能源法律人才随之紧缺。中国是全球生产工厂，也是最大的能源消费国，2021 年，全球能源服务市场增加 9%，达到 380 亿美元，而中国市场增加 9%，达到 220 亿美元，占比达 58%。随着综合能源服务产业发展迅速，出现了“用人荒”现象，急需加快培育复合型碳中和相关技术人才。随着人工智能、大数据等高新技术的发展，碳中和人才的职业要求也产生了相应变化，数字技术与能源服务产业深度融合，需要“数字化 + 绿色化 + 行业知识”的复合型碳中和技术人才。

未来，绿色能源相关岗位需求将大幅增加，而传统能源部门人才将逐渐减少。绿色能源转型将创造 1400 万个与绿色能源技术相关的新就业岗位，大约 500 万工人从传统能源行业退出，1600 万人经过技能培训，进入绿色能源领域工作。

到 2030 年，全球风电、光伏产业的人才需求量将增加四倍以上。2030 年前，风电、光伏产业将急需蓝领技术人员，需新增 110 万人开发建造风能和太阳能发电厂，另外，需要 170 万人运营和维护发电厂。

2030 年前，风电、光伏产业对白领需求同样较大，将需要 130 万人的风能和太阳能项目开发商、项目经理、财务专家、法律等专业技术人员。同时，还存在绿色能源产业的人才配置错位等问题。例如，培养的大部分研发制造人才集中在东南沿海大城市，而西北部地区是我国的绿色能源产业聚集地，风电、光伏运营维护人才需要当地解决等。

9.1.2　碳中和相关人才需求

坚持环境、经济和社会协调发展，实现生态和经济两个系统的良性循环，形成经济效益、生态效益、社会效益相统一的绿色产业模式，是我国绿色低碳发展的宗旨。碳中和领域相关行业的能源转型，特别是高耗能行业产业结构变化，必然带来人才需求的调整。降碳、零碳、负碳等“双碳”技术成为高耗能行业领域的发展重点，涵盖了理、工、农、经、管、法多学科交叉、融合，将涉及数十个相关学科专业的调整和重新整合。

随着碳中和发展逐步深入，无论是生物产业、绿色能源、环保材料等绿色低碳环保行业，还是正处于转型升级的钢铁、煤炭、石化、冶金、电力、建材、建筑、交通等传统行业，急需汇聚碳中和新型人才作为产业、行业、企业转型发展的新生力量，碳中和相关人才的需求将与日俱增。

根据碳中和人才需求，碳中和人才需要具备以下特点。

（1）具备基本科学素养，了解并掌握碳中和相关基础科学理论与技术等基本知识。理论方法科学素养是依据，技术是创新的内在动力。“双碳”转型基于科技革命的推动，必须立足于基础科学研究，才能实现可持续发展。在“双碳”过程中，也需要去伪存真，不断优化可行的技术路径和技术模式，因此，碳中和人才需要扎实的基础科学素养。

（2）创新意识和创新能力。“双碳”是一项全新的事业，有别于以往的技术革命，更加强调以人为本的绿色低碳可持续发展，最终实现人与自然的和谐发展，这需要打破以往的思路框限，增强创新意识。

（3）跨学科交叉复合型应用能力和工程思维 ③。“双碳”将打破行业界限，需要有跨界创新的能力，不是基于现有的某个学科，而是要更多体现“综合创新”的概念，需要在已有科学理论知识基础上，提高跨学科工程实践能力。

（4）国际化视野。“双碳”不仅涉及科学技术和环境保护，而且涉及整个社会的产业转型升级，也涉及每个人工作方式和生活方式的转变，对全球的政治经济也将产生巨大影响。碳中和人才作为知识交互的促进者，开展国际交流合作，对接世界科学前沿、技术前沿和工程前沿，做有益于人类文明成果创造的重要贡献者，这需要碳中和人才具有开阔的国际视野。

9.2 碳中和人才培养

绿色低碳发展需要发挥教育系统在人才培养、科学研究、社会服务、文化传承的功能优势，为实现碳达峰碳中和目标作出教育行业的特有贡献。教育部积极建设碳达峰碳中和人才体系，鼓励高等学校增设碳达峰碳中和相关学科专业，建设一批国家级碳中和相关一流本科专业。人社部将碳排放管理员、碳汇计量评估师等“双碳”新职业纳入《中华人民共和国职业分类大典》。

9.2.1 碳中和人才培养现状

欧美发达经济体在碳中和人才培养方面已经开展了积极的先期探索，形成了以能力培养为目标、以学科交叉为手段、以实践技能为导向的碳中和专业人才培养模式和体系。美国大学的“通识教育”、英国大学的“综合教育”以及日本大学的“交叉学科教育”都把STEM（科学、技术、工程、数学学科教育）④ 作为通识课程，通过兼顾教育的深度和广度，培养跨领域复合型碳中和人才；英国爱丁堡大学根据低碳转型政策需求开展学科交叉，设置碳金融 ⑤、碳交易 ⑥ 等理论课程以及减排项目开发、碳基准线测定等实践课程，针对性地提高学生专业素养和实践能力；德国联邦教育与研究部从低碳教育、低碳人才培养、低碳研究等方面支持了德国能源研究计划。同时，国外发达经济体已逐步建立以政府为主导、以企业为主体、各类社会组织和培训机构广泛参与的绿色低碳职业培训体系和运行机制。

国内高校正开始瞄准“双碳”目标进行专业调整，但定位却千差万别。自2021年以来，全国多地成立以碳中和为主题的学院、研究院。依托学科和人才梯队组建碳中和学院、研究院，是高校碳中和研究和人才培养的主流，这些学院也多集中在能源、电力、交通、建筑类等学科积累较深、校企合作紧密的高校。例如，清华大学、北京大学、西安交通大学、华东理工大学、同济大学等国内知名高校纷纷成立碳中和研究院或碳中和学院。2021年4月，同济大学牵头“华东八校”共同发起组建了“长三角可持续发展大学联盟”，提倡加强校际开放合作，组建学科交叉团队，瞄准科技前沿和关键领域，培育一流碳中和人才。2021年10月，东南大学与英国伯明翰大学等一批世界知名高校联合成立了全球首个聚焦碳中和技术领域人才培养和科研合作的“世界大学联盟”，开展碳中和科技领域高水平人才联合培养和科学研究。面向企业层面的碳中和培训也已如火如荼展开。2021年起，社会企业责任（CSR⑦）领域的知名公司与上海环境能源交易所合作举办碳中和专家能力培训班，致力于培养企业碳中和专业人才。

我国已经初步搭建了碳中和专业人才培养方面的政策框架雏形，但在碳中和领域学科建设与人才培养方面仍处于起步阶段。例如，高校碳中和相关领域的学科结构单一，学科建设需建立完善的统筹体系；不同地区科教资源分布不均，科学研究投入力度仍需进一步加大；国内碳中和合格人才供给不足，以问题和需求为导向的人才价值评估和利益分配体系不健全，科技创新型人才缺乏有效产学研引导等。依据我国自身基础条件、特色和发展国情，积极吸收借鉴发达国家经验，建设中国特色、世界水平的碳中和人才培养体系，必须加强对外开放合作，拓宽人才培养国际合作方式，培养具有国际视野、善于讲好“中国方案”的青年科技人才。

9.2.2　碳中和人才培养特点和课程体系

随着经济结构的战略性调整、产业结构绿色升级、社会文化建设持续推进，以互联网、云计算、大数据、人工智能等为代表的科技革命和产业变革，催生出大量的碳中和新产业、新业态，企业需要大批的技术应用型人才，这使碳中和人才供给与人才市场需求的矛盾日益突出。

碳中和相关专业涉及知识面广，传统的单一学科无法满足碳中和人才知识培养需求。由于碳中和技术涉及学科一般分布在不同的院系，难以在实验平台、课程体系以及指导老师之间形成可行有效的共享机制。因此，通过校企深度融合构建多学科多学院共建的碳中和研究院或碳中和学院是加速培养碳中和相关人才的有效形式，将跨学科优秀教师组成人才培养团队，建立碳中和相关专业（学科）群，融合多学科优质资源，实现多学科交叉培养体系。因此，碳中和人才培养课程体系建设要贯通创新驱动发展的核心要素资源，与资源要素相结合，形成“产业链—创新链—教育链—人才链”的碳中和人才培养模式，为传统产业绿色转型升级、产业结构调整和创新型经济发展提供高素质复合型的技术、技能、管理人才。

碳中和相关专业人才培养的特点主要如下。

（1）宽基础、重综合。内容丰富、具有多学科交叉、融合、外延宽广的特点，需要宽口径跨学科培养，培养学生具有综合应用能力。

（2）强专业、重交叉。碳中和相关专业各有其专业自身的特点，要在做强本专业基础上，注重交叉学科专业的融合。

（3）勤实践、重技能。碳中和过程中绿色能源、绿色电力等行业急需大批一线技术技能型人才。

（4）国际化、重系统。碳中和是一项全球性的系统工程，要有国际视野，培养国际合作的能力。

由于碳中和具有覆盖面广、战线长、技术迭代快等特点，各高校学科专业优势不同，教学计划也会有所差别，因此很难有一个固定的、标准的课程结构知识体系。

以碳中和相关企业岗位人才需求为牵引，制定碳中和相关专业（学科）群人才培养课程体系，采用“反向倒推、正向实施”的方法，通过行业企业岗位真实需求，重构课程体系，重组教学内容，优化信息化教学资源，构建宽基础、重综合，强专业、重交叉，勤实践、重技能，国际化、重系统的专业理论课程平台和“实战为重”的应用能力实训平台。

坚持通专结合，厚基础、跨学科，做好碳中和通识教育，立足工程技术、经济、管理等不同行业背景，加强产教融合、校企合作开展有针对性的碳中和相关专业（学科）群建设，制定有效的人才培养标准，培养各领域碳中和专业人才。加强重点领域产业人才需求预测，结合新时代人才成长规律、教育教学规律、科技创新规律，加快绿色能源、绿色电力、储能、碳捕集等紧缺人才的培养。在学科评估、专业审核评估和工程教育认证过程中，建立碳中和人才培养评价标准体系，做好专业发展监测。通过评估，动态完善修改培养方案，强化学科专业布局与“双碳”目标的衔接，形成碳中和人才培养的优化长效机制。

碳中和相关专业（学科）群人才培养课程体系如图 9-1 所示。碳中和相关专业（学科）群人才培养课程体系包含通识教育课程、专业知识主干课程、跨专业选修课程等。将碳中和相关领域知识融入碳中和导论，建立跨领域综合性知识图谱，使学生树立正确的人生价值观、国家情怀、人文素养，并拓宽国际化视野，将绿色低碳理念纳入通识教育课程体系，提升生态文明意识，实施面向全员的新发展理念和生态文明认知教育，增强绿色低碳意识，积极引导学生践行低碳生活方式。根据不同企业岗位的实际需求，建立碳中和相关专业（学科）群（见图 9-2），通过专业知识主干课程学习掌握专业对应岗位技术基础知识和基本技能，通过跨专业选修课程提升学生碳中和技术领域的行业认知和工程思维，达到学科交叉融合的目的。

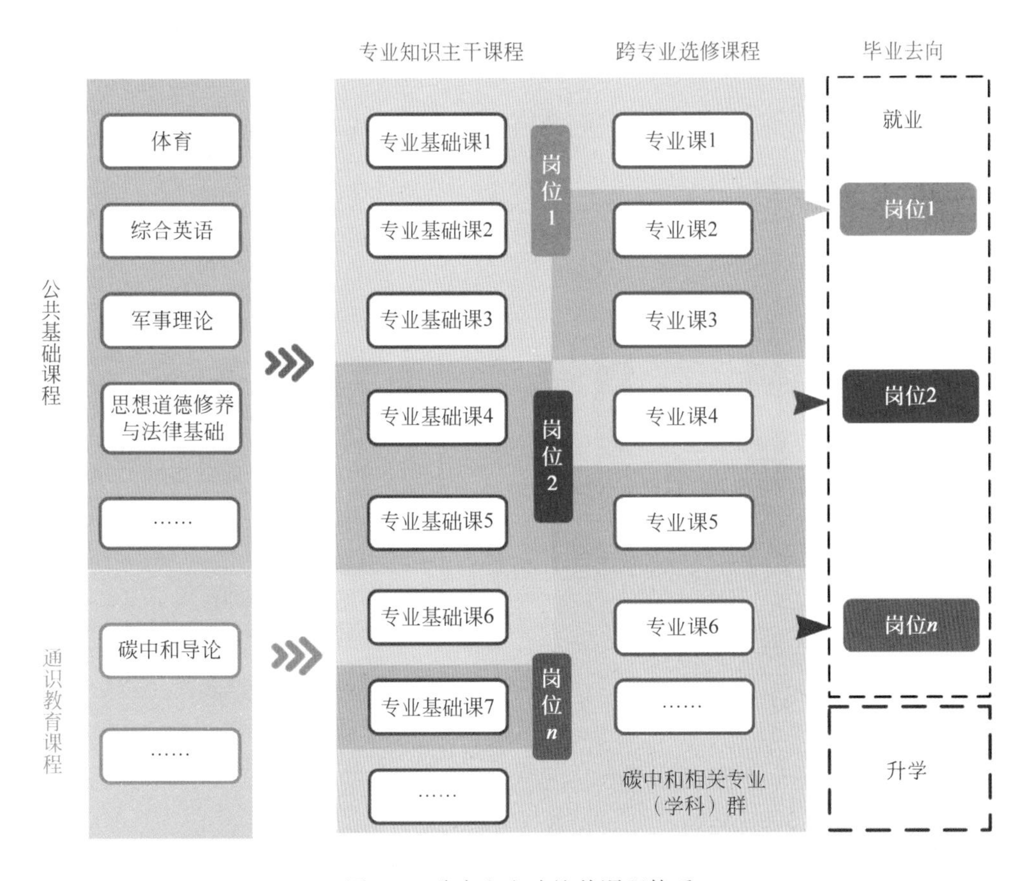

图 9-1 碳中和人才培养课程体系

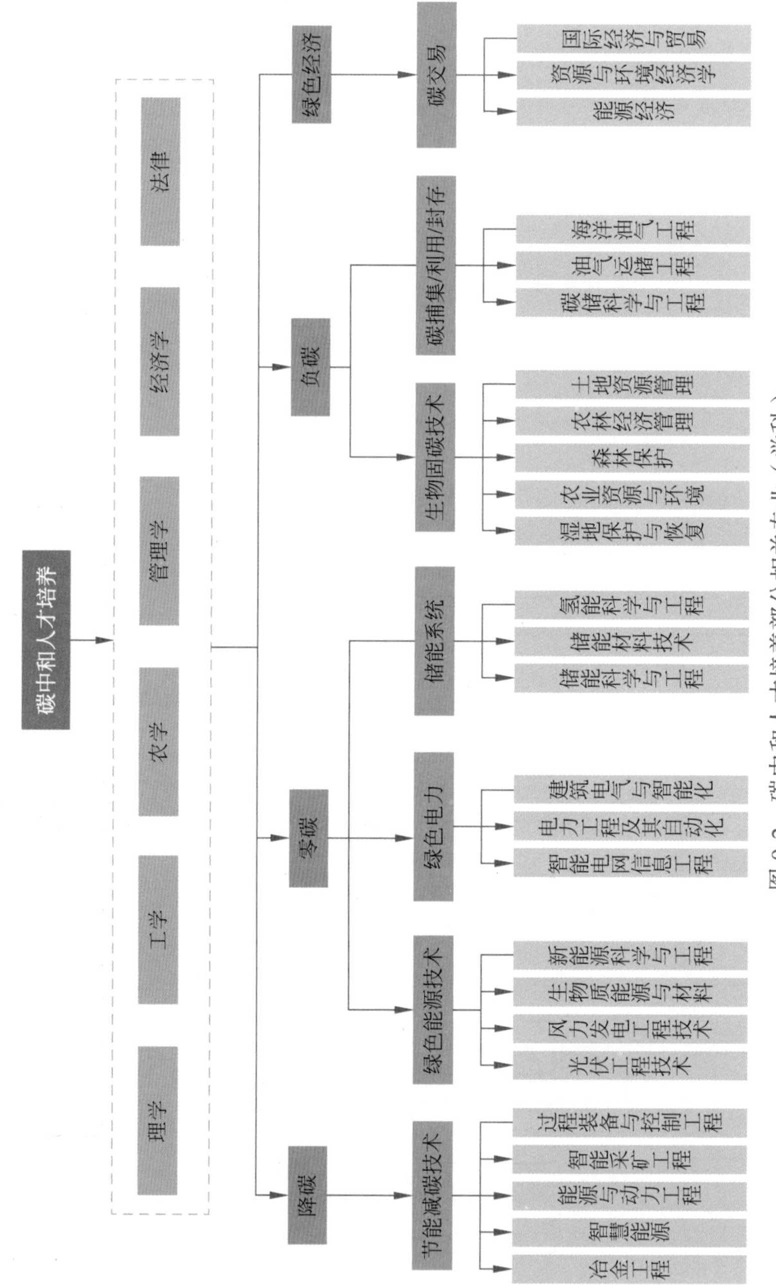

图 9-2 碳中和人才培养部分相关专业（学科）

9.3　碳中和人才就业

碳中和相关就业职业主要分为三个方向：管理咨询类（如低碳技术咨询、碳排放交易法律法规咨询、企业碳管理和碳市场等方向）、技术应用类（如新能源、储能、智能电网和综合能源管理等方向）、经济类（如碳经济、碳汇、绿色评价、绿色技术合作与贸易等方向）。碳中和人才就业主要包括研究、开发、设计、生产、测试、运营、咨询、核查、管理、教学等。

据大数据显示，2021 年“双碳”管理从业者仅有 1 万人，2022 年“双碳”从业者增至 10 万人左右，2025 年预计相关从业人员数量会增长至 50 万 ~100 万人。求职招聘网发布的《2022Q1 中高端人才就业趋势大数据报告》显示，今年一季度的热门细分领域中，新发职位同比增长最多的是碳中和领域，同比增长 408.26%。去年，碳中和相关职位的需求数量和薪酬就已双双上涨。2021 年，碳排放相关新发职位需求同比增长 753.87%。在岗位待遇方面，碳排放新发职位的企业招聘平均年薪也逐年增长：2019 年为 15.36 万元；2020 年为 18.53 万元；2021 年为 25.55 万元。

碳中和相关存量企业增加招聘数量的同时，新增企业注册数量也在快速增长。根据企业工商信息查询平台数据显示，在 2020 年，全国碳排放管理相关企业的注册量是 128 家，2021 年的注册量是 295 家，而截至 2022 年第一季度，全国碳排放管理相关企业现存 1516 家。2020 年，碳资产咨询相关企业的注册量是 15 家，2021 年的注册量是 73 家，截至 2022 年第一季度，碳资产咨询相关企业现存 537 家。

在风电、光伏领域我国具有全产业链自主知识产权，风电、光伏制造产业产量已多年稳居世界第一，性价比高，出口量大。风电、光伏电厂运营成本低，在国际市场具有明显竞争优势。我国特高压输电技术国际领先，能耗低、输电效率高、成本低，绿色电力出口方兴未艾，具有极大的潜力。急需大批碳中和相关高素质国际化人才支撑。

因此，随着碳中和的加速发展，碳中和相关产业就业需求增加，绿色就业岗位将呈现爆发式增长态势。

同时，碳中和领域人才升学前景也较为广阔。2021 年以来，全国多地成立以碳中和为主题的学院、研究院，陆续设置独立的碳中和专业，不少高校正在摸索相关人才培养方式，根据培养人才层次不同，已形成本科和研究生层次的碳中和教育体系。

根据教育部公布的 2021 年度普通高等学校本科专业备案和审批结果，碳储科学与工程、氢能科学与工程、可持续能源、资源环境大数据工程等碳中和相关新专业正式纳入本科专业目录。在这一大背景下，多所学校招生也迎来新布局和调整。一些高校首次设置碳中和专业并进行招生，如东南大学在 2022 年大类招生中，新增了工科试验班（碳中和与智能制造实验班)；华东理工大学成立碳中和未来技术学院，计划在2023年首招碳中和本科专业学生。在硕博培养上，响应高等教育高质量发展服务国家碳达峰碳中和专业人才培养需求，本科再升学的途径随之增多。2021年，华东理工大学在硕博专业方面，开出“碳中和 + X”模式，比如设立环境科学与工程、资源与环境专业博士学位点；同年，中国人民大学应用经济学院的“碳经济”硕士专业学位授权点成功获批；北京工业大学碳中和未来技术学院拟从2023级录取新生中进行选拔，遴选有志于碳中和领域研究工作的优秀学生进入学院学习，将实行“3 + 1 + X”模式探索实施本硕博贯通培养；北京大学碳中和学院正在积极筹建碳达峰碳中和交叉学科博士学位授权点，未来将从气候变化与生态环境(理学学位)、碳中和关键技术与能源转型(工学学位)、碳中和与全球治理(法学学位)，以及碳中和经济政策(经济学学位)四个方向进行高层次人才培养。

“双碳”目标是立足当前、着眼长远的国家战略，实现绿色低碳发展迫切需要培养大批高素质碳中和复合型创新人才，满足国家经济社会发展的人才需要，这是高校重要的历史使命和战略任务。培养碳中和相关领域人才就业有能力、升学有潜力、发展有通道，是满足国家实现“双碳”目标的社会重大需求，是产业发展对人才层次升级的现实需要，是教育领域服务国家重大需求的神圣使命，更是高校跨越式发展的重大机遇。

参 考 文 献

[1] 丁仲礼 . 碳中和对中国的挑战和机遇 [J]. 中国新闻发布（实务版），2022（1）：16-23.

[2] 丁仲礼 . 中国碳中和框架路线图研究 [J]. 中国工业和信息化，2021（8）：54-61.

[3] 丁仲礼 . 实现碳中和重在构建“三端发力”体系 [J]. 中国石油企业，2021（6）：10-11+111.

[4] 邹才能 . 碳中和学 [M]. 北京：地质出版社，2022.

[5] 邹才能 . 新能源 [M]. 北京：科学出版社，2019.

[6] 邹才能，董大忠，蔚远江，等 . 海相页岩气 [M]. 北京：科学出版社，2021.

[7] 邹才能，朱如凯，毛志国，等 . 中国陆相致密油页岩油 [M]. 北京：地质出版社，2020.

[8] 舒印彪，张丽英，张运洲，等 . 我国电力碳达峰、碳中和路径研究 [J]. 中国工程科学，2021，23（6）：1-14.

[9] 王成山，董博，于浩，等 . 智慧城市综合能源系统数字孪生技术及应用 [J]. 中国电机工程学报，2021，41（5）：1597-1608.

[10] 王成山，王丹，李立涅，等 . 需求侧智慧能源系统关键技术分析 [J]. 中国工程科学，2018，20（3）：132-140.

[11] 王成山，王瑞，于浩，等 . 配电网形态演变下的协调规划问题与挑战 [J]. 中国电机工程学报，2020，40（8）：2385-2396.

[12] 房建成，魏凯，江雷，等 . 超高灵敏极弱磁场与惯性测量科学装置与零磁科学展望 [J]. 航空学报，2022，43（10）：306-332.

[13] 张浩楠 . 面向碳中和的电力低碳转型规划与决策研究 [D]. 北京：华北电力大学，2022.

[14] 何韦唯 . 平抑光伏输出波动的储能容量配置 [D]. 南京：南京邮电大学，2022.

[15] 杨立滨 . 基于电池储能的新能源送端电网暂态稳定优化研究 [D]. 沈阳：沈阳工业大学，2022.

[16] 王克，刘芳名，尹明健，等 . 1.5℃温升目标下中国碳排放路径研究 [J]. 气候变化研究进展，2021，17（1）：7-17.

[17] 张轩，历一平 . 绿色甲醇生产工艺技术经济分析 [J]. 现代化工，2023，43（3）：209-212.

[18] 谢永胜，王凡，胥国毅，等 . 大规模可再生能源接入区域电网侧储能频率稳定控制方法研究 [J]. 可再生能源，2022，40（2）：222-229.

[19] 余碧莹，赵光普，安润颖，等 . 碳中和目标下中国碳排放路径研究 [J]. 北京理工大学学报（社会科学版），2021，23（2）：17-24.

[20] 国家统计局能源统计司 . 中国能源统计年鉴 [M]. 北京：中国统计出版社，2019.

[21] Nakicenovic Nebojsa, Lund Peter D. Could Europe become the first climate-neutral continent?[J]. Nature, 2021, 596(7873): 486.

[22] Bo Yang, Yi-Ming Wei, Yunbing Hou, et al. Life cycle environmental impact assessment of fuel mix-based biomass co-firing plants with CO_2 capture and storage[J]. Applied Energy, 2019, 252(113483): 1-13.

[23] Helene Moser, Monika Leitner, Jean-Pierre Baeyens, et al. Pelvic floor muscle activity during impact

loads in continent and incontinent women: A systematic review[J]. European Journal of Obstetrics & Gynecology and Reproductive Biology, 2019, 234: 124.

[24] 曹湘洪 . 安全可靠、清洁环保型炼油与化工企业构建 [M]. 北京：中国石化出版社，2019.

[25] 李灿 . 太阳能转化科学与技术 [M]. 北京：科学出版社，2020.

[26] 袁亮 . 我国煤炭资源高效回收及节能战略研究 [M]. 北京：科学出版社，2018.

[27] 王志雄，祁卓娅 . 国家工业节能技术应用指南 [M]. 北京：机械工业出版社，2022.

[28] 祁卓娅，王志雄 . 工业节能技术及应用案例 [M]. 北京：机械工业出版社，2020.

[29] 严广乐 . 系统工程导论 [M]. 北京：清华大学出版社，2015.

[30] 北京质量技术监督局 . 碳中和评价通则 [Z]. 2020-07-06.

[31] 陈立征，孙景文，彭伟 . 智慧建筑低碳运行应用案例分析 [J]. 电力需求侧管理，2023，25（1）：80-85.

[32] 仲家骅，陈晓东，赵春晴，等 . 城市更新的零碳路径探索——以零碳社区建设模式为基础 [J]. 暖通空调，2022，52（S1）：254-257.

[33] 王懿霖 . 滨海新区中新天津生态城（2022 年入选全国“绿水青山就是金山银山”实践创新基地）“高颜值”与“高质量”辉映的发展之路 [J]. 求贤，2022（12）：25.

[34] 李博 . 中新天津生态城的“绿色密码”[J]. 建筑，2022（23）：40-43.

[35] 杨锋，周琪，孟凡奇 . 智慧城市评价指标体系构建与应用研究——以中新天津生态城为例 [J]. 标准科学，2021（3）：6-12.

[36] Reeder Linda. Net zero energy buildings: case studies and lessons learned [M]. Boca Paton: CRC Press, 2016.

[37] 国合华夏城市规划研究院 . 中国碳达峰碳中和规划、路径及案例 [M]. 北京：中国金融出版社，2021.

[38] 北京2022年冬奥会和冬残奥会组织委会 . 北京冬奥会低碳管理报告（赛前）[EB/OL].（2022-01-28）[2023-04-06]. https://new.inews.gtimg.com/tnews/14d56945/56c3/14d56945-56c3-4487-bd70-623b367a99ee.pdf.

[39] 生态环境部环境规划院 . 北京 2022 年冬奥会和冬残奥会十大绿色技术 [EB/OL].（2022-08-19）[2023-04-06]. http://www.caep.org.cn/sy/xsfxyghpgzx/zxdt/202208/t20220819_ 992031.shtml.

[40] 生态环境部环境规划院 . 北京 2022 年冬奥会和冬残奥会十大绿色低碳最佳实践 [EB/OL].（2022-08-19）[2023-04-06]. http://www.caep.org.cn/sy/xsfxyghpgzx/zxdt/202208/t20220819_992031.shtml.

[41] FIFA. FWC 2022 Greenhouse gas accounting report_May 2022[EB/OL].（2021-06-10）[2023-04-06]. https://digitalhub.fifa.com/m/283d8622accb9efe/original/ocv9xna0lkvdshw30idr-pdf.pdf.

[42] 人民网 . 世界杯上的“中国元素”——宇通纯电动客车助力卡塔尔建设绿色交通体系 [EB/OL].（2022-11-23）[2023-04-06]. https://view.inews.qq.com/a/20221123A06XKZ00?uid=.

[43] EFE comunica. Qatar 2022, The greenest World Cup[EB/OL].（2022-10-28）[2023-04-06]. https://efe.com/en/other-news/2022-10-28/qatar-2022-the-greenest-world-cup/.

[44] 中共中央国务院关于完整准确全面贯彻新发展理念做好碳达峰碳中和工作的意见 [EB/OL].（2021-10-24）[2023-05-22]. http://www.gov.cn/zhengce/2021-10/24/content_5644613.htm.

[45] 丁仲礼 . 深入理解碳中和的基本逻辑和技术需求 [J]. 党委中心组学习，2022 第 4 期 .

[46] 世界气象组织 . 全球气候状况 [M]. 北京：中国气象报社，2020.
[47] 联合国政府间气候变化专门委员会 . 气候变化 2021：自然科学基础（Climate Change 2021: the Physical Science Basis）[R/OL].（2021-08-09）.
[48] 中共中央国务院 . 2030 年前碳达峰行动方案 [EB/OL].（2021-10-26）[2023-05-26]. http://www.gov.cn/zhengce/content/2021-10/26/content_5644984.htm.
[49] 中华人民共和国国家统计局 . 中国统计年鉴 [M]. 北京：中国统计出版社，2020.
[50] WMO Greenhouse Gas Bulletin (GHG Bulletin)-No.17: The State of Greenhouse Gases in the Atmosphere Based on Global Observations through 2020 (2021).
[51] IEA（2021）. 中国能源体系碳中和路线图 . [2023-5-26]. https://www.iea.org/reports/an-energy-sector-roadmap-to-carbon-neutrality-in-china?language=zh.
[52] 项目综合报告编写组 . 中国长期低碳发展战略与转型路径研究：综合报告 [R/OL]. 北京：中国环境出版社，2021.
[53] 国务院新闻办公室 . 中国应对气候变化的政策与行动 [EB/OL].（2021-10-27）[2023-05-26]. http://www.gov.cn/zhengce/2021-10/27/content_5646697.htm.
[54] “美丽中国，我是行动者”提升公民生态文明意识行动计划（2021—2025）[EB/OL].（2021-02-23）[2023-05-26]. http://www.mee.gov.cn/xxgk2018/xxgk/xxgk03/202102/t20210223_822116.html.
[55] 国家能源局 . 我国可再生能源实现跨跃式发展——我国可再生能源发展有关情况介绍 [J]. 中国电业，2021（4）：6-9.
[56] 任大伟，肖晋宇，侯金鸣，等 .“双碳”目标下我国新型电力系统的构建与演变研究 [J]. 电网技术，2022，46（10）：3831-3839.
[57] 舒印彪，陈国平，贺静波，等 . 构建以新能源为主体的新型电力系统框架研究 [J]. 中国工程科学，2021，23（6）：61-69.
[58] 肖先勇，郑子萱 .“双碳”目标下新能源为主体的新型电力系统：贡献、关键技术与挑战 [J]. 工程科学与技术，2022，54（1）：47-59.
[59] 叶秋红，武万才，徐志婧，等 . 储能技术在新能源电力系统中的应用现状及对策 [J]. 中国新通信，2021，23（23）：77-78.
[60] 徐彪 . 面向调度应急处置的输配电网故障诊断关键技术研究 [D]. 武汉：华中科技大学，2020.
[61] 温世凡 . 智能电网环境下的微电网能源管理策略研究 [D]. 成都：西南财经大学，2021.
[62] 杜志强 . 高职院校风电运维人才职业能力培养研究 [D]. 天津：天津职业技术师范大学，2022.
[63] 王永华 . 经济转型背景下的中国智能电网运营优化研究 [D]. 北京：华北电力大学，2021.
[64] 李仁贵，李灿 . 人工光合成太阳燃料制备途径及规模化 [J]. 科技导报，2020，38（23）：105-112.
[65] 李峰，耿天翔，王哲，等 . 电化学储能关键技术分析 [J]. 电气时代，2021（9）：33-38.
[66] 谷峰 . 新型电力系统到底“新”在哪里？[J]. 中国电力企业管理，2022（10）：42-45.
[67] 李灿 .“液体阳光”是人类用能高级形态 [J]. 中国石油企业，2020（Z1）：15-16.
[68] 许传博，刘建国 . 氢储能在我国新型电力系统中的应用价值、挑战及展望 [J]. 中国工程科学，2022，24（3）：89-99.
[69] 钟永洁，纪陵，李靖霞，等 . 虚拟电厂基础特征内涵与发展现状概述 [J]. 综合智慧能源，2022，44（6）：25-36.
[70] 王禹 . 绿色燃料选择背后的隐性成本 [J]. 中国航务周刊，2022，1477（25）：29-30.

[71] 季伟 . 基于深冷技术的液态空气储能现状与前景 [J]. 能源，2021（1）：52-53.

[72] 李静岩 . CO_2 羽流地热系统地热开采特性的数值模拟研究 [D]. 北京：北京工业大学，2018.

[73] 生态环境部环境规划院联合中国科学院武汉岩土力学研究所，中国 21 世纪议程管理中心 . 中国二氧化碳捕集利用与封存（CCUS）年度报告（2021）——中国 CCUS 路径研究 .

[74] 中国 21 世纪议程管理中心 . 中国二氧化碳利用技术评估报告：第三次气候变化国家评估报告特别报告 [M]. 北京：科学出版社，2014.

[75] 黄晶 . 中国碳捕集利用与封存技术评估报告 [M]. 北京：科学出版社，2021.

[76] Ralph J M Temmink, Leon P M Lamers, ChristinE Angelini, et al. Recovering wetland biogeomorphic feedbacks to restore the world's biotic carbon hotspots[J]. Science, 2022(5): 376.

[77] Alsayegh S, Johnson J R, Ohs B, et al. Methanol production via direct carbon dioxide hydrogenation using hydrogen from photo catalytic water splitting: Process development and techno-economic analysis[J]. Journal of Cleaner Production, 2019, 208: 1446-1458.

[78] Pan S Y, Chen Y H, Fan L S, et al. CO_2 mineralization and utilization by alkaline solid wastes for potential carbon reduction[J]. Nature Sustainability, 2020(3): 399-405.

[79] Schuh A E, Byrne B, Jcobson A R.On the role of atmospheric model transport uncertainty in estimating the Chinese land caebon sink[J]. Nature, 2022, 603: E13-E14.

[80] Middleton R S, Carey J W, Currier R P, et al. Shale gas and non-aqueous fracturing fluids: opportunitiesand challenges for supercritical CO_2[J]. Applied Energy, 2015(147): 500-509.

[81] 王文军，赵黛青，傅崇辉 . 国际经验对我国省级碳排放交易体系的适用性分析 [J]. 中国科学院院刊，2012（27）：602-610.

[82] 国务院 . 生态文明体制改革总体方案 [EB/OL].（2015-09-21）[2023-05-22]. http://www.gov.cn/gouwuyuan/2015-09/21content_293627.htm.

[83] 王科，李思阳 . 中国碳市场回顾与展望（2022）[J]. 北京理工大学学报（社会科学版），2022，24（2）：33-42.

[84] 翁智雄，马中，刘婷婷 . 碳中和目标下中国碳市场的现状、挑战与对策 [J]. 环境保护，2021，49（16）：18-22.

[85] 吴阳 . 生态环境部：试点七年，我国已成为全球第二大碳市场 [EB/OL].（2020-09-25）[2023-05-22]. http://baijiahao.baidu.com/s?id=1678780816253419943&wfr=spide&for=pc.

[86] 中华人民共和国生态环境部 . 碳排放权交易管理办法（试行）[EB/OL].（2021-01-05）[2023-05-22]. http://www.mee.gov.cn/xxgk2018/xxgk02/202101/t20210105_816131.html.

[87] 中华人民共和国生态环境部 . 关于做好全国碳排放权交易市场第一个履约周期碳排放配额清缴工作的通知 [EB/OL].（2021-10-26）[2023-05-22]. http://www.mee.gov.cn/xxgk2018/xxgk06/202110/t20211026_957871.html.

[88] 中华人民共和国生态环境部 . 2019—2020 年全国碳排放权配额总量设定与分配实施方案（发电行业）[EB/OL].（2020-12-30）[2023-05-22]. http://www.mee.gov.cn/xxgk2018/xxgk03/202012/t20201230_815546.html.

[89] 国家发展和改革委员会 . 关于开展碳排放权交易试点工作的通知 [EB/OL].（2011-10-29）[2023-05-22]. http://www.ndrc.gov.cn/xxgk/zcfb/tz201201/t20120113_964370.html.

[90] 中国生物多样性保护与绿色基金会 . 企业碳评价标准 [Z]. 2021-10-15.

[91] 宗编 . 国内首个“碳中和”园区落地北京 [N]. 中国建材报，2021-02-08（2）.

[92] 张胜杰 . 领跑碳中和园区建设，多地跃跃欲试 [N]. 中国能源报，2021-06-07（27）.

[93] 孙即才，蒋庆哲 . 碳达峰碳中和视角下区域低碳经济一体化发展研究：战略意蕴与策略选择 [J]. 求是学刊，2021，48（5）：36-43+169.

[94] 囡波湾生物《光合作用“四个车轮图”》[EB/OL].（2018-08-14）[2023-04-06]. https://mp.weixin.qq.com/s?__biz=MjM5MzAwMTk4MQ==&mid=2652715345&idx=1&sn=62d9c548853946272d0225397bf5cb60&chksm=bd7421c38a03a8d5ef687b12d7505f34d6c3002f1f20397cfea63854802dcb8f8332beea6337&scene=27.

[95] 刘智昊 . 氢燃料电池的基本概念与原理 [EB/OL].（2022-11-24）[2023-04-06]. https://h2.in-en.com/html/h2-2419404.shtml.

[96] 李兵 . 积极探索国际化双碳人才培养 [J]. 国际工程与劳务，2023（3）：22-25.

[97] 张怡，焦石，尚桐羽，等 . 双碳人才培养的国际经验及启示 [J]. 银行家，2022（3）：69-71.

[98] 王焰新，徐绍红，齐睿 . 论高校碳中和规划的架构 [J]. 中国地质大学学报（社会科学版），2021，21（6）：1-9.

[99] 荆国华，周作明，吕碧洪，等 .“双万计划”下人才培养模式的探索与实践——以华侨大学环境工程专业为例 [J]. 教育教学论坛，2022（22）：125-128.

碳中和导论

崔世钢 等 / 编著

清華大学出版社
北 京

目 录

绪　论

1.1 内容要点和阅读指导

什么是碳达峰和碳中和？通俗来讲，碳达峰指二氧化碳排放量在某一年达到了最大值，之后进入下降阶段；碳中和则指一段时间内，特定组织或整个社会活动产生的二氧化碳，通过植树造林、海洋吸收、工程封存等自然、人为手段被吸收和抵消掉，实现人类活动二氧化碳相对“净零排放”。

那么我们为什么要先实现碳达峰再实现碳中和？

中国排碳量大的主要原因是中国是世界工厂，同时我国现在的能源使用还是以石化能源为主，转向以绿色能源为主仍需要有一个过程。如果现在就算已经“碳达峰”，碳排放量只能减不能升，那就意味着我们可能要在未来十年付出经济下降的代价，人民的生活势必也将大受影响。到2030年实现“碳达峰”，也就是说2030年之前我国的碳排放量可继续增加，而后必须有减无增，再到三十年后的2060年“碳中和”，即实现二氧化碳的“净零排放”。“净零排放”不是说“不排放”（完全“不排放”是不可能的，每个人的呼吸都会吸入氧气、排放二氧化碳），而是指企业、团体或个人测算在一定时间内直接或间接产生的温室气体排放总量，通过植物造树造林、节能减排等形式，抵消自身产生的二氧化碳排放量，实现二氧化碳“净零排放”。

所以先实现碳达峰再实现碳中和也是在发展我国经济的同时保证“绿色”环境。

本章主要回答：物质、能量与能源之间的关系；太阳与能源之间的转换关系；能源与碳循环的关系；何为碳中和工程；“绿色”的含义是什么，绿色思维又是什么；什么是碳达峰碳中和，我们为什么要进行碳达峰碳中和？我们该如何实现碳中和？实现碳中和后我们的国家、社会又会是什么景象，实现碳中和的意义是什么？

其中第1.1节主要介绍了物质、能量以及能源三者之间的关系，说明了万物生长靠太阳，太阳是一切能源的源泉，能源的使用是人类文明进步的梯级，能源与碳循环之间的关系；第1.2节主要是碳达峰碳中和概述，随着工业革命，能源革命的进行，科学技术得到了跨越式的创新，但随之而来的是大量二氧化碳等温室气体的排放对人类赖以生存的自然环境造成了危害，环境的恶化终将会反馈给人类，恶劣天气频繁发生、海平面上升等现象让我们意识到碳达峰碳中和推行的必要性；国际社会提出相应的政策方案以解决气候问题；通过介绍碳达峰碳中和的本质，深度剖析其内在原理，引出“绿色思维”概念；解释说明碳中和工程并阐明绿色能源的使用将会如何推动人类社会的发展；第1.3节主要介绍全球碳中和的发展现状及中国碳排放现状与能源消费，对于目前存在的能源结构问题，中国必须推进“双碳”计划，提出“双碳”相应目标并介绍中国碳中和进展情况；第1.4节主要介绍为实现碳中和目标，中国所采取的应对策略及技术路径，以及我们每个公民如何践行绿色低碳生活方式；中国碳中和未来的发展方向；第1.5节主要对全书进行内容提要，使读者对本书有整体的认识理解。

本章重点：

➢ 理解物质与能量之间如何转化。

➢ 理解万物生长靠太阳、能源在碳循环中的重要性。
➢ 理解能源使用与人类社会发展的关系。
➢ 理解并掌握碳达峰碳中和概念、本质等基本知识。
➢ 理解并掌握碳中和工程内涵、“绿色”的含义、绿色思维的内涵。
➢ 掌握碳中和的实现路径。

本章难点：

➢ 理解中国的碳中和策略。
➢ 掌握中国碳排放现状、能源消费情况及碳中和现状。
➢ 理解掌握实现碳中和的技术路径。
➢ 了解“三端共同发力体系”和实现碳中和四个阶段的关系。

1.2　知识关联图

本章知识关联图如图 1-1 所示。

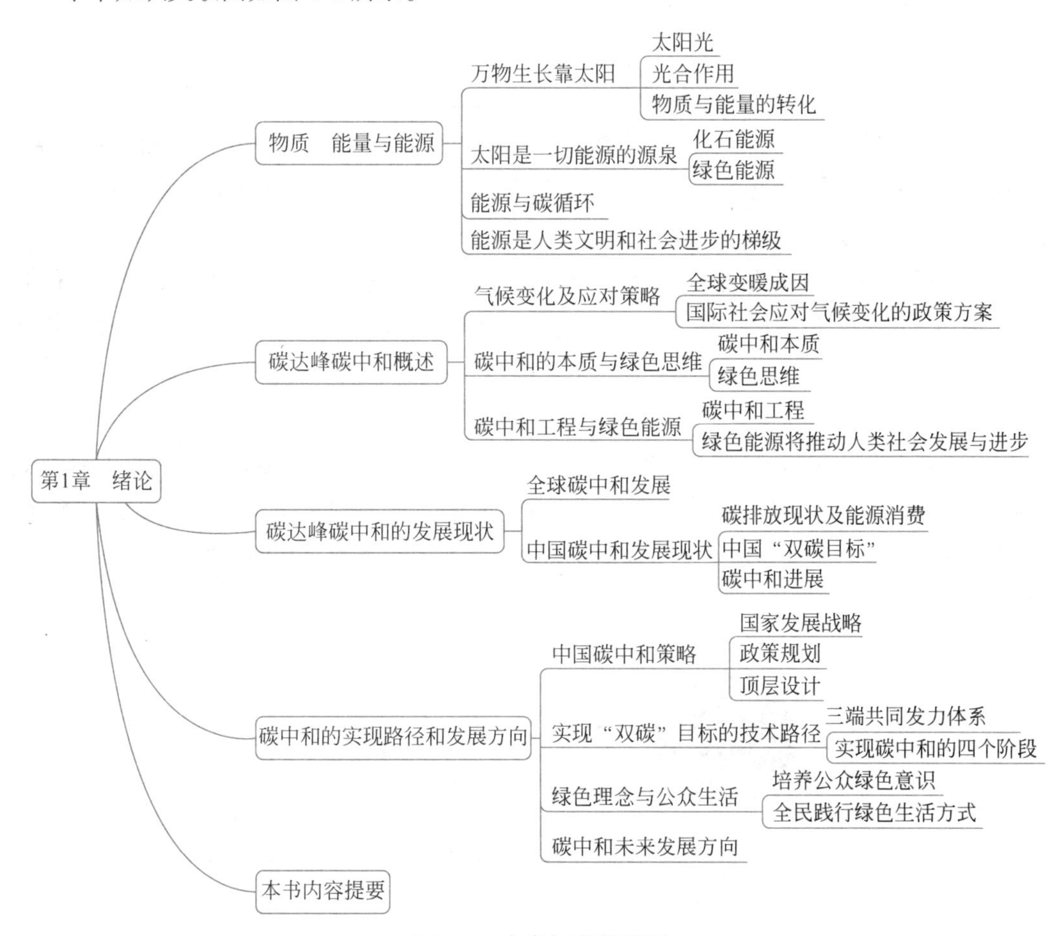

图 1-1　本章知识关联图

1.3 名词释义

❶ 温室气体

地球的大气中重要的温室气体包括下列数种：二氧化碳（CO_2）、臭氧（O_3）、氧化亚氮（N_2O）、甲烷（CH_4）、氢氟氯碳化物类（CFCs，HFCs，HCFCs）、全氟碳化物（PFCs）及六氟化硫（SF_6）等。由于水蒸气及臭氧的时空分布变化较大，因此在进行减量措施规划时，一般不将这两种气体纳入考虑。在1997年于日本京都召开的《联合国气候变化框架纲要公约》第三次缔约国大会中通过的《京都议定书》，明确针对六种温室气体进行削减，包括上述所提及的：二氧化碳（CO_2）、甲烷（CH_4）、氧化亚氮（N_2O）、氢氟碳化物（HFCs）、全氟碳化物（PFCs）及六氟化硫（SF_6）。

不同温室气体对地球温室效应的贡献程度不同。联合国政府间气候变化专门委员会（Intergovernmental Panel on Climate Change，IPCC）第四次评估报告指出，在温室气体的总增温效应中，二氧化碳（CO_2）贡献约占63%，甲烷（CH_4）贡献约占18%，氧化亚氮（N_2O）贡献约占6%，其他贡献约占13%。

❷ 质能方程

在经典物理学中，质量和能量是两个完全不同的概念，它们之间没有完全确定的当量关系，一定质量的物体可以具有不同的能量；能量概念比较局限，力学中有动能、势能等。

在狭义相对论中，能量概念有了推广，质量和能量有确定的当量关系，物体的质量为m，则相应的能量为$E=mc^2$。

质能方程$E=mc^2$，E表示能量，m表示质量，而c表示光速（常量$c=299792458$米/秒），由阿尔伯特·爱因斯坦提出。该方程主要用来解释核变反应中的质量亏损和计算高能物理中粒子的能量。

❸ 光合作用

绿色植物利用太阳的光能，同化二氧化碳（CO_2）和水（H_2O）制造有机物质并释放氧气的过程，称为光合作用。光合作用所产生的有机物主要是碳水化合物，并释放出能量。光合作用过程主要包括光反应、暗反应两个阶段。植物光合作原理如图1-2所示。

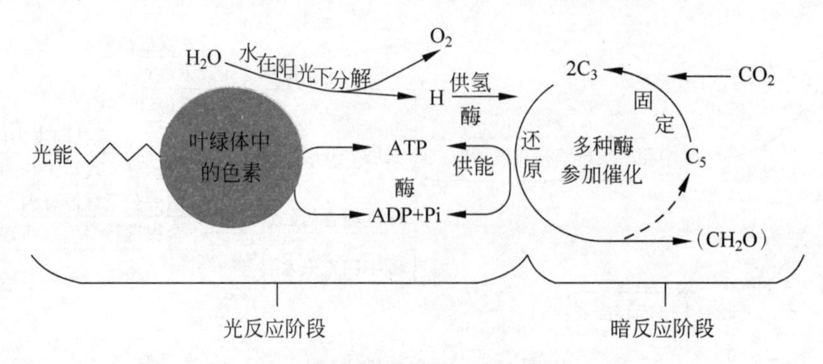

图1-2 植物光合作用原理图

总反应式：

$$CO_2 + H_2O \longrightarrow (CH_2O) + O_2 \tag{1-1}$$

式中：（CH_2O）表示糖类。

❹ 固碳

所谓固碳（carbon sequestration），也叫负碳、碳封存，指的是以捕获碳并安全封存的方式来取代直接向大气中排放 CO_2 的过程，包括物理固碳和生物固碳。

❺ 二氧化碳浓度

二氧化碳浓度是大气中二氧化碳分子占气体总量的体积百分比。大气中二氧化碳浓度非常低，约占 0.04%。大气中的主要成分是 78.08% 的氮、20.95% 的氧、0.036% 的氩以及 0.036% 的二氧化碳，当然还包括其他微量元素，如氖、氦、氪、氙等。大气中二氧化碳的含量随工业化进程在世界范围内逐渐增加。200 多年前大气中二氧化碳含量约为 280ppm，而最近世界气象组织全球大气监测网的多个监测站测得大气中二氧化碳浓度均已超过了 400ppm（ppm 为“百万分之一”，$1ppm = 10^{-6}$，这里指二氧化碳在大气中的体积分数）。

❻ 温室效应

地球上的能源最主要的是来自太阳的短波辐射，地球大气对来自太阳的短波辐射几乎是不吸收的，地表在接收了太阳短波辐射后会被加热，然后向宇宙空间释放长波辐射，使地球表面冷却，这一过程如图 1-3（a）所示。如果地球表面接收的太阳短波辐射和外射的长波辐射保持平衡，地球气候就可保持不变。

工业革命以来，由于人类大量使用化石能源向大气中排放二氧化碳、甲烷和氧化亚氮等温室气体，使大气中的温室气体浓度不断攀升，增加的温室气体吸收了更多向宇宙空间放射的长波辐射，使入射的太阳短波辐射和外射的长波辐射发生变化。像温室大棚一样，释放的长波辐射被大棚的玻璃墙所截获，使地球表面温度升高，从而造成全球的气候变暖，这一过程如图 1-3（b）所示。因此，温室效应又称“花房效应”，是大气保温效应的俗称。温室气体浓度越高，温室效应就会越来越强，全球气候也就会进一步变暖。

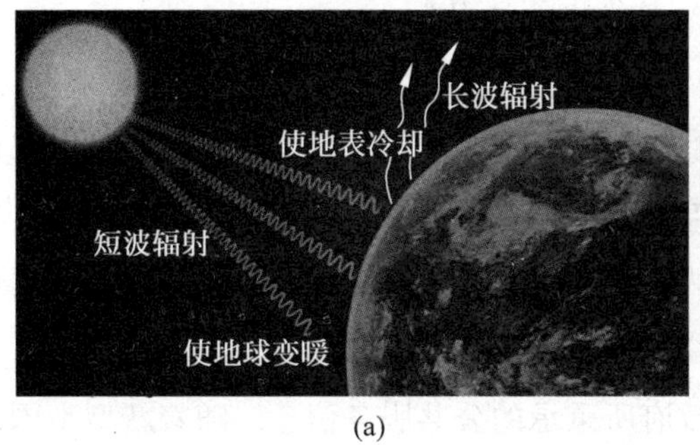

(a)

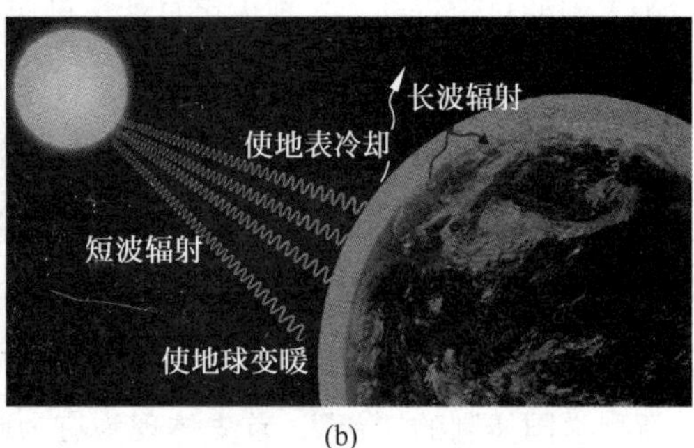

(b)

图 1-3　温室效应示意图

⑦ 二氧化碳当量

为统一度量整体温室效应的结果，需要一种能够比较不同温室气体排放的度量单位，由于 CO_2 增温效益的贡献最大，因此，规定二氧化碳当量为度量温室效应的基本单位。

一种气体的二氧化碳当量为这种气体的吨数乘以其全球变暖潜热值（GWP）。CO_2 的 GWP 为 1，其他温室气体的 GWP 值一般大于二氧化碳的 GWP 值，但由于它们在空气中的含量少，仍然认为 CO_2 是造成温室效应的主要气体。减少 1 吨甲烷排放相当于减少 25 吨二氧化碳排放，即 1 吨甲烷的二氧化碳当量是 25 吨。

⑧ 标准煤

标准煤也称煤当量，具有统一的热值标准。我国规定每千克标准煤的热值为 7000 千卡。将不同品种、不同含量的能源按各自不同的热值换算成每千克热值为 7000 千卡的标准煤。

“标煤”是“标准煤”的简称，能源的度量单位。各种能源由于所含热值不同，采用的实物计量单位也不一样。因此，为了便于对各种能源进行汇总计算，对比分析，应将各种能源的实物单位折算成统一的标准单位，即能源度量单位。我国目前采用标准煤为能源的度量单位，即每千克标准煤为 29271 千焦（7000 千卡），也就是用焦耳去度量一切能源。

⑨ 碳汇

碳汇（carbon sink）是指通过植树造林、植被恢复等措施，吸收大气中的二氧化碳，从而减少温室气体在大气中浓度的过程、活动或机制。

⑩ 绿色金融

绿色金融是指为支持环境改善、应对气候变化和资源节约高效利用的经济活动，即对环保、节能、清洁能源、绿色交通、绿色建筑等领域的项目投融资、项目运营、风险管理等所提供的金融服务。

⑪ 绿色生活方式

绿色生活方式是指在生态文明观念下，人们在日常生活中改变传统的生活方式，养成适度消费、节俭消费、低碳消费、安全消费的良好习惯，使绿色饮食、绿色出行、绿色居住成为人们的自觉行动，实现人民自然、健康、环保的生活方式。

⑫ 新型举国体制

新型举国体制是指以国家发展和国家安全为最高目标，科学统筹、集中力量、优化机制、协同攻关，以现代化重大创新工程聚焦国家战略制高点，着力提升我国综合竞争力、保障实现国家安全的创新发展体制安排。新型举国体制是我国科技创新领域的一大制度优势，近年来依托这一体制，取得了诸多重大科技创新成果。

新型举国体制的“新”，首先体现为有为政府所秉承的公共服务信念。随着新型举国体制进一步深入到经济社会领域攻坚克难，最需要的是政府持续秉承公共服务信念，用有所为、有所不为的公共服务，为科技攻关解决后顾之忧，为市场主体发挥科学逻辑、市场逻辑和社会逻辑提供有效的公共服务保障。

同时，新型举国体制的“新”，本质上体现在敬畏市场和规律，以及对政府自身行为的知止上。知止而后有定，定而后能安，关键核心技术攻关的新型举国体制是在社会主义市场经济条件下推进的，这意味着政府只有通过更好地发挥政府作用，让市场在科技资源配置中发挥决定性作用，才能真正让举国体制“新”意盎然。

⑬ 绿色电力

绿色电力是指以绿色能源为主构建的新型电力系统，利用特定的发电设备，如风机、太阳能光伏电池等，将风能、太阳能、水能、核能等绿色能源转化成电能。

⑭ 绿色燃料

以绿色电力制成的绿色非化石燃料，即绿氢、绿氨用作燃料或发展成其他合成燃料等。

1.4　拓展知识

1. 物质与能量的转化

物质和能量是可以相互转化的，同时，满足质能守恒定律。

太阳通过氢的核聚变反应释放能量，将光子射向地球，即氢物质转化为光能量（光量子，简称光子（photon），是传递电磁相互作用的基本粒子，是有质量的）。

但能量在物理层面只能改变物质的形态，例如，水吸收热量变化为水蒸气，释放热量变化为冰；太阳光通过物理转化可以转化为其他能量，并满足能量守恒定律。

在化学和生物层面，物质可以转化为能量，是由化学键的变化释放或吸收能量，进行物质变化，使物质转化为能量；例如，氢等物质通过核反应可以转化为能量如光、热等；动物、人也可以将物质转化为能量，即将食物转化为体能。反过来，能量（如光等）可以通过光合作用将能量转化为植物等物质，即转化为化学能，同时，对物质进行化学变化，即能量可以转化为物质。

一个物体的实际质量为其静止质量与其通过运动多出来的质量之和。

2. 宇宙大爆炸

宇宙大爆炸理论也称为宇宙起源论或宇宙学原理，是目前天文学界普遍接受的宇宙起源理论。该理论认为，在约 138 亿年前，整个宇宙处于一个高度密集的、高温的状态，被称为“宇宙初始状态”或“宇宙胚胎”。在某一时刻，宇宙突然发生了一次巨大的爆炸，将宇宙中所有物质和能量都迅速释放出来，形成了宇宙的初始结构。这个过程被称为“宇宙大爆炸”。

宇宙大爆炸后，宇宙开始不断地膨胀和冷却，物质开始凝聚形成各种结构，包括星系、恒星和行星等。宇宙中的物质不断地相互作用、聚合，形成了我们今天所看到的宇宙。

宇宙大爆炸的理论得到了大量观测数据的支持，包括宇宙微波背景辐射、宇宙膨胀和星系形成等。此外，宇宙大爆炸理论也为宇宙学提供了一个框架，用于探索宇宙的性质和演化。

3. 太阳系

太阳系的形成和演化始于46亿年前一片巨大分子云中一小块的引力坍缩。大多坍缩的质量集中在中心，形成了太阳。太阳系内大部分的质量都集中于太阳，余下的天体中，质量最大的是木星。八大行星逆时针围绕太阳公转。此外还有较小的天体位于木星与火星之间的小行星带。

太阳是位于太阳系中心的恒星，它几乎是热等离子体与磁场交织着的一个理想球体。太阳直径大约是 1.392×10^6 千米，相当于地球直径的109倍；体积大约是地球的130万倍；其质量大约是 2×10^{30} 千克（地球的330000倍）。从化学组成来看，现在太阳质量的大约3/4是氢，剩下的几乎都是氦，包括氧、碳、氖、铁和其他的重元素质量少于2%，采用核聚变的方式向太空释放光和热。

4. 地球的起源

地球起源于太阳系之外的宇宙空间，在46亿年前，地核捕获熔融物质、塑性物质、固态物质、气体和液体形成地球。在距今5.4亿年左右，地球被太阳捕获，成为绕太阳旋转的行星，地质时期进入了显生宙的古生代，地球开始有了阳光，生物爆发式发展，形成巨厚沉积灰岩建造，地壳运动也发生了巨大的变化。

地球大气层的特殊化学构成为生命演化提供了物质基础。早期大气层有碳、氢和氧几种元素，具备了生命元素。生命元素逐渐形成大分子；大分子再在某种条件下形成生命物质的基本结构——氨基酸；氨基酸进一步结合形成生命的基本单位——蛋白质，并逐渐演化产生原核生物，慢慢地出现了细胞、菌类生物。

地球进入太阳系后休眠中的动物、植物开始爆发式出现，逐渐复活。地月系形成时期，动物和植物都发生了重大的变异或进化，形成高大的树木和出现大型的动物。海洋中出现鱼类，地面上出现了种类繁多的恐龙，后因火山爆发等一系列自然灾害造成恐龙灭绝，慢慢地出现了更高级的生物，手和脑相互促进发展改变了身体其他器官的构造，"人"出现了。

5. 光电效应

19世纪末科学家们进行的一系列物理实验证实了光的粒子性。爱因斯坦在"普朗克量子假说"基础之上，提出了光量子假说，解释了光电效应。

光电效应：当光线照射在金属表面时，金属中有电子逸出的现象，称为光电效应。逸出的电子称为光电子。光电子定向移动形成的电流叫光电流。

爱因斯坦光电效应方程：在光电效应中，金属中的电子吸收了光子的能量，一部分消耗在电子逸出功 W，另一部分变为光电子逸出后的动能 E_k。由能量守恒可得出：

$$E_k = h\nu - W \tag{1-2}$$

式中：W 为电子逸出金属表面所需做的功，称为逸出功；E_k 为光电子的最大初动能；ν 为入射光频率；$h = 6.63 \times 10^{-34}$ 焦耳·秒为普朗克常数。

光电效应的实验表明：微弱的紫光能从金属表面打出电子，而很强的红光却不能打出电子，即光电效应的产生只取决于光的频率而与光的强度无关。

由于光量子假说不能解释光的偏振等现象，于是爱因斯坦提出了光同时具有波动性和粒子性，即光的波粒二象性。爱因斯坦大胆假设：光和原子、电子一样也具有粒子性，光就是以光速 c 运动着的粒子流，他把这种粒子叫光量子。同普朗克的能量子一样，每个光量子的能量也是 $E = h\nu$。根据相对论的质能关系式，每个光子的动量为

$$p = E/c = h/\lambda$$

式中：E 为能量；c 为光速；h 为普朗克常数；λ 为光的波长。

爱因斯坦对于"波粒二象性"的解释：光是由光子组成的，光子是一种微观粒子，单个光子具有粒子性，当众多光子聚集在一起时，则表现为波动性。大量的理论和实验表明，光在传播的过程时，主要表现为波动性；而光与物质在相互作用时，却表现出粒子性。

6. 太阳光

太阳是个炽热的大火球，它的表面温度可达 5500 摄氏度，它以辐射的方式不断地把巨大的能量传送到地球上来，哺育着万物的生长。

太阳辐射的波长范围为 0.15~4 微米。在这段波长范围内，又可分为三个主要区域，即波长较短的紫外光区、波长较长的红外光区和介于二者之间的可见光区。太阳辐射的能量主要分布在可见光区和红外区，前者占太阳辐射总量的 50%，后者占 43%。紫外区只占能量的 7%。在波长 0.475 微米的地方，太阳辐射的能量达到最高值。

在地面上观测的太阳辐射的波段范围为 0.295~2.5 微米。小于 0.295 微米和大于 2.5 微米波长的太阳辐射，因地球大气中臭氧、水汽和其他大气分子的强烈吸收，不能到达地面。

太阳光颜色分布：太阳平日所放出来的光谱主要来自太阳表面绝对温度约 5500 摄氏度的黑体辐射（black body radiation），光谱可见光的波长范围为 390~770 纳米，看不见的波段为 770~11590 纳米。波长不同的电磁波引起人眼的颜色感觉不同，622~770 纳米，红色；597~622 纳米，橙色；577~597 纳米，黄色；492~577 纳米，绿色；455~492 纳米，蓝靛色；390~455 纳米，紫色。

7. 太阳光对植物的影响

不同波长的光对绿色植物光合作用的影响也不同。

（1）波长大于 1 微米的辐射，被植物吸收转为热能，不参与生化作用。

（2）波长 0.72~1 微米的辐射，对植物起伸长作用，其中 0.70~0.8 微米称远红光，对光周期及种子形成有重要作用，并控制开花及果实着色。

（3）波长为 0.61~0.72 微米的红、橙光被叶绿素强烈吸收，光合作用最强，表现为强光周期现象。

（4）波长为 0.51~0.61 微米的绿光，表现为低光合作用和植物的弱成形作用。

（5）波长为 0.4~0.51 微米的蓝、紫光，被叶绿素和黄色素强烈吸收，表现为次强光合作用和成形作用。它们还能通过抑制植物的生长促使植物向矮且粗的形态生长。

（6）波长为 0.32~0.4 微米对植物的成形起作用，如植物变矮、叶片变厚等。

（7）波长小于 0.32 微米的紫外线不仅有明显的杀菌作用，还能抑制植物体内某些生长激素的形成，增强植物的向光性。

8. 光反应与暗反应

光反应与暗反应的区别如表 1-1 所示。

表 1-1　光反应与暗反应的区别

反应阶段	光　反　应	暗　反　应
反应实质	光能→化学能，释放	同化 CO_2 形成（CH_2O）（酶促反应）
反应时间	短促，以微秒计	较缓慢
反应条件	需色素、光、ADP 和酶	不需色素和光，需多种酶
反应场所	在叶绿体内囊状结构薄膜上进行	在叶绿体基质中进行
物质转化（光反应）	$2H_2O \longrightarrow 4[H] + O_2 \uparrow$ （在光和叶绿体中的色素的催化下）	$CO_2 + C_5 \longrightarrow 2C_3$ （在酶的催化下）
物质转化（暗反应）	$ADP + Pi \longrightarrow ATP$ （在酶的催化下）	$C_3 + [H] \longrightarrow (CH_2O) + C_5$ （在 ATP 供能和酶的催化下）
能量转化	叶绿素把光能先转化为电能再转化为活跃的化学能并储存在 ATP 中	ATP 中活跃的化学能转化为糖类等有机物中稳定的化学能

9. 绿色植物进行光合作用的适宜温度

光合作用的暗反应是由酶催化的化学反应，其反应速率受温度影响，因此温度也是影响光合速率的重要因素。在强光、高 CO_2 浓度下，温度对光合速率的影响比在低 CO_2 浓度下的影响更大，因为高 CO_2 浓度有利于暗反应的进行。C_4 植物的光合最适温度一般在 40 摄氏度左右，高于 C_3 植物的最适温度（25 摄氏度左右）（碳四植物常写作 C_4 植物，例如，玉米、甘蔗等，而小麦、水稻等作物则为 C_3 植物）。热带植物比温带植物的热稳定性高，因而其光合最适温度和最高温度均较高。昼夜温差对光合净同化率有很大的影响。白天温度较高，日光充足，有利于光合作用进行；夜间温度较低，可降低呼吸消耗。因此，在一定温度范围内，昼夜温差大，有利于光合产物积累。

10. 短波辐射

短波辐射（shortwave radiation）是波长短于 3 微米的电磁辐射。太阳辐射能在可见光线（0.4~0.76 微米）、红外线（>0.76 微米）和紫外线（<0.4 微米）分别占 50%、43% 和 7%，即集中于短波波段，故将太阳辐射称为短波辐射。

太阳辐射是地表生物、物理和化学过程（融雪、光合作用、蒸散和作物生长）最主要的能量来源，也是地球大气中各种现象和一切物理过程的基本动力。

11. 长波辐射

长波辐射（见图 1-4）为大气发射的能量主要集中在 4~120 微米波长范围内的辐射。地球 - 大气系统所处的温度为 200~300 开尔文，在这样的温度条件下，地面和大气的辐射能主要集中在 4~120 微米，均为肉眼所不能看见的红外辐射。

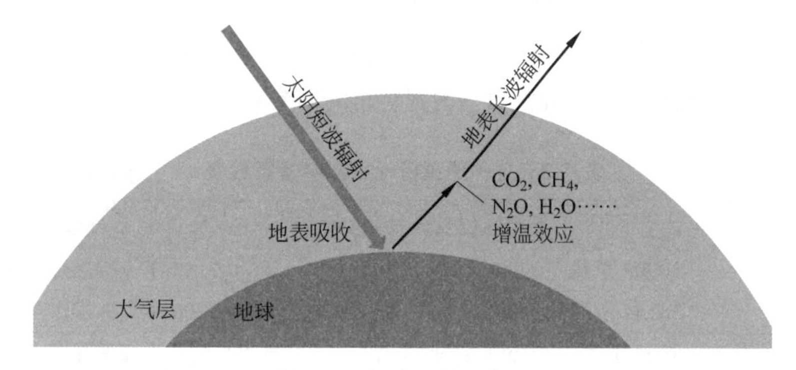

图 1-4 长波辐射示意图

与太阳的短波辐射相比，长波辐射在大气的传播过程中有以下特点。

（1）辐射源：地球和大气。

（2）通过大气的任一平面射出具有各个方向的漫射辐射。

（3）大气对长波辐射的散射削弱作用极小，可以忽略不计。

（4）大气削弱辐射的同时，也在放射辐射，有时甚至其放射的辐射会超出吸收的部分，因此必须将大气的放射与吸收同时考虑。

地球 - 大气系统中的长波辐射：在地球辐射中，由地面向上发射的长波辐射称为地面辐射或地面射出辐射，大气发射的长波辐射称为大气辐射，大气向下发射的长波辐射称为大气逆辐射。

12. 地球四大碳库

碳是生命物质中的主要元素之一，是有机质的重要组成部分。概括起来，地球上主要有四大碳库，即大气碳库，海洋碳库、陆地生态系统碳库和岩石圈碳库。碳元素在大气、陆地和海洋等各大碳库之间不断地循环变化。大气中的碳主要以二氧化碳和甲烷等气体形式存在，在水中主要为碳酸根离子和碳酸氢根离子，在岩石圈中是碳酸盐岩石和沉积物的主要成分，在陆地生态系统中则以各种有机物或无机物的形式存在于植被和土壤中。

13. 标准煤的计算

标准煤的计算公式为

$$\text{能源折标准煤系数} = \frac{\text{某种能源实际热值（千卡 / 千克）}}{7000\text{（千卡 / 千克）}}$$

在各种能源折算标准煤之前，首先测算各种能源的实际平均热值，再折算标准煤。平均热值也称平均发热量，是指不同种类或品种的能源实测发热量的加权平均值。计算公式为

$$\text{平均热值（千卡 / 千克）} = \frac{\sum \text{某种能源实测低位发热量（千卡 / 千克）} \times \text{该能源数量（吨）}}{\text{能源总量（吨）}}$$

为了便于将各种能源的实物量换算成标准量，需要对能源进行抽样实测，求得平均低位发热量，然后再与能源标准量对比，计算出这种能源的折标准煤换算系数。将系数乘以实物数量，即得这种能源的标准煤数量。国家公布的参考标性如表 1-2 所示。

表 1-2　各种能源折标准煤参考系数表

<table>
<tr><th colspan="2">能 源 名 称</th><th>平均低位发热量</th><th>折标准煤系数</th></tr>
<tr><td colspan="2">原煤</td><td>20908 千焦（5000 千卡）/ 千克</td><td>0.7143 千克标准煤 / 千克</td></tr>
<tr><td colspan="2">洗精煤</td><td>26344 千焦（6300 千卡）/ 千克</td><td>0.9000 千克标准煤 / 千克</td></tr>
<tr><td rowspan="2">其他洗煤</td><td>洗中煤</td><td>8363 千焦（2000 千卡）/ 千克</td><td>0.2857 千克标准煤 / 千克</td></tr>
<tr><td>煤泥</td><td>8363~12545 千焦（2000~3000 千卡）/ 千克</td><td>0.2857~0.4286 千克标准煤 / 千克</td></tr>
<tr><td colspan="2">焦炭</td><td>28435 千焦（6800 千卡）/ 千克</td><td>0.9714 千克标准煤 / 千克</td></tr>
<tr><td colspan="2">原油</td><td>41816 千焦（10000 千卡）/ 千克</td><td>1.4286 千克标准煤 / 千克</td></tr>
<tr><td colspan="2">燃料油</td><td>41816 千焦（10000 千卡）/ 千克</td><td>1.4286 千克标准煤 / 千克</td></tr>
<tr><td colspan="2">汽油</td><td>43070 千焦（10300 千卡）/ 千克</td><td>1.4714 千克标准煤 / 千克</td></tr>
<tr><td colspan="2">煤油</td><td>43070 千焦（10300 千卡）/ 千克</td><td>1.4714 千克标准煤 / 千克</td></tr>
<tr><td colspan="2">柴油</td><td>42652 千焦（10200 千卡）/ 千克</td><td>1.4571 千克标准煤 / 千克</td></tr>
<tr><td colspan="2">液化石油气</td><td>50179 千焦（12000 千卡）/ 千克</td><td>1.7143 千克标准煤 / 千克</td></tr>
<tr><td colspan="2">炼厂干气</td><td>45998 千焦（11000 千卡）/ 千克</td><td>1.5714 千克标准煤 / 千克</td></tr>
<tr><td colspan="2">油田天然气</td><td>38931 千焦（9310 千卡）/ 立方米</td><td>1.3300 千克标准煤 / 立方米</td></tr>
<tr><td colspan="2">气田天然气</td><td>35544 千焦（8500 千卡）/ 立方米</td><td>1.2143 千克标准煤 / 立方米</td></tr>
<tr><td colspan="2">煤矿瓦斯气</td><td>14636~16726 千焦（3500~4000 千卡）/ 立方米</td><td>0.5000~0.5714 千克标准煤 / 立方米</td></tr>
<tr><td colspan="2">焦炉煤气</td><td>16726~17081 千焦（4000~4300 千卡）/ 立方米</td><td>0.5714~0.6143 千克标准煤 / 立方米</td></tr>
<tr><td rowspan="6">其他煤气</td><td>发生炉煤气</td><td>5227 千焦（1250 千卡）/ 立方米</td><td>0.1786 千克标准煤 / 立方米</td></tr>
<tr><td>重油催化裂解煤气</td><td>19235 千焦（4600 千卡）/ 立方米</td><td>0.6571 千克标准煤 / 立方米</td></tr>
<tr><td>重油热裂解煤气</td><td>35544 千焦（8500 千卡）/ 立方米</td><td>1.2143 千克标准煤 / 立方米</td></tr>
<tr><td>焦炭制气</td><td>16308 千焦（3900 千卡）/ 立方米</td><td>0.5571 千克标准煤 / 立方米</td></tr>
<tr><td>压力气化煤气</td><td>15054 千焦（3600 千卡）/ 立方米</td><td>0.5143 千克标准煤 / 立方米</td></tr>
<tr><td>水煤气</td><td>10454 千焦（2500 千卡）/ 立方米</td><td>0.3571 千克标准煤 / 立方米</td></tr>
</table>

续表

能源名称	平均低位发热量	折标准煤系数
煤焦油	33453 千焦（8000 千卡）/ 千克	1.1429 千克标准煤 / 千克
粗苯	41816 千焦（10000 千卡）/ 千克	1.4286 千克标准煤 / 千克
热力（当量）	—	0.03412 千克标准煤 /10^6 焦耳 （0.14286 千克标准煤 /1000 千卡）
电力（当量）	3596 千焦（860 千卡）/（千瓦时）	0.1229 千克标准煤 /（千瓦时）
电力（等价）	11826 千焦（2828 千卡）/（千瓦时）	0.4040 千克标准煤 /（千瓦时）

从产生热能效率来看，1 吨石油所产生的热量等于 1.4286 吨标准煤或 1074.14 立方米天然气所产生的热量。在产生相同热能量的情况下，燃烧煤所释放的二氧化碳远高于燃烧石油和天然气所排放的二氧化碳，如图 1-5 所示。

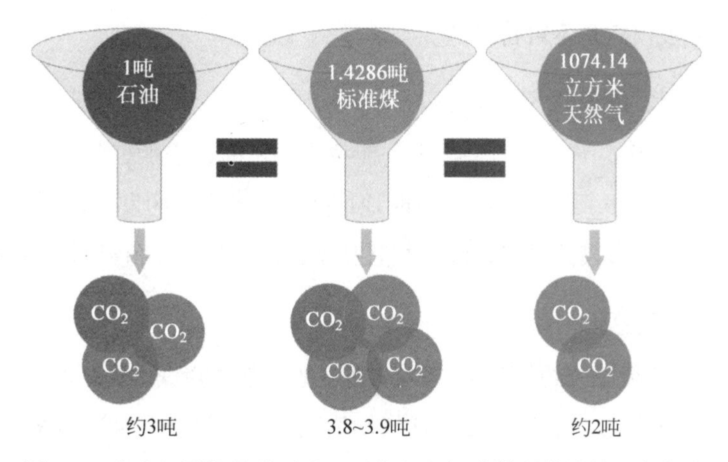

图 1-5 产生相同热量的石油、天然气和标准煤所排放的二氧化碳

14. 全球变暖潜热值

全球变暖潜热值（global warming potential，GWP）是基于充分混合的温室气体辐射特性的一个指数。

全球变暖潜热值表示这些气体在不同时间内在大气中保持综合影响及其吸收外逸热红外辐射的相对作用（见表 1-3）。GWP 是在 100 年的时间框架内，各种温室气体的温室效应对应于相同效应的二氧化碳的质量。二氧化碳被作为参照气体，是因为其对全球变暖的影响最大。

表 1-3 部分温室气体全球变暖潜热值

气 体	全球变暖潜热值（GWP）	产生来源
二氧化碳	1	在燃烧化石燃料时排放
甲烷	25	由反刍动物（如绵羊和母牛）、垃圾填埋场排放

续表

气　体	全球变暖潜热值（GWP）	产生来源
氧化亚氮	298	由农业肥料使用和有机肥料使用产生排放
六氟化硫	22800	由开关设备排放
氢氟碳化物	11700	由制冷设备排放
四氟化碳	1400	由铝产业排放
六氟乙烷	9200	

15. 资源推动型发展模式

资源推动型发展模式指随着国家工业的不断发展，煤炭、石油等资源逐渐消耗、资源不断稀缺，乃至枯竭：发展成本增加，发展后劲不足，导致国际纷争；资源是不可再生的，因此资源推动型发展模式是不可持续的。

16. 技术推动型发展模式

技术推动型发展模式所依赖的是技术，而技术是不断进步的，技术的进步是可以叠加和积累的：随着技术进步，发展的成本不断地下降；技术支持的发展模式可学习、可借鉴、可复制，技术推动型发展模式是可持续的并且技术让发展与能源和资源脱钩成为现实。

17.《联合国气候变化框架公约》

《联合国气候变化框架公约》是 1992 年 6 月在里约热内卢联合国环境与发展大会上签署的一项公约，是世界上第一个为应对全球气候变暖给人类经济和社会带来不利影响全面控制二氧化碳等温室气体排放的国际公约，它奠定了国际合作的法律基础。1994 年 3 月 21 日生效，目前已有 197 个缔约国。

18.《京都议定书》

《京都议定书》是 1997 年 12 月在日本京都召开的《联合国气候变化框架公约》缔约方第三次会议上通过的，规定到 2010 年，所有发达国家二氧化碳等 6 种温室气体的排放量，与 1990 年相比要减少 5.2%，欧盟削减 8%、美国削减 7%、日本削减 6%、加拿大削减 6%、东欧各国削减 5%~8%，新西兰、俄罗斯和乌克兰的排放量可以基本相当，爱尔兰、澳大利亚和挪威分别增加 10%、8% 和 1%。2005 年 2 月 16 日正式生效,《京都议定书》首开全球范围内以法规的形式限制温室气体排放的先河。

19.《巴黎协定》

《巴黎协定》于 2015 年 12 月 12 日在巴黎气候变化大会上通过，将全球气候治理的理念进一步确定为低碳绿色发展，把国际气候谈判的模式从自上而下转变为自下而上，奠定了世界各国广泛参与减排的基本格局。确定了全球平均气温上涨幅度控制目标：将全球平均气温升幅较工业化前水平控制在显著低于 2 摄氏度的水平，并向升温较工业化前水平控制在 1.5 摄氏度努力；在不威胁粮食生产的情况下，增强适应气候变化负面影响的能力，促进气候恢复力和温室气体低排放的发展；使资金流动与温室气体低排放和气候恢复力的发展相适应。《巴黎协定》成为继《京都议定书》后第二个具有法律约束力的协定，在国际社会应对气候变化进程中向前迈出了关键一步，是全球气候治理进程的里程碑，标志着解决全人类面临的气候问题开始进入全球合作的新时代，2016 年 11 月 4 日正式生效。

20.《2021 年全球气候状况》

2022 年 5 月 18 日，世界气象组织（WMO）发布《2021 年全球气候状况》报告。报告记录了气候系统多个指标的变化，包括温室气体浓度、不断上升的陆地和海洋温度、海平面上升、冰川消融和极端天气等，并强调了这些变化对经济社会发展、迁移和流离失所、粮食安全以及陆地和海洋生态系统的影响。

“报告所提供的所有关键气候指标及相关影响信息都在强调，无情持续的气候变化、极端天气气候事件的发生频率和强度增加，以及其带来的重大损失和破坏，都正在影响着人类、经济和社会。即使我们的减缓措施取得成功，气候变化的负面影响趋势仍将持续数十年。”WMO 秘书长佩蒂瑞・塔拉斯说，在气候适应方面进行投资至关重要，而最有力的适应方式之一就是投资早期预警服务和天气观测网络，但一些欠发达国家在观测系统方面还存在巨大缺口，并且缺乏先进的天气、气候和水服务。

“这份报告表明，我们没有时间可以浪费了，气候正在变化，其影响已让人类和地球付出了太大的代价。今年是行动之年，各国都需要承诺到 2050 年实现净零碳排放，并在联合国气候变化框架公约大会（COP26）之前提交具有雄心的国家气候计划，以实现到 2030 年将全球温室气体排放量在 2010 年水平基础上减少 45% 的目标。各国需要立即采取行动，保护人类免受气候变化的灾难性影响。”联合国秘书长安东尼奥・古特雷斯说。

报告原文可查阅相关文献。

21. 联合国政府间气候变化专门委员会（IPCC）

政府间气候变化专门委员会（IPCC）(官网网址：https://www.ipcc.ch/languages-2/chinese/）是评估气候变化相关科学的联合国机构。IPCC 是 1988 年由联合国环境规划署（UNEP）和世界气象组织（WMO）建立，旨在为政治领导人提供关于气候变化及其影响和风险的定期科学评估，并提出适应和减缓战略。IPCC 有 195 个会员国。IPCC 有三个工作组。第一工作组：气候变化的自然科学基础；第二工作组：影响、适应和脆弱性；第三工作组：减缓气候变化。

IPCC 的评估报告为各级政府提供可用于制定气候政策的科学信息。IPCC 的评估报告是应对气候变化国际谈判的关键素材。IPCC 报告的起草和评审分几个阶段进行，从而保证了客观性和透明度。

22. 世界资源研究所（WRI）

世界资源研究所（WRI）是一个全球性环境与发展智库，其研究活动致力于研究环境与社会经济的共同发展。世界资源研究所将研究成果转化为实际行动，在全球范围内与政府、企业和公民社会合作，共同为保护地球和改善民生提供革新性的解决方案。

世界资源研究所成立于 1982 年，总部位于美国华盛顿特区，2008 年始在中国北京设立第一个长期国别办公室。

世界资源研究所的使命是改善人类社会生存方式，保护环境以满足世代所需。这一宗旨无论过去或将来始终如一。

23. 国际能源署

国际能源署（International Energy Agency，IEA）作为 29 个成员国的能源政策顾问，与成员国协力为其国民确保能源的可靠性、经济性和可持续性。国际能源署成立于 1973—1974 年石油危机期间，其初始作用是负责协调应对石油供应紧急情况的措施。随着能源市场的变迁，国际能源署的使命也随之改变并扩大，纳入了基于提高能源安全、经济发展、环境保护和全球参与的“4 个 E”的均衡能源决策概念。当前，国际能源署的工作重点是研究应对气候变化的政策、能源市场改革、能源技术合作、开展与世界其他地区的合作，着重加强与中国、印度、俄罗斯和欧佩克（OPEC）国家等国的合作关系。

国际能源署与中国的合作伙伴关系始于 1996 年，此后双方合作涵盖众多领域。迄今为止，国际能源署发表数十份专门针对中国能源机遇与挑战的出版物，并与中国国家能源局、中华人民共和国科学技术部、国家统计局联合举办包括石油应急演练、非常规天然气论坛、国际电动汽车论坛及统计培训在内的多项活动。

国际能源署的成员国包括澳大利亚、奥地利、比利时、加拿大、捷克、丹麦、爱沙尼亚、芬兰、法国、德国、希腊、匈牙利、爱尔兰、意大利、日本、韩国、卢森堡、荷兰、新西兰、挪威、波兰、葡萄牙、斯洛伐克、西班牙、瑞典、瑞士、土耳其、英国、美国。

1.5 延伸阅读文献

[1] 丁仲礼 . 深入理解碳中和的基本逻辑和技术需求 [J]. 党委中心组学习，2022（4）.
[2] 庄贵阳，周宏春 . 碳达峰碳中和的中国之道 [M]. 北京：中国财政经济出版社，2021.
[3] 杨建初，刘亚迪，刘玉莉 . 碳达峰碳中和知识解读 [M]. 北京：中信出版集团，2021.
[4] 袁志刚 . 碳达峰 · 碳中和：国家战略行动路线图 [M]. 北京：中国经济出版社，2021.

绿 色 能 源

2.1 内容要点和阅读指导

本章主要介绍了能源的分类与绿色能源的内涵，以及能源利用技术的发展过程与现状，分别介绍了绿色能源技术中的太阳能利用技术、风能利用技术、水能利用技术、核能利用技术及其他能源利用技术。

本章重点：

➢ 理解能源分类及绿色能源的内涵。

➢ 理解太阳能光伏发电技术的基本原理与各类太阳电池的分类及其特点。

➢ 理解风力发电的基本原理及其关键技术。

➢ 理解水能相关技术的基本原理。

➢ 了解核能相关的基本原理及其关键技术。

➢ 理解太阳热能、海洋能、地热能的基本原理与相关技术。

➢ 了解绿色能源互补利用技术。

本章难点：

➢ 能源按品质分类的原理。

➢ 核能中核聚变和核裂变的基本原理及其应用。

➢ 绿色能源综合利用体系的关键技术与作用。

2.2 知识关联图

本章知识关联图如图 2-1 所示。

2.3 名词释义

❶ 热力学

18 世纪，卡诺等科学家发现在诸如机车、人体、太阳系和宇宙等系统中，从能量转变成“功”的四大定律。没有这四大定律的知识，很多工程技术和发明就不会诞生。

热力学第零定律：热量从高温物体向低温物体传递，最终达到相同的温度，彼此处于热平衡。

热力学第一定律：能量守恒定律在热学形式的表现。能量并不消失，只是在物质之间传递或在各种形态之间转换，这种守恒关系就是热力学第一定律。这就意味着热和功实质上是相同的能量形式，功可以转换为热，相反，热也可以转换为功。

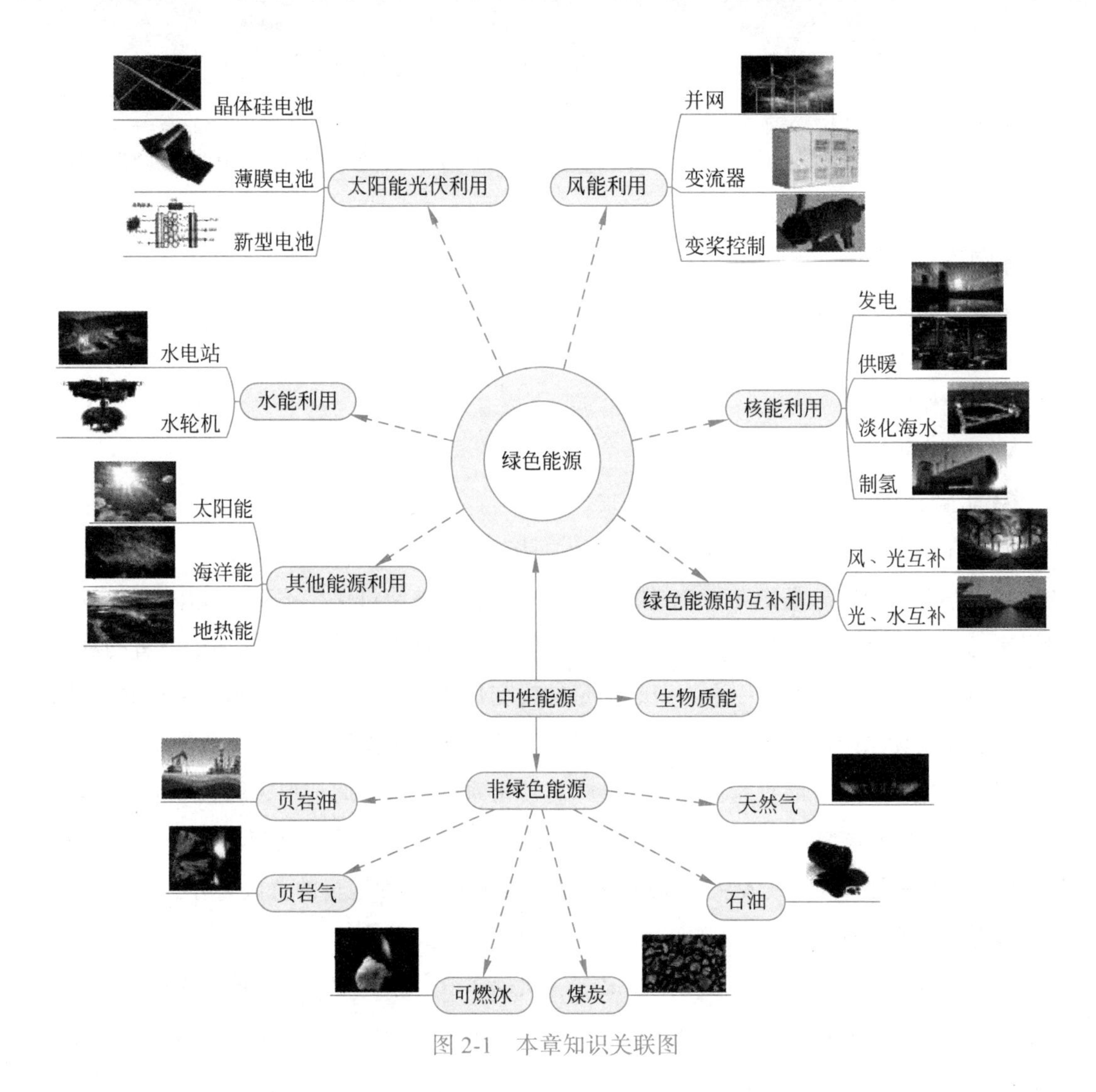

图 2-1　本章知识关联图

热力学第二定律：力学能可全部转换成热能，但是热能却不能以有限次的实验操作全部转换成功。热力学第二定律可以简要归纳为：①热可以从高温向低温传递，不能自然地反向进行；②不存在将全部热转换成功的循环。

热力学第三定律：绝对零度不可达到，但可以无限趋近。

❷ 范德华力和次级键

分子间作用力可分为范德华力和次级键，其本质和化学键一样，是一种电磁相互作用，但是它比化学键弱得多，很难影响到分子本身的性质，主要将共价分子凝聚成相应的固体或者液体。其中，次级键要比范德华力的键强大，可认为是“弱化学作用力”。

范德华力：普遍存在于固、液、气态任何微粒之间，与距离六次方成反比，根据来源不同，可分为以下几种力。

➢ 色散力（分散力、伦敦力）：瞬时偶极之间的电性引力。

➢ 取向力（偶极 - 偶极吸引力）：固有偶极之间的电性引力。

➢ 诱导力：诱导偶极与固有偶极之间的电性引力。

次级键：键长长于共价键、离子键、金属键，但短于范德华相互作用的微观粒子的相互作用，次级键包括以下几种。

➢ 氢键：氢与氮、氧、氟所键结产生的作用力。

➢ 非金属原子间次级键：存在于碘单质晶体中。

➢ 金属原子与非金属原子间次级键：存在于金属配合物中。

➢ 亲金作用。

➢ 亲银作用。

❸ 能量守恒定律

能量守恒定律（energy conservation law）是自然界普遍的基本定律之一。能量守恒定律即热力学第一定律，是指在一个封闭（孤立）系统的总能量保持不变。其中，总能量一般说来已不再只是动能与势能之和，而是静止能量（固有能量）、动能、势能三者的总量。能量守恒定律可以表述为：一个系统总能量的改变只能等于传入或者传出该系统的能量的多少。总能量为系统的机械能、热能及除热能以外的任何内能形式的总和。如果一个系统处于孤立环境，即不可能有能量或质量传入或传出系统。对于此情形，能量守恒定律表述为“孤立系统的总能量保持不变”。能量既不会凭空产生，也不会凭空消失，它只会从一种形式转化为另一种形式，或者从一个物体转移到其他物体，而能量的总量保持不变。

❹ 质量守恒定律

质量守恒定律是自然界的基本定律之一。质量守恒定律是指一个系统质量的改变总是等于该系统输入和输出质量的差值。它表明质量既不会被创生，也不会被消灭，而只会从一种物质转移到为另一种物质，总量保持不变。

18 世纪时法国化学家拉瓦锡通过实验推翻了燃素说之后，这一定律始得公认。20 世纪初，发现高速运动物体的质量随其运动速度而变化，又发现实物和场可以互相转化，因而应按质能关系考虑场的质量。质量概念的发展使质量守恒原理也有了新的发展，质量守恒和能量守恒两条定律通过质能关系合并为一条守恒定律，即质量和能量守恒定律（简称质能守恒定律）。

❺ 质能守恒定律

质能守恒定律是质量守恒定律与能量守恒定律的总称，主要是指在一个孤立系统内所有粒子的相对论静能与动能之和在相互作用过程中保持不变。质能守恒定律充分反映了物质和运动的统一性。

爱因斯坦提出的质能方程 $E=mc^2$ 表明，物体的质量是它所含能量的量度。质能方程将经典力学中彼此独立的质量守恒和能量守恒定律结合起来，成了统一的质能守恒定律。但是，在经典物理学和相对论物理学中，对质量守恒定律和能量守恒定律这两个基本自然规律的解释，是有原则性区别的。

❻ 光电效应

光的波粒二象性：光电效应其实是光伏效应的前提，光伏效应是光电效应作用于半导体这一特殊场所，从而产生了电势差。光电效应说明了光具有粒子性。相对应的，光具有波动性最典型的例子就是光的干涉和衍射。干涉、衍射和偏振表明光是一种波；光电效应和康普顿效应又用无可辩驳的事实表明光是一种粒子；因此现代物理学认为“光具有波粒二象性”。

光电效应：光电效应现象由德国物理学家赫兹于1887年发现，而正确的解释由爱因斯坦所提出。科学家们在研究光电效应的过程中，物理学者对光子的量子性质有了更加深入的了解，这对波粒二象性概念的提出有重大影响。

按照粒子说，光是由一份一份不连续的光子组成，当某一光子照射到对光灵敏的物质（如硒）上时，光的能量可以被该物质中的某个电子全部吸收。电子吸收光子的能量后，动能立刻增加；如果动能增大到足以克服原子核对它的引力，就能在十亿分之一秒时间内飞逸出金属表面，成为光电子，形成光电流。单位时间内，入射光子的数量越大，飞逸出的光电子就越多，光电流也就越强，这种由光能变成电能自动放电的现象，称为光电效应（photoelectric effect）。

光电效应分为光电子发射、光电导效应和阻挡层光电效应，又称光生伏特效应。前一种现象发生在物体表面，又称外光电效应（photoelectric emission）。后两种现象发生在物体内部，称为内光电效应。

光、热辐射、电磁波的关系：热辐射本质上是物体由于具有温度而辐射电磁波——可见光、红外线、紫外线，甚至一般的电磁波等。

❼ Crowbar 保护电路

撬棍（Crowbar）保护电路是一种过电压保护电路，这种电路的设计思想是当电源电压超出限定范围时能够快速切断（“撬棍”）电源。这时电源通路上的保险丝等过电流保护设备起作用切断电源以防止损坏电源。

❽ LVRT

低电压穿越（low voltage ride through，LVRT）能力即低电压过渡能力，曾称“低电压穿越”。定义：小型发电系统在确定的时间内承受一定限值的电网低电压而不退出运行的能力。

❾ 核裂变和核聚变

核裂变是一个原子核（平均结合能较小）分裂成几个原子核（平均结合能较大）的变化。只有一些质量非常大的原子核像铀、钍等才能发生核裂变。这些原子的原子核在吸收一个中子以后会分裂成两个或更多个质量较小的原子核，同时放出 2~3 个中子和很大的能量，又能使其他原子核接着发生核裂变，使裂变反应不断地进行下去，这种反应叫作链式反应，如图 2-2 所示。原子核在发生核裂变时，释放出巨大的能量称为原子核能，俗称原子能。

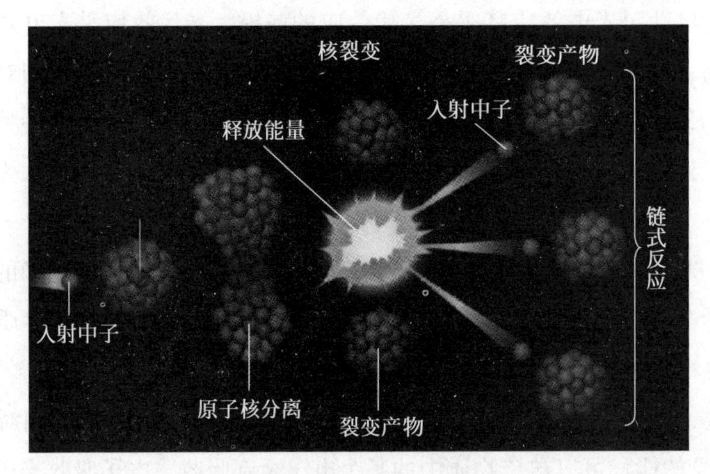

图 2-2　核裂变与链式反应

核聚变即热核反应，是指将轻核如氘（2H、氚 3H）(平均结合能较小）聚合成较重的原子核（平均结合能较大），从而释放能量的过程，如图 2-3 所示。

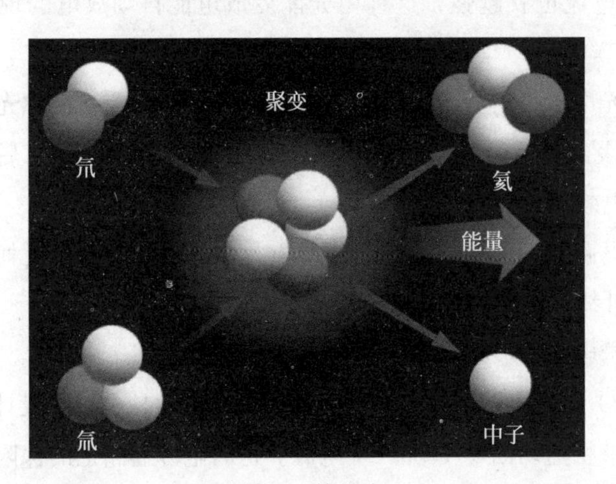

图 2-3　核聚变

⑩ 核反应堆

核反应堆是指可控链式反应发生场所，又称为原子炉，是核能利用的核心装置。对核裂变的研究较早，目前已基本实现了大规模人为可控，其关键在于链式反应，根据核反应方程，核反应堆包括核燃料、慢化剂、热载体、控制棒、冷却剂、反射层、热屏蔽体、防护装置、自动控制与监测系统等基本组成部分。

⑪ ADANES 技术

加速器驱动先进核能系统（accelerator driven advanced nuclear energy system，ADANES）

是中国科学院近代物理研究所在“未来先进核裂变能——ADS 嬗变系统”战略性先导科技专项实施过程中原创提出的一种先进核能系统。在 ADANES 系统的运行中，采用激光诱导击穿光谱（laser-induced breakdown spectroscopy，LIBS）技术实现各功能环节核燃料的原位实时定量检测，对各机组的实时控制和优化运行尤其重要。将 LIBS 技术拓展应用到 ADANES 系统，由于面对的核燃料是以微颗粒松散堆积的形态存在，势必会引入与粒径相关的未知基体效应。

2.4　拓展知识

1. 生物质能

生物质能是全生命周期内零碳排放的能源，是可再生能源。

生物质能是一种重要的可再生能源，直接或间接来自植物的光合作用，一般取材于农林废弃物、生活垃圾及畜禽粪便等，可通过物理转化（固体成型燃料）、化学转化（直接燃烧、气化、液化）、生物转化（如发酵转换成甲烷）等形式转化为常规的固态、液态和气态燃料。生物质本身不是高污染燃料，但生物质成型燃料及其直接燃烧使用具有环境风险，需加强环保监管。对于生物质成型燃料，国家不是要禁止或限制使用，相反，在规范的燃用方式下，是鼓励发展的。

1）生物质能的特点

（1）可再生性。生物质能是从太阳能转化而来，通过植物的光合作用将太阳能转化为化学能，储存在生物质内部的能量，与风能、太阳能等同属可再生能源，可实现能源的永续利用。

（2）替代优势。可以将生物质能源转化成可替代化石燃料的生物质成型燃料、生物质可燃气、生物质液体燃料等。在热转化方面，生物质能源可以直接燃烧或经过转化，形成便于储存和运输的固体、气体或液体燃料，可运用于大部分使用石油、煤炭及天然气的工业锅炉和窑炉中。世界自然基金会 2011 年 2 月发布的《能源报告》认为，到 2050 年，将有 60% 的工业燃料和工业供热都采用生物质能源。

（3）原料丰富。生物质能资源丰富，分布广泛。根据世界自然基金会的预计，全球生物质能潜在可利用量达 350 艾焦 / 年（约合 82.12 亿吨标准油，相当于 2009 年全球能源消耗量的 73%）。另外，根据我国《可再生能源中长期发展规划》统计，目前我国生物质资源可转换为能源的潜力约 5 亿吨标准煤，今后随着造林面积的扩大和经济社会的发展，我国生物质这种新能源转换的潜力可达 10 亿吨标准煤。在传统能源日渐枯竭的背景下，生物质能源是理想的替代能源，被誉为继煤炭、石油、天然气之外的“第四大”能源。

2）生物质能的应用范围

根据以上特点，生物质能目前主要用于制乙醇、制沼气、制氢、制柴油、压缩成固体燃料、热力发电等，可以满足工业时代对所有能源商品的需求。在欧洲，生物质能在新能源中的占比远高于风能、太阳能，超过了 60%。

3）生物质能的形成与来源

生物质能的形成与来源如图 2-4 所示。

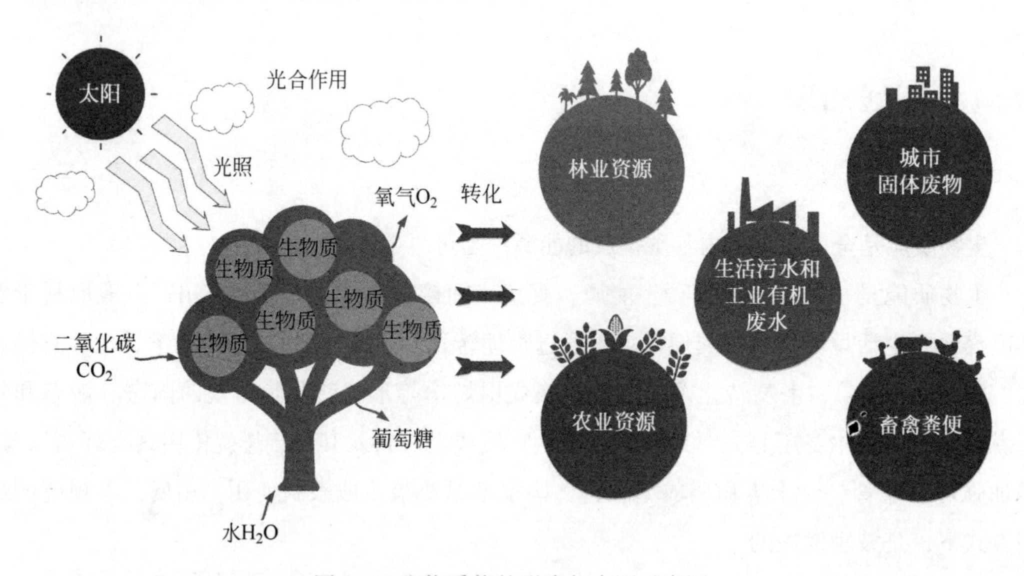

图 2-4　生物质能的形成与来源示意图

绿色植物的叶绿素通过光合作用把 CO_2 和 H_2O 转化为葡萄糖，并把光能储存下来，然后进一步把葡萄糖聚合成淀粉、纤维素、半纤维素、木质素等构成植物本身的物质。生物质能的原始能量来源于太阳，所以从广义上讲，生物质能是太阳能的一种表现形式。生物质能蕴藏在植物、动物和微生物等可以生长的有机物中，它是由太阳能转化而来的。依据来源（生物质载体）的不同可以将适用于能源利用的生物质能分为林业资源、农业资源、生活污水和工业有机废水、城市固体废物及畜禽粪便（牧业资源和渔业）五大类。

4）生物质能利用概况

人类对生物质资源的能源化利用经历了三代技术：第一代技术是农村传统的烧火做饭取暖，能源利用效率平均为 13% 左右；第二代技术是生物质直接燃烧发电或直接燃烧供热（生物质锅炉），能源综合利用效率为 30%~50%，污染物排放严重；生物质气化技术属于第三代技术路线，包括微生物厌氧发酵沼气技术和热解气化技术，生物质气化炉与燃气锅炉成套联用，能源综合利用效率达 85% 左右，大气污染物排放达到或低于天然气排放标准。

目前，为了提高生物质能的能量利用效率，降低环境污染，几乎摒弃了直接燃烧的利用方式，主要通过一定的方式和手段将其转变成燃料物质，再应用于发电、供暖和化工原料等。

5）生物质能的转化及应用技术

生物质能转换技术总体可分为直接燃烧技术、生物转化技术、热化学转化技术和其他转化技术四种主要类型，如图 2-5 所示。

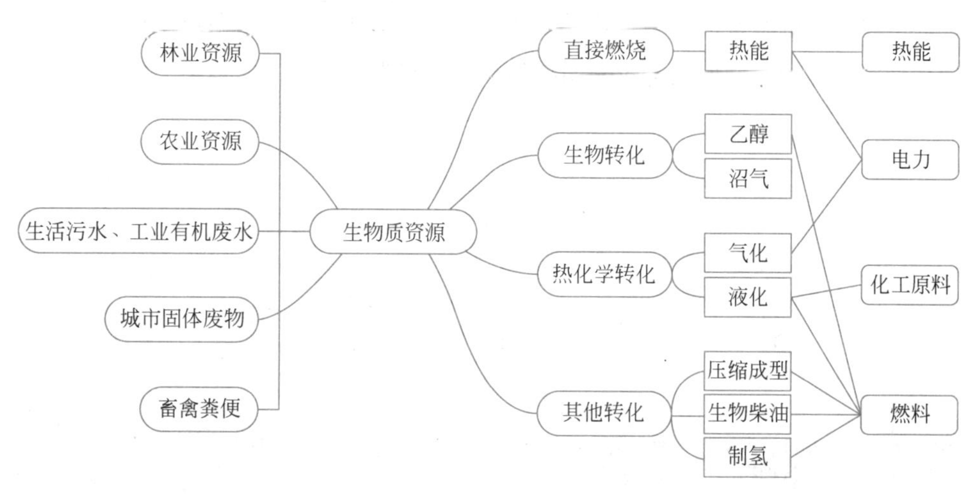

图 2-5　生物质能的利用方式分类图

（1）直接燃烧技术。生物质燃烧技术成熟且易于规模化生产，是一种主流的生物质热化学转化工艺，其核心是利用高温燃烧过程将生物质中的化学能转化为热能并加以利用。生物质燃料在空气中的燃烧过程可以分为四个阶段：预热干燥阶段、挥发分析出并着火阶段、燃烧阶段、燃尽阶段。生物质直接燃烧技术在炊事、供暖等民用领域和锅炉燃烧、发电等工业领域中已经有较大规模的应用。

（2）生物转化技术。生物转化技术主要指生物转化制乙醇和沼气。

我国乙醇生产以发酵法为主，按生产所用主要原料的不同，发酵法生产乙醇又分为：淀粉质原料生产乙醇、糖质原料生产乙醇、纤维素原料生产乙醇等。乙醇是一种优质的液体燃料。乙醇燃料具有很多优点，它是一种不含硫及灰分的清洁能源，可以直接代替汽油、柴油等，作为民用燃烧或内燃机燃料，是最具发展潜力的石油替代燃料。生物质发酵法制乙醇过程如图 2-6 所示。

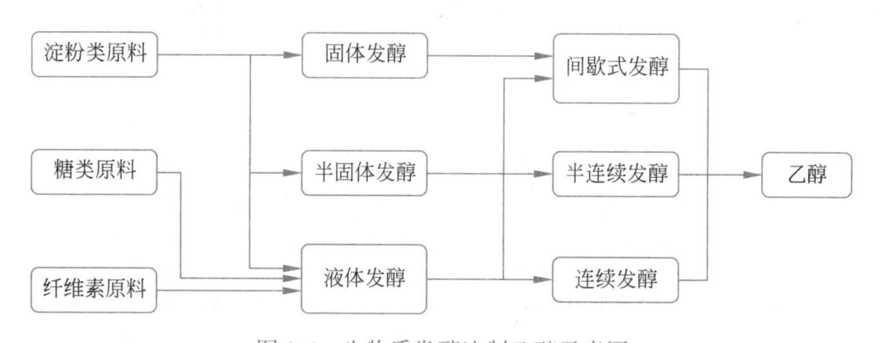

图 2-6　生物质发酵法制乙醇示意图

沼气的主要成分是甲烷，与其他燃气相比，沼气的抗爆性能较好，是一种很好的可再生清洁能源。沼气发酵的实质是微生物进行物质代谢和能量代谢的一个生理过程。微生物在厌氧条件下将复杂有机物质进行分解，生成有机酸等小分子有机物进而生成甲烷等气体。目前，人工厌氧发酵制备沼气的工艺逐渐成熟，从几个立方米的小型户用沼气池到数千立方米的大型沼气工程，已形成了较为系统的厌氧发酵生产沼气工艺体系。沼气发酵基本流程如图 2-7 所示。

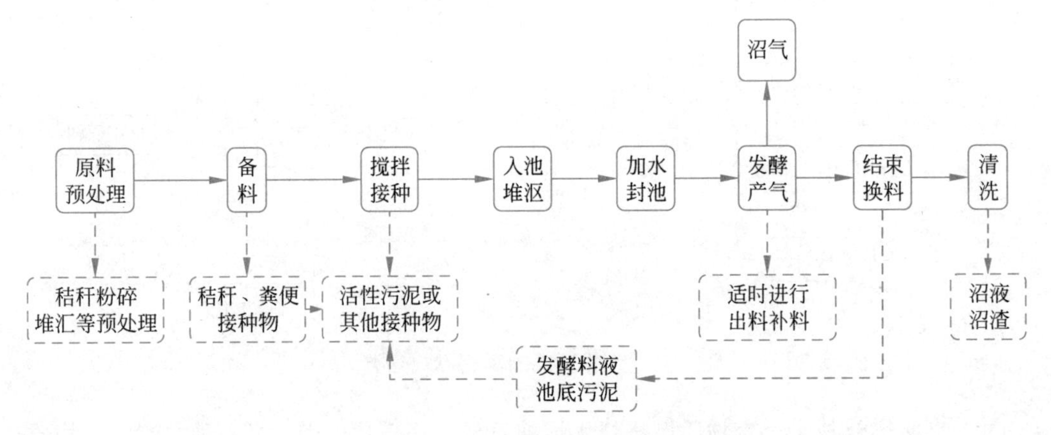

图 2-7　沼气发酵基本流程图

（3）热化学转化技术。生物质的热化学转化主要为气化和液化。生物质气化是在一定的热力学条件下，借助于气化介质（空气、氧气或水蒸气）的作用，使生物质的高聚物发生热解、氧化、还原重整反应，最终转化为一氧化碳、氢气和低分子烃类等可燃气体的过程。分级气化是一种较为新颖的生物质气化技术，通过在气化床中产生至少两个不同的温度区间，使生物质的热解和气化在气化炉中不同的区域或者不同的反应器中进行，这使生物质转化可以分步骤进行优化，其原理如图 2-8 所示。

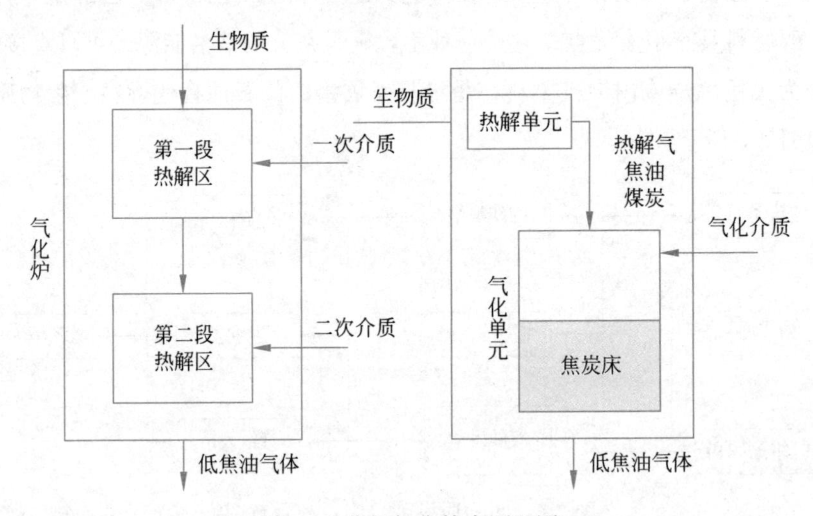

图 2-8　分级气化技术原理图

生物质液化是通过热化学或生物化学方法将生物质部分或全部转化为液体燃料。生物质液化又可分为生物化学法和热化学法。生物化学法主要是指采用水解、发酵等手段将生物质转化为燃料乙醇、燃料丁醇等；热化学法主要包括快速热解液化和加压催化液化等。

（4）其他转化技术。生物质压缩成型就是将各类生物质废弃物，如秸秆、稻壳、锯木、木屑等，在一定的含水率和温度条件下，施加压力后使其纤维素形成具有固定形状的压缩成型棒、粒燃料。生物质燃料压缩成型工艺从广义上可分为常温压缩成型、热压成型、碳化成型 3 种形式。常温压缩成型也叫湿压成形。在常温下将原料浸水数日或将原料喷水，使其湿润皱裂并部分降解，将其水分挤出，加黏结剂搅拌混合均匀，然后压缩为成型燃料。热压成型是目前普遍采用的生物质压缩成型工艺。生物质原料在压缩过程中加热，使木质素中的胶性物释放出来，起黏结作用，同时通过高压将粉碎的生物质材料挤压成型。其工艺过程包括粉碎、干燥、加热、压缩、冷却。根据工艺流程不同，碳化成型可分为先成型后碳化和先碳化后成型两类。

生物柴油是生物质能的一种，它是生物质利用热裂解等技术得到的一种长链脂肪酸的单烷基酯。目前普遍的定义为，生物柴油是指植物油（如菜籽油、大豆油、花生油、玉米油、棉籽油等）、动物油（如鱼油、猪油、牛油、羊油等）、废弃油脂或微生物油脂与甲醇或乙醇经酯化转化而形成的脂肪酸甲酯或乙酯。生物柴油是典型的“绿色能源”，其特性与石化柴油相近，是生物质能源的一种，有着石化柴油不可比拟的优势：良好的燃烧性能；优良的环保性能和再生性能；较好的低温发动机启动性能和润滑性能；较高的安全性能；原料易得。

生物质制氢是借助化学或生物方法，以光合作用产出的生物质为基础的制氢方法，可以利用制浆造纸、生物炼制以及农业生产中的剩余废弃有机质为原料，具有节能、清洁的优点，成为当今制氢领域的研究热点。目前以生物质为基础的制氢技术可分为化学法与生物法制氢。生物质制氢技术的分类如图 2-9 所示。

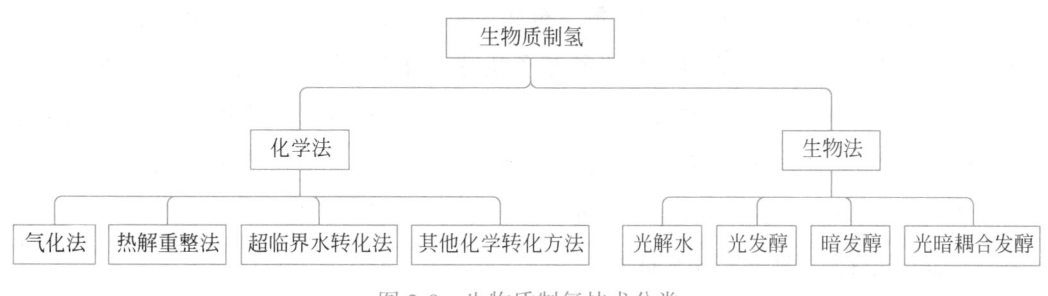

图 2-9　生物质制氢技术分类

6）生物质发电技术

生物质发电技术是以生物质及其加工转化成的固体、液体、气体为燃料的热力发电技术。生物质能发电可以分为直接燃烧发电、混合燃烧发电、垃圾发电、沼气发电和气化发电五种类型。在农村地区，利用秸秆、畜禽粪污、有机生活垃圾发电，生产沼气、生物天然气，不仅可以实现清洁供电、供暖，还可以解决农村地区的环境污染问题，为美丽乡村建设添砖加瓦。

（1）直接燃烧发电。将生物质在锅炉中直接燃烧，生产蒸汽带动蒸汽轮机及发电机发电。生物质直接燃烧发电的关键技术包括生物质原料预处理、锅炉防腐、锅炉的原料适用性及燃料效率、蒸汽轮机效率等技术。

（2）混合燃烧发电。生物质还可以与煤混合作为燃料发电，称为生物质混合燃烧发电技术。混合燃烧方式主要有两种：一种是生物质直接与煤混合后投入燃烧，该方式对于燃料处理和燃烧设备要求较高，不是所有燃煤发电厂都能采用；另一种是先气化生物质原料，将燃气与煤混合燃烧产生的蒸汽送入汽轮机发电机组。

（3）气化发电。生物质在气化炉中转化为气体燃料，经净化后直接进入燃气机中燃烧发电或者直接进入燃料电池发电。气化发电的关键技术之一是燃气净化，气化出来的燃气都含有一定的杂质，包括灰分、焦炭和焦油等，需经过净化系统把杂质除去，以保证发电设备的正常运行。

（4）沼气发电。沼气发电是随着沼气综合利用技术的不断发展而出现的一项沼气利用技术，其主要原理是利用工农业或城镇生活中的大量有机废弃物，经厌氧发酵处理产生的沼气驱动发电机组发电。用于沼气发电的设备主要为内燃机，一般由柴油机组或者天然气机组改造而成。

（5）垃圾发电。垃圾发电包括垃圾焚烧发电和垃圾气化发电，其不仅可以解决垃圾处理的问题，同时也可以回收利用垃圾中的能量，节约资源，垃圾焚烧发电是利用垃圾在焚烧锅炉中燃烧放出的热量将水加热获得过热蒸汽，推动汽轮机带动发电机发电。垃圾焚烧技术主要有层状燃烧技术、流化床燃烧技术、旋转燃烧技术等。气化熔融焚烧技术包括垃圾在450~640摄氏度下的气化和含碳灰渣在1300摄氏度以上的熔融燃烧两个过程，垃圾处理彻底，过程洁净，并可以回收部分资源，被认为是最具有前景的垃圾发电技术。

国家在生物质能发电的上网电价上给予了扶持，每千瓦时电价比火电高两角钱左右，但是，我国的扶植力度与欧美国家相比还有差距。欧洲一些国家除了电价，在税收上的扶持力度更大。欧洲一些电厂之所以经营得好，有很重要的一条是其原料免费，且由于秸秆是按照垃圾处理，电厂还可征收垃圾处理费，因此可以良性发展。因此国家在税收等政策上进一步加大扶持力度就显得非常重要。

7）生物质综合利用

生物质综合利用的重点是发展绿色制造、促进多能互补、开展工农一体化利用。绿色制造要以工业生物技术为核心，结合生物学、化学、工程学等技术，从生物质等原料出发，构建生产化学品、能源与材料的新工业模式。多能互补是建立适应社会可持续发展的“品级对口、多子相干、能势匹配、多能互补、碳氢循环”能源转化利用新理念，构建洁净低碳、安全高效的国家能源供应与转化利用新体系，实现多能互补、提质增效的能源综合高效转化利用模式。

2. 页岩油、页岩气、可燃冰

化石能源除了常见的煤、石油、天然气外，还有页岩油、页岩气、可燃冰等。

1）页岩油气≠页岩油 + 页岩气

我国石油天然气工业领域经常出现“页岩油气”一词，对此的说明是从页岩开采出来的页岩气和与此共生、伴生的页岩油。“页岩油气”念起来顺口，实际上却把基本概念混淆了。

首先，从页岩中开采页岩气时，有与页岩气共生、伴生的原油产生，被误认为是页岩油，实际上是致密油。目前人们对页岩油、致密油的含义有不同理解，所以在页岩油和致密油术语的使用上存在误解和争论。

在科学研究页岩和致密岩时，将页岩油分为广义和狭义，同样也将致密油分为广义和狭义，但在实际应用中，将两者含义简明化，使其容易理解。

致密油与页岩油两者均属非常规石油，其储层致密，渗透性极差，用常规技术不能实现经济开发。

致密油（tightoil）也称为轻质致密油，是在生产页岩气的地带利用水平钻井和多段水力压裂生产的成熟的石油。从致密层和页岩层开采出来的石油均属致密油。而页岩油对应的英文是 shaleoil，是指从油页岩生产出的石油，也称干酪根石油，是在生油岩中滞留的原油，未经运移的未成熟的石油。油页岩必须经过人工加热加氢，通过干馏提炼出类似于原油的页岩油，也称为人造石油。

致密油中的原油品质与常规油藏相同，都属于轻质原油，而页岩油是重质油，其区别是两者 API 重度和黏度不同以及提取的方式不同。两者的生产位置大不相同，致密油从地下开采，而页岩油在地面干馏。致密油需要利用水平钻井和多段压裂等技术才能实现经济开采，与页岩气的生产方式相同。而页岩油主要采用地上干馏法生产，生产方式可分为内部燃烧法、热循环固体法、隔壁传热法、外部注入热气法、反应流体法等，以内部燃烧法为主，我国采用抚顺干馏法。页岩油主要在中国、巴西、俄罗斯和爱沙尼亚生产。

另外，很多媒体称美国的页岩气和页岩油生产居世界之首。这一说法也存在问题。2011 年中国生产了约 65 万吨页岩油，居世界之首。因此，称“美国的页岩气和页岩油生产居世界之首”无基础数据支持。美国是页岩气生产大国，也是致密油生产大国，但却是页岩油生产小国；中国是页岩油生产大国，却是页岩气生产小国。

2）可燃冰

天然气水合物（natural gas hydrate/gas hydrate）即可燃冰，是天然气与水在高压低温条件下形成的类冰状结晶物质，因其外观像冰，遇火即燃，因此被称为可燃冰（combustible ice）、固体瓦斯和气冰。天然气水合物分布于深海或陆域的永久冻土中，其燃烧后仅生成少量的二氧化碳和水，污染远小于煤、石油等，且储量巨大，因此被国际公认为是石油等的接替能源。

在自然界中，天然气水合物广泛分布在大陆、岛屿的斜坡地带、活动和被动大陆边缘的隆起处、极地大陆架以及海洋和一些内陆湖的深水环境。在标准状况下，一单位体积的天然气水合物分解最多可产生 164 单位体积的甲烷气体。中国国内可燃冰主要分布在南海海域、东海海域、青藏高原冻土带以及东北冻土带，据粗略估算，其资源量分别约为 64.97×10^{12} 立方米、3.38×10^{12} 立方米、12.5×10^{12} 立方米和 2.8×10^{12} 立方米，并且已在南海北部神狐海域和青海省祁连山永久冻土带取得了可燃冰实物样品。

2.5 延伸阅读文献

[1] 邹才能 . 碳中和学 [M]. 北京：地质出版社，2022.
[2] 邹才能 . 新能源 [M]. 北京：科学出版社，2019.
[3] 邹才能，等 . 海相页岩气 [M]. 北京：科学出版社，2021.
[4] 邹才能，等 . 中国陆相致密油页岩油 [M]. 北京：地质出版社，2020.
[5] 圆山重直产 . 热力学 [M]. 张信荣，王世学，等译 . 北京：北京大学出版社，2011.
[6] 李灿 . 太阳能转化科学与技术 [M]. 北京：科学出版社，2020.
[7] 杜祥琬 . 中国能源战略 [M]. 北京：科学出版社，2016.
[8] 雷促敏 . 能源工程学 [M]. 太原：山西经济出版社，2016.

绿色电力系统

3.1 内容要点和阅读指导

第2章中已经介绍我国要实现“双碳”目标，尽力减少对化石能源的使用，同时要大力发展以太阳能、风能为主的绿色能源发电。大规模的绿色电能输送对电力系统有怎样的挑战？电网技术上需要哪些创新和提升？保障能源安全的前提下，都需要怎样的安全保障机制？本章内容主要围绕这些问题展开。

本章主要内容如下。

第3.1节为概述。

第3.2节主要是对绿色电力系统的概述，随着碳达峰碳中和的推进，新型电力系统将逐步完善，并最终形成绿色电力系统。本节从绿色电力系统构建、绿色电力系统相比于传统电力的重要变化、安全保障机制、火电转型与升级对绿色电力系统进行了详细的介绍。

第3.3节主要从输电网和配电网两个方面介绍建设绿色电力系统所需的电网技术。

第3.4节着眼于绿色电力系统的能源端，介绍能够高效利用能源的相关技术。

第3.5节探究电力市场的发展路径，为适应能源结构转型，以建立全国统一电力市场体系和电力交易机制为出发点，建立健全“电碳协同”的绿色电力系统市场机制，并分析如何更好地开展绿色电力交易。

本章重点：

- 什么是绿色电力系统（电力系统的发展）。
- 绿色电力系统技术架构。
- 绿色电力系统安全保障。
- 如何健全绿色电力系统市场机制。

本章难点：

- 如何构建绿色电力系统。
- 先进输电网技术和配电网技术。
- 如何开展绿色电力交易。

3.2 知识关联图

本章知识关联图如图3-1所示。

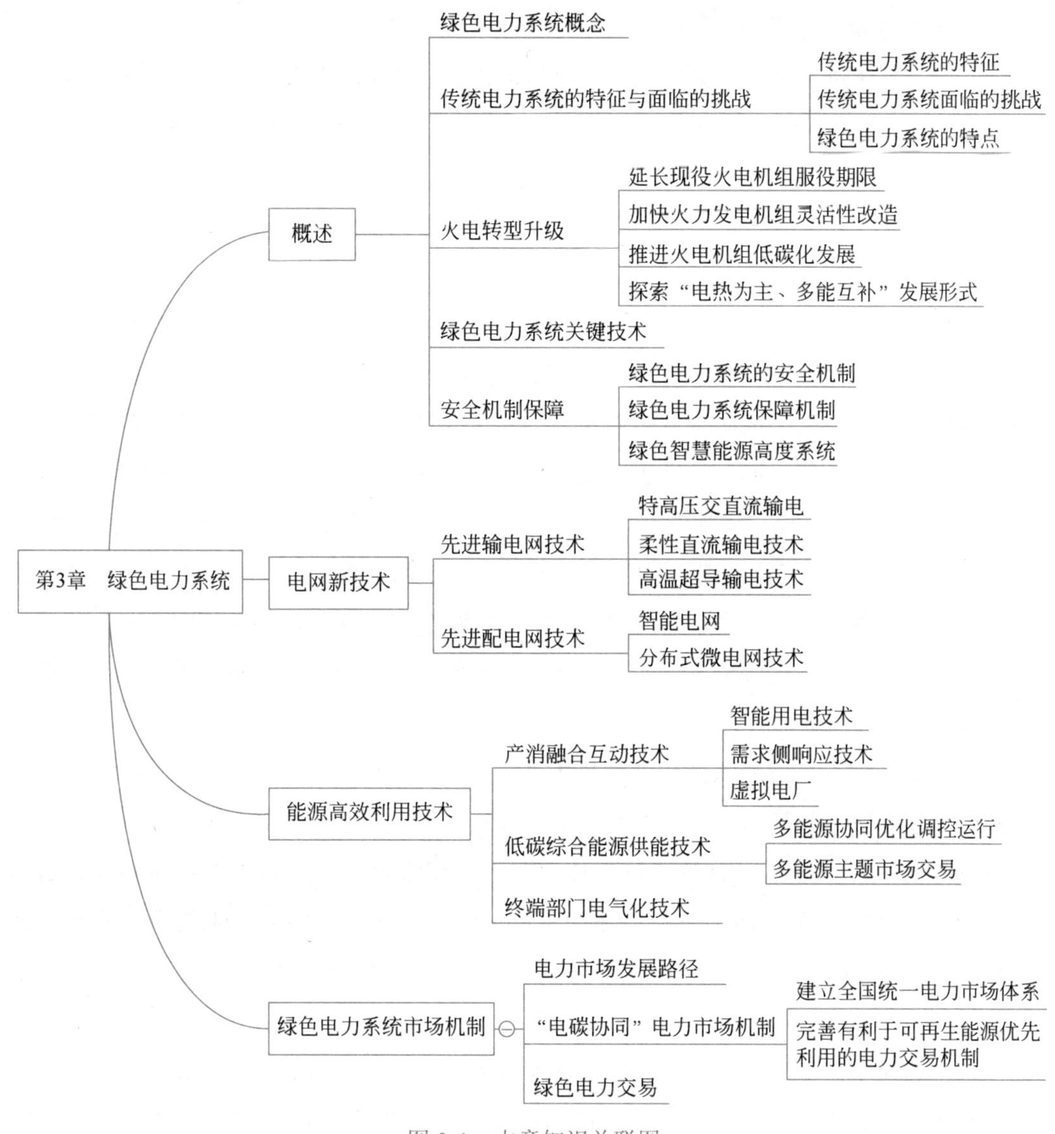

图 3-1 本章知识关联图

3.3 名词释义

❶ 四个革命、一个合作

四个革命、一个合作是在 2014 年 6 月 13 日中央财经领导小组第六次会议上提出的能源安全新战略。“四个革命”是指推动能源消费革命，抑制不合理能源消费；推动能源供给革命，建立多元供应体系；推动能源技术革命，带动产业升级；推动能源体制革命，打通能源发展快车道。“一个合作”是指全方位加强国际合作，实现开放条件下能源安全。

❷ 新能源电量渗透率

新能源电量渗透率是指在某一电网控制区域内，一定时间周期（年、月、日）内，新能源发电量占电源总发电量的比重，该指标反映了新能源对系统的电量支撑能力。

❸ 亚临界、超临界和超超临界

总体来说，这几个概念是物质存在的状态条件，对应描述这几种状态的特征量主要包括压力和温度。

（1）临界状态是指纯物质的气、液两相平衡共存的极限热力状态，是物质的气态和液态平衡共存时的一个边缘状态。在此状态时，饱和液体与饱和蒸汽的热力状态参数相同，气液之间的分界面消失，因而没有表面张力，气化潜热为零，处于临界状态的温度、压力和比容，分别称为临界温度、临界压力和临界比容。使物质由液态变为气态的最高温度叫临界温度。每种物质都有一个特定的温度，在这个温度以上，无论怎样增大压强，气态物质都不会液化，这个温度就是临界温度。以水为例，水的临界点是压力为 22.115 兆帕、温度为 374.15 摄氏度的状态。在临界温度下，使气体液化所必需的压力叫临界压力。

（2）亚临界状态是指物质在温度高于其沸点但低于临界温度，以流体形式且压力低于其临界压力存在的状态。

（3）超临界状态是指某流体所处的压力和温度均超过临界压力和临界温度时的状态。处于超临界状态时，气液两相性质非常接近，以致无法分辨，所以超临界水是非协同、非极性溶剂。超临界状态是一种特殊的流体。在临界点附近，它有很大的可压缩性，适当增加压力，可使它的密度接近一般液体的密度，因而有很好地溶解其他物质的性能，例如超临界水中可以溶解正烷烃。另外，它的扩散系数却比一般液体大 7~24 倍，近似于气体。

（4）超超临界。在物理学中没有超超临界这个分界点，它一般是应用在火电厂方面的概念，只表示超临界技术发展的更高阶段，是常规蒸汽动力火电机组的自然发展和延伸。由于超超临界参数机组在我国投运的数量最多，因此它是我国人为的一种区分，也称为优化的或高效的超临界参数。超超临界与超临界的划分界限尚无国际统一的标准。我国电力百科全书认为主蒸汽压力≥27 兆帕为超超临界机组。2003 年，我国“国家高技术研究发展计划（863 计划）”项目“超超临界燃煤发电技术”中，定义超超临界参数为蒸汽压力≥25 兆帕，蒸汽温度≥580 摄氏度。

❹ 风光水火储一体化

风光水火储一体化通过优先利用风电、光伏等清洁能源，发挥水电、煤电的调节性能，适度配置储能设施，统筹多种资源协调开发、科学配置，有利于发挥新能源富集地区优势，实现清洁电力大规模消纳，在优化能源结构的同时，破解资源环境约束，对我国实现“双碳”目标和绿色发展意义重大。风光水火储一体化侧重于电源基地开发，结合当地资源条件和能源特点，因地制宜采取风能、太阳能、水能、煤炭等多能源品种发电互相补充，并适度增加一定比例储能，统筹各类电源的规划、设计、建设和运营。

⑤ 源网荷储一体化

源网荷储一体化是指通过整合本地资源，以技术突破和体制机制创新为支撑，探索源网荷储高度融合的电力系统发展路径，强调发挥负荷侧调节能力、就地就近灵活发展，引导市场预期。电力系统是一个需要维持瞬时平衡的系统，在传统电力系统中，主要通过发电机组的转动惯量、调频能力根据负荷的变化进行发电量调节，以实现电力平衡，即所谓的“源随荷动”。与传统电网相比，新型电力系统的电网发展将形成大电网主导、多种电网形态相融并存的格局。未来以家庭、社区、园区等不同大小的区域形成多层级微电网，解决规模化新能源与新型负荷大量接入、即插即用的问题。将传统电力系统“发-输-变-配-用”的单向过程进行转变，形成“源-网-荷-储”的一体化循环过程，提高新能源发电消纳占比。

⑥ 继电保护

继电保护是对电力系统中发生的故障或异常情况进行检测，从而发出报警信号，或直接将故障部分隔离、切除的一种重要措施。因在其发展过程中曾主要用有触点的继电器来保护电力系统及其元件（发电机、变压器、输电线路等），使之免遭损害，所以称为继电保护。继电保护的基本任务是：当电力系统发生故障或异常工况时，在可能实现的最短时间和最小区域内，自动将故障设备从系统中切除，或发出信号由值班人员消除异常工况根源，以减轻或避免设备的损坏和对相邻地区供电的影响。

⑦ 负荷率

负荷率是指在统计期间内（日、月、年）的平均负荷与最大负荷之比的百分数。

⑧ 电力系统三道防线

《电力系统安全稳定导则》指出，通过设置三道防线来确保电力系统在遇到各种事故时的安全稳定运行。第一道防线：快速可靠的继电保护、有效的预防性控制措施，确保电网在发生常见的单一故障时保持电网稳定运行和电网的正常供电；第二道防线：采用稳定控制装置及切机、切负荷等紧急控制措施，确保电网在发生概率较低的严重故障时能继续保持稳定运行；第三道防线：设置失步解列、频率及电压紧急控制装置，当电网遇到概率很低的多重严重事故而稳定破坏时，依靠这些装置防止事故扩大，防止大面积停电。

⑨ 换流站

换流站是指在高压直流输电系统中，为了完成将交流电变换为直流电或者将直流电变换为交流电的转换，并达到电力系统对于安全稳定及电能质量的要求而建立的站点。

⑩ 供电质量

供电质量（quality of power supply）是指提供合格、可靠电能的能力和程度，包括电能质量和供电可靠性两个方面。供电质量对工业和公用事业用户的安全生产、经济效益和人民生活有着很大的影响。供电质量恶化会引起用电设备的效率和功率因数降低，损耗增加，寿命缩短，产品品质下降，电子和自动化设备失灵等。其中电能质量指提供给用户的电能品质的优劣程度。通常以电压、频率和波形等指标来衡量。

⑪ 负荷聚集商

负荷聚集商是由需求响应发展而新生的服务企业，主要是为用户提供专业的需求响应技术和高效的咨询服务，其通过聚合需求响应资源并代理参与需求响应容量、电能量竞价获得收益。

3.4 拓展知识

1. 洁净煤发电技术

洁净煤发电技术就是尽可能高效、清洁利用煤炭资源进行发电的相关技术。该技术的主要特点是提高煤的转化效率，降低燃煤污染物的排放。目前，在提高机组发电效率上主要有两个方向，一个是在传统煤粉锅炉的基础上通过采用高蒸汽参数提高发电效率，如超超临界发电（UCS）技术；另一个是利用联合循环提高发电效率，如整体煤气化联合循环、增压流化床燃煤联合循环（PCFB）等。在降低燃煤污染物上也有两个方向，一个是以煤气化技术为核心，对煤气净化后进行清洁利用；另一个是利用高效的烟气净化系统脱除或回收污染物。另外，不仅是清洁煤，在火力发电的过程中还涉及其他的机器和设备，也需要不断创新节能减排的设备，研究降碳增效技术，关注清洁能源利用以及二氧化碳捕集、利用和封存（CCUS）技术，为构建资源节约型、环境友好型的社会贡献火力发电行业的一分力量。

2. 绿色电力交易市场现状

目前绿色电力交易以直接可再生能源电能交易和绿色电力权证交易两种模式同步运行，两个市场各自发挥作用。

2017 年 2 月，绿色电力证书核发及自愿认购相关制度发布，标志着绿色电力证书交易体系正式形成。绿证的供给端主要是陆上风电和光伏发电企业，经主管部门核发绿证后，发电企业将绿证卖给有绿色电力需求的消费者。截至 2022 年 10 月 27 日，目前我国绿色电力证书认购交易平台已有 5677 名认购者，共认购 4526109 个，挂牌交易历史平均价格维持在每个 50 元。

直接可再生能源电能交易以风电、光伏等绿色电力产品为标的物，在电力中长期市场机制框架内设立交易品种，通过市场机制促进有绿电需求的企业与新能源企业直接交易，充分激发绿电交易供需潜力。2021 年 9 月 7 日启动的首次绿色电力交易中共有 17 个省份 259 家市场主体参与，达成交易电量 79.35 亿千瓦时。

3. 碳交易市场现状

2013 年以来，我国在 7 个省市启动碳交易试点工作，覆盖电力、钢铁、化工等 20 多个行业，近 3000 家重点排放单位。碳试点市场累计配额成交量 4.8 亿吨二氧化碳当量，成交额约 114 亿元。

在试点地区先行先试的基础上，我国积极部署全国统一碳市场建设。全国碳市场于 2021 年 7 月 16 日正式上线，纳入发电行业重点排放单位超过了 2000 家，就配额总发放量而言已成为全球第一大碳交易市场。截至 2022 年 10 月 26 日，全国碳市场碳排放配额（CEA）累计成交量 1.95 亿吨，累计成交额 85.8 亿元。

十年来，从地方碳排放权交易试点到全国碳市场平稳运行，碳市场从无到有，成为通过绿色金融助力“双碳”目标实现的重要环节。通过市场机制，碳减排责任实现了在全国范围内落实到企业，增强了企业“排碳有成本、减碳有收益”的低碳发展意识。

4. 特高压同塔多回输电技术

输电网络的构建受供能需求、地理位置资源环境以及建设投资多方面的影响和制约。如何能在满足可靠性要求的基础上提高单位线路走廊宽度下的输电能力成为国内外电网共同追求的目标。为减小输电走廊的占地需求，同塔多回输电线路在超 / 特高压输电系统中得到广泛应用。同塔多回输电线路能够在有限的输电线路走廊下，大幅提高输电容量，并有效提高供电的可靠性，尤其适用于城市电力负荷中心和工业基地等地区。例如，在皖电东送工程项目中，该项技术便得到了很好的应用。在实际研究过程中，研究人员可以建立一个相关的实验线段，将 I 型串和 V 型串间隙中的工频电压、冲击电压等进行收集，并对其放电特性进行综合研究，最终实现杆塔间隙中放电特性的有效掌握。另外，研究人员还可以针对回路中导线之间的安全问题，对长波操作进行适当模拟，了解不同间隙之间的不同电极与电压配比下的相间绝缘规律。根据相关工程实际情况，在平原和丘陵线路设计中，应安装地线保护角装置。经过不断的设计与优化，伞型塔设计效果最为明显，也会降低企业的投资数量。

5. 特高压紧凑型输电技术

紧凑型输电线路主要将三相导线放置在同一个塔窗之内，实现线路走廊宽度的有效降低，从而增加整体的走廊电流输送量。截至目前，我国在高压紧凑型线路建设上已经超过了数千千米，电压范围主要在220~500 千伏，经过多年的运行之后，呈现出了良好的经济效益。我国对该方面技术研究十分深入，在国际上首次开展了特高压单回紧凑型杆塔空气间隙与相间空气间隙的放电特性实验研究，并对电路中的电磁环境、过电压等进行了全面研究，确定了电磁运行环境的满足标准以及导线结构布置方式，同时还制定出了很多带电作业技术参数。但与常规线路和超高压紧凑线路相比，特高压紧凑线路存在明显的电容量增加问题，长此以往，将会引发一系列安全问题，同时也增加了导线的舞动控制难度。因此，在后续研究过程中，需要针对上述问题对特高压紧凑型线路进行进一步研究。

6. 特高压扩径导线技术

在特高压交流输电线路中，电晕损失主要来源于导线表面的场强过大和天气因素。根据相关绝缘要求，如果可以对其中的相间距离进行明确，则导线表面的场强只能受到分裂数、分裂间距等因素的影响。随着分裂数的不断增加，表面场强也会变得越来越小。在扩径导线的制作过程中，可利用支撑铝疏绕的方式对导线外径进行有效扩大，实现导线表面电场强度的有效降低，也可以在一定程度上降低输变电技术的无线电干扰。在导线得到扩径之后，与常规导线会出现明显区别，如重量减轻、永久变形能力较小等，在制造成本上也会大大降低。因此，特高压扩径导线技术也是特高压输变电技术中的一大重点发展内容。

7. 电力市场与碳市场的关系

电力市场与碳市场相对独立，根源、运营管理等各不相同，两者有各自的政策、管理和交易体系，管理运作、交易流程等截然不同。但对于电力行业而言，火力发电必然伴随着碳排放，电力交易与碳交易存在着复杂的依存关系和极强的关联性。

（1）从形成根源来看，电力市场是需求驱动性市场，有电力交易需求才能称为市场。碳市场是政策驱动性市场，市场需求主要来源于政府或企业的强制性限排规定。

（2）从运营管理来看，两者分属不同的交易品种，完全可以在两个独立交易系统或平台上开展交易。

（3）从相互联系上看，电力市场与碳市场在业务的深度和广度、核心产品属性、政策、技术、共识等方面，联系越来越紧密，两个市场逐渐呈现相互交叉、相互影响、相辅相成的耦合发展态势，两个市场的深度融合发展已经成为大势所趋。

（4）从发展趋势来看，我国电力市场空间会逐步扩张，而碳市场空间会逐步缩窄，两个市场发展趋势截然相反。

当前我国电力市场与碳市场均处于逐步推进、逐步完善的阶段，其发展目标都是破除市场壁垒，提高资源配置效率，构建全国统一的市场体系。只有积极促进两个市场有机融合、协同发展，才可最大限度发挥市场机制在能源资源配置与气候治理方面的优化作用，推动优质、低价可再生能源的大规模开发、大范围配置、高比例利用。

3.5　延伸阅读文献

[1] 国家发展改革委、国家能源局 . 国家能源局关于加快建设全国统一电力市场体系的指导意见 .（2022）.

[2] 国家发展改革委办公厅、国家能源局综合司 . 关于进一步推动新型储能参与电力市场和调度运用的通知 .

[3] 舒印彪 . 新型电力系统导论 [M]. 北京：中国科学技术出版社，2022.

[4] 唐西胜，齐智平，孔力 . 电力储能技术及应用 [M]. 北京：机械工业出版社，2020.

储能技术与绿色燃料

4.1 内容要点和阅读指导

储能技术在电力系统中有重要的作用，它参与电力系统调频（辅助服务）、参与电力系统调峰、提高绿色能源发电消纳能力和增加输配电线路生命力等。

本章第 4.1 节主要是对储能技术进行了概述，新型储能是构建新型电力系统的重要技术和基础装备，是实现碳达峰碳中和目标的重要支撑，也是催生国内能源新业态、抢占国际战略新高地的重要领域。因此，大力发展储能技术对于“双碳”目标的实现具有重要意义。第 4.2 节叙述了抽水储能的发展概况，探究抽水储能原理及主要功能。第 4.3 节介绍储热技术的基本原理和分类，对电热储能技术进行说明。第 4.4 节主要介绍了锂离子电池、钠离子电池、液流电池、飞轮储能、压缩空气储能、超级电容器储能、超导磁体储能几种新型电力储能技术的原理、发展趋势及拟突破的关键技术，并对几种储能技术进行了汇总比较，分析各自的优势和特点。第 4.5 节从绿氢、绿氨等几个方面，重点介绍了绿色燃料的发展现状及未来前景。

本章重点：

➢ 发展储能技术的原因。

➢ 了解储能技术在电力系统中的作用。

➢ 了解储能技术的分类与应用。

➢ 理解绿色燃料的概念及关键技术。

本章难点：

➢ 掌握各储能技术的原理及区别。

➢ 新型储能系统的构成及其与新型电力系统的关系。

4.2 知识关联图

本章知识关联图如图 4-1 所示。

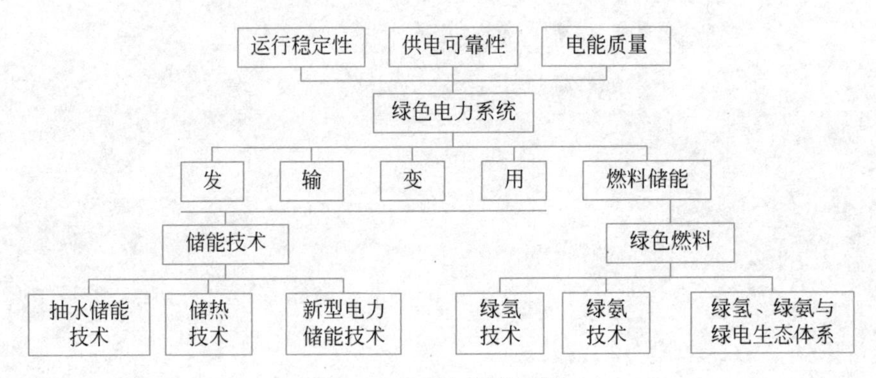

图 4-1　本章知识关联图

4.3 名词释义

❶ 刚性系统

刚性系统是一个数学名词，指多个相互作用但变化速度相差悬殊的子过程。在用微分方程描述的一个变化过程中，又包含着多个相互作用但变化速度相差悬殊的子过程，这样一类过程就认为具有"刚性"。描述这类过程的微分方程初值问题称为"刚性问题"。例如，宇航飞行器自动控制系统一般包含两个相互作用但效应速度相差悬殊的子系统，一个是控制飞行器质心运动的系统，质心运动惯性较大，因而相对来说变化缓慢；另一个是控制飞行器运动姿态的系统，由于惯性小，相对来说变化很快，因而整个系统就是一个刚性系统。

❷ 柔性系统

柔性系统即柔性交流输电系统（FACTS），它是综合电力电子技术、微处理和微电子技术、通信技术和控制技术而形成的用于灵活快速控制交流输电的新技术。柔性交流输电系统能够增强交流电网的稳定性并降低电力传输的成本。该技术通过为电网提供感应或无功功率从而提高输电质量和效率。作为世界领先的供应商，西门子的多种柔性交流输电系统已经在全球的多个项目中成功应用。

❸ 电网调峰

由于用电负荷是不均匀的。在用电高峰时，电网往往超负荷。此时需要投入在正常运行以外的发电机组以满足需求。这些发电机组称调峰机组。因为它们用于调节用电的高峰，所以称调峰机组。调峰机组的要求是启动和停止方便快捷，并网时的同步调整容易。一般调峰机组有燃气轮机机组和抽蓄能机组等。

❹ 相变材料

相变材料是指在恒温条件下，通过改变自身物质状态来提供潜热的物质。相变材料的工作原理：当温度升高到物质的熔化温度时，物质发生相变并伴有热量的吸收；当温度低于凝固温度时，物质发生相变并释放储存的热量，在相变过程中物质温度保持恒定，通过吸收和释放热量来达到控制温度的目的。

❺ 熔融

熔融是指温度升高时，分子热运动的动能增大，导致结晶破坏，物质由晶相变为液相的过程，是一级相变。

❻ 功能流体

功能流体是由相变微胶囊颗粒与传统单相流体构成的一种多相流体，由于相变微胶囊颗粒中的相变材料在发生固 - 液或液 - 固相变过程中吸收或释放潜热，它具有一定的储热能力。

⑦ 透平

透平（turbine）是将流体介质中蕴含的能量转换成机械功的机器，又称涡轮。透平是法文 turbine 的音译，源于拉丁文 turbo 一词，意为旋转物体。透平的工作条件和所用介质不同，因而其结构多种多样，但基本工作原理相似。透平最主要的部件是旋转元件（转子或叶轮），被安装在透平轴上，具有沿圆周均匀排列的叶片。

⑧ 甲醇燃料

甲醇燃料是利用工业甲醇或燃料甲醇加变性醇添加剂与现有国标汽柴油（或组分油）按一定体积（或重量比）经严格科学工艺调配制成的一种新型清洁燃料。

甲醇燃料可替代汽柴油，以供各种机动车、锅灶炉使用。生产甲醇的原料主要是煤、天然气、煤层气、焦炉气等，特别是利用高硫劣质煤和焦炉气生产甲醇，既可提高资源的综合利用又可减少环境污染。

⑨ 弃风（弃光）

弃风（弃光）是指受限于某种原因被迫放弃风水光能，停止相应发电机组或减少其发电量，也可以说是光伏电站的发电量大于电力系统最大传输电量 + 负荷消纳电量。

⑩ 变压吸附

变压吸附（pressure swing adsorption，PSA）是一种新型气体吸附分离技术。

（1）气体吸附分离方法：任何一种吸附对于同一被吸附气体（吸附质）来说，在吸附平衡情况下，温度越低，压力越高，吸附量越大。反之，温度越高，压力越低，则吸附量越小。因此，气体的吸附分离方法通常采用变温吸附或变压吸附两种循环过程。

（2）变压吸附原理：如果温度不变，在加压的情况下吸附，用减压（抽真空）或常压解吸的方法，称为变压吸附。可见，变压吸附是通过改变压力吸附和解吸的。

⑪ 化学制氢

化学链制氢是一种新兴绿色制氢技术，以金属基载氧体为中介，借助电子和氧的晶格内迁移，将燃料的氧化还原反应解构为还原、蒸汽氧化、空气氧化三个阶段，在不同阶段分别产出纯 H_2 和 CO_2。最常见的技术为甲烷或碳与水蒸气反应制氢。

该制氢方法采用煤、石油或天然气等化石燃料，在高温下与水蒸气发生催化反应。不同的燃料制氢过程发生的化学反应如下：

甲烷催化水蒸气重整反应 $CH_4 + 2H_2O \longrightarrow 4H_2 + CH_2$

煤气化制氢反应 $C + 2H_2O \longrightarrow CO_2 + 2H_2$

甲醇催化裂解反应 $CH_3OH + H_2O \longrightarrow CO_2 + 3H_2$

上述反应实际包括多步反应，其中重要的中间体为 CO_2。目的都是使混合气中的 H_2 比例增大，代价是原料 CH_4 或 CH_3OH 等含量下降。最终的反应产物是 CO_2 和 H_2 的混合物，其中的 CO_2 可以分离掉，只留下纯净的 H_2。由于制氢反应都是吸热反应，所需的热量可从燃烧煤气或天然气获得，也可以利用外部热源，如核能和太阳能。

⑫ 生物质制氢

生物质制氢技术是一种利用热化学或生物技术等方法将生物质原料转换成氢气的技术。常用的生物质有半纤维素、纤维素、木质素和以其他有机质为主的水生或陆生植物等。生物质能是一种通过绿色植物的光合作用，将太阳能转化成化学能后存储到生物体内的稳定可再生能源。

生物质制氢主要有生物法制氢和热化学制氢两种。生物法制氢是通过产氢微生物，如厌氧发酵制氢和光合生物制氢，但是产率和稳定性受到限制，大规模生产的可能性较低。而生物质热化学制氢是通过生物质的碳氢化合物组分通过热解转化为合成气（CO、H_2）等，然后将 CO 与 H_2O 反应制取氢气。

4.4 拓展知识

1. 电网调频

调频分上调和下调，是用于不断地、自动地平衡非常短时间（通常在 1 秒到几秒）内的较小的电能供需偏差，即不平衡能量。通常由市场控制区域内部装有 AGC（自动发电控制）装置的发电机组提供，也可以由能够响应 AGC 信号的需求侧资源（如需求响应资源和储能）提供。运行备用是为了应对负荷增加或系统突发事件，可分为旋转或同步备用，由正在在线发电并有能力增加出力的发电机组提供；非旋转备用或非同步备用由没有在线发电但能在给定时间（通常在 10~30 分钟）内启动并提供电力的发电机组提供。

调频主要包含一次调频和二次调频。一次调频是由系统中的负荷和有旋转备用容量的发电机组共同自发完成的有差调节；二次调频主要是通过实时调节电网中调频电源的有功功率，对频率和联络线功率进行控制，解决区域电网的功率不平衡问题，以实现无差调节。

2. 储热技术特点

显热储热、潜热储热和热化学储热三种储热技术的特点对比如表 4-1 所示。由表可知，到目前为止显热储热技术、潜热储热技术已得到充分发展，趋于成熟。

表 4-1 各储热技术主要特点

储热类型	储能规模 / 兆瓦	典型储能周期	技术优点	技术缺点	技术成熟度
显热储热	0.001~10	数小时至数天	成本低、集成简单、对环境友好	系统体积大、储能密度低、自放热与热损问题突出	已广泛应用于工业、建筑、太阳能发电领域

续表

储热类型	储能规模 / 兆瓦	典型储能周期	技术优点	技术缺点	技术成熟度
潜热储热	0.001~1	数小时至数周	等温状态下释热、有利于热控、储能密度高	介质和容器相容性差、不稳定、材料昂贵	实验室示范到商业示范过渡期
热化学储热	0.01~1	数小时至数月	储能密度最大、热损失低	储 / 释热过程复杂、传热介质通行较差	处于储热介质基础测试和实验原理验证阶段

3. 锂离子电池和锂电池的区别

从定义上讲，锂电池是一类由锂金属或锂合金为负极材料、使用非水电解质溶液的电池。锂离子电池一般是使用锂合金金属氧化物为正极材料、石墨为负极材料、使用非水电解质的电池。

这两者的区别主要在于阳极材料的选择上，锂电池（锂原电池或者锂金属电池）主要选择锂金属或者锂合金，而锂离子电池主要选择的是石墨类材料。

4. 氢燃料电池

氢燃料电池是将氢气和氧气的化学能直接转换成电能的发电装置。其基本原理是电解水的逆反应，把氢和氧分别供给阳极和阴极，氢通过阳极向外扩散和电解质发生反应后，放出电子通过外部的负载到达阴极。其原理如图 4-2 所示。

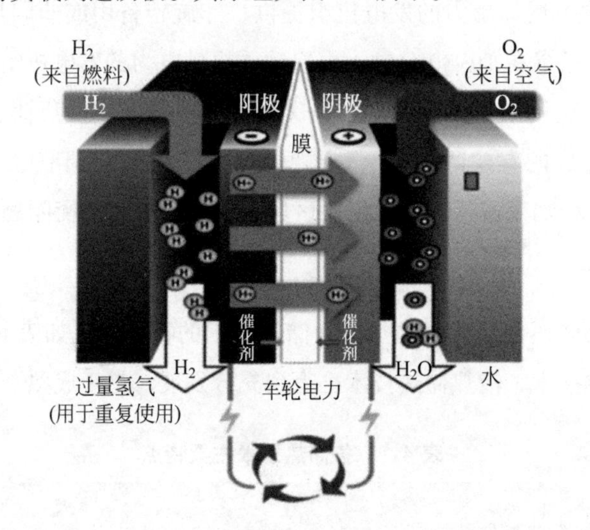

图 4-2　氢燃料电池基本原理图

5. 免蓄电池磁悬浮飞轮储能 UPS

（1）在市电输入正常，或者在市电输入偏低或偏高（一定范围内）的情况下，UPS（不间断电源系统）通过其内部的有源动态滤波器对市电进行稳压和滤波，保证向负载设备提供高品质的电力保障，同时对飞轮储能装置进行充电，UPS 利用内置的飞轮储能装置储存能量。

（2）在市电输入质量无法满足 UPS 正常运行要求，或者在市电输入中断的情况下，UPS 将储存在飞轮储能装置里的机械能转化为电能，继续向负载设备提供高品质并且不间断的电力保障。

（3）在 UPS 内部出现问题影响工作的情况下，UPS 通过其内部的静态开关切换到旁路模式，由市电直接向负载设备提供不间断的电力保障。

（4）在市电输入恢复供电，或者在市电输入质量恢复到满足 UPS 正常运行要求的情况下，则立即切换到市电通过 UPS 供电的模式，继续向负载设备提供高品质并且不间断的电力保障，并且继续对飞轮储能装置进行充电。

6. 储氢技术介绍

1）气态储氢

气态储氢即高压气态储氢，指通过高压将氢气压缩到一个耐高压的容器中以气态储存。通常采用气罐作为容器，存储能耗低、成本低（压力不太高时），且氢气的储量与储罐内的压力成正比，可通过减压阀调控氢气的释放，简便易行。因此，高压气态储氢技术是目前我国最常用的储氢技术，氢气压缩机如图 4-3 所示。

图 4-3　氢气压缩机

2）液态储氢

（1）低温液态储氢。低温液态储氢是先将氢气液化，然后储存在低温绝热真空容器中的技术。该方式的优点是氢的体积能量很高。由于液氢密度为 70.78 千克 / 立方米，是标况下氢气密度的近 850 倍，即使将氢气压缩，气态氢单位体积的储存量也不及液态储存，但液氢的沸点极低（–252.78 摄氏度），与环境温差极大，对储氢容器的绝热要求很高。

（2）有机液态储氢。有机液态储氢技术即液态有机物储氢技术，原理是利用氢气与某些烯烃、炔烃或芳香烃等不饱和液体有机物的可逆反应，通过加氢反应实现氢的存储（化合键合），在常温、常压下，以液态形式进行储存和运输；到达使用地点时，在催化剂的作用下，通过脱氧反应实现氢的释放。整体流程如图 4-4 所示。

液态有机物储氢使得氢可在常温常压下以液态运输，储运过程安全、高效，但还存在脱氢技术复杂、脱氢能耗大、脱氢催化剂技术亟待突破等技术瓶颈。若能解决上述问题，液态有机物储氢将成为氢能储运领域最有希望取得大规模应用的技术之一。

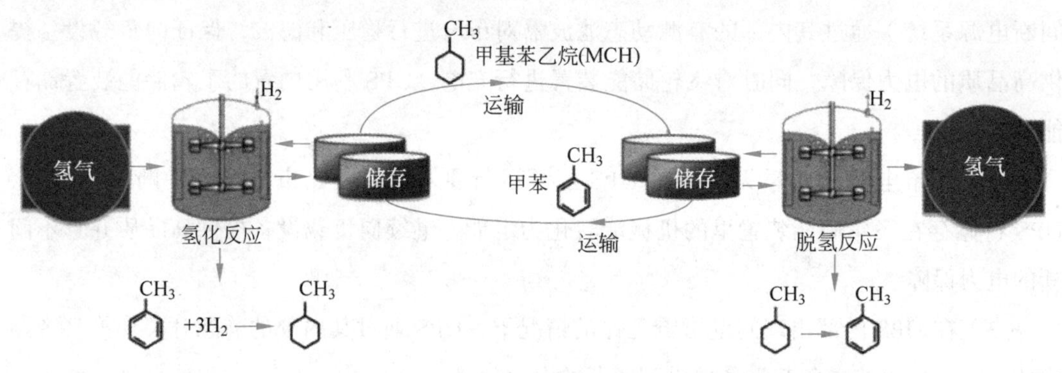

图 4-4　有机液态储氢流程

3）固体储氢

根据固态材料储氢机制的差异，主要可将储氢材料分为物理吸附型储氢材料和金属基储氢合金两类，其中，金属氢化物储氢是目前最有希望且发展较快的固态储氢方式。固体储氢材料分类如图 4-5 所示。

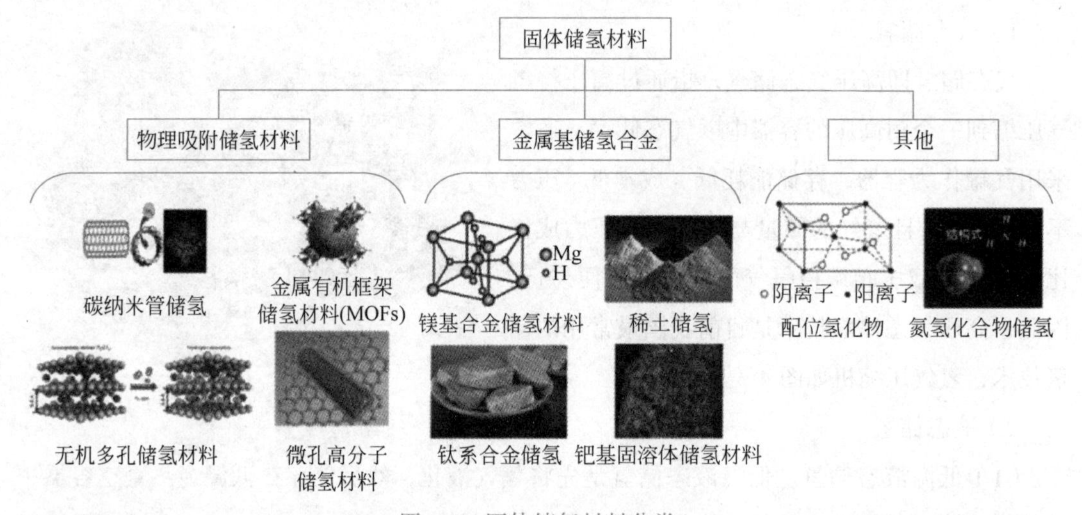

图 4-5　固体储氢材料分类

金属氢化物储氢即利用金属氢化物储氢材料储存和释放氢气。在一定温度下加压，过渡金属或合金与氢反应，以金属氢化物形式吸附氢，然后加热氢化物释放氢，如 $LaNi_5H_6$、MgH_2 和 $NaAlH_4$。

金属氢化物储氢罐供氢方式具有以下特点：储氢体积密度大、操作容易、运输方便、成本低、安全性好、可逆循环好等，但是质量效率低，如果质量效率能够有效提高，这种储氢方式非常适合在燃料电池汽车上使用。

7. 氢能运输技术

1）气氢输送

氢能的气态运输分为长管拖车和管道运输两种。长管拖车灵活便捷，但在长距离、大容量输送时，成本则会更高。与此相比，管道运输的输氢量大、能耗低，但是建造管道一次性投资也更大。在管道运输发展初期，可以积极探索掺氢天然气方式——将氢气逐步引入天然气网络，这也是大规模推广氢气的现实解决方案。

2）液氢输送

液氢一般采用车辆或船舶运输，液氢生产厂距用户较远时，可以把液氢装在专用低温绝热槽罐内，放在卡车、机车、船舶或者飞机上运输。这是一种既能满足较大输氢量，又比较快速、经济的运氢方法。在特别的场合，液氢也可用专门的液氢管道输送，如图 4-6 所示。由于液氢是一种低温（–253 摄氏度）液体，其存储的容器及输送液氢管道都需要高度的绝热性能，所以管道容器的绝热结构就比较复杂，且液氢管道一般只适用于短距离输送。

图 4-6　液氢输送技术

3）固氢输送

采用固体储氢材料对氢气进行物理吸附，或与氢气发生化学反应等方式，储存、释放氢能的方法被称为“固氢”储运技术。其中，储氢材料是实现固氢输送的核心部分，它能够对氢气进行有效的吸附与释放，或者能够与氢气发生高效、可逆的化学反应，从而实现氢能的储存与释放。常用的固体储氢材料包括金属储氢合金、碳质储氢材料等。

8. 太阳燃料

太阳燃料（sun fuel）世界范围内指太阳能即时转化燃料，与化石燃料（fossil fuel）相对，技术较为成熟的是利用太阳能将水采取电离方式转化为氢气和氧气，并将氢气利用高压技术转化为液态以使用于保存和运输。

太阳燃料最为常见的形式是可燃氢燃料（如甲醇燃料）。太阳燃料的实质就是利用太阳能等可再生能源将水和二氧化碳转化为甲醇燃料，有时也称其为“液体阳光”。生产太阳燃料的关键技术就是将水分解成氢气（氢能）和氧气，氢气再和二氧化碳反应就可以产生甲醇和水。

9. 抽水储能面临的问题

我国抽水储能快速发展的同时也面临以下一些问题。

（1）发展规模滞后于电力系统需求。目前抽水储能电站建成投产规模较小，在电源结构中占比低，不能有效满足电力系统安全稳定经济运行和新能源大规模快速发展需要。

（2）资源储备与发展需求不匹配。我国抽水储能电站资源储备与大规模发展需求衔接不足。西北、华东、华北等区域抽水储能电站需求规模大，但建设条件好、制约因素少的资源储备相对不足。

（3）开发与保护协调有待加强。资源站点规划与生态保护红线划定、国土空间规划等方面协调不够，影响抽水储能电站建设进程和综合效益的充分发挥。

（4）市场化程度不高。市场化获取资源不足，非电网企业和社会资本开发抽水储能电站积极性不高，抽水储能电站电价疏导相关配套实施细则还需进一步完善。

10. 新型压缩空气储能技术对比

国内外学者在传统压缩空气储能的基础上，开拓出了多种新型的压缩空气储能技术，使其得到迅速发展，目前主要的压缩空气储能技术包括蓄热式压缩空气储能系统、等温式压缩空气储能系统、水下压缩空气储能系统、液态压缩空气储能系统、超临界压缩空气储能系统等（见表 4-2）。其中，蓄热式压缩空气储能系统效率较高，具备较为成熟的技术，加之我国有大量的盐洞、废弃矿洞，该系统技术发展前景较为广阔。

表 4-2　压缩空气储能技术优劣分析

技术路径	优　势	劣　势
蓄热式压缩空气储能系统	系统工作流程简单；取消燃烧室，摆脱化石燃料依赖；能量回收利用，系统效率提升	增加了多级换热及储热，系统占地面积和投资有所增加
等温式压缩空气储能系统	取消蓄热系统，系统部件减少；热损失较低，系统效率提升	等温过程实现较为困难，目前仍存在技术难题；与外界交换功量减少，能量密度降低
水下压缩空气储能系统	高效率和能量密度；适用于海岸线、深海区域的储能	储能装置制造困难
液态压缩空气储能系统	不受地理环境限制；能量密度较大	依赖化石燃料输入；系统性能受回热器的影响较大
超临界压缩空气储能系统	高效率和能量密度；摆脱对大型储气室和化石燃料的依赖	目前仍存在技术难题

4.5 延伸阅读文献

[1] 低碳氢、清洁氢与可再生能源氢的标准与评价 . 标准编号 T/CAB 0078—2020.

[2] 国家发展改革委，国家能源局 . 关于加快推动新型储能发展的指导意见，发改能源〔2021〕1051 号 .

[3] 国家发展改革委，国家能源局 ."十四五"新型储能发展实施方案，发改能源〔2022〕209 号 .

[4] 国家发展改革委，国家能源局 . 氢能产业发展中长期规划（2021—2035 年）索引号：000019705/2022-00028.

[5] 国家能源局 . 抽水蓄能中长期发展规划（2021—2035 年）索引号：000019705/2021-00087.

[6] 新思界产业研究中心 . 2022—2026 年压缩空气储能（CAES）行业深度市场调研及投资策略建议报告 .

负 碳 技 术

5.1 内容要点和阅读指导

介绍本章内容之前我们先来回答一个问题：为什么要发展负碳技术？

世界经济的高速发展以及全球化石燃料的大量使用，导致生态环境日益恶化，其最为明显的表现是温室效应。温室效应导致全球气候变暖，引起冰川融化，这不仅会对极地动物的生存环境造成极大的威胁，还会导致海平面上升，甚至淹没部分沿海城市。目前，世界各国已经意识到这一问题的严重性，开始大力发展以低能耗、低污染、低排放为基础的负碳技术。

负碳技术是指捕获、封存和积极利用排放的碳元素，即开发以降低大气中碳含量为根本特征的 CO_2 的捕集、利用及封存（CCUS）技术，最为理想的状况是实现碳的零排放。根据联合国政府间气候变化专门委员会（IPCC）的调查，CCUS 技术的应用能够将全球 CO_2 的排放量减少 20%~40%，对气候变化产生积极影响，它被广泛认为是应对全球气候变化、控制温室气体排放的重要技术之一。

本章主要介绍 CCUS 技术的概述及其相关技术。

第 5.1 节主要是 CCUS 技术的概述，随着人类工业化的发展，人类生产生活所产生的 CO_2 已经超出自然界碳吸收的能力，最终导致生态环境日益恶化。为此世界各国纷纷大力开发新的低碳技术，其中 CCUS 技术是能够实现大规模 CO_2 减排的新兴技术。第 5.2 节主要对于目前较成熟的碳捕集技术进行介绍；第 5.3 节主要讲解 CO_2 的利用封存技术，从生物、化学、物理层面对 CO_2 的利用封存进行了分类和介绍；第 5.4 节主要讲解了生物固碳技术，对目前自然界能够自主吸收 CO_2 的途径进行了介绍。

本章重点：

- 了解为什么要发展 CCUS 技术。
- 理解什么是 CCUS 技术。

本章难点：

- 掌握各技术之间的关系。
- 理解各技术的原理。

5.2 知识关联图

本章知识关联图见图 5-1。

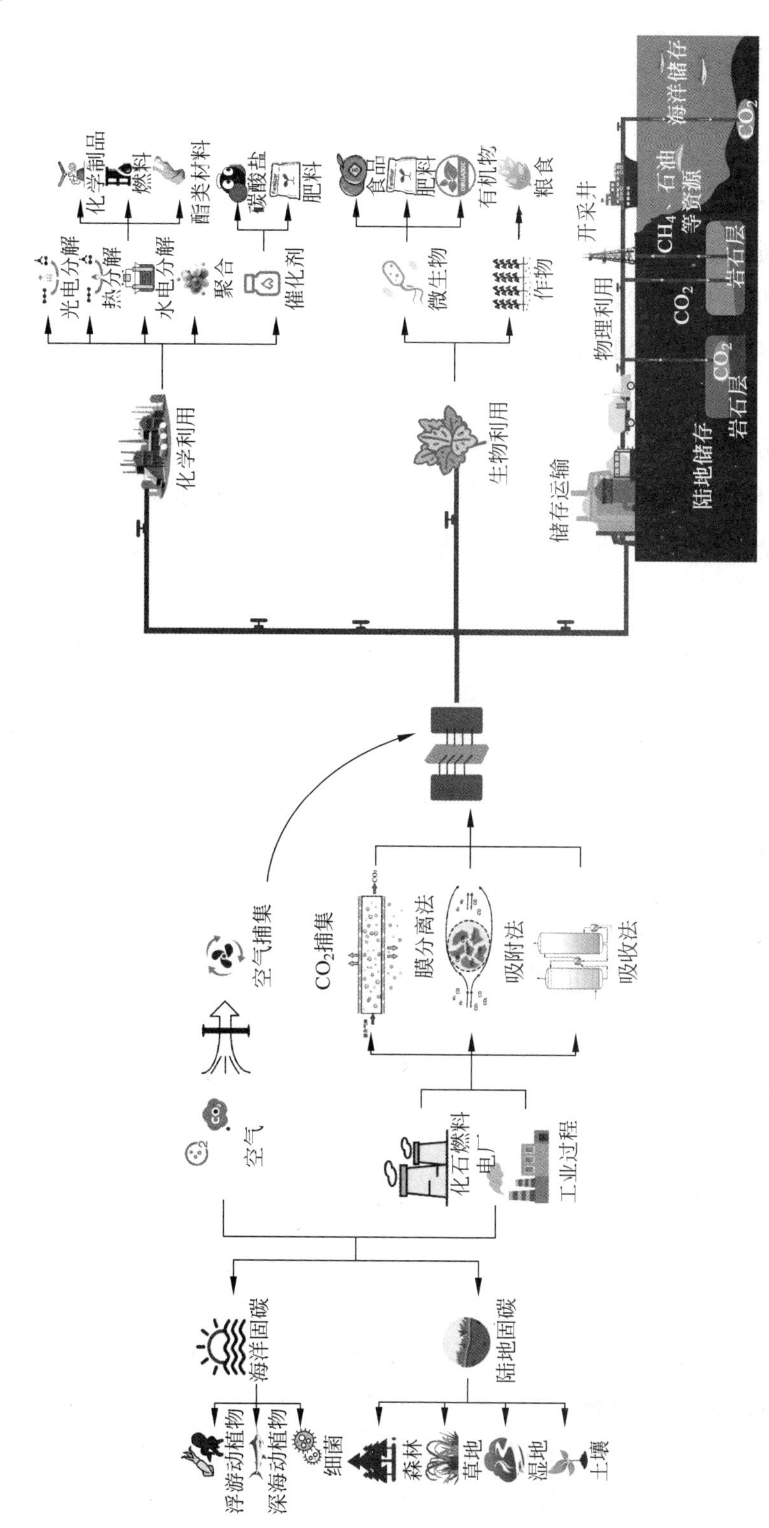

浮游动植物
深海动植物
细菌
海洋固碳
森林
草地
湿地
土壤
陆地固碳
空气
化石燃料电厂
工业过程
空气捕集
CO_2捕集
膜分离法
吸附法
吸收法
化学利用
光电分解
热分解
水电分解
聚合
催化剂
化学制品
燃料
酯类材料
碳酸盐
肥料
生物利用
微生物
作物
食品
肥料
有机物
粮食
储存运输
物理利用
开采井
陆地储存
岩石层
CO_2
CO_2
岩石层
CH_4、石油等资源
海洋储存
CO_2

图 5-1　本章知识关联图

5.3 名词释义

❶ IGCC 技术

IGCC（integrated gasification combined cycle）即整体煤气化联合循环发电系统，是将煤气化技术和高效的联合循环相结合的先进动力系统。IGCC 主要由两部分组成，即煤的气化与净化部分和燃气 - 蒸汽联合循环发电部分。在目前技术水平下，IGCC 发电的净效率可达 43%~45%，今后可望达到更高。

❷ 热焓

热焓又简称焓，从热力学的观点来看，蒸汽的热焓就是蒸汽的能量，对于一定状态下（温度、压力）单位量的蒸汽，其热焓是一定的。内能是指气体内部所包含的能量，它包括内动能和内位能。熵是一个常用的状态参数，在一定条件下，熵在数值上等于温度除热量所得的商。

❸ 生物泵

海洋中的浮游动物吞食浮游植物，食肉类的浮游动物吃食草类浮游动物。这些生命系统所产生的植物和动物碎屑沉降在海洋中，某些沉降物将分解并作为营养物回到海水中，但也有大约 1% 沉降物到达深海或海床，在那里被沉积而不再进入碳循环，这称为生物泵。

❹ 溶解度泵

溶解度泵是指将碳以溶解无机碳（dissolved inorganic carbon）的形式从海洋表面输送到海洋内部的物理化学过程。

❺ 碳酸盐泵

碳酸盐泵（carbonate pump）是指海洋生物通过固定海水中的碳酸盐，生成碳酸钙质地的保护外壳，并最终将碳酸钙颗粒物沉降埋藏于海底的过程。

5.4 拓展知识

1. CCUS 技术发展历史

根据 CCUS 技术发展与应用状况，可将 CCUS 的发展历程大致分为驱油、减碳、负排放三个阶段，其发展历程如图 5-2 所示。2016 年《巴黎协定》签订后，“碳中和”一词被频繁提及。2018 年公布的 IPCC 1.5 摄氏度特别评估报告（SR1.5）指出，在全球升温不超过 1.5 摄氏度的路径中，二氧化碳净排放量需要在 2030 年前较 2010 年水平下降 45% 左右，约在 2050 年实现净零排放。但考虑到技术和成本等多方面因素，事实上，很多行业无法真

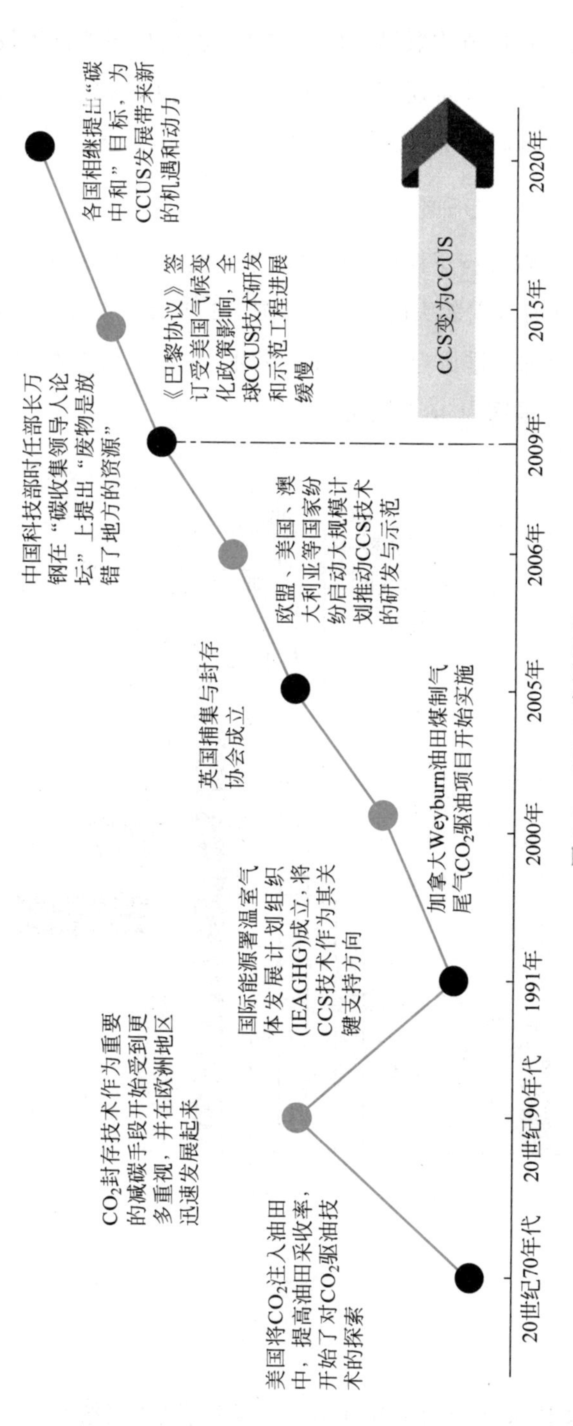

图 5-2 CCUS 发展历程

正实现零碳排放。在此背景下，CCUS 发挥深度减排和负排放的能力被挖掘，成为实现碳中和的重要抓手。

近年来，我国 CCUS 各环节均取得了显著进展。虽然与国外整体技术相比，我国的发展水平处于优势，但关键核心技术还存在差距。受制于 CCUS 各环节关键技术的成熟度及经济性，国外已进入 CCUS 商业示范阶段，而我国还处于工业示范阶段，与国外差距明显。

2. 国内外权威机构对 CCUS 贡献预测

国际机构对 CCUS 贡献进行了评估，但是由于研究的内容不同，对 CCUS 在不同情景中减排贡献的评估结果也存在着较大的差异，如图 5-3 所示。从图中可以看出：到 2030 年，CCUS 在不同场景中的全球减排量为 1 亿 ~16.7 亿吨 / 年，平均为 4.9 亿吨 / 年；到 2050 年为 27.9 亿 ~76 亿吨 / 年，平均为 46.6 亿吨 / 年。

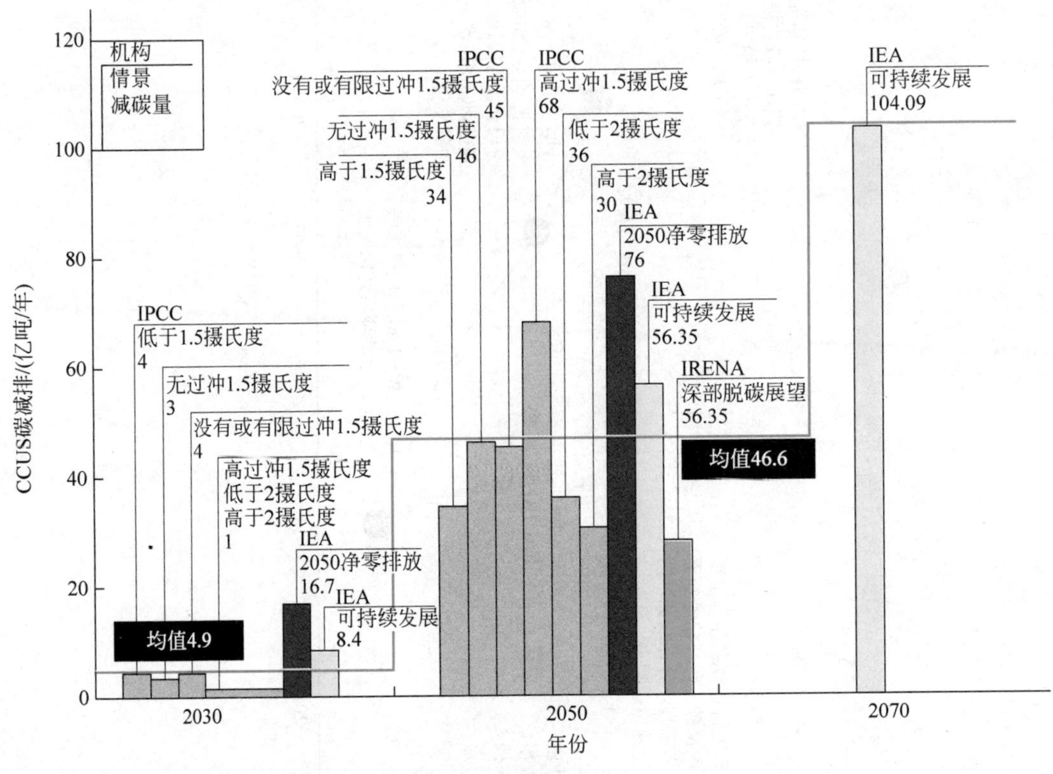

图 5-3　全球主要机构评估的 CCUS 贡献

数据来源：2021 年中国二氧化碳捕集利用与封存（CCUS）年度报告

3. CO_2 运输技术

CO_2 运输是 CCUS 技术系统的中间环节，可采用公路、铁路及船舶等多种运输方式，其运输技术如图 5-4 所示。大规模、长距离运输 CO_2 时，地下管道运输是最为经济的方式，但其初始成本投资较高。陆地运输是将 CO_2 以液态的形式存储于低温绝热的液罐中运输到目的地，其中公路罐车适合短途小量的运输，也是目前我国 CCUS 项目 CO_2 运输的主要方式。海上运输适合大规模、长距离运输，在进行离岸封存时具有较大的经济优势，但其投资大，运行成本高，对辅助设施的要求高，受气候因素影响较大。

图 5-4 CO_2 运输技术

4. CO_2 吸收法分离技术

1）化学吸收法

化学吸收法的原理，就是利用二氧化碳和液体溶剂中的成分发生化学反应，从而达到捕集二氧化碳的目的。我们可以将这种方式看作先将二氧化碳进行“消化”，再将消化之后的产物收集起来。化学吸收法的整体流程大致上可以分为二氧化碳吸收和溶剂再生两部分，这两个环节中都有化学反应发生。目前，人们已经研究出了许多种用化学吸收法吸收二氧化碳的化学吸收剂。不过大多数化学吸收剂还在试验阶段。在实际项目中应用比较广泛的化学吸收剂主要是碱性盐溶液、醇胺溶液和氨水三种。

在碳捕集领域，化学吸收法已经有了很多的应用项目。项目中使用的多种化学吸收剂对二氧化碳具有良好的吸收能力，能够极大地降低混合气体中二氧化碳的含量，优势十分明显。不过化学吸收法的劣势同样明显。在使用化学吸收法进行碳捕集的过程中，需要通过高温加热的方式对化学吸收剂进行再生，这就会消耗大量的能量。化学吸收剂一般具有较强的腐蚀性，会对设备造成持续的破坏，同时化学吸收剂的泄漏也会对周边的环境造成污染。这些问题都制约着化学吸收法在碳捕集项目中的应用和推广。

2）物理吸收法

相对于化学吸收法，物理吸收法要简单且直接得多，就是让二氧化碳“溶解”在特殊的溶液里，这个过程中并没有化学反应发生。这个溶解的过程就是个物理现象，并不需要任何消化液参与。物理吸收法的原理是特定的物理溶剂对混合气体成分溶解度不同，其中二氧化碳的溶解度较大，其他成分的溶解度较小，从而实现从混合气体中分离二氧化碳的目的。

目前在采用物理吸收法进行碳捕集的工艺中，常用的吸收剂是聚乙二醇二甲醚和甲醇，此外，碳酸丙烯酯、N-甲基吡咯、聚乙二醇甲基异丙基醚、磷酸三正丁酯等有机溶剂也可以用于物理吸收法进行碳捕集。根据吸收剂性质的不同，采用物理吸收法进行碳捕集的工艺流程也不同，不过和化学吸收法类似，同样可以分为二氧化碳吸收和吸收剂再生两部分。

相比化学吸收法，物理吸收法进行碳捕集过程在低温、高压的条件下进行，对二氧化碳的吸收量比较大，二氧化碳的释放和吸收剂的再生过程不需要加热，能源消耗低，同时在循环过程中吸收剂损耗少，前期投入和项目运转的费用都比较低。不过物理吸收法的缺点也很明显，就是对二氧化碳的吸收率相对较低，当混合气体中的二氧化碳浓度较低时，很难达到理想的吸收效果。

3）物理化学吸收法

为了达到更好的碳捕集效果，保留各吸收法的优点并弥补其缺点，科学家们尝试将化学吸收法和物理吸收法两者结合起来，双管齐下捕捉二氧化碳，这就是物理化学吸收法。

物理化学吸收法采用混合吸收剂对二氧化碳进行吸收。其中既有与二氧化碳发生化学反应的化学吸收剂，也有对二氧化碳具有较高溶解度的物理吸收剂，常见的组合有甲基二乙醇胺与二氧化四氢噻吩组成的混合吸收剂，以及甲醇与多种醇胺组成的混合吸收剂等。

5. CO_2 矿化利用技术

1）钢渣矿化利用 CO_2 技术

钢渣矿化利用 CO_2 技术是指以钢铁生产过程产生的大量难处理钢渣为原料，利用其富含钙、镁组分的特点，通过与 CO_2 碳酸化反应，将其中的钙、镁组分转化为稳定的碳酸盐产品，使利用后的钢渣得到稳定化处理，实现工业烟气中 CO_2 原位直接固定与钢渣工业固废协同利用。其工艺流程如图 5-5 所示。

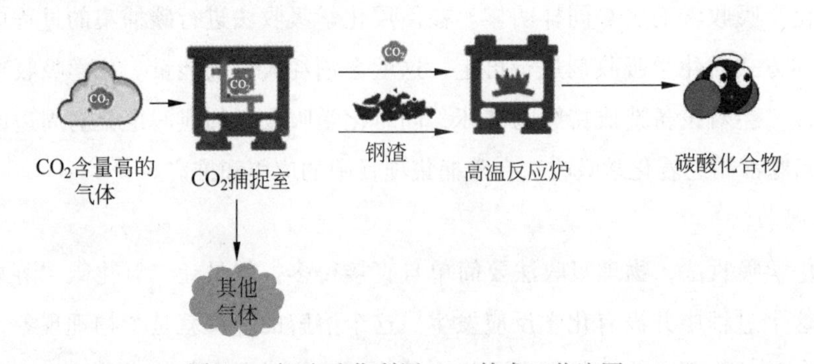

图 5-5 钢渣矿化利用 CO_2 技术工艺流图

2）磷石膏矿化利用 CO_2 技术

磷石膏是湿法磷酸工业产生的废料。中国是最大的磷酸和磷肥生产国，每年大约会产

生 5×10^7 吨的磷石膏废料。然而，磷石膏废料仅有 15% 被利用，如用于生产水泥缓凝剂、石膏灰泥和砖块等，其余大量的磷石膏则未经适当处理就被丢弃，导致大量的土地被占用和水资源被污染。采用磷石膏矿化利用 CO_2 技术在固定 CO_2 的同时生产硫酸铵，可极大地提高磷石膏的利用率。

3）钾长石加工联合 CO_2 矿化技术

钾是农业生产的三大营养元素之一，对保障粮食安全具有重大意义。自然界钾资源主要为盐湖钾资源及钾长石资源，我国钾长石资源储量巨大，为 97.14 亿吨，是盐湖钾资源总储量的 46 倍。钾长石的提取通过采用高温煅烧活化、碱熔抽提、酸溶浸出等方式，反应条件苛刻且提取率不高。而钾长石加工联合 CO_2 矿化技术是指在钾长石加工制取钾肥的过程中，利用提钾废渣中的 Ca^{2+} 离子与 CO_2 反应，起到矿化固定 CO_2 效果，同时减少废弃物排放。因此，开发钾长石加工联合 CO_2 矿化技术对于钾长石的综合利用意义重大。

4）CO_2 矿化养护混凝土技术

混凝土是目前应用最广泛的建筑材料之一，但混凝土原材料的生产过程伴随着高耗能和高排放，首先是水泥生产环节，每生产 1 吨水泥熟料约排放 940 千克 CO_2，其次，在混凝土养护环节，常规的蒸汽养护也会带来一定的能耗及 CO_2 排放。而 CO_2 矿化养护混凝土技术是指模仿自然界风化过程，利用早期水化成型后混凝土中的碱性钙镁组分，以及水化产物（$Ca(OH)_2$ 和 C-S-H）凝胶和 CO_2 之间的加速碳酸化反应，替代传统水化养护或蒸汽养护实现混凝土产品力学强度等性能的提升。

6. CO_2 羽流地热系统

CO_2 羽流地热系统（CO_2 plume geothermal System，CPGS）使用的是自然存在的地质储层，这种天然的储层具有一定的渗透率和孔隙率，无须人工压裂，可以直接用于地热开采，从而提高系统的经济效益。CPGS 的目标储层普遍位于地层深处，上、下侧分别被低渗透性的盖岩与基岩包围。随着系统的运行，热储在与冷流体的换热过程中逐渐被冷却，造成与盖岩、基岩的温度差越来越大，盖岩和基岩均将对热储产生一定的热补偿作用。

其主要工作原理为：通过注入井将低温 CO_2 注入到深部热储层；注入的 CO_2 在热储孔隙中渗透运移，在驱替水的同时与高温岩体进行换热；由于密度差异引起的浮力作用，CO_2 在空间上形成一种向前向上的羽状分布形态；被加热后的 CO_2 通过生产井输送至地表用于供热或发电，然后将冷却后的 CO_2 重新注入到地下。其技术流程图如图 5-6 所示。

7. CO_2 转化塑料技术

我国科研人员通过绿电催化氧化 PET 废塑料与 CO_2 还原反应，实现了将 PET 废塑料可以只转化为甲酸材料，不仅增加了甲酸的产出效率，还促进了温室气体 CO_2 的资源化转化。其转换流程如图 5-7 所示。

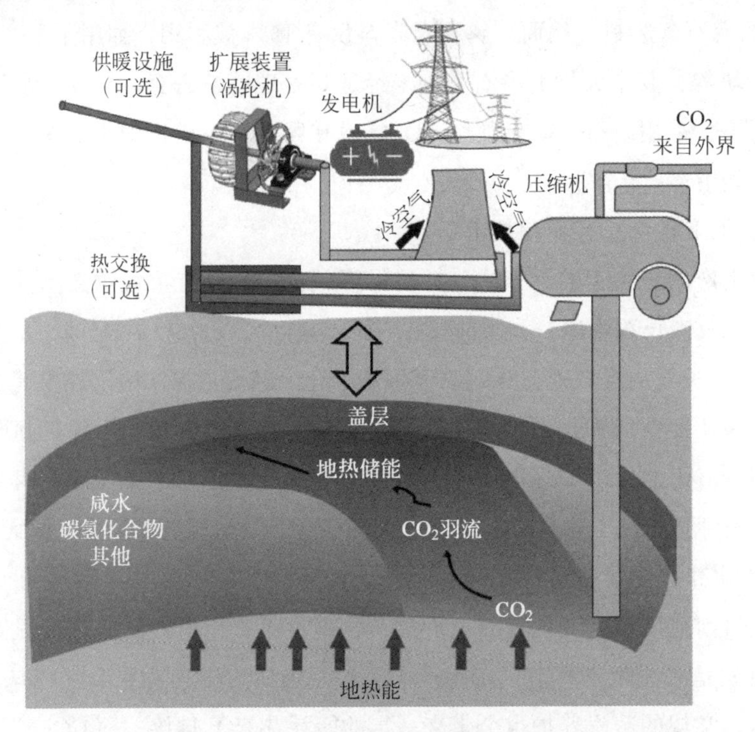

图 5-6 CO_2 羽流地热系统

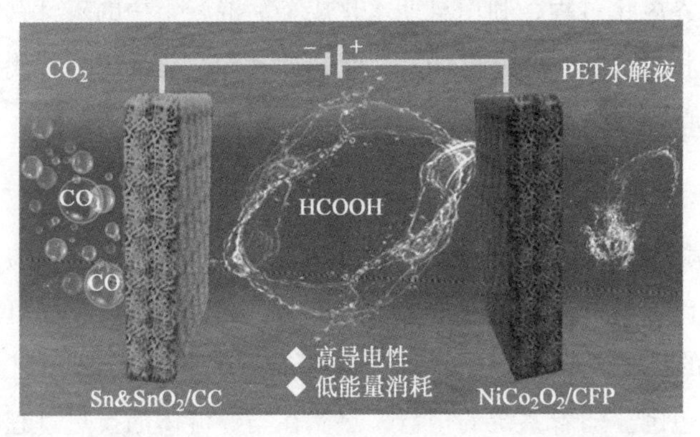

图 5-7 电催化重整 PET 废塑料和 CO_2 联产甲酸产物示意图

为了进一步提升转化的性能。科研人员对 PET 水解产物在 CuO 纳米线（NW）催化剂上的电催化氧化进行了研究，并探索了乙二醇的氧化反应生成氢气的可能途径。实验证明，NW 电催化剂可以高选择性（选择性约为 86.5%）地破坏从 PET 废弃物中提取的乙二醇的 CC 键，生成甲酸和氢气，该转化过程的整体法拉第效率约为 88%，且该反应的乙二醇氧化起始点位比水氧化更低，即乙二醇比水更容易通过电解氧化生成氢气。

8. 生物固碳技术

藻类通过光合作用将产生的氧供给鱼类、贝类，而鱼类、贝类、海参等海洋动物排出的碳再回送给藻类用于光合作用，从而达到生态平衡。更令人称道的地方是，它们在生长过程中，还能“吃掉”空气中的碳，“吐出”颗粒有机碳，在微生物作用下，变成惰性碳，由此也就完成了固碳的过程。

目前，我国科研人员已经开发了“贝—藻—参”“鱼—贝—藻”“鲍—参—藻”等浅海筏式、底播多种形式的多营养层次综合养殖模式，年固碳量在 11 万吨以上，这相当于在陆地上植树造林 15 万公顷。

9. CO_2 人工合成淀粉

粮食生产的范式是指通过耕地来生产粮食。在 1 万多年前，我们的祖先就已经掌握了这种方式，把种子播撒在土地上，到秋天的时候收获粮食。如图 5-8 所示，在经历过一系列的技术革命之后，农作物的产量虽有所提高，但是春种秋收的范式并没有得到改变。

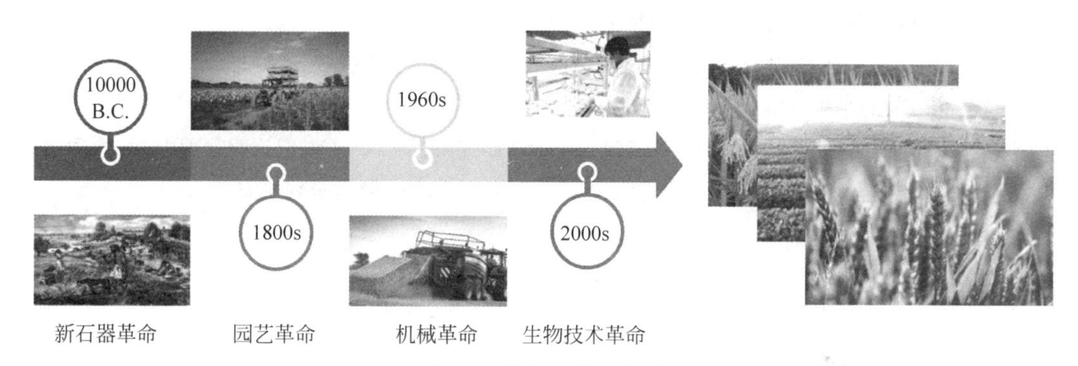

图 5-8 粮食生产的范式

人类得到淀粉都是依靠于谷物粮食。全球每年的粮食产量大概是 30 亿吨，其中接近 20 亿吨都是淀粉这种分子。那么为了得到人工合成的淀粉，就需要打破现有的粮食生产范式，因此天津工业生物研究所在 2015 年正式立项人工淀粉合成的项目。这个项目的初衷就是把淀粉生产的农业化过程变成一个工业化的过程。我们把这种范式的转变称为“农业工业化”（见图 5-9）。这种新的生产范式能够缩短农作物的生长周期，还可以大幅降低农业种植对土地的依赖，以后可能在一个很小的空间内就可以生成淀粉。更重要的是，由于这种方式不再依赖植物来合成淀粉，可以真正摆脱对土地和水资源的依赖，并减少农业种植对它们的影响。

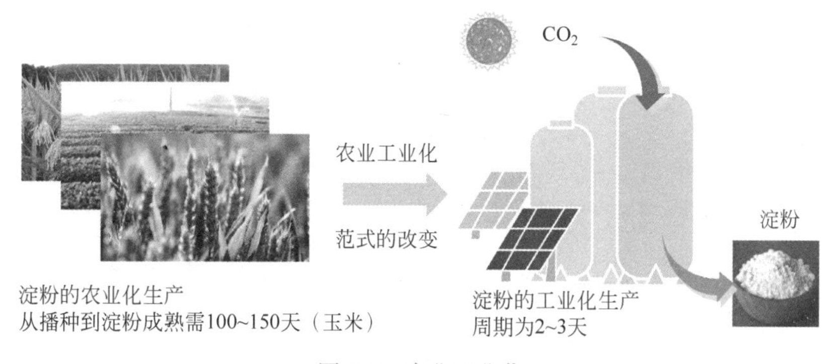

图 5-9 农业工业化

10. 海洋封存和海洋固碳的不同之处

海洋封存只是将 CO_2 注入到深海中，使其下沉至海洋底部或全部溶解于水体，在海底的低洼处形成二氧化碳湖——碳湖。

海洋固碳则是通过海洋“生物泵”的作用进行固碳，即由海洋生物进行有机碳生产、消费、传递、沉降、分解、沉积等一系列生物学过程及由此导致的颗粒有机碳由海洋表层向深海乃至海底的转移过程。

5.5 延伸阅读文献

[1] 黄晶 . 中国碳捕集利用与封存技术评估报告 [M]. 北京：科学出版社，2022.

[2] 李阳 . 碳中和与碳捕集利用封存技术进展 [M]. 北京：中国石化出版社，2021.

[3] DeepTech. 2022 全球 CCUS 技术及应用专题报告 .

[4] 生态环境部环境规划院，中国科学院武汉岩土力学研究所，中国 21 世纪议程管理中心 . 中国二氧化碳捕集利用与封存 CCUS 年度报告（2021）——中国 CCUS 路径规划研究 .

节能减碳技术

6.1 内容要点和阅读指导

介绍本章内容之前，先思考一下我国为什么要大力推动节能减碳技术？

我国经济快速增长，各项建设取得巨大成就，但也付出了巨大的资源和环境被破坏的代价，这两者之间的矛盾日趋尖锐，群众对环境污染问题反应强烈。这种状况与经济结构不合理、增长方式粗放直接相关。不加快调整经济结构、转变增长方式，资源支撑不住，环境容纳不下，社会承受不起，经济发展难以为继。只有坚持节约发展、清洁发展、安全发展，才能实现经济又好又快的发展。同时，温室气体排放引起全球气候变暖，备受国际社会广泛关注。进一步加强节能减排工作，也是应对全球气候变化的迫切需要。

节能减碳技术是指实现生产消费使用过程的低碳，达到高效能、低排放。二氧化碳排放量前 5 位的工业行业（电力、热力的生产和供应制造业，石油加工、炼焦及核燃料加工业，黑色金属冶炼及压延加工业，非金属矿物制品业，化学原料及化学制品制造业）占工业二氧化碳排放的比重已超过 80%。因此，这 5 大行业应该作为发展和应用减排技术的重点领域。另外，在建筑行业，通过构建绿色建筑技术体系、推进可再生能源与资源建筑应用、集成创新建筑节能技术等可减少电能和燃料的使用。

本章主要介绍化石能源的降耗减碳技术，以及节电、节气、节油、节煤等节能技术。

第 6.1 节主要介绍节能减碳技术的内涵和概况；第 6.2 节主要介绍化石能源中一些常用的节能减碳技术；第 6.3 节主要介绍节电、节油、节气这三方面的常用节能减碳技术；第 6.4 节主要介绍综合能源管理节能技术，利用先进的物理信息技术，以实现从源头到社会生产服务的全过程节能减碳。

本章重点：

➢ 理解为什么要发展节能减碳技术。

➢ 理解节能减碳的内涵。

➢ 了解能量利用的节能减碳技术。

➢ 了解综合能源管理系统。

本章难点：

➢ 理解各种技术的原理。

➢ 节电、节油、节气方面的新兴技术。

6.2 知识关联图

本章知识关联图如图 6-1 所示。

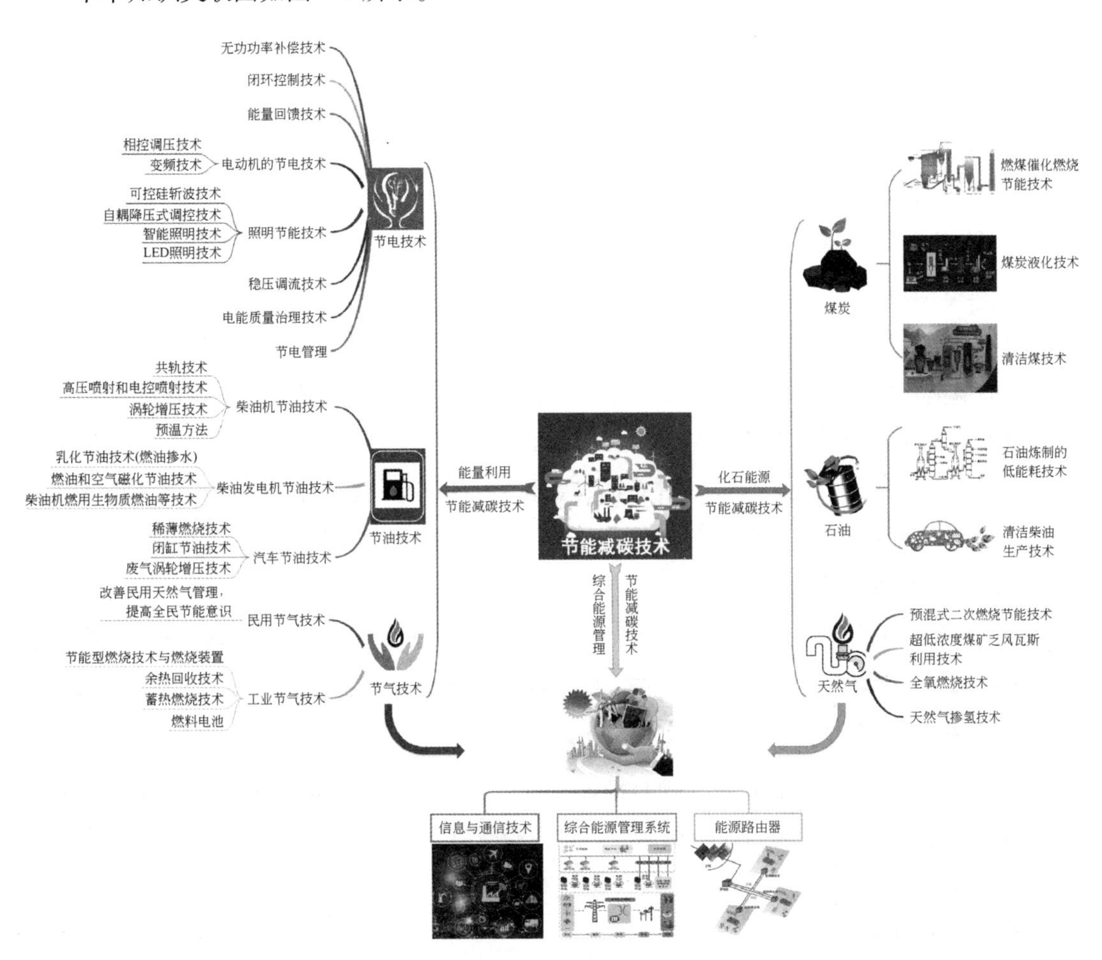

图 6-1 本章知识关联图

6.3 名词释义

❶ 固定床、流化床、浆态床

固定床是一种内部填有固体催化剂或固体反应物、以实现多相反应的反应器。

流化床是一种利用气体或液体通过颗粒状固体层而使固体颗粒处于悬浮运动状态，并进行气固相反应过程或液固相反应过程的反应器。

浆态床是指催化剂微小固体颗粒悬浮于液体介质中的反应器。

❷ 清洁煤

清洁煤又叫洁净型煤，是以低硫、低灰、高热值的优质无烟煤为主要原料，加入固硫、黏合、助燃等有机添加剂加工而成的煤制品，具有清洁环保、燃烧高效、使用简单等特点。目前清洁煤的品种较之前丰富很多，有型煤、洁净型煤、清洁煤制成的蜂窝和块状的兰炭，能够适应百姓家的不同炉具。

❸ 板效率、塔板数、回流比

板效率表征的是实际塔板的分离效果接近理论板的程度。

塔板数是指能使汽液充分接触而达到相平衡的一种理想塔板的数目。

回流比是指在精馏操作中，由精馏塔塔顶返回塔内的回流液流量与塔顶产品流量的比值。

❹ 数字化炼油厂

数字化炼油厂是将炼油生产工业化与信息化不断融合，逐步加深生产操作优化、生产运行优化、能源管理优化和设备资产优化，将真实有形的工厂映射到虚拟无形的网络中，形成一个与现实工厂相对应的，其功能可以局部或全部模拟工厂行为的系统，可以预测或反映工厂真实的结果，使生产装置达到安全、环保、可控，提高炼油厂的系统控制和管理水平。

❺ 双段、双提升管、MIP 形式的催化裂化装置

双段形式的催化裂化装置是一种石油加工设备，用于将重质石油馏分转化为轻质馏分的加工技术。这种装置通常包括两个反应器，分别进行前段催化裂化和后段催化裂化反应，以提高反应效率和产品质量。

双提升管的催化裂化装置是一种石油加工设备，用于将重质石油馏分转化为轻质馏分的加工技术。这种装置采用两个提升管，即上提升管和下提升管，并配备了多级催化剂床，以提高反应效率和产品质量。

MIP 形式的催化裂化装置是一种石油加工设备，采用 MIP（multi-stage interconnected-parallel）系统架构，用于将重质石油馏分转化为轻质馏分的加工技术。这种装置采用多级反应器，采用平行和串联的方式进行连接，以提高反应效率和产品质量。

❻ 催化汽油 RON

催化汽油 RON 是指使用催化剂进行加氢处理（催化裂化或加氢裂化），将较重的石油馏分转化为较轻的汽油馏分，并通过评估其辛烷值（research octane number，RON）来衡量汽油的品质。

❼ V/F 功能节能

V/F 功能节能是一种电机调速节能技术，也称为电压 / 频率调节节能技术。该技术通过控制电机的电压和频率，实现电机的调速和节能。

❽ 涡轮增压

离心式压气机与涡轮组合成一个整体，称为涡轮增压器。涡轮增压器实际上是一种空气压缩机，通过压缩空气来增加进气量。它是利用发动机排出的废气惯性冲力推动涡轮室内的涡轮，涡轮又带动同轴的叶轮，叶轮压送由空气滤清器管道送来的空气，使之增压进入气缸。

⑨ 闪点、馏分

闪点是指燃油或空气在加热过程中，达到一定温度时会引发燃烧的最低温度。

馏分是指在石油精炼过程中，根据不同的沸点分离出来的不同石油产品，包括液态和气态的物质。

⑩ 生物质燃油

生物质燃油即生物质油，是纤维素、半纤维素和木质素的各种降解物所组成的一种混合物。生物质主要包括薪炭林、经济林、用材林、农作物秸秆和农林产品加工残余物如甘渣、木屑等。作为唯一能够直接转化为液体燃料的一种可再生能源，生物质以其产量巨大、可储存和碳循环等优点引起全球的广泛关注。将可再生的生物质资源转化为洁净的高品位液体燃料部分替代石油，不仅可使我们摆脱对有限石油资源的过分依赖，而且能够大幅度减少污染物和温室气体的排放，改善环境，保护生态。生物质油是一种水分和复杂含氧有机物的混合物，即纤维素、半纤维素和木质素的各种降解物所组成的一种混合物。其初步市场定位是替代重油、柴油和煤焦油等。

⑪ 变行程法、变缸法

变行程法是指在发动机的工作过程中，通过控制发动机气缸行程的长度来实现节油的效果。具体来说，当发动机负载较小时，系统会通过控制活塞的运动，使气缸行程缩短，从而减少气缸内燃油的消耗。

变缸法是一种发动机闭缸节油技术，它通过控制发动机的气缸数量来实现节油的效果。当发动机负载较小时，系统会关闭部分气缸，从而减少燃油的消耗，提高燃油经济性。

⑫ 机械增压、汽波增压

机械增压是一种通过机械手段提高内燃机进气压力的技术，以增加发动机的动力输出和性能表现。机械增压通常采用涡轮增压器或机械增压器等装置，将空气压缩后送入发动机，从而使发动机在同样的排量下可以获得更高的功率和扭矩。

汽波增压是一种通过利用汽波效应提高发动机进气压力的技术，以增加发动机的动力输出和性能表现。汽波增压器通常由两个相互连接的共振腔组成，其中一个腔室是发动机进气道，另一个腔室是出口道。当发动机排气通过出口道时，会在共振腔内产生汽波，使得进气道内的空气被压缩，从而提高进气压力，增加发动机的动力输出。

⑬ 异质能源

异质能源是指不同种类的能源在一个系统中共存的情况。这些能源可以是来自不同的能源来源、具有不同的能源特性、采用不同的能源转换技术和储存技术等。相比于单一能源系统，异质能源系统可以更好地满足能源需求和提高能源利用效率。

⑭ 潮流控制装置

潮流控制装置通过控制其在电力系统中的位置、电压和相位，来实现对电力流的控制和调节。它可以通过控制电力系统的电压和相位来调节电力流的分配和流向，从而实现电力系统的稳态和动态稳定。此外，UPFC（统一潮流控制器）还可以提高电力系统的可靠性和容量利用率，减少系统的损耗和电压波动。

6.4 拓展知识

1. 谐波治理技术

电能质量的好坏直接影响到工业产品的质量，评价电能质量有三个方面的标准。首先是电压方面，它包含电压的波动、电压的偏移、电压的闪变等；其次是频率波动；最后是电压的波形质量即三相电压波形的对称性和正弦波的畸变率，也就是谐波所占的比重。针对电能质量问题，国外已提出并开发了许多改善和提高电能质量的装置，包括有源电力滤波器、无源滤波器、电池贮能系统、配电用静态同步补偿、配电用串联电容器、动态电压恢复器、功率因数校正电容器、超导磁能贮存系统、静态电子分接开关、固态转移开关、固态断路器、不间断电源，这些装置主要采用电力电子技术，一些装置已相当成熟。

2. 高压缩比强混高速率燃烧技术

发动机在运转时，吸进来的通常是汽油与空气的混合气，在压缩过程中活塞上行，除了挤压混合气使之体积缩小之外，同时也发生了涡流和紊流两种现象。当密闭容器中的气体受到压缩时，压力随着温度的升高而升高。若发动机的压缩比较高，压缩时所产生的汽缸压力与温度相对提高，混合气中的汽油分子和空气结合得更加充分，油气颗粒更加细密。又因为涡流、紊流和高压缩比所导致的良好密封效果，使得在下一刻运动中，火花塞在点火的一瞬间便能使混合气完成燃烧，释放出最大的爆发能量，成为发动机的动力输出。

通过高压缩比、快速、宽域分区，超低微粒等燃烧技术，攻克了效率、微粒、NO_x 不平衡的难题，实现了燃烧速度提升 15%，空气利用率大于 89%，有效热效率突破 48%，具有更高的燃烧效率。高脉冲高效换气技术通过独有的放气阀、叶轮等专利技术及结构，减少了泵气损失，增压器效率大于 62%，让空气更充足，燃烧更充分。高效率冷却通风系统令发动机保持适宜的温度，更加节油。大网孔通透式格栅结构有效开孔面积超过 0.3 平方米，电控风扇尺寸增大 14%，且优化了转速策略。

3. 天然气分布式能源技术

天然气分布式能源系统基于能源梯级利用原理，就需布置，通过燃烧天然气发电，削电峰填气谷，可以有效缓解电力季节高峰对城市电力输配系统的冲击。另外，相对于传统大电厂和大电网，系统除了可以节省区域电网长距离输送和城市电网的配电成本，还可以弥补大电网在安全稳定性方面的不足，比如在大面积停电事故、电网崩溃和自然或意外灾害情况下，分布式能源系统可与大电网配合，大大提高供电可靠性，保障重要用户的供电。

天然气分布式能源系统能源综合利用率在80%左右，与传统采用市电及锅炉或（和）电制冷机组分散式供能系统相比，在相同供能条件下，节能率可以达到20%~40%。国际能源署将节能和提高能效视为全球能源系统二氧化碳减排的主要途径。而在未来几十年内能源效率因素还会是我国碳减排的主要原因，尤其是对国家“认证”了的电力、造纸、化工等重点行业而言，如何节能降耗，实现排放“双控”是企业低碳转型发展的刚需，这也将是天然气分布式能源技术发挥作用的重要应用场合。天然气行业未来发展空间广阔，其中位列城市燃气和工业燃料之后的发电用气占比近年来不断提升，预计未来将引领天然气新增需求。这是因为天然气和分布式能源技术的相结合，作为一项节能减排技术，将是构建清洁低碳安全高效现代能源体系的重要途径。

4. 建筑节能技术

建筑节能技术是指在建筑设计、施工和使用过程中，采用各种方法和措施，以减少建筑能耗和降低能源消耗，从而达到提高建筑能源利用效率和减少能源浪费的目的。

被动式节能技术是指在建筑设计和施工过程中，通过采用一些被动性的设计和措施来降低建筑能耗和提高能源利用效率，而不需要采用主动性的设备和系统来实现节能。被动式节能技术主要包括以下几个方面。

（1）建筑朝向和布局：合理规划建筑朝向和布局，使建筑能够充分利用自然光和自然通风，减少能源消耗。

（2）外墙隔热：采用具有良好隔热性能的建筑材料和设计，如外墙保温、通风防潮层等，以减少建筑能耗。

（3）采光设计：采用合理的采光设计，如选择适当的窗户面积和位置、使用高透光率的玻璃等，以减少室内照明能耗。

（4）通风和空气调节：采用合理的通风和空气调节设计，如选择合适的通风口和新风口位置、采用通风降温技术等，以减少空调能耗。

（5）绿色屋顶和墙体：采用绿色屋顶和墙体设计，如种植植物、建造绿色墙体等，以减少夏季酷热和冬季寒冷的影响，减少室内温度变化。

6.5　延伸阅读文献

[1] 国家发展改革委，国家能源局．“十四五”现代能源体系规划（2022-03-22）.
[2] 刘勇．煤气化生产技术 [M]. 4 版．北京：化学工业出版社，2022.

[3] 曹湘洪 . 安全可靠、清洁环保型炼油与化工企业构建 [M]. 北京：中国石化出版社，2019.
[4] 袁亮 . 我国煤炭资源高效回收及节能战略研究 [M]. 北京：科学出版社，2018.
[5] 王志雄，祁卓娅 . 国家工业节能技术应用指南 [M]. 北京：机械工业出版社，2022.
[6] 祁卓娅，王志雄 . 工业节能技术及应用案例 [M]. 北京：机械工业出版社，2020.

绿色经济

7.1 内容要点和阅读指导

在本章内容介绍之前，我们先来说一下为什么要实施绿色经济？专家普遍认为：如果能把全球变暖控制在 2 摄氏度以内，将能够避免气候变化带来的重大不利影响。为实现“双碳”目标，我们不仅要实施绿色降碳相关技术手段，还应采取相应的经济手段。绿色降碳技术创新是碳减排的内部因素，是实现碳中和目标的内在动力；经济手段是外部因素，是决定碳中和目标实现的进程和关键手段。目前，大量财政资源主要投入在减缓气候变暖的努力上，但投资效益不够明显。因此，为提高绿色投资效率，更好地实现减排目标和稳定气候变化，需要通过绿色经济手段，加大投资模式创新，逐步向长期、低碳的绿色经济转型，以实现碳减排过程经济效益的最大化。本章主要围绕绿色经济手段展开介绍。

第 7.1 节介绍了促进碳减排的主要经济手段——碳市场、碳税、碳汇及绿色电力交易的基础知识，主要包含碳市场的定义，碳交易市场的背景，碳交易的类型，碳交易市场如何促进双碳目标的实现？什么是碳税？碳税是如何运行的？如何理解碳关税、碳汇和碳汇交易的概念？碳汇中的重要组成部分——林业碳汇又是什么？中国现在实施的碳汇交易机制以及林业碳汇的发展现状；何为绿色电力交易，绿色电力交易的参与成员、组织方式又是什么？第 7.2 节主要介绍了全球碳市场的发展历史和现状，并对国际主要的碳市场情况进行总结，并分析了全球碳市场未来的发展趋势。第 7.3 节主要介绍中国碳市场的发展历程和现状、中国碳市场的构成，中国试点运行的碳市场的运行情况以及中国未来碳市场的发展趋势。第 7.4 节介绍了绿色金融在碳交易中的作用以及我国绿色金融的发展现状。第 7.5 节主要对绿色评价指标进行量化，给出了一种可以针对评价对象的不同情况，进行多元化综合评价的量化参考标准。

本章重点：

- 理解“绿色经济”的概念。
- 掌握理解碳市场对实现碳中和目标的推动作用。
- 理解掌握碳汇、碳汇交易、林业碳汇。
- 掌握中国碳市场的发展现状。

本章难点：

- 理解碳税、碳汇和碳市场之间的关系。
- 理解碳税和碳汇的运行机制。

7.2 知识关联图

本章知识关联图如图 7-1 所示。

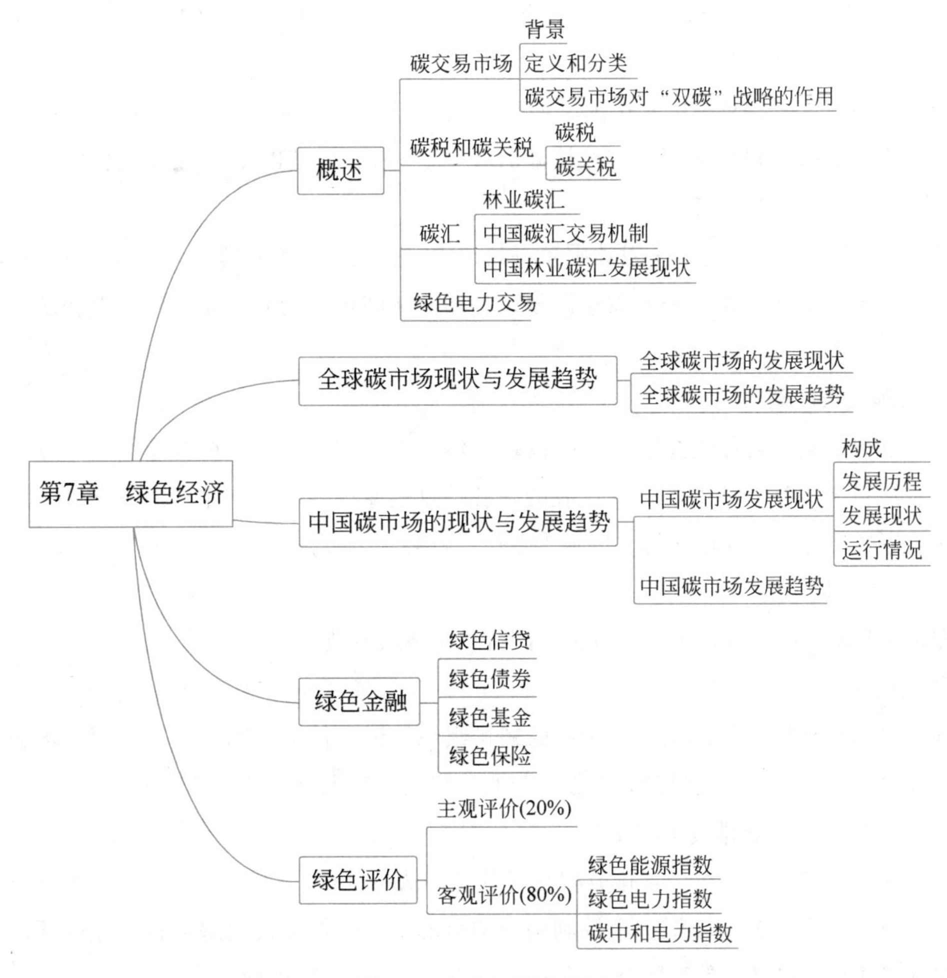

图 7-1 本章知识关联图

7.3 名词释义

❶ 碳排放权

碳排放权是指在满足碳排放总量控制的前提下，企业在生产经营过程中直接或间接向大气排放二氧化碳的权利。

❷ 三种减排机制

《京都议定书》建立三种碳排放交易机制，遏制全球变暖。联合国针对全球变暖，出台

《联合国气候变化框架公约》及《京都议定书》两大公约，并催生以二氧化碳排放权为主的碳交易市场机制，主要有三种：联合履行机制（JI）、清洁发展机制（CDM）和排放交易机制（ET）。最后一种是基于配额型交易。

联合履行机制（JI）：发达国家之间通过项目级的合作，其所实现的减排单位（简称ERU），可以转让给另一发达国家缔约方，但是同时必须在转让方的“分配数量”（简称AAU）配额上扣减相应的额度。

清洁发展机制（CDM）：发达国家通过提供资金和技术的方式，与发展中国家开展项目级的合作，通过项目所实现的“经核证的减排量”（简称CER），用于发达国家缔约方完成在议定书第三条下的承诺。

排放交易机制（ET）：一个发达国家将其超额完成减排义务的指标，以贸易的方式转让给另外一个未能完成减排义务的发达国家，并同时从转让方的允许排放限额上扣减相应的转让额度。

❸ 碳排放权配额

碳排放权配额（简称碳配额）是指控排主体（统称控排企业）在特定区域、特定时期内可以合法排放温室气体的许可，代表的是各控排企业在相应履约年度温室气体的排放权利，是碳市场交易的主要标的物，以吨为单位，精确到个位数。

❹ 控排企业

控排企业是指纳入碳市场管理范围的碳排放主体或排放源。

❺ 碳信用

碳信用又称碳权。经过联合国认可的减排组织认证条件下，国家或企业用以增加能源效率、减少污染开发等形式减少碳排放的权利，得到可进入碳交易市场的碳排放计量单位。

❻ 中国核证自愿减排量（CCER）

根据我国生态环境部在《碳排放权交易管理办法（试行）》中的定义，CCER是指对我国境内可再生能源、林业碳汇、甲烷利用等项目的温室气体减排效果进行量化核证，并在国家温室气体自愿减排交易注册登记系统中登记的温室气体减排量。

❼ 绿色电力产品

绿色电力产品是指符合国家有关政策要求的风、电、光伏等可再生能源发电企业上网电量（在市场初期，主要指风电和光伏发电企业上网电量，根据国家有关要求可逐步扩大至符合条件的其他电源上网电量）。

❽ 绿色电力证书

绿色电力证书（以下简称“绿证”）是国家对发电企业每兆瓦时非可再生能源上网电量颁发的具有唯一代码标识的电子凭证，作为绿色环境权益的唯一凭证。

❾ 双边协商交易

双边协商交易市场主体自主协商交易电量（电力）、价格，通过绿色电力交易平台申报、确认、出清。

⑩ 挂牌交易

市场主体一方通过绿色电力交易平台申报交易电量（电力）、价格等挂牌信息，另一方市场主体摘牌、确认、出清。

⑪ 总量设置机制

欧盟会先设定总的碳排放配额数量，并按比例将配额数量分配给各个成员国，且成员国每年所得到的配额数量是依次递减的，从而达到欧盟所承诺减排额的标准值。

⑫ MRV 管理机制

MRV 管理机制是通过第三方审核机构对排放主体的实际碳排放量进行测算、核查、报告，为碳交易市场的良好运行提供重要的数据支持。

⑬ 强制履约机制

欧盟颁布相关法律法规，规定相关企业实际的碳排放量超过了所获配额数量，将会受到政府相应的行政处罚（每吨 100 欧元）。

⑭ 减排项目抵消机制

欧盟规定企业可通过在碳交易市场上购买其他企业所剩配额，来抵消其超过配额的部分。

⑮ 统一登记簿机制

统一登记簿机制登记了欧盟各个成员国每年的履约情况（例如履约的产品数量、品种类型、交易金额）以及发放配额的情况。

7.4 拓展知识

1. 国家核证减排量流程

“核证”是指一个 CCER 项目在进入市场前，首先需要经过一系列严格的量化考察以及层层备案，“自愿”指的是一种环保减排项目主动发起的减排活动，不同于国家强制划分的碳配额。

除此之外，CCER 市场允许非重点控排企业进入，并提供了交易平台用以帮助这些企业出售其通过审定的减排量。如此控排企业不仅可以在全国碳市场直接购买其他企业的排放配额，也可以选择在 CCER 市场上购买基于环保项目的自愿减排量以抵消自身碳排放量。国家核证资源减排量流程如图 7-2 所示。

2. 碳源

碳源是指向大气中释放碳的过程、活动或机制。自然界中碳源主要是海洋、土壤、岩石与生物体，另外，工业生产、生活等都会产生二氧化碳等温室气体，也是主要的碳排放源。

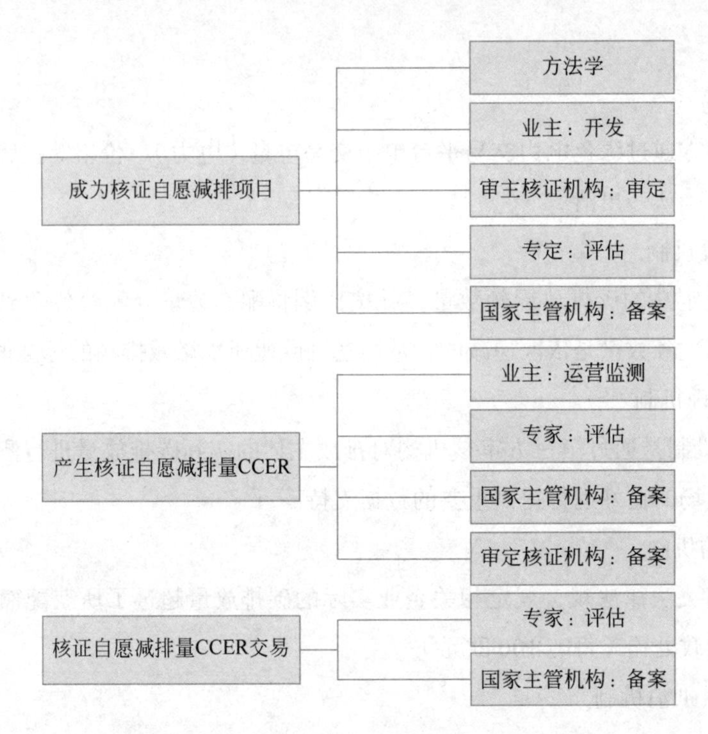

图 7-2　国家核证资源减排量流程

3. 碳指标

把地球当作一个整体，每个国家都往大气层排放二氧化碳增加温室效应，不是一个或几个国家的责任，需要所有国家携手共同限制碳排放量，并根据情况给各个国家不同的排放份额，也就是碳指标。

4. 碳税运行机制

碳税制度设计的核心是价格控制（tax- or price-based regimes），由政府设定税率，碳税所覆盖的企业通过缴纳碳税支付碳排放成本。

简单来说，碳交易的降碳逻辑是设置排放总量上限，通过逐年降低排放总量上限实现减排目标，而碳税机制则不设置排放总量上限，通过价格干预引导经济主体优化生产经营行为，从而实现碳减排目的。

注：通俗来讲，企业排放量越高所交税额越高，因此为减少碳税支出，各企业将提高传统化石能源的使用成本，通过新能源替代化石能源利用或提高能效等方式以控制二氧化碳排放，从而实现全社会减排。

除此之外，为降低企业的税赋负担，政府开征碳税的同时将相应降低其他税种税率，或者增加对居民和企业的转移支付，碳税可被政府用于加强碳减排或应对气候变化等投入，创造社会福利。

5. 碳税的洲际间发展历程及特点

（1）欧洲。截至2021年4月，欧洲共有19个国家引入碳税。从引入时间上看，芬兰、荷兰自1990年开始征收碳税，卢森堡自2021年开始征收碳税。从征税的范围来看，各国碳税的征税行业包括工业、矿业、农业、航运等；碳税的征税对象逐步从一次能源产品，如煤、天然气，扩大到二次能源产品，如电力等。

（2）亚洲。亚洲有三个国家实施碳税或准碳税，分别为日本、印度和新加坡。从引入时间上看，日本于2007年开始征收碳税，主要是针对二氧化碳排放征收的独立税种；印度自2010年开始对煤炭征税；新加坡自2017年开始提议征收碳税，《碳定价法》于2018年3月20日通过并于2019年起实施。从征税的范围来看，日本对石油、煤炭和液化气等能源征税；印度不直接对碳排放征税，只对国内生产和进口的煤炭征税；新加坡则只针对大型排放者征收碳税。

（3）美洲。美洲局部或全面征收碳税的国家共有三个，分别是加拿大、美国和哥斯达黎加。从引入时间上看，加拿大魁北克省自2007年10月1日起开始征收碳税，其他省份也陆续开征碳税，联邦政府碳税从2019年起实行；美国碳税征收主要为地方行为，美国科罗拉多州的大学城圆石市自2006年11月开始征收碳税，2008年旧金山湾区九个县的湾区空气质量管理区通过了对企业征收碳税的决议；哥斯达黎加于1997年开征碳税。从征税的范围来看，加拿大主要针对汽油、煤炭、天然气征税；美国已开征碳税的地方主要针对自燃煤发电征税；哥斯达黎加对碳氢燃料征收碳税。

（4）大洋洲及非洲。2012年澳大利亚联邦政府出台碳税，2014年废除碳税，取而代之的是建立减排基金。南非于2010年首次宣布碳税，于2019年实施。澳大利亚主要对500家电力、交通、工业和矿产企业消耗化石燃料征税；南非征税范围包括所有化石燃料。

6. 碳税对碳市场的促进作用

预期征收碳税进程将提速，与全国碳市场协同助力“双碳”目标实现。《关于完整准确全面贯彻新发展理念做好碳达峰碳中和工作的意见》中提出，要落实环境保护、节能节水、新能源和清洁能源车船税收优惠，研究碳减排相关税收政策。

碳税是以二氧化碳排放量为征收对象的税种，因为碳市场覆盖的大多是排放量较多的大型企业，而碳税更为灵活、覆盖范围更广，可以更好地覆盖那些排放量较少的小型企业甚至是个人，因此碳税是促进全国碳市场发展的有效手段。在双碳目标的严格约束下，中国未来有望加速出台碳税相关政策，与全国碳市场协同助力双碳目标的实现。

7. 我国碳汇交易典型案例

（1）全国首个CCER交易项目——广东长隆碳汇造林项目：8.7平方千米林地的5208吨减排量以20元/吨出售。

在中国绿色碳汇基金会和广东省林业厅支持下，2011年在河源、梅州等地造林1.3万亩（约8.7平方千米）。2014年项目首期签发的5208吨二氧化碳减排量由广东省粤电集团以20元/吨的单价签约购买。

（2）千松坝林场碳汇项目：9.6万吨减排量以平均价格37.6元/吨出售。

2014年京冀第一单碳汇交易，是河北丰宁满族自治县千松坝林场碳汇造林一期项目产生的9.6万吨二氧化碳减排量，在北京市碳排放权电子交易分别被31家企业购得，平均交易价格37.6元/吨。该项目收益60%补偿当地农民、林场、牧场；40%用于项目后期维护。

8. 国外自然资源碳汇建设与交易典型项目

从全球来看，碳汇交易已经从森林碳汇走向海洋碳汇、湿地碳汇等自然资源碳汇交易，并与自然资源保护和修复形成互动反馈。

马达加斯加自2018年起联合OCTO（世界海洋交流大会）在西南部海洋沿岸地区开展“保护红树林”计划。截至2020年年底，该地区已种植保护超过12平方千米红树林，每年固碳量超过1300吨，在自愿碳汇市场中，其碳减排量交易额达到2.7万美金/年，持续的交易收入对红树林保护起到了重要促进作用。

2015年，美国Waquoit湾研究保护启动BWM计划（bringing wetlands to market，将湿地带入市场），并发布了美国首个湿地固碳量销售工具包与指南。通过该指南中提出的湿地修复项目市场准入标准、湿地碳市场交易协议与用于湿地潜在碳储量的预测模型工具，测算出Waquoit湾Herring流域湿地修复项目有8.5万吨潜在的减排量，并以不低于10美元/吨在美国碳自由交易市场中出售，为当地湿地修复带来新的资金支持。

9. 国家参与林业碳汇活动的条件

清洁发展机制下的造林再造林碳汇活动由于最终需要交易核证的碳减指标，因而与一般意义上的造林活动相比，存在着较大的区别。目前，不是每个国家都可以开展此类活动。按照国际谈判确立的基本规则，清洁发展机制林业碳汇活动的参与国必须具备4个基本条件，才有资格开展此类项目。

（1）自愿参与，而且每一个参与的国家都应指定一个清洁发展机制国家主管机构。

（2）发展中国家必须在林业碳汇项目登记前批准《京都议定书》。

（3）发达国家可以不一定批准《京都议定书》。

（4）参与的发展中国家确定了森林的定义并满足以下标准：最低郁闭度为0.1~0.3；最小面积为0.05~1.0公顷；最低树高为2~5米。而且，森林定义一旦确定，其在第一承诺期结束前登记的所有清洁发展机制造林、再造林项目所采用的森林定义不变。

在应对气候变化，适应国际规则，推动林业碳汇活动方面，我国政府做了大量工作，现已完全具备实施此类项目的相关条件。

（1）我国清洁发展机制国家主管机构是国家气候变化对策协调小组办公室（设在国家发展和改革委员会），符合自愿参与情况下的具有指定国家主管机构的资格条件。

（2）我国政府于2002年8月30日正式核准《京都议定书》，符合发展中国家必须在项目登记前批准《京都议定书》的资格条件。

（3）中国已确定了森林定义并报到了《联合国气候变化框架公约》秘书处。

针对林业碳汇项目的国际要求，我国林业主管部门组织专家，通过广泛论证，提出的适合实施林业碳汇项目的森林定义是：森林是指土地面积大于或等于0.067公顷，郁闭度大于等于0.2，就地生长高度可达2米（含2米），以树木为主体的生物群落，包括天然与人工乡力林，符合这一标准的竹林，特别规定的灌木林，以及行数在2行以上（含2行）且行距小于或等于4米或冠幅宽度在10米（含10米）以上的林带。

10. 碳汇造林项目对造林地的要求

林业碳汇活动主要是以碳汇造林项目的形式进行的。一个合格的清洁发展机制林业碳汇项目涉及一系列技术要求，在项目的具体执行过程中，这些要求需要得到全部满足，否则会在不同程度上影响碳汇项目的开展。

目前合格的京都规则林业碳汇项目仅限于造林、再造林活动。造林是指通过栽植、播种或人工促进天然下种方式，将至少在过去50年内不曾为森林的土地，转化为有林地的直接人为活动；再造林是指通过栽植、播种或人工促进天然下种方式，将过去曾经是森林但被变为无林地的土地，转化为有林地的直接人为活动。对于第一承诺期而言，再造林活动仅限于在1989年12月31日以来的无林地上的造林。

根据《京都议定书》及相关国际规则，不是所有的宜林荒山荒地造林产生的碳汇都可以在第一承诺期进行交易。因此为确定中国哪些区域符合条件开展京都规则的造林、再造林项目，国家林业和草原局碳汇管理办公室牵头，在局科技司支持下，立项开展了“中国清洁发展机制下造林、再造林碳汇项目优先区域选择与评价”研究。通过各项评价原则，最终确定了四项指标：①1990年以来无林地状况；②林木生长速率；③社会经济状况（造林成本、人年均收入等）；④生物多样性状况。

11. ESG介绍

1）概念

ESG是英文Environmental(环境)、Social(社会)和Governance(治理)的缩写，是一种关注企业环境、社会、治理绩效而非财务绩效的投资理念和企业评价标准。基于ESG评价，投资者可以通过观测企业ESG绩效，评估其投资行为和企业(投资对象)在促进经济可持续发展、履行社会责任等方面的贡献。

2）ESG 在中国的发展前景

目前，国内 ESG 投资发展还处于初期阶段。未来，随着中国资本市场国际化的不断发展，相关的政策制度和评级体系不断完善，认可、参与和遵守的群体不断增多，我国 ESG 有望获得快速发展。

有分析指出，普及 ESG 投资的相关知识将成为下一阶段的重点工作。近年来，中国证券投资基金业协会多次举办国际研讨会和主题论坛，开展基础调查，倡导 ESG 理念与实践，在国内 ESG 投资理念和实践倡导方面扮演了积极角色。

ESG 原则将对我国资本市场的资源配置活动产生实质性影响。ESG 不仅能够推动资产管理行业深化信义义务，提升投资中的道德要求，改善投资者长期回报，促进资本市场和实体经济协调健康发展，也是"创新、协调、绿色、开放、共享"发展理念在资产管理行业落地的有效载体。

12. 企业碳评价标准

1）范围

企业碳评价标准提出了企业碳评价的指标体系，规定了参与评价的基本要求、评价方法和评价流程等内容。遵从"需求侧牵引供给侧减碳机制"，适用于具有实际生产过程的企业开展涉碳活动的评价。

2）评价原则

（1）战略的评价应遵循客观性、科学性和可达性原则。

（2）组织行为的评价应遵循先进性和实用性原则，保障企业自身控制碳排放。

（3）产品的评价应遵循合规性原则，规范企业碳排放行为，降低碳排放规模。

（4）研发投入及生产技改的评价应遵循创新性、协调性和安全性原则，鼓励企业创新和能源转型。

（5）供应链和碳公益的评价应遵循公平、公开的原则。

（6）信息披露的评价应遵循合法性原则，规范企业信息披露内容及方式。

3）评价体系

（1）评价指标和内容如下。

① 战略，包括减排目标、分步行动路径、目标年度完成度、碳交易计划。

② 产品，包括产品碳码、绿色包装、绿色物流、循环利用、低碳产品销售额占比、低碳产品销售额增长率。

③ 组织行为，包括碳票机制、低碳办公、低碳消费。

④ 研发投入及生产技改，包括低碳技术应用、数字智能化运用、污染协同治理、减少含碳原料使用、碳减排研发投入、低碳技术改造投入。

⑤ 供应链，包括供应商低碳管理、低碳采购额占比、向低碳供应商有倾斜的特惠政策。

⑥ 碳公益，包括企业参与公益项目产生的碳汇、企业公益碳汇项目购买的减排量。

⑦ 信息披露，包括主动披露、信息完整。

（2）评价方法如下。

① 评价工作依据于该标准文件建立的评价指标体系。

② 评价的各项指标参见表 7-1，评审专家组根据表 7-1 对企业进行碳评价。

③ 计算评价指标体系下各指标项的加权得分，加和后得到碳评价总分值。

表 7-1　企业碳评价指标体系

一级指标	二级指标	权重	评　价　项	指标性质
战略	减排目标	4%	企业订立碳排放总量和强度控制阶段目标	主观
	分步行动路径	4%	企业确定实现减排目标的行动路径和分步实施方案	
	目标年度完成度	4%	与上年度相比，企业减排目标的年度完成度	客观
	碳交易计划	4%	企业通过碳排放权交易市场进行的购入或售出碳配额或国家核证自愿减排量的计划	主观
产品	产品碳码	2%	企业在产品上标注对资源和环境的影响，使产品及其制造过程中对环境的总体负影响减到最小	
	绿色包装	2%	企业在原材料、半成品和产成品包装过程中减少包装物使用，利用再生耗材，并进行包材的回收再利用	
	绿色物流	2%	企业通过降低占用面积、节约使用空间、数智化物流和车辆安排等手段满足低碳储运需求	
	循环利用	2%	企业降低产品在使用过程中的能耗和废物产生量，实现产品废弃后的循环利用和垃圾处理	
	低碳产品销售额占比	4%	低碳产品销售额占企业总销售额的比例	客观
	低碳产品销售额增长率	4%	企业生产的低碳产品在一个财年内的销售额增长率	
组织行为	碳票机制	5%	企业向每位员工分派可用于其购买商品和服务的碳额度，个人剩余的碳额度可进行交易，由消费超额的个人购买	主观
	低碳办公	5%	企业核算并记录员工在线上审批、线上日志、视频会议、电话会议、日常通勤等场景下产生的减碳量	
	低碳消费	5%	企业倡导员工通过线上购买低碳产品、低碳出行、减纸减塑、减少出行等低碳行为积累减碳量	

续表

一级指标	二级指标	权重	评价项	指标性质
研发投入及生产技改	低碳技术应用	4%	企业研究和开发低碳、零碳和负碳技术，减少碳排放，推进突破性技术创新	主观
	数字智能化运用	3%	企业利用云计算、大数据、物联网、人工智能等先进技术减少碳排放	
	污染协同治理	3%	企业的减排措施与污染治理产生协同效应	
	减少含碳原料使用	3%	企业减少高碳原料的使用	
	碳减排研发投入	4%	企业在碳减排技术等方面的研究与开发费用支出额	客观
	低碳技术改造投入	4%	企业对生产设备进行低碳技术和工艺改造的投资额	
供应链	绿色供应商管理	4%	企业向供应商提出明确的低碳要求，并建立健全绿色管理体系	主观
	低碳采购额占比	4%	企业采购低碳产品的规模占采购总额的比例	客观
	向低碳供应商有倾斜的特惠政策	4%	企业对于提供低碳产品的供应链商家给予有倾斜的特惠政策，例如，结账周期缩短	
碳公益	企业参与公益项目产生的碳汇	5%	企业参与社会公益项目产生的碳汇总额	
	企业向公益碳汇项目购买的减排量	5%	企业向公益碳汇项目购买减排量，并用于企业自身的碳抵销	
信息披露	主动披露	5%	企业通过数字化手段对企业碳排放情况和碳减排成果进行主动收集、核算，并逐年连续发布相关报告	主观
	信息完整	5%	企业从战略、产品、组织行为、供应链、研发投入与生产技改、碳公益等方面完整披露碳行动	

4）评价结果

评审专家组根据企业提供的文件数据以及碳评价工作组现场调研情况对企业进行评级，综合评分在85分以上（不含85分）给予企业AAAAA评级；综合评分位于76分至85分（含）给予企业AAAA评级；综合评分位于60分至75分（含）的给予企业AAA评级；评分小于60分（不含60分）的暂不评级。

7.5 延伸阅读文献

[1] 王光玉，李怒云，米锋，等. 全球碳市场进展热点与对策 [M]. 北京：中国林业出版社，2018.

[2] 齐韶州，禹湘. 碳市场经济学 [M]. 北京：中国社会科学出版社，2021.

[3] 林德荣，罗楠. 谁在操纵碳市场 [M]. 余亮，译. 北京：中国科学技术出版社，2021.

[4] 李怒云. 中国林业碳汇（修订版）[M]. 北京：中国林业出版社，2016.

碳中和工程典型应用案例

8.1 内容要点和阅读指导

本章主要对碳中和工程典型应用案例进行了概述，介绍了四个碳中和工程典型应用案例，分别是国内首个碳中和小镇——中新天津生态城智慧能源小镇、国内首个碳中和园区——金风科技亦庄智慧园区、世界首个碳中和奥运会——北京 2022 冬奥会赛事工程和首届碳中和世界杯——卡塔尔赛事工程。

（1）中新天津生态城智慧能源小镇作为首次“零碳”探索，并不是不排放二氧化碳，而是通过计算碳排放量，采取多种措施增加碳汇、减少碳排放实现等量抵消，从而达到碳的净零排放。通过多项绿色能源技术的综合应用，生态城生活宜居不断发展和完善，已经以“零碳”示范单元为点逐步实现了绿色低碳目标，是典型的“零碳”示范单元体系碳中和工程应用案例。

本案例主要介绍中新天津生态城智慧能源小镇及其相关技术应用。

中新天津生态城智慧能源小镇实施了多项降碳措施，包括太阳能利用、风能利用、生物质能利用、多种能源综合利用、零能耗建筑建设、绿色交通、构建生态系统等。

（2）园区是城市的基本组成单元，是城市人口和产业经济的实际载体。园区经济贡献巨大，已成为经济发展的关键动力，但同时也会产生大量的碳排放。碳中和园区可达到绿色节能、低碳降本、高效运营等目标，使人、能源、环境、建筑等主体间良性互动以实现可持续发展。

本案例主要介绍碳中和园区概述及其相关技术应用。

金风科技亦庄智慧园区实施了多项降碳措施，包括绿色能源、绿色电力、节能减碳、核证自愿减排等。通过能源管理、智能分析、联动控制等手段，为园区的碳中和工程搭建起了低碳化应用场景，并实现了绿色经济运行。

（3）北京冬奥会筹办全过程引入低碳理念，北京冬奥会“绿色办奥”是中国生态文明思想的生动实践和光辉典范。北京绿色冬奥不仅体现在绿色理念上，也体现在绿色科技上，更体现在绿色制度上。

本案例主要介绍碳中和奥运会概述以及相关技术应用。

北京冬奥会实施了多项降碳措施，包括绿色能源、绿色低碳场馆、绿色低碳交通、林业碳汇、企业核证减排量捐赠、冬奥组委低碳行动和引导社会大众行动等。

（4）举办一届“奢华”的世界杯必然会排放大量温室气体，将气候变化与新冠疫情对人类的伤害做对比，到 21 世纪中叶，气候变化和新冠肺炎的致命率是一样的，到 2100 年，气候变化的致死率将达到疫情的 5 倍。

本案例主要介绍碳中和世界杯概述及其相关技术应用。

赛项实施了多项降碳措施，包括建设光伏发电站，满足卡塔尔用电峰值时 10% 的电力需求；卢塞尔和 974 体育场在建造时使用可回收材料，场馆建设时节约了 40% 的淡水；赛事使用新能源车，建设全球最大的电动车场站；大量绿植实现光合作用固碳；从吉祥物到足球甚至执裁新技术都体现了可持续发展的低碳理念，最小化产生废弃物，分类隔离、回收并循环利用；通过购买碳信用额度应对长距离航空碳排放、采用海水淡化技术解决环境变化问题。

本章重点：

- 理解碳中和工程实施的路径。
- 理解典型的碳减碳技术。
- 了解全球性赛事工程现状与零碳技术应用。
- 理解碳中和相关技术的各个应用方面。

本章难点：

- 掌握工程中各碳中和技术之间的关系。
- 理解各技术的原理。
- 理解碳中和工程实施路径。

8.2　知识关联图

本章知识关联图如图 8-1 所示。

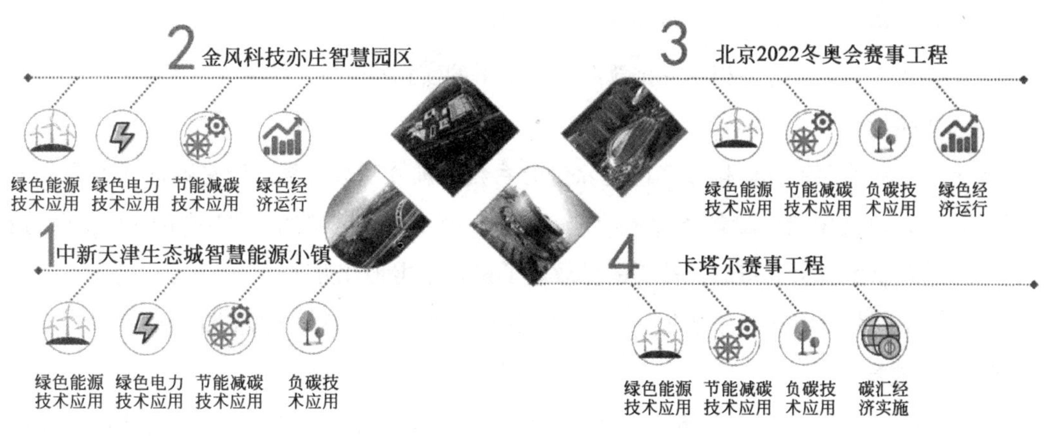

图 8-1　本章知识关联图

8.3　名词释义

❶ 光伏发电

光伏发电是利用半导体界面的光生伏特效应将光能直接转变为电能的一种技术。1839年，法国物理学家 A.E. 贝克勒尔意外地发现，用两片金属浸入溶液构成的伏打电池，受到阳光照射时会产生额外的伏打电势，他当时把这种现象称为“光生伏特效应”，即当物体受光照时，物体内的电荷分布状态发生变化而产生电动势和电流的一种效应。当太阳光或其他光照射半导体的 PN 结时，就会在 PN 结的两边出现电压，叫作光生电压，当 PN 结两端接入负载，就会形成发电电流。

❷ 基准线排放量

基准线排放是指在一个固定时间段内，企业或组织所排放的特定种类污染物的平均浓度。

北京冬奥会温室气体排放量核算采用各类排放源活动水平数据与对应的排放因子相乘后加和的方法。

$$\text{温室气体基准线室气体} = \sum (\text{基准线准线活动} \times \text{排放因子})$$

1）活动水平

一段时间内，人类活动导致排放量或清除量的数据。

考虑到价值量活动水平指标受汇率、通货膨胀、可比性较差等因素影响，北京冬奥会温室气体排放源的活动水平数据全部采用实物量。如场馆建设期温室气体排放源的活动水平数据为场馆建筑总面积（基准线估算）或物料消耗量（实际排放量核算）。

北京冬奥会温室气体基准线排放量核算的活动水平数据主要来源如下。

（1）北京冬奥申委《申办报告》及其《运行数据汇总（2015 年 3 月版）》。

（2）国家、北京市及河北省相关规划文件。

（3）调研获取的数据，如酒店实地调研数据。

（4）与北京冬奥会筹办相关的排放源活动水平的实物量。

2）排放因子

量化单位活动温室气体排放量或清除量的系数。排放系数通常以测量数据样本为基础，取其平均值，以确定给定操作条件下给定活动水平的代表性排放率。根据中国及北京的实际情况，对北京冬奥会温室气体核算的排放因子进行了本地化处理。

考虑中国及北京市的能源结构实际情况，按照地方、国家及国际标准的顺序。

❸ 分布式发电

国家能源局 2021 年 9 月发布的《电网公平开放监管办法》中对以下发电方式做了界定。

（1）分布式发电是指在用户所在场地或附近安装，以用户侧自发自用为主、多余电量上网，且在配电网系统平衡调节为特征的发电设施或有电力输出的能量综合梯级利用多联供设施。

（2）集中式新能源发电是指除分布式发电外的风电、太阳能发电、生物质发电等。

（3）常规电源是指除分布式发电外的燃煤发电、燃气发电、核电、水电等。

在常规能源和集中式新能源发电的定义中，都强调了这两种发电方式是除了分布式发电以外的发电方式，可以以图 8-2 所示进行区分。

图 8-2 三种发电方式的相互关系

❹ 智能微网的孤岛、并网两种运行状态

以一个简单的例子进一步说明智能微网的实际运行情况。例如对于一个海岛，可以通过敷设海底电缆将大陆电网引入海岛以供海岛居民日常用电。然而，恶劣的海洋气候可能会破坏海底电缆，在此期间海岛居民将会面临无电可用的困境，且电缆维修非常耗时耗力，这就是说海岛上的电力系统是不稳定的。如果能够在海岛上建设一种自产自用的微型电力系统，势必可以缓解此状况，这种微型电力系统就是微网。当大陆电网因故不能向海岛提供电力时，海岛微网系统可通过风力、光伏、储能等持续向海岛本地用户供电；当大陆电网正常运行且海岛微网生产的电力不足以满足海岛用户需求时，海岛微网和大陆电网同时向海岛用户供电；当大陆电网正常运行且海岛微网生产的电力可满足海岛用户需求时，海岛微网还可将剩余的电力存储在海岛微网的储能系统中，若依然有剩余则可反馈到大陆电网，降低电能浪费。

❺ 碳汇经济

“碳汇”来源于《联合国气候变化框架公约》缔约国签订的《京都议定书》，碳汇是指生物或土壤等从大气中吸收或固定 CO_2 的过程、活动和机制，而碳源则是指生物体或人为活动向大气中释放 CO_2 的过程、活动和机制。碳汇经济就是低碳经济，也是环保经济、绿色经济，其以降低二氧化碳的排放为发展标准是指由碳源碳汇相互关系及其变化所形成的对社会经济及生态环境影响的经济，即碳资源的节约与经济、社会、生态效益的提高。

❻ 碳抵消

碳抵消是指用于减少温室气体排放源或增加温室气体吸收源，用来补偿或抵消其他碳排放源产生的碳排放，即控排企业的碳排放可用非控排企业使用绿色能源减少温室气体排放或增加碳汇来抵消。

8.4 拓展知识

1. 北京冬奥会可持续性管理体系

北京冬奥组委在奥林匹克历史上第一次把大型活动可持续性管理体系（ISO 20121）、环境管理体系（ISO 14001）、社会责任指南（ISO 26000）三个国际标准进行整合，建立了北京冬奥组委适用的可持续性管理体系。北京冬奥会通过制定了系统性、全方位、全过程的可持续性规划和管理机制，建立并运行了独具特色的可持续性管理体系，创新实践了奥林匹克历史上第一个覆盖奥运会筹办全领域、全范围的可持续性管理，为大型活动举办全过程落实可持续性管理提供了可操作、可执行、规范的“北京模式”。

北京冬奥组委通过建立机制、制定标准、推进落实、监督改进等措施，每个场馆建设或改造工作从赛事特点出发，把近期和远期、现状和新建结合起来，在场馆规划设计、建设、运行和赛后利用全过程践行可持续性要求，使场馆建设充分体现绿色办奥理念、满足生态环境保护要求、实现赛后持久利用，体现出可持续发展、节约资源、保护环境理念。

2. 低碳宣传

一是提出“一起向未来”的主题口号，简明扼要地向世界表明新时代下我国大型体育赛事面向未来的可持续发展方向，也向世人传达了我国愿与各国共同应对气候危机的坚定信念。 二是将低碳元素融入赛事开幕式中，冬奥会火炬首次使用氢能作为燃料，并将奥运圣火从大火变成微火，实现了冬奥史上首次火炬零碳排放。三是拓展赛事传播平台，冬奥会将社交媒体作为赛事传播的又一阵地，开设官方微博、微信公众号以及其他自媒体平台，拓宽大众获取赛事信息的途径与方式，打破信息壁垒。例如赛事期间“绿色冬奥”“绿普惠”“全民助力低碳冬奥”等关键词频频登上微博热搜，引发加大了大众对低碳理念与行为的关注力度。 四是创新多元内容传播形式，出品《绿色冬奥》宣传片，讲述冬奥背后那些默默致力于保护生态与环境的工作人员，以小视角展现了冬奥赛事绿色生态的美丽底色；线上举办“低碳冬奥知识竞赛”活动，线下开展“践行绿色低碳、共建美丽家园”迎冬奥社区宣传系列活动，近距离普及低碳环保知识与传递价值理念。

3. 光合作用固碳技术

组委会购置 1.6 万棵树和 70 万株苗圃灌木，用于吸收大气中的二氧化碳。光合作用是植物、藻类和某些细菌利用叶绿素，在可见光的照射下，将二氧化碳和水转化为葡萄糖，并释放出氧气的生化过程。植物能够通过光合作用利用无机物生产有机物并且储存能量。如图 8-3 所示。通过食用，食物链的消费者可以吸收到植物所储存的能量，效率为 30% 左右。对于生物界的大部分生物来说，这个过程是它们赖以生存的关键。而地球上的碳氧循环，光合作用是必不可少的。植物利用阳光的能量，将二氧化碳转换成淀粉，以供植物及动物作为食物的来源。由于叶绿体是植物进行光合作用的地方，因此叶绿体可以说是阳光传递生命的媒介。

“车轮 1”中：少数的叶绿素 a 在光的激发下失去电子，变成强氧化剂，从而夺取水中的电子，使水分子氧化成氧分子和氢离子，叶绿素 a 由于获得电子而恢复原状，这样往复循环，形成电子流，将光能转化成电能。

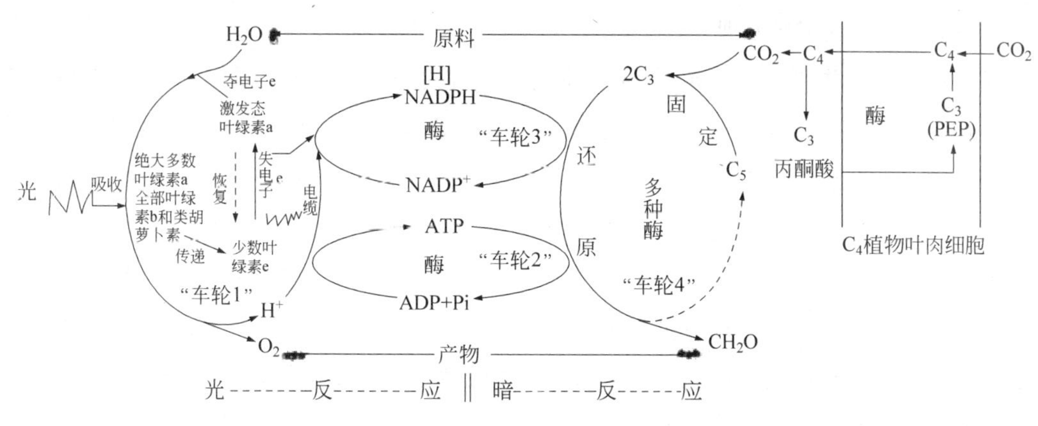

图 8-3　光合作用的四个过程如同四个车轮

"车轮 2"中：ATP 在光反应中合成，在暗反应中水解并释放出能量，供能给暗反应阶段合成有机物。

"车轮 3"中：$NADP^+$ 在光反应中得到叶绿素 a 提供的电子（e）和"车轮 1"中水分解产生的 H^+，就形成了 NADPH。NADPH 是很强的还原剂，在暗反应中将二氧化碳还原为糖类等有机物，自身氧化成 $NADP^+$。

"车轮 4"中：CO_2 被固定后形成三碳化合物（C_3），经过一系列复杂的变化，并最终形成糖类等有机物。

"车轮 1"中：光能转化为电能。

"车轮 2、车轮 3"中：电能转化为活跃的化学能 ATP、NADPH。

"车轮 4"中：活跃的化学能 ATP、NADPH 转化为稳定的化学能储存在糖类等有机物中。

4. 解决国际航空巨大碳排量关键技术——氢燃料电池

（1）氢燃料电池支线客机首次试航飞机于华盛顿时间上午 8 点 41 分从华盛顿州摩西湖的格兰特县国际机场起飞，首飞持续了 15 分钟，到达 3500 英尺（约 1066.8 米）的高度，没有收起落架，试飞员是前美国空军试飞员 Alex Kroll。改装的这架冲锋 8-300 型支线客机取名叫 Lightning McClean，其中一台涡桨发动机换为澳洲 magniX 公司提供的最大功率 650 千瓦的电机，使用美国 Plug Power 公司提供的氢燃料电池供电，如图 8-4 所示。

图 8-4　氢燃料电池支线客机成功试航

（2）氢燃料电池工作原理

氢燃料电池工作原理如图 8-5 所示。氢燃料电池是将氢气送到燃料电池的阳极板（负极），经过催化剂（铂）的作用，氢原子中的一个电子被分离出来，失去电子的氢离子（质子）穿过质子交换膜，到达燃料电池阴极板（正极），而电子是不能通过质子交换膜的，它只能经外部电路，到达燃料电池阴极板，从而在外电路中产生电流。电子到达阴极板后，与氧原子和氢离子重新结合为水。由于供应给阴极板的氧可以从空气中获得，因此只要不断地给阳极板供应氢，给阴极板供应空气，并及时把水（蒸气）带走，就可以不断地提供电能。燃料电池发出的电，经逆变器、控制器等装置，给电动机供电，再经传动系统、驱动桥等带动车轮转动，就可使车辆在路上行驶。与传统汽车相比，燃料电池车能量转化效率高达 60%~80%，为内燃机的 2~3 倍。

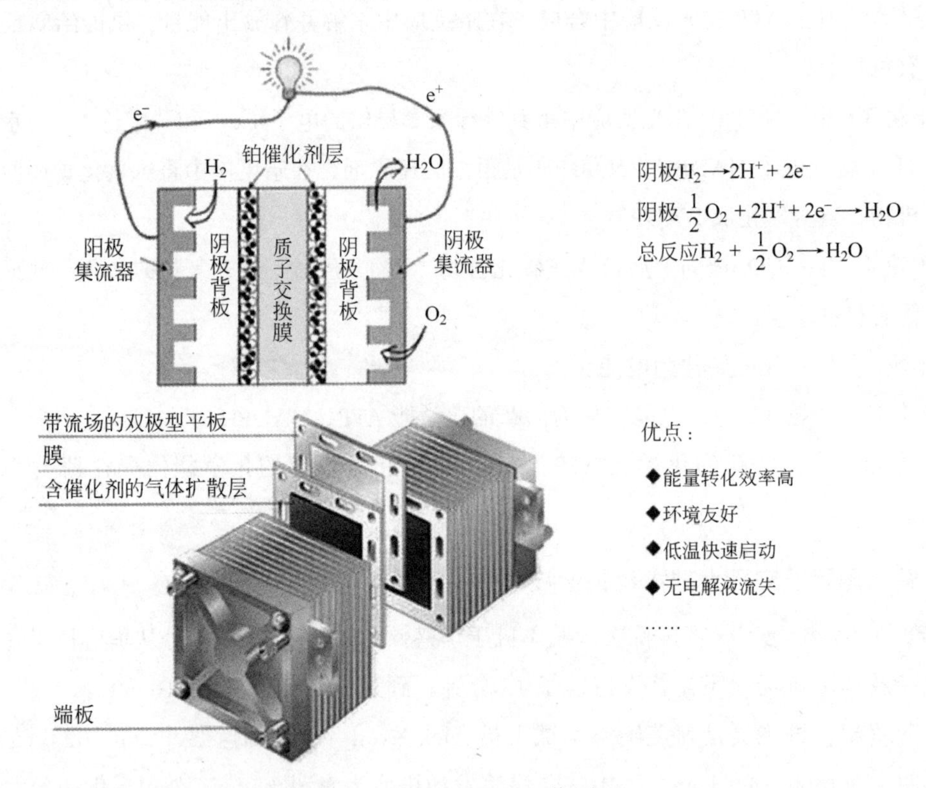

图 8-5　氢燃料电池工作原理

8.5　延伸阅读文献

[1] 国合华夏城市规划研究院. 中国碳达峰碳中和规划、路径及案例 [M]. 北京：中国金融出版社，2021.

[2] 北京 2022 年冬奥会和冬残奥会组织委会. 北京冬奥会低碳管理报告（赛前）[EB/OL].（2022-01-28）[2023-04-06]. https://new.inews.gtimg.com/tnews/14d56945/56c3/14d56945-56c3-4487-bd70-623b367a99ee.pdf.

[3] 生态环境部环境规划院 . 北京 2022 年冬奥会和冬残奥会十大绿色技术 [EB/OL].（2022-08-19）[2023-04-06]. http://www.caep.org.cn/sy/xsfxyghpgzx/zxdt/202208/t20220819_992031.shtml.

[4] 生态环境部环境规划院 . 北京 2022 年冬奥会和冬残奥会十大绿色低碳最佳实践 [EB/OL].（2022-08-19）[2023-04-06]. http://www.caep.org.cn/sy/xsfxyghpgzx/zxdt/202208/t20220819_992031.shtml.

[5] 1.5000m3/d 反渗透海水淡化系统技术规范，百度文库 .

[6] 低碳零碳负碳示范工程实施方案，百度文库 .

碳中和人才需求与人才培养

9.1 内容要点和阅读指导

碳达峰与碳中和目标为绿色低碳产业发展赋予新使命，带来新机遇。作为制造业大国，我国“双碳”目标的实现面临存量高、时间紧等压力，实施“双碳”战略，人才是关键，推进相关领域人才培养是实现碳达峰碳中和的重要保障。

碳达峰碳中和对人才培养提出了新的要求，新能源、环境、经济管理等相关学科要积极利用各学科交叉培养出多领域发展的创新型、复合型人才，团结社会各方面力量培养高层次碳中和创新人才，为实现“双碳”目标奠定坚实的人才基础，推动人才培养质量提升，利用人才充分发挥科技创新的重大作用。

本章主要介绍碳中和人才需求与培养：第 9.1 节主要是碳中和人才需求的概述和分析。在新发展阶段下，国家将碳达峰碳中和纳入经济社会发展全局，使得绿色能源产业获得巨大的发展机遇，其相关岗位也大幅增加，而碳中和领域相关行业的能源转型，必然带来人才需求的调整。本节根据目前碳中和人才需求，详细阐述了碳中和人才应具备的特点；第 9.2 节先介绍了国内外碳中和人才培养现状，然后根据目前我国碳中和岗位人才需求形成“产业链—创新链—教育链—人才链”的碳中和人才培养模式和特点，并制定了碳中和相关专业（学科）群及碳中和人才培养课程体系；第 9.3 节主要通过碳中和领域一些数据分析了目前碳中和领域（涵盖理、工、经、管、法多个专业大类）的职业发展及就业方向（管理咨询类、技术应用类、经济类）。

本章重点：

➢ 了解什么是碳中和人才，为什么要培养碳中和人才。

➢ 了解能源行业发展对碳中和人才的需求现状。

本章难点：

➢ 了解并掌握碳中和领域人才就业方向和现状。

➢ 理解碳中和相关专业（学科）群人才培养模式及课程体系。

9.2 知识关联图

本章知识关联图如图 9-1 所示。

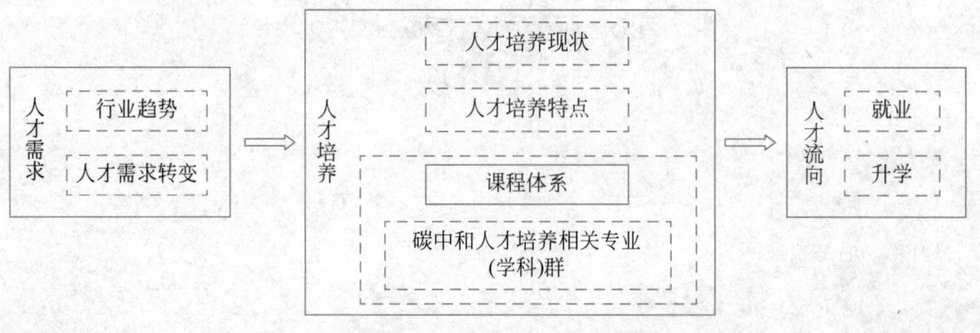

图 9-1 本章知识关联图

9.3　名词释义

❶ IEA

国际能源署（International Energy Agency，IEA）成立于 1974 年 11 月，是一个政府间的能源机构，总部设在巴黎。在 1973—1974 年的石油危机后，它隶属于经济合作和发展组织（OECD）的一个自治的机构。最初的目的是保障石油供应的安全，现在已经成为全球能源事宜的协商平台，关注范围广泛，涉及电力安全、投资、气候变化、空气污染、能源效率等众多领域，提供权威的统计数据和分析，并审查各种能源问题，倡导在多个成员国和其他国家推行能源可靠、可负担和可持续的政策。

❷ 清洁能源

清洁能源即绿色能源，是指不排放污染物、能够直接用于生产生活的能源，它包括非再生能源和可再生能源。

传统意义上，清洁能源指的是对环境友好的能源，意思为环保、排放少、污染程度小。清洁能源的准确定义应是：对能源清洁、高效、系统化应用的技术体系。含义有三点：第一，清洁能源不是对能源的简单分类，而是指能源利用的技术体系；第二，清洁能源不但强调清洁性同时也强调经济性；第三，清洁能源的清洁性指的是符合一定的排放标准。

❸ 工程思维

工程思维是通过研究与实践应用数学、自然科学、社会学等基础学科的知识，来达到改良各行业中现有材料、建筑、机械、仪器、系统、化学和加工步骤的设计和应用方式的一门学科。抓住事物的本质，结合系统化的思考，基于全盘的掌控作出可行性决策，利用能利用的一切工具，拆分问题，解决问题，各个击破，最终高效地达成目标。

❹ STEM

STEM 是科学（science）、技术（technology）、工程（engineering）、数学（mathematics）四门学科英文首字母的缩写，其中科学在于认识世界、解释自然界的客观规律；技术和工程则是在尊重自然规律的基础上改造世界、实现与自然界的和谐共处、解决社会发展过程中遇到的难题；数学则作为技术与工程学科的基础工具。

STEM 课程重点是加强对学生四个方面的教育：一是科学素养，即运用科学知识（如物理、化学、生物科学和地球空间科学）理解自然界并参与影响自然界的过程；二是技术素养，即使用、管理、理解和评价技术的能力；三是工程素养，即对技术工程设计与开发过程的理解；四是数学素养，即学生发现、表达、解释和解决多种情境下数学问题的能力。

❺ 碳金融

运用金融资本驱动环境权益的改良，以法律法规作为支撑，利用金融手段和方式在市场化的平台上使相关碳金融产品及其衍生品得以交易或者流通，最终实现低碳发展、绿色发展、可持续发展的目的。

❻ 碳交易

碳交易是温室气体排放权交易的统称，在《京都协议书》要求减排的6种温室气体中，二氧化碳为最大量，因此，温室气体排放权交易以每吨二氧化碳当量为计算单位。在排放总量控制的前提下，包括二氧化碳在内的温室气体排放权成为一种稀缺资源，从而具备了商品属性。《京都议定书》把市场机制作为解决以二氧化碳为代表的温室气体减排问题的新路径，即把二氧化碳排放权作为一种商品，从而形成了二氧化碳排放权的交易，简称碳交易。

❼ CSR

企业社会责任（corporate social responsibility，CSR）是指企业在创造利润、对股东和员工承担法律责任的同时，还要承担对消费者、社区和环境的责任，企业的社会责任要求企业必须超越把利润作为唯一目标的传统理念，强调要在生产过程中关注人的价值，强调对环境、消费者和社会的贡献。

9.4 拓展知识

1. 碳排放管理员

2021年3月，人力资源和社会保障部联合国家市场监督管理总局、国家统计局正式发布碳排放管理员新职业，该职业作为绿色职业纳入《中华人民共和国职业分类大典》，职业编码为4-09-07-04。

职业定义：从事二氧化碳等温室气体排放监测、统计核算、核查、交易和咨询等工作的人员。

包含五个工种：碳排放监测员、碳排放核算员、碳排放核查员、碳排放交易员、民航碳排放管理员，共设五个等级分别为：五级/初级工、四级/中级工、三级/高级工、二级/技师、一级/高级技师。其中，五级/初级工不分工种，统称碳排放管理员五级/初级工。碳排放咨询员共设三个等级，分别为：三级/高级工、二级/技师、一级/高级技师。

碳排放管理员新职业应运而生，为建立一支职业化的碳排放管理人才队伍奠定了重要基础，从人才保障方面为开展碳排放管理工作提供了有力支撑。可以预见，未来该职业从业者将在碳排放管理、交易等活动中发挥积极作用，有效推动温室气体减排。

2. 碳汇计量评估师

2022年6月，人力资源和社会保障部发布新职业——碳汇计量评估师。要想了解碳汇计量评估师这份职业，首先了解什么是碳汇。碳汇是通过植树造林、植被恢复等措施，吸收大气中二氧化碳，从而减少温室气体在大气中浓度的过程。

碳汇计量评估师的职业定义是运用碳计量方法学，从事森林、草原等生态系统碳汇计量、审核、评估的人员。主要工作任务包括以下几项。

（1）审定碳汇项目设计文件，并出具审定报告。

（2）现场核查碳汇项目设计文件，并出具核证报告。

（3）对碳汇项目进行碳计量，并编写项目设计文件。

（4）对碳汇项目进行碳监测，并编写项目监测报告。

（5）对碳中和活动进行技术评估，编制碳中和评估文件。

碳汇计量评估师可称为“绿色守护者”的职业，它为生态系统的健康运转建立监测屏障，是助推我国尽早实现碳达峰碳中和的有力助手。

3. 美国大学的通识教育

通识教育（general education，GE）起源于古希腊的自由教育，也是英文 liberal study 的译名，指的是非专业性、非职业性的高等教育。其核心在于培养人的整体素质，而并非某一领域的专业技能，强调整合不同领域的专业知识，重视培养人的思维方法以及洞察力。

不同学校有不同的分类，但美国大学的通识教育体系基本上可以划分为以下九大类。

（1）写作：主要教授学术类写作的基本纲要，包括如何立论点、引论证、找证据、得结论等。

（2）专业写作：教授更高级的写作技巧，常常与专业课相结合，提升学生在专业领域方面的阅读和分析能力。

（3）西方文化研究：涉及欧美的文化和历史。

（4）少数文化：指的是非西方文化的研究，包括亚洲、非洲、大洋洲等。

（5）人文与艺术：这类课程通常靠近艺术方向，涉及面广，例如音乐史、作品赏析、文学作品研究等。

（6）语言：大部分学校会开设各个语种的课程，常见的有法语、德语、西班牙语、日语等。

（7）数理逻辑：偏理科方向，涉及数学、物理、编程、统计学等方面的专业知识。

（8）社会与行为科学：包括心理学、人类研究、经济学、社会学等学科。

（9）自然科学与技术：涉及物理、化学、生命科学、天文地理等内容。

美国本科通识的主要特点：强调培养学生的学习兴趣和学习能力，希望学生主动去学习而不是被动地消化知识；重视学生基本技能的训练；注重学生对全球文化、非本土文化的理解，目的是使学生具备更开阔的全球视野，提供处理问题和看待文化的新视角、新思路。

4. 日本大学的交叉学科教育

在日本，交叉学科是指通过交叉学科的学习，使学生掌握多个领域的知识与技能。日本的交叉学科教育旨在培养未来面向各个领域的人才，让学生通过多学科、跨学科的学习，培养具备交叉学科知识和技能的复合型人才。

日本大学在交叉学科教育方面有很多独特的教育方法和特色，例如：

（1）不区分专业方向，设置多门课程，让学生自由选择。

（2）开设选修课，允许学生选修感兴趣的课程。

（3）设置跨学科的研究项目。

（4）注重理论联系实际，设置相关课程。

（5）在毕业论文中加入跨学科研究内容。

（6）实行导师制，师生共同参与科研项目。

（7）注重团队合作，鼓励学生共同完成项目。

（8）开展“学研赛”等活动，鼓励学生积极参与。

（9）开设了多种形式的综合讲座、专业讲座等。

日本大学开设了很多跨学科课程，例如，日本国际关系专业的学生可以选修日本政治、日本外交等相关课程；日本国际贸易专业的学生可以选修经济学、国际贸易、国际金融等相关课程；日本历史专业的学生可以选修中国历史、日本历史等相关课程。这些选修课程能够满足不同学生的需求，帮助学生更加深入地了解不同学科的知识和技能，使学生能够从更高层次上认识自己和他人。

5. 德国能源研究计划

近十年来，德国一直推行以可再生能源为主导的“能源转型”战略，把可再生能源和能效作为战略的两大支柱，推动德国到 2050 年实现低碳、无核的能源体系。“能源转型”战略共包括三方面目标：一是以“效率优先”为原则，减少所有终端用能部门的能耗；二是尽可能使用可再生能源；三是通过可再生能源发电满足剩余的能源需求。

德国政府实施长期的能源研究计划作为能源技术创新的指导原则和配套政策，2018 年公布了“第七期能源研究计划”，计划在 2018—2022 年共投入 64 亿欧元预算支持能源研究，较第六期计划（2013—2017 年）增长 45%，预算资金主要来源于联邦预算和能源与气候基金。“第七期能源研究计划”由联邦经济与能源部（BMWi）、教育与研究部（BMBF）和食品与农业部（BMEL）共同制定，并根据研究主题与技术成熟度等级实施分工。

与上一期计划不同，“第七期能源研究计划”的资助重点从单项技术转向解决能源转型面临的跨部门和跨系统问题，重点关注以下领域研究。

（1）终端用能部门的能源转型，如提升能效，降低能源消耗，增加可再生能源份额。

（2）运输部门技术，如电池、燃料电池和生物燃料。

（3）发电技术，包括各种可再生能源发电和火电技术。

（4）可再生能源的系统集成，包括电网开发、储能和部门融合。

（5）跨领域技术，如数字化、资源管理和碳利用技术。

（6）核安全技术，重点关注到2022年核电厂的安全运行及其退役和放射性废物处置管理。

6. 世界大学联盟

世界大学联盟成立于2000年，是一个在科研、教学、知识转化等各方面开展横向合作的全球性大学联盟组织。联盟通过设立种子基金等方式加强全球知名高校之间的跨学科合作，促进解决人类所面临的全球性问题，其中包含气候变化、公共卫生、高等教育与研究、文化认知等领域的合作项目。截至2022年5月，世界大学联盟共有26所成员大学，其中，中国成员有香港中文大学、浙江大学、台湾成功大学和中国人民大学。

联盟的远景：成为领先的国际高等教育联盟，通过合作促进知识创造，培养人才，应对由世界不断发展变化而带来的机遇与挑战。

联盟的目标：世界大学联盟为高等教育和科研的国际合作创造多元的新机会。世界大学联盟是一个富有活力的组织，通过整合成员高校的资源和学术优势，达到协同合作的目的，提升国际化水平。

7. 碳排放管理部门

我国负责应对气候变化（碳减排）的主管部门是国家发展和改革委员会，具体负责部门是应对气候变化司。国家发改委应对气候变化司的主要职责如下。

（1）综合研究气候变化问题的国际形势和主要国家动态，分析气候变化对我国经济社会发展的影响，提出总体对策建议。

（2）牵头拟订我国应对气候变化重大战略、规划和重大政策，组织实施有关减缓和适应气候变化的具体措施和行动，组织开展应对气候变化宣传工作，研究提出相关法律法规的立法建议。

（3）组织拟订、更新并实施应对气候变化国家方案，指导和协助部门、行业和地方方案的拟订和实施。

（4）牵头承担国家履行联合国气候变化框架公约相关工作，组织编写国家履约信息通报，负责国家温室气体排放清单编制工作。

（5）组织研究并提出我国参加气候变化国际谈判的总体政策和方案建议，牵头拟订并组织实施具体谈判方案，会同有关方面牵头组织参加国际谈判和相关国际会议。

（6）负责拟订应对气候变化能力建设规划，协调开展气候变化领域科学研究、系统观测等工作。

（7）拟订应对气候变化对外合作管理办法，组织协调应对气候变化重大对外合作活动，负责开展应对气候变化的相关多边、双边合作活动，负责审核对外合作活动中涉及的敏感数据和信息。

（8）负责开展清洁发展机制工作，牵头组织清洁发展机制项目审核，会同有关方面监管中国清洁发展机制基金的活动，组织研究温室气体排放市场交易机制。

（9）承担国家应对气候变化及节能减排工作领导小组有关应对气候变化方面的具体工作，归口管理应对气候变化工作，指导和联系地方的应对气候变化工作。

（10）承办领导交办的其他事项。

8. 碳中和未来技术学院

中国石油大学碳中和未来技术学院于 2021 年 9 月成立。碳中和未来技术学院聚焦能源领域国家重大需求和人才发展需要，立足前沿交叉未来能源技术领军人才培养，坚持“中国特色、面向未来、交叉融合、科教结合、学生中心、开放创新”的建设原则，培养一批引领未来能源发展，具有想象力、洞察力、执行力、领导力等核心素质，德智体美劳全面发展的未来能源技术领军人才。

碳中和未来技术学院教学团队实力雄厚，拥有一批由院士领衔的高水平国际化师资队伍，目前已遴选了 100 多位教师，教学团队拥有多学科背景，百分之八十的教师具有海外留学经历。按照“厚基础、重交叉、强实践、促创新”的建设思路，聚焦学生创新能力、审辩思维、持续发展、沟通合作等核心素养，结合关键核心科学技术问题，形成以创新引领为目标，以品格、思维和能力培养为主体、以知识应用为主导的多学科交叉、聚焦未来科技的培养体系，构建以科技前沿技术为驱动的面向未来技术的人才培养新模式。

9.5 延伸阅读文献

[1] 中华人民共和国中央人民政府生态环境部 . 碳排放权交易管理办法（试行）.

[2] 猎聘 . 2022Q1 中高端人才就业趋势大数据报告 .

[3] 教育部 . 加强碳达峰碳中和高等教育人才培养体系建设工作方案 .

[4] 教育部 . 高等学校碳中和科技创新行动计划 .